全国中医药行业高等教育“十四五”规划教材
全国高等中医药院校规划教材（第十一版）

无机化学

（新世纪第五版）

（供中药学、药学、中药制药等专业用）

主　编　杨怀霞　吴培云

中国中医药出版社
·北　京·

图书在版编目（CIP）数据

无机化学 / 杨怀霞，吴培云主编 . —5 版 . —北京：
中国中医药出版社，2021.6（2025.4 重印）
全国中医药行业高等教育“十四五”规划教材
ISBN 978-7-5132-6860-8

Ⅰ . ①无…　Ⅱ . ①杨…　②吴…　Ⅲ . ①无机化学—中
医学院—教材　Ⅳ . ① O61

中国版本图书馆 CIP 数据核字（2021）第 053591 号

融合出版数字化资源服务说明

全国中医药行业高等教育“十四五”规划教材为融合教材，各教材相关数字化资源（电子教材、PPT 课件、视频、复习思考题等）在全国中医药行业教育云平台“医开讲”发布。

资源访问说明

扫描右方二维码下载“医开讲 APP”或到“医开讲网站”（网址：www.e-lesson.cn）注册登录，输入封底“序列号”进行账号绑定后即可访问相关数字化资源（注意：序列号只可绑定一个账号，为避免不必要的损失，请您刮开序列号立即进行账号绑定激活）。

资源下载说明

本书有配套 PPT 课件，供教师下载使用，请到“医开讲网站”（网址：www.e-lesson.cn）认证教师身份后，搜索书名进入具体图书页面实现下载。

中国中医药出版社出版
北京经济技术开发区科创十三街 31 号院二区 8 号楼
邮政编码　100176
传真　010-64405721
廊坊市佳艺印务有限公司印刷
各地新华书店经销

开本 889×1194　1/16　印张 20.25　字数 538 千字
2021 年 6 月第 5 版　2025 年 4 月第 5 次印刷
书号　ISBN 978-7-5132-6860-8

定价　76.00 元
网址　www.cptcm.com

服务热线　010-64405510　　微信服务号　zgzyycbs
购书热线　010-89535836　　微商城网址　https://kdt.im/LIdUGr
维权打假　010-64405753　　天猫旗舰店网址　https://zgzyycbs.tmall.com

如有印装质量问题请与本社出版部联系（010-64405510）

全国中医药行业高等教育“十四五”规划教材
全国高等中医药院校规划教材（第十一版）

《无机化学》编委会

主　审
铁步荣（北京中医药大学）

主　编
杨怀霞（河南中医药大学）　　吴培云（安徽中医药大学）

副主编
张师愚（天津中医药大学）　　张　栓（陕西中医药大学）
黄　莺（湖南中医药大学）　　闫　静（黑龙江中医药大学）
衷友泉（江西中医药大学）　　黎勇坤（云南中医药大学）
关　君（北京中医药大学）

编　委（以姓氏笔画为序）
马鸿雁（成都中医药大学）　　吕惠卿（浙江中医药大学）
刘艳菊（河南中医药大学）　　李亚楠（贵州中医药大学）
吴品昌（辽宁中医药大学）　　吴爱芝（广州中医药大学）
张红艳（福建中医药大学）　　陈　菲（广东药科大学）
武世奎（内蒙古医科大学）　　郑婷婷（山东中医药大学）
姚　军（新疆医科大学）　　袁　洁（新疆第二医学院）
倪　佳（安徽中医药大学）　　徐　飞（南京中医药大学）
高　乔（长春中医药大学）　　郭爱玲（山西中医药大学）
曹　莉（湖北中医药大学）　　曹秀莲（河北中医学院）
梁　琨（上海中医药大学）　　蒋炳丽（桂林医学院）
程　迪（河南中医药大学）　　程世贤（广西中医药大学）
戴红霞（甘肃中医药大学）

《无机化学》
融合出版数字化资源编创委员会

全国中医药行业高等教育“十四五”规划教材
全国高等中医药院校规划教材（第十一版）

主　编

杨怀霞（河南中医药大学）
吴培云（安徽中医药大学）

副主编

衷友泉（江西中医药大学）
张　拴（陕西中医药大学）
戴红霞（甘肃中医药大学）
马鸿雁（成都中医药大学）
曹秀莲（河北中医学院）
徐　飞（南京中医药大学）
姚　军（新疆医科大学）
齐学洁（天津中医药大学）
倪　佳（安徽中医药大学）

编　委（以姓氏笔画为序）

吕惠卿（浙江中医药大学）
刘艳菊（河南中医药大学）
闫　静（黑龙江中医药大学）
关　君（北京中医药大学）
李亚楠（贵州中医药大学）
杨　婕（江西中医药大学）
杨爱红（天津中医药大学）
吴品昌（辽宁中医药大学）
吴爱芝（广州中医药大学）
张子涵（黑龙江中医药大学）
张师愚（天津中医药大学）
张红艳（福建中医药大学）
张晓青（湖南中医药大学）
陈　菲（广东药科大学）
武世奎（内蒙古医科大学）
罗维芳（陕西中医药大学）
郑婷婷（山东中医药大学）
袁　洁（新疆第二医学院）
徐　暘（黑龙江中医药大学）
高　乔（长春中医药大学）
郭爱玲（山西中医药大学）
黄　莺（湖南中医药大学）
曹　莉（湖北中医药大学）
梁　琨（上海中医药大学）
蒋炳丽（桂林医学院）
程世贤（广西中医药大学）
程　迪（河南中医药大学）
曾　岱（河南中医药大学）
靳晓杰（甘肃中医药大学）
黎勇坤（云南中医药大学）
臧慧敏（内蒙古医科大学）

全国中医药行业高等教育“十四五”规划教材
全国高等中医药院校规划教材（第十一版）

专家指导委员会

编审专家组

全国中医药行业高等教育“十四五”规划教材
全国高等中医药院校规划教材（第十一版）

前 言

为全面贯彻《中共中央 国务院关于促进中医药传承创新发展的意见》和全国中医药大会精神，落实《国务院办公厅关于加快医学教育创新发展的指导意见》《教育部 国家卫生健康委 国家中医药管理局关于深化医教协同进一步推动中医药教育改革与高质量发展的实施意见》，紧密对接新医科建设对中医药教育改革的新要求和中医药传承创新发展对人才培养的新需求，国家中医药管理局教材办公室（以下简称“教材办”）、中国中医药出版社在国家中医药管理局领导下，在教育部高等学校中医学类、中药学类、中西医结合类专业教学指导委员会及全国中医药行业高等教育规划教材专家指导委员会指导下，对全国中医药行业高等教育“十三五”规划教材进行综合评价，研究制定《全国中医药行业高等教育“十四五”规划教材建设方案》，并全面组织实施。鉴于全国中医药行业主管部门主持编写的全国高等中医药院校规划教材目前已出版十版，为体现其系统性和传承性，本套教材称为第十一版。

本套教材建设，坚持问题导向、目标导向、需求导向，结合“十三五”规划教材综合评价中发现的问题和收集的意见建议，对教材建设知识体系、结构安排等进行系统整体优化，进一步加强顶层设计和组织管理，坚持立德树人根本任务，力求构建适应中医药教育教学改革需求的教材体系，更好地服务院校人才培养和学科专业建设，促进中医药教育创新发展。

本套教材建设过程中，教材办聘请中医学、中药学、针灸推拿学三个专业的权威专家组成编审专家组，参与主编确定，提出指导意见，审查编写质量。特别是对核心示范教材建设加强了组织管理，成立了专门评价专家组，全程指导教材建设，确保教材质量。

本套教材具有以下特点：

1.坚持立德树人，融入课程思政内容

将党的二十大精神进教材，把立德树人贯穿教材建设全过程、各方面，体现课程思政建设新要求，发挥中医药文化育人优势，促进中医药人文教育与专业教育有机融合，指导学生树立正确世界观、人生观、价值观，帮助学生立大志、明大德、成大才、担大任，坚定信念信心，努力成为堪当民族复兴重任的时代新人。

2.优化知识结构，强化中医思维培养

在“十三五”规划教材知识架构基础上，进一步整合优化学科知识结构体系，减少不同学科教材间相同知识内容交叉重复，增强教材知识结构的系统性、完整性。强化中医思维培养，突出中医思维在教材编写中的主导作用，注重中医经典内容编写，在《内经》《伤寒论》等经典课程中更加突出重点，同时更加强化经典与临床的融合，增强中医经典的临床运用，帮助学生筑牢中医经典基础，逐步形成中医思维。

3.突出“三基五性”，注重内容严谨准确

坚持“以本为本”，更加突出教材的“三基五性”，即基本知识、基本理论、基本技能，思想性、科学性、先进性、启发性、适用性。注重名词术语统一，概念准确，表述科学严谨，知识点结合完备，内容精炼完整。教材编写综合考虑学科的分化、交叉，既充分体现不同学科自身特点，又注意各学科之间的有机衔接；注重理论与临床实践结合，与医师规范化培训、医师资格考试接轨。

4.强化精品意识，建设行业示范教材

遴选行业权威专家，吸纳一线优秀教师，组建经验丰富、专业精湛、治学严谨、作风扎实的高水平编写团队，将精品意识和质量意识贯穿教材建设始终，严格编审把关，确保教材编写质量。特别是对32门核心示范教材建设，更加强调知识体系架构建设，紧密结合国家精品课程、一流学科、一流专业建设，提高编写标准和要求，着力推出一批高质量的核心示范教材。

5.加强数字化建设，丰富拓展教材内容

为适应新型出版业态，充分借助现代信息技术，在纸质教材基础上，强化数字化教材开发建设，对全国中医药行业教育云平台“医开讲”进行了升级改造，融入了更多更实用的数字化教学素材，如精品视频、复习思考题、AR/VR等，对纸质教材内容进行拓展和延伸，更好地服务教师线上教学和学生线下自主学习，满足中医药教育教学需要。

本套教材的建设，凝聚了全国中医药行业高等教育工作者的集体智慧，体现了中医药行业齐心协力、求真务实、精益求精的工作作风，谨此向有关单位和个人致以衷心的感谢！

尽管所有组织者与编写者竭尽心智，精益求精，本套教材仍有进一步提升空间，敬请广大师生提出宝贵意见和建议，以便不断修订完善。

国家中医药管理局教材办公室
中国中医药出版社有限公司
2023年6月

编写说明

为深入贯彻落实习近平总书记关于教育的重要论述和全国中医药大会精神，贯彻落实《关于深化新时代学校思想政治理论课改革创新的若干意见》，充分发挥教材的思政教育功能，突出应用型、创新型人才培养，适应新时代的教学特点和培养要求，来自全国30所中医药院校的一线教师，通过问卷调查、网络会议、线上线下多次交流达成共识。新版教材在肯定上版教材良好教学效果的基础上，根据全国中医药行业“十三五”规划教材（以下简称“原教材”）评价报告，针对存在的问题，进行了修订和完善。修订后的教材有以下特点：

1. 科学设计，精简瘦身。充分考虑相关专业人才培养目标，突出学习能力和综合素质培养，在传授知识的同时，注重知识体系的构建和综合能力训练。在保证知识系统性、合理性、实用性的基础上，新版教材保留平衡理论、结构理论和元素化学等经典内容，合并配合物相关内容为一章，删除第四部分拓展内容（共四章，改为在数字化资源中体现）。将原教材17章调整为12章。

2. 结构优化，循序渐进。突出“以学生为中心”的理念，除对原教材中一些概念、例题、公式、单位、有效数字等重新进行审核和修订外，遵照先易后难、层层递进的原则，将原来的“结构－原理－性质”主线调整为现在的“结构－原理－性质”主线。将原教材第一章、第二章的结构理论调整到氧化还原反应后面；第三章配合物的化学键理论与第九章配位平衡合并为第八章配位化合物；将第八章原第三节电极电势拆分成三节。

3. 医药关联，突出特色。注重化学与医药学的联系，在文中穿插医药实例，同时借助绪论、例题、拓展阅读及网络资源等，展现化学在药学、中药学中的应用及化学、药学前沿知识，使学生通过多种途径在潜移默化中感受到化学是医学学习必不可少的知识基础，不仅有助于学生理解药物的药理、药效，以及生物过程中的化学变化，而且能够训练科学思维和方法，培养科学精神和品德，从而激发学习兴趣和对医药专业的热爱。

4. 德能兼顾，融合创新。在章节中融入思政元素，章末增加拓展阅读。内容涵盖辩证史观、家国情怀、医药常识及绿色环保知识，风格上兼顾知识性和思想性，将中医药思维和科学思维培养贯穿于教材全过程，力求潜移默化，润物无声，在传授知识的同时，从多角度培养学生的学习能力、思辨能力、奋斗精神和优良品德，训练他们透过现象寻找本质的辩证思维方法和化学思维意识。

5. 配套资源，丰富实用。为方便教师教学参考，助力学生自主学习，本教材有丰富的配套数字化资源，包括配套PPT、知识拓展、思政提示，以及各参编院校教师们录制的知识点总结等，可供选用。这些配套资源不仅便于学生自主学习，满足教学的多样化需求，也可缓解学时数减少带来的矛盾。

本教材可供高等院校中药学、药学、中药制药等专业教学使用，也可供自学考试人员，以及从事无机化学、基础化学教学的教师参考。

本教材在编写过程中得到30余所参编院校领导、同行和中国中医药出版社的鼎力支持，在此表示衷心的感谢！

由于修订时间紧迫，也鉴于编者水平有限，本书难免会存在取舍失当和不足之处，恳请各院校师生在使用后及时批评指正，提出宝贵意见，以便再版时更正提高！

《无机化学》编委会

2021年4月

目 录

绪 论

扫一扫，查阅本章数字资源，含PPT、音视频、图片等

【学习要求】

1. 了解化学发展史。
2. 了解中药学发展与无机化学的关系及我国天然无机药物研究的几个领域。
3. 了解无机化学课程学习的基本内容和方法。

化学作为自然科学中的一门重要学科，主要是研究物质的组成、结构和性质；研究物质在原子和分子水平的变化规律及变化过程中的能量关系。它是人类认识自然，改造自然的一种重要武器。随着整个社会的不断发展，化学已经深入人类生活的各个领域，并在国民经济中起着越来越大的作用。从古至今，化学伴随着人类社会的进步，其发展经历了哪些时期呢？

一、化学发展史及知名人物

（一）古代及中古化学时期

古代及中古化学时期（远古至 17 世纪），经历了实用化学、炼丹术和医药化学时期。

化学的历史很悠久。古代（4 世纪以前），约公元前 50 万年原始人开始使用火，人类在最基本的生产活动和生活实践中逐步学会了制陶、冶金、酿酒、染色等工艺，零星积累了不少的化学知识，是化学的萌芽时期。造纸术、制瓷术、火药是我国古代化学工艺的三大发明。

中古时期（4～17 世纪），人们最早在炼丹炉中用化学方法提炼金银及合成“长生不老”之药。但由于追求虚幻目的，使这段时期的化学走入了歧途。转而人们开始研究用化学方法提纯制造药剂，许多医生除用草木药治病外，还用药剂成功地医治了一系列疾病，推动了化学的发展。我国本草学在这个时期进入了一个新的发展阶段，1596 年我国明代医药学家李时珍著成《本草纲目》，列有中药材（包括矿物药）1892 种，附方 11000 多首，是一部药物学巨著。

（二）近代化学时期

近代化学时期（17 世纪后半叶至 19 世纪末），经历了燃素化学时期（17 世纪后半叶至 18 世纪末）和定量化学时期（19 世纪）。

1661 年，英国化学家**波意耳**（Boyle）发表了他的论著《怀疑派化学家》，批判了炼金术士对物质组成的原性说，建立了化学元素的科学概念，成为化学发展中的一个转折点。

1777 年，法国化学家**拉瓦锡**（Lavoisier）提出用定量化学实验阐述燃烧的氧化学说，标志着

定量化学时期的到来。

1803年，英国化学家**道尔顿**（Dalton）提出了原子论，认为一切物质都是由不可再分割的原子组成，标志着近代化学发展时期的开始。

1811年，意大利物理学家**阿佛加德罗**（Avogadro）建立了阿佛加德罗定律和分子学说，为现代化学的发展和物质结构的研究奠定了坚实的基础。

1869年，俄国化学家**门捷列夫**（Mendeleev）发表了第一张化学元素周期表，确定了元素周期律，元素周期律的建立是化学近代发展时期在理论上取得的最大成果。

（三）现代化学时期

现代化学时期（20世纪初至今）。20世纪初，量子论的发展使化学和物理学有了共同的语言，解决了化学上许多悬而未决的问题。

1911年，英国物理学家**卢瑟福**（Rutherford）根据实验提出了原子的"天体行星模型"。

1913年，丹麦物理学家**玻尔**（Bohr）在经典力学的基础上，建立了玻尔原子模型。这是原子结构理论发展中的一次重大进展。

1926年，奥地利物理学家**薛定谔**（Schrodinger）与爱因斯坦、玻尔、玻恩、海森堡等一起发展了量子力学。建立了描述微观粒子运动的波动方程——薛定谔方程。

1931年，美国化学家**鲍林**（Pauling）提出了原子轨道的杂化理论，成功地解释了许多分子的成键和几何构型。

1942年，中国杰出的制碱专家**侯德榜**发明了举世闻名的联合制碱法，被称为"侯氏制碱法"。该法将世界制碱史推向一个新阶段，并一直延用至今。

最近20多年来，化学有了突飞猛进的发展。尤其是化学与其他学科的交叉渗透所产生的一系列边缘学科，更加拓宽了化学的研究领域。

21世纪是科学相互渗透时期。化学将在与多学科的相互交叉、相互渗透、相互促进中共同发展。展望新世纪现代科学技术的发展，化学一定会在材料、能源、环保、医药卫生等领域中大有作为。在继承祖国药学遗产，发现、创造更安全高效药物的艰巨工作中，化学担负着极为重要的任务，运用化学的原理和方法分析研究中草药，将揭示其有效成分和多组分药物的协同作用机理，从而推动中药走向世界。

纵观化学科学形成和发展的全过程可知，化学在人类历史进程中有着十分重要的作用和地位。它影响着我们生活的世界，带给人类巨大效益。今天化学已渗入我们的日常生活、能源、信息、材料、国防、环境保护、医药卫生等领域中，正是由于化学技术在这些领域中的应用，极大地促进了社会生产力的发展，成为人类进步的标志。可以说，化学不仅是社会迫切需要的科学，也是一门中心性的、实用性的和创造性的科学。

附：著名科学家

李时珍（1518—1593）
中国医药学家

李时珍，湖北蕲春县人，我国明代医药学家。他曾考科举，后弃儒业医，继承家学，曾广泛参阅历代医药文献及其他有关文献800余种，并亲自上山采药，深入民间，亲身服药。经过27年的艰苦实践，1596年著成《本草纲目》（52卷）。《本草纲目》对16世纪以前我国药物学进行了相当全面的总结，是我国药学史上重要的里程碑。有《濒湖脉学》《奇经八脉考》等著作流传于世。对药物学的发展作

出了重大贡献，是世界公认的古代著名科学家。

罗伯特·波意耳
(Rorbert Boyle，1627—1691)
英国化学家

罗伯特·波意耳，1627年1月25日生于爱尔兰利兹莫尔堡的一个贵族家庭，年轻时受到良好的国内外教育，是最早的皇家学会会员之一。

波意耳是一位杰出的实验物理学家和化学家。他一生致力于冶金、医药、制造化学药品、染料及玻璃方面应用的研究。他在前人的基础上，研究气体的体积与压力的关系，1660年总结出了物理学著名的波意耳定律。他一生做过许多化学实验，是第一个发明指示剂的化学家，并首先为酸、碱下了明确的定义。他还是分析化学的先驱，创造了很多定性检验盐类的方法。1661年波意耳发表了他的不朽的化学名著——《怀疑派化学家》，为化学元素作出了明确的科学定义，被称为17世纪最有成就的化学家和近代化学的奠基人。

安托万·洛朗·拉瓦锡
(Antoine Laurent Lavoisier，1743—1794)
法国化学家

安托万·洛朗·拉瓦锡，生于巴黎，自幼对自然科学有浓厚的兴趣，受过数学、物理、化学的良好教育，1768年成为科学院院士。

拉瓦锡研究工作的内容是应用定量方法对物质进行系统的定量研究，并做过大量的定量分析和燃烧、焙烧的化学实验。1777年，他发表了《燃烧概论》一文，科学地描述了燃烧过程的本质，建立了科学的氧化理论。1783年，他提出"反燃素学说"代替"燃素学说"，澄清了元素概念的混乱。1789年著成《初等化学概论》。同年，确立了质量守恒定律。从而推动化学走上了科学发展的道路。人们把拉瓦锡氧化理论的建立，称为是一场全面的"化学革命"。

约翰·道尔顿
(John Dalton，1766—1844)
英国化学家

约翰·道尔顿，1766年9月6日出生于坎伯兰科克冒斯的一个乡村，他是英国一个贫苦手织机工的儿子，也是一个自学成才的伟大学者。

道尔顿的卓越成就归结为他的"不屈不挠"和伟大的独立精神。他是位气体分析专家，从21岁起就业余从事气象学研究，坚持57年之久。于1799年发明了露点湿度计，1801年发现气体热膨胀定律和混合气体的分压定律，1804年证实了倍比定律。他在化学上最伟大的功绩是创立了化学原子学说和计算出一些相对原子量。1803年，他在曼彻斯特的文哲学会上第一次宣读了他的原子论及原子量计算的论文，1808年发表了原子学说《化学哲学的新体系》第一卷。他的原子学说使当时的一些化学基本定律得到了统一的解释，使人们对物质结构的认识前进了一大步，开创了化学全面、系统发展的新局面。

阿梅代奥·阿佛加德罗，1776年8月9日生于意大利都灵市一个著名律师家庭。他16岁取得了法学学士学位，20岁时获得法学博士学位，1819年正式被选为都灵科学院院士，1820年被聘为都灵大学数学、物理教授。

从24岁起，阿佛加德罗的兴趣转到数学和物理学方面。1811年，阿佛加德罗以盖-吕萨克的气体化合体积定律为基础，进行了合理的概括和推理，建立了"分子学说"，提出了"同体积的

阿梅代奥·阿佛加德罗
(Amedeo Avogadro，1776—1856)
意大利物理学家

气体，在温度相同、压力相同时，含有同数目的分子”的阿佛加德罗理论。阿佛加德罗的分子学说为化学和物理学的发展作出了重要的贡献。直到今天，阿佛加德罗常数仍然是科学上的基本常数之一，并且随着科学的发展，常数的值必然更准确。

德米特里·伊凡诺维奇·门捷列夫，1834年2月8日出生于西伯利亚，为了献身科学，他远离家乡来到圣彼得堡学习，1867年成为圣彼得堡大学的教授。

德米特里·伊凡诺维奇·门捷列夫
(Dnitry Ivanovich Mendeleev，1834—1907)
俄国化学家

门捷列夫对化学最著名的贡献是确定了元素周期律。他在总结前人工作的基础上，对无机化学进行了一次大综合。1869年发表了《元素性质和原子关系》的论文，同时公布了他的第一张化学元素周期表，同年出版教科书《化学原理》，被国际化学界公认为标准著作；1871年又发表了论文《化学元素周期性依赖关系》，同时发表了第二张元素周期表，确定了元素“周期律”。周期律的确定，使化学研究进入了系统化阶段，从对个别元素的零散事实作无规则的罗列中摆脱出来。

厄内斯特·卢瑟福
(Ernest Rutherford，1871—1937)
英国物理学家

厄内斯特·卢瑟福，英国人，1889年考入坎特伯雷学院，1893年获得数学和物理学硕士学位，1895年成为剑桥大学卡文迪许实验室的第一位研究生。

他有过三项基本的发现：第一，为J. J. 汤姆生证实了电子的存在。第二，放射性的研究，1919年首次成功地进行元素的蜕变，用人工方法从铀中造出超铀元素。第三，指导他的学生莫斯莱英发现了元素的原子序数与它产生的X射线波长之间的关系。他一生中最大的贡献是以α粒子的散射实验为基础建立了“行星系式”的原子模型。因在化学领域的卓越贡献，于1908年获得了诺贝尔化学奖；1922年获得英国皇家学会的最高奖赏——科柏莱奖章；1925年当选为英国皇家学会主席。

尼尔斯·玻尔
(Niels Borhr，1885—1962)
丹麦物理学家

尼尔斯·玻尔，1885年10月7日出生于丹麦哥本哈根的一个知识分子家庭中，1911年到英国剑桥，从英国回到丹麦后，创建了著名的理论物理研究所，并任所长。

玻尔对于原子结构理论的重大贡献是在1913年提出玻尔理论。他综合了普朗克的量子理论、爱因斯坦的光子理论和卢瑟福的原子模型，提出了新的玻尔原子模型。玻尔研究原子中电子排布以及大量的元素化学性质之后，排出了一张新周期表，并对于化学研究产生了有益的影响。1922年，由于玻尔对于原子结构理论的重大贡献，他获得了诺贝尔物理奖。玻尔一生得到过很多荣誉，除了诺贝尔物理奖以外，还获得过英国、挪威、意大利、美国、德国、丹麦给予科学家的最高奖赏。

埃尔温·薛定谔
(Erwin Schrodinger，1887—1961)
奥地利物理学家

埃尔温·薛定谔，1887年8月12日生于维也纳，1910年在维也纳大学获博士学位。1926年创立了波动力学理论，提出了著名的描述微观粒子运动的波动方程——薛定谔方程，并因此获得1933年诺贝尔物理学奖。他对自然科学史中的物理学和哲学的研究，颇有建树。特别是1944年写下的《生命是什么——活细胞的物理学观》一书，在20世纪生物学革命中的作用非同凡响。由于他非凡的天赋，一生中几乎对自然科学和哲学的所有分支都做出过重大贡献，他是20世纪物理学革命中涌现出来的集杰出的科学家和思想家于一身的风云人物。

林纳·鲍林
(Linus Pauling，1901—1992)
美国化学家

林纳·鲍林，俄勒冈州波特兰市人，曾于1954年获得诺贝尔化学奖，1962年获得诺贝尔和平奖。是世界上至今唯一一人单独两次获得诺贝尔奖的科学家。

他对价键理论的研究被世人所公认。1931年鲍林和**斯莱特**（J. C. Slater）发展了价键理论，提出了原子轨道杂化理论及元素电负性标度，成功地解释了许多分子的成键和几何构型问题。为了解决臭氧、苯这类不能用单一价键结构来满意说明性质的分子的问题，1937年鲍林等人提出了共振论。共振论作为一种假说，出现在从经典结构理论向现代结构理论的过渡时期，是一个合理的发展阶段，具有很高的科学价值。

侯德榜（1890—1974）
中国制碱专家

侯德榜，中国福建省闽侯县人，杰出的化工专家，我国重化学工业的开拓者。

侯德榜在制碱工业的研究誉满全球。20世纪20年代突破氨碱法制碱技术的奥秘，主持建成亚洲第一座纯碱厂；30年代组织建成了我国第一座兼产合成氨、硝酸、硫酸和硫酸铵的联合企业；40～50年代又发明了连续生产纯碱与氯化铵的联合制碱新工艺，以及碳化法合成氨流程制碳酸氢铵化肥新工艺，并使之在60年代实现了工业化和大面积推广。1932年侯德榜用英文撰写的《制碱》(*Manufacture of soda*) 一书在美国纽约出版，在学术界和工业界产生了深远影响，是当时世界上唯一的制碱工业的权威英文专著。1942年他发明的举世闻名的联合制碱法是制碱技术的重大突破，世界一致公认并称为“侯氏制碱法”，此法一直沿用至今。

二、无机化学与天然药物学

（一）无机化学简介

无机化学是化学学科中最古老的一个分支学科。它承担着研究所有元素及其化合物（除碳氢化合物及其衍生物外）的组成、结构、性质和反应变化规律的重大任务。19世纪中叶以后，无机化学处于停滞落后的状态。20世纪40年代以来，无机化学得到很快的发展。50年代无机化学开始“复兴”。近三十多年来，无机化学研究有了新的进展，主要是新型化合物的合成和应用。当前，无机化学是一个非常活跃的研究领域，科学研究的新兴领域及交叉学科如材料科学、生命

科学等几乎都涉及无机化学，无机化学开始向新的边缘学科开拓和发展，一个比较完整的、理论化的、定量化的和微观化的现代无机化学新体系正在迅速地建立起来。无机化学研究的主要内容是原子结构、分子结构、化学平衡理论、元素性质及其周期律，各种无机化合物的性质、制备和应用。鉴于无机化学本身的发展，它又被精细地划分为许多分支，例如普通元素化学、稀有元素化学、稀土元素化学、配位化学、无机高分子化学、无机合成化学、同位素化学、金属间化合物化学等。随着现代化学的发展，对无机化合物的研究领域逐渐拓宽，无机化学同其他学科相互渗透，产生了不少新的边缘学科，例如生物无机化学、固体无机化学、金属有机化学、药物无机化学、金属配合物化学等。当前无机化学的迫切任务是发展对生物体系中无机化学研究、有机金属化学、无机材料科学、发展无机合成化学以及对配位化学的研究。

（二）中药学发展中的无机化学

公元前1世纪，医药简牍中记载了16种矿物药的炮制、剂型及用药方法等。

汉代矿物药发展到了46种。我国汉代著名药学专著《神农本草经》将矿物药列在各品首位，并对这些药材的药性做了较详细的记载。其中还对部分元素及其化合物的化学变化和性质做了论述。

南北朝梁代陶弘景的《本草经集注》把矿物药列入“玉石部”中，所载化学知识较先前更为丰富，确定了部分矿物药的化学成分。

唐代对矿物药的应用获得了进一步发展。《唐本草》在对109种矿物药的陈述中，包括了不少新的化学内容。

两宋时期唐慎微的《证类本草》中矿物药增至253种。初步采用定性分析方法鉴别矿物药。

明代李时珍的巨著《本草纲目》记载的矿物药达266种之多。对其名称、炮制、药性、功效及组方配伍等方面进行了全面系统的阐述。他将矿物药归纳分为四部七类，还记载了一些较为复杂的人造无机药物的制备及合成反应，将无机矿物药的应用推向了全盛时期。

中华人民共和国成立后，《中药志》《中药大辞典》等药学专著有了更多矿物药的记载。《中华人民共和国药典》收录了矿物药的质量标准。科学家们对无机药物的研究领域由矿物药拓宽到应用无机化学中配位化学的理论和方法研究金属配合物在医药中的应用，生物金属配合物和人体微量元素与人类健康的关系，药物质量控制中重金属离子的检查和含量测定，与金属有关的新型药物的合成以及纳米技术在中药开发中的应用等。

（三）新药中的无机化学

1. 铂类金属抗癌药物

1967年人们发现顺铂（顺式-二氯二氨合铂）有抗肿瘤活性以来，铂类金属抗癌药物的应用和研究得到了迅速的发展。目前已研制和开发出第二代及第三代铂类抗癌药物，如卡铂（顺-环丁二羧二氨基合铂）、奥沙利铂（环己烷二氢基络铂类化合物）。

2. 非铂系配合物的抗癌药物

合成的非铂系配合物的抗癌药物是临床上治疗生殖泌尿系统及头颈部、食道、结肠等癌症有效的广谱抗癌药物。如有机锗、有机锡等。这些药物是科学家们应用无机配位法，把金属离子与有机体或无机体配合形成的金属配合物。

3. 金属配合物解毒剂

金属配合物在重金属及放射性元素解毒方面显示出其强大的生命力。依地酸二钠钙是临床上治疗铅中毒及某些放射性元素中毒的高效解毒剂。二巯基丁二酸钠是我国创制的解毒剂，用于锑、汞、铅、砷和镉等中毒。

4. 纳米中药

20 世纪 90 年代纳米中药的问世，又为应用无机化学开辟了一个新领域。将矿物药制成纳米颗粒（0.1～100nm）、微囊、贴剂等多种剂型，大大提高了临床疗效。我国已成功研制出纳米级新一代抗菌药物，对大肠杆菌、金黄色葡萄球菌等致病微生物均有强烈的抑制和杀灭作用。以这种抗菌颗粒为原料药，已成功地开发出创伤贴、溃疡贴等纳米医药类产品。纳米技术在中药上的应用大大提高了中药现代化和标准化。

21 世纪的医药将是天然药物为主的时代，随着人们对无机化学在中药中重要作用认识的深化，无机药将以其特有的中医药理论优势、丰富的微量元素、肯定的药理作用和临床疗效，为人类健康事业作出更大的贡献。

三、无机化学课程基本内容和学习方法

（一）无机化学课程基本内容

本课程分为四部分：

1. 基本结构理论

主要讲述原子结构和分子结构理论，配位化合物的化学键理论。

2. 化学平衡原理

主要讲述化学平衡与四大平衡原理。四大平衡包括酸碱电离平衡、难溶强电解质的沉淀-溶解平衡、氧化还原反应平衡和配合平衡。

3. 元素重要化合物性质

按周期系分 s 区元素、p 区元素、d 区元素、ds 区元素、f 区元素，讲述除 f 区元素外其他各区元素的通性及重要化合物的性质与在医药中的应用。

4. 拓展内容

主要包括矿物药的研究展望、生物无机化学的基础知识、微量元素与人体健康和纳米技术在中医药领域的发展前景。

5. 实验

无机化学实验是无机化学学科的重要组成部分。实验包括基本操作，验证理论和某些平衡常数的测定及重要化合物的性质等内容。

（二）无机化学课程学习方法

1. 灵活学习理论内容，力求融会贯通。四大平衡和基本理论是无机化学课程的精髓，熟练掌握它们非常重要。在学习这部分知识时，不要单纯地死记硬背，而要在理解的基础上掌握之。对每一个化学理论的来龙去脉要有清晰思路，应了解理论提出的背景、解释实验现象的方法、实际意义以及局限性等。这样既便于巩固记忆，也有利于深入了解和掌握所学的内容，使学到的知识更加系统化。

2. 学习元素部分时，要抓住教材的主要内容，去理解和掌握教材的次要内容。在这部分中，掌握元素的性质及其变化规律是主要的，因为性质决定物质的存在、制备和用途。要以物质结构理论及物质性质为主线，从认识物质结构的微观本质入手继而掌握元素及其化合物性质变化的宏

观规律。在深刻了解物质结构与性质内在联系的基础上，善于学会运用周期律的理论来进行归类。

3. 学习化学必须重视实验。化学是一门以实验为基础的科学，许多化学的理论和规律是从实验总结出来的。因此，我们在进行化学实验时，要保持严谨的学风和科学的态度。认真观察现象，对实验结果做切实的分析。既要注意观察能说明和证实学过理论和反应的实验现象，更要注意实验中发生的“反常”现象。针对这些问题，再翻阅一定资料或设计做一些实验后，得出正确的答案，使学习深化一步。

4. 拓宽化学视野，了解学科发展的新成果。学生除可阅读教材中的拓宽内容外，还可选读一些课外参考读物辅助学习。通过阅读，了解近年来本学科出现的新概念、新理论、新方法和新型结构的化合物；了解无机化学的发展前景；了解无机化学与其他学科的融合与交叉，用现代视野拓宽化学知识面。

5. 将学习化学与学习本专业知识相结合。学习无机化学要与现代中药高科技发展相适应，我们应在学习中努力把握中药学科发展的最新进展，努力用所学的化学知识、概念、原理和理论理解新的事实，设计并参与新型药物的科研实践，为中医药的继承发扬提供必要的现代化学基础。

青蒿素

中医药文化在人类探索自然的历史进程中熠熠生辉。我国药学专家屠呦呦从东晋葛洪《肘后备急方》关于青蒿用药记录：“青蒿一握，以水二升渍，绞取汁，尽服之”中获得启发，基于相似相溶原理，采用低沸点乙醚法从中草药青蒿中提取青蒿素，突破科研瓶颈，创造性地研制出抗疟新药——青蒿素，对恶性疟疾有很好的治疗效果；进一步对青蒿素进行结构改性，1973 年合成出疗效增强 10 倍的双氢青蒿素，并把双氢青蒿素及其片剂开发成为新一代拥有自主知识产权的“一类新药”。以双氢青蒿素、青蒿琥酯等衍生物为基础的联合用药疗法（ACT）是国际抗疟第一用药，挽救了全球数百万患者的生命。2015 年屠呦呦获得诺贝尔生理学或医学奖。

小　结

化学的发展经历了古代及中古化学、近代化学和现代化学三个时期。

在化学发展史中，李时珍、波意耳、拉瓦锡、道尔顿、阿佛加德罗、门捷列夫、卢瑟福、玻尔、薛定谔、鲍林、侯德榜等知名科学家对化学的发展起到了极大的推动作用。

我国对天然药物中无机化学的研究始于公元前 1 世纪，历经汉、唐、宋、元、明、清等朝代，一直持续至今。随着现代中药学的发展，无机化学被广泛应用到中药新药的研制开发之中。

无机化学课程的基本内容为：基本结构理论、化学平衡原理、元素重要化合物性质、拓展内容及实验部分。

科学的学习方法是：灵活学习理论内容，力求融会贯通，以物质结构理论及物质性质为主线学习元素部分，重视实验，拓宽化学视野，将化学的学习与现代中药的发展及应用相结合。

思考题

1. 化学的发展经历了几个时期？在化学发展史中哪些有代表性的科学家对化学的发展起了重要的推动作用？

2. 无机化学与天然药物学有什么联系？我国对天然无机药物的研究主要包括哪几个领域？

3. 中国古代对天然药物学中无机化学的研究始于何时？经历了哪几个朝代？

第一章

溶　液

扫一扫，查阅本章数字资源，含PPT、音视频、图片等

【学习要求】

1. 掌握物质的量浓度的概念及有关计算。
2. 掌握依数性的定义、四个依数性的有关计算公式及解题技巧。
3. 掌握利用依数性求物质摩尔质量的方法。
4. 熟悉依数性的应用，尤其是渗透压在医学上的应用。
5. 了解反渗透技术等内容。
6. 了解强电解质在溶液中的行为，以及活度、活度系数的概念。

第一节　溶液的浓度

一、常用溶液浓度的表示方法

溶液浓度的表示方法很多，最常用的有下列几种。

(一) 质量摩尔浓度

质量摩尔浓度（molality）：设溶液中各物质为 A、B、C…，通常视量较多的 A 为溶剂，若溶质 B 的量以 mol 表示，则**【溶质 B 的物质的量 n_B(mol) 与溶剂的质量 m_A(kg) 之比，称为溶质 B 的质量摩尔浓度，用符号 b_B 表示】**。

$$b_B=\frac{n_B}{m_A} \tag{1-1}$$

质量摩尔浓度的 SI 单位为 $mol \cdot kg^{-1}$。

若溶质仅有一种，则溶质的浓度可称为溶液的浓度。若溶质有几种，则溶液的浓度为几种溶质的浓度之和。

【例 1-1】　32.2g 芒硝（$Na_2SO_4 \cdot 10H_2O$）溶于 150g 水中，求溶液的质量摩尔浓度。

解：$Na_2SO_4 \cdot 10H_2O$ 的摩尔质量为 $322g \cdot mol^{-1}$。

Na_2SO_4 的摩尔质量为 $142g \cdot mol^{-1}$。

溶质的质量：$\frac{142g \cdot mol^{-1}}{322g \cdot mol^{-1}} \times 32.2g=14.2g$

溶质的物质的量：$n_B=\frac{14.2g}{142g\cdot mol^{-1}}=0.100mol$

溶剂的质量：$m_A=150g+(32.2g-14.2g)=168g$

质量摩尔浓度：$b_B=\frac{n_B}{m_A}=\frac{0.100mol}{168g\times10^{-3}}=0.595mol\cdot kg^{-1}$

（二）物质的量浓度

物质的量浓度（amount of substance concentration），简称浓度，其定义为**【溶质 B 的物质的量 n_B(mol)与溶液的体积 V 之比，用符号 c_B 表示】**。

$$c_B=\frac{n_B}{V} \tag{1-2}$$

物质的量浓度的 SI 单位为 $mol\cdot m^{-3}$。由于立方米的单位太大，化学计算中常用单位为 $mol\cdot L^{-1}$ 或 $mol\cdot dm^{-3}$。

在很稀的水溶液中，可近似认为物质的量浓度 c_B 与质量摩尔浓度b_B 相等，这是因为在很稀的溶液中，溶质的质量可以忽略不计，水的密度可视为$1kg\cdot L^{-1}$，则水的体积与水的质量相等。

广义地说，气体混合物也可视为气体溶液，其物质的量浓度的定义与液态溶液的一致，体积为气体的体积。

【例 1-2】 将 12.6g 草酸晶体（$H_2C_2O_4\cdot2H_2O$）溶于水中，使之成为体积为 200mL 的溶液，求溶液的物质的量浓度。

解：$H_2C_2O_4\cdot2H_2O$ 的摩尔质量为 $126g\cdot mol^{-1}$。

$H_2C_2O_4$ 的摩尔质量为 $90.0g\cdot mol^{-1}$。

溶质的质量：$12.6g\times\frac{90.0g\cdot mol^{-1}}{126g\cdot mol^{-1}}=9.00g$

溶质的物质的量：$n_B=\frac{9.00g}{90.0g\cdot mol^{-1}}=0.100mol$

物质的量浓度：$c_B=\frac{n_B}{V}=\frac{0.100mol}{200mL\times10^{-3}}=0.500mol\cdot L^{-1}$

（三）摩尔分数

摩尔分数（mole fraction）：**【混合物中物质 B 的物质的量 n_B(mol)与混合物的总量 $n_总$ 之比，用符号 x_B 表示】**。即

$$x_B=\frac{n_B}{n_总} \tag{1-3}$$

摩尔分数的 SI 单位为 1。

显然，溶液中各组分摩尔分数之和等于 1，即 $\sum_i x_i=1$

这是因为　　$x_A=\frac{n_A}{n_A+n_B+\cdots}=\frac{n_A}{n_总}$　　$x_B=\frac{n_B}{n_A+n_B+\cdots}=\frac{n_B}{n_总}$

$$x_A+x_B+\cdots=\frac{n_A}{n_总}+\frac{n_B}{n_总}+\cdots=\frac{n_A+n_B+\cdots}{n_总}=\frac{n_总}{n_总}=1$$

【例 1-3】 将 10g NaOH 溶解在 90g 水中配成溶液，求该溶液中 NaOH 和水的摩尔分数各为多少？

解：$n_{NaOH}=\frac{10g}{40g\cdot mol^{-1}}=0.25mol$

$$n_{H_2O}=\frac{90g}{18g\cdot mol^{-1}}=5.0mol$$

$$x_{NaOH}=\frac{0.25mol}{0.25mol+5.0mol}=0.048$$

$$x_{H_2O}=\frac{5.0mol}{0.25mol+5.0mol}=0.952$$

二、其他浓度的表示方法（自学）

溶液的浓度还可用质量分数、体积分数、质量浓度表示。

（一）质量分数

质量分数（mass fraction）：**【溶质 B 的质量 m_B 与溶液的质量 m 之比，称为溶质 B 的质量分数，用符号 ω_B 表示】**。即

$$\omega_B=\frac{m_B}{m} \tag{1-4}$$

质量分数若用百分数表示，就是原来使用的质量百分比浓度。

（二）体积分数

体积分数（volume fraction）：**【在与混合气体相同温度和压强的条件下，混合气体中组分 B 占有的体积 V_B 与混合气体各组分占有的体积之和 $V_{总}$ 之比，叫作组分 B 的体积分数，用符号 φ_B 表示】**。即

$$\varphi_B=\frac{V_B}{V_{总}} \tag{1-5}$$

体积分数、质量分数和摩尔分数一样，SI 单位均为 1。在医药上，如果溶质和溶液都是液体，其浓度一般用体积分数表示。消毒用酒精的体积分数为 0.75。

（三）质量浓度

溶质 B 的质量浓度（mass concentration）定义为：**【溶质 B 的质量 m_B 与混合物的体积 V 之比，以 ρ_B 表示】**。即

$$\rho_B=\frac{m_B}{V} \tag{1-6}$$

质量浓度的 SI 制单位为 $kg\cdot m^{-3}$，常用单位为 $g\cdot L^{-1}$ 或 $g\cdot mL^{-1}$。

三、各浓度之间的换算（自学）

综上所述，浓度的表示方法可分为二大类：一类是用溶剂与溶质的相对量（质量或物质的量）表示，如 ω_B、x_B、b_B。此类浓度表示方法的优点是浓度数值不受温度影响，缺点是用天平或台秤称量液体很不方便。另一类是用一定体积溶液中所含溶质的量（或溶质的体积）表示，如 c_B、φ_B、ρ_B。这类浓度表示方法的缺点是溶液密度与温度变化有关，浓度数值随温度略有变化。实际工作中，根据不同的需要，采取不同的浓度表示方法，它们之间都可相互换算。现举例说明如下：

【例 1-4】 在 100mL 水中，溶解 17.1g 蔗糖（$C_{12}H_{22}O_{11}$），溶液的密度为 $1.06g \cdot mL^{-1}$，求蔗糖的物质的量浓度、物质的摩尔分数各是多少？

解：蔗糖的摩尔质量为 $342g \cdot mol^{-1}$。

H_2O 的摩尔质量为 $18.0g \cdot mol^{-1}$。

$$n_{C_{12}H_{22}O_{11}}=\frac{17.1g}{342g \cdot mol^{-1}}=0.050mol$$

$$V=\frac{17.1g+100g}{1.06g \cdot mL^{-1}}=110mL$$

$$c=\frac{n_{C_{12}H_{22}O_{11}}}{V}=\frac{0.050mol}{110mL \times 10^{-3}}=0.455mol \cdot L^{-1}$$

$$n_{H_2O}=\frac{100g}{18g \cdot mol^{-1}}=5.56mol$$

$$x_{C_{12}H_{22}O_{11}}=\frac{n_{C_{12}H_{22}O_{11}}}{n_{C_{12}H_{22}O_{11}}+n_{H_2O}}=\frac{0.050mol}{5.56mol+0.050mol}=8.91 \times 10^{-3}$$

$$x_{H_2O}=1-x_{C_{12}H_{22}O_{11}}=1-8.91 \times 10^{-3}=0.991$$

【例 1-5】 物质的量浓度为 $1.83mol \cdot L^{-1}$ 的 NaCl 溶液，其密度为 $1.07g \cdot mL^{-1}$（283K），求：①质量摩尔浓度；②质量分数；③NaCl 和水的摩尔分数。

解：NaCl 的摩尔质量为 $58.5g \cdot mol^{-1}$。

① 先求 1.00L NaCl 溶液中溶剂水的质量：

$$1000mL \times 1.07g \cdot mL^{-1}-1.83mol \times 58.5g \cdot mol^{-1}=963g$$

质量摩尔浓度：$b_B=\frac{n_B}{m_A}=\frac{1.83mol}{963g \times 10^{-3}}=1.90mol \cdot kg^{-1}$

② 质量分数：$\omega_B=\frac{m_B}{m}=\frac{1.83mol \times 58.5g \cdot mol^{-1}}{1000mL \times 1.07g \cdot mL^{-1}}=0.10$

③ NaCl 和水的摩尔分数：$x_{NaCl}=\frac{1.83mol}{\frac{963g}{18.0g \cdot mol^{-1}}+1.83mol}=0.0331$

$$x_{H_2O}=1-x_{NaCl}=0.967$$

第二节　稀溶液的依数性

溶液中的各组分微粒如果不带电荷（非离子状态），微粒间也就没有静电相互作用，这样的溶液叫作非电解质溶液。在非电解质稀溶液中，当指定溶剂的种类和数量后，**【溶液的某些性质只取决于其所含溶质分子的数目，而与溶质的种类和本性无关，这些性质叫作依数性(colligative)】**。稀溶液的依数性共有四种，分别是溶液的蒸气压下降、凝固点降低、沸点升高、溶液的渗透压，其中渗透压与医药学的关系最为密切。当溶液较浓或是电解质溶液时，其情况与非电解质稀溶液有较大的不同，本章不作讨论。

一、溶液的蒸气压下降

把液体置于密闭的真空体系中，液体分子不断地逸出而在液面上方形成蒸气，最后使得分子由液面逸出的速度与分子由蒸气中回到液体中的速度相等，此时液面上的蒸气达到饱和，它

对液面所施加的压力称为该液体的饱和蒸气压，简称蒸气压。将少量难挥发的非电解质溶于溶剂中（例如蔗糖溶于水中），溶剂的蒸气压就会下降（亦即溶液的蒸气压下降）。这是由于溶质溶于溶剂后，每个溶质分子与若干个溶剂分子结合，形成了溶剂化分子，溶剂化分子一方面束缚了一些高能量的溶剂分子，另一方面又占据着一部分溶剂的表面，结果使得在单位时间内逸出液面的溶剂分子相应减少，达到平衡状态时，溶液的蒸气压必定比纯溶剂的蒸气压低。

首先对溶液的蒸气压下降现象做精确定量研究的是法国物理学家**拉乌尔**(F·M·Raoult，1832—1901)。他归纳多次实验的结果，于1887年发表了蒸气压下降的定量关系，即拉乌尔定律：**【定温下，在稀溶液中，溶剂的蒸气压等于纯溶剂的蒸气压乘以溶液中溶剂的摩尔分数】**。用公式表示为：

$$p_A = p_A^{\ominus} x_A \tag{1-7}$$

式中，$p_A^{\ominus}$ 代表纯溶剂A的蒸气压，x_A 代表溶液中A的摩尔分数。由于 $x_A<1$，所以 p_A 必然小于 $p_A^{\ominus}$。

在二组分溶液中，设 x_B 为溶质的摩尔分数，则有 $x_A+x_B=1$，所以

$$p_A = p_A^{\ominus}(1-x_B)$$

$$p_A^{\ominus} - p_A = p_A^{\ominus} x_B$$

$$\Delta p = p_A^{\ominus} x_B \tag{1-8}$$

上式表明：**【在一定的温度下，难挥发非电解质稀溶液的蒸气压下降值 Δp 和溶质的摩尔分数成正比，而与溶质本性无关】**。这是拉乌尔定律的另一种表述法。

设 n_B 和 n_A 分别代表溶质和溶剂的物质的量，且稀溶液中 $n_A \gg n_B$，则

$$\Delta p = p_A^{\ominus} x_B = p_A^{\ominus} \frac{n_B}{n_A+n_B} \approx p_A^{\ominus} \frac{n_B}{n_A}$$

若用 m_A（单位用kg）表示溶剂的质量，用 M_A（单位用 $g \cdot mol^{-1}$）表示溶剂的摩尔质量，则

$$\Delta p \approx p_A^{\ominus} \frac{n_B}{\frac{m_A 1000}{M_A}} = p_A^{\ominus} \frac{M_A}{1000} b_B$$

温度一定时，$p_A^{\ominus} \frac{M_A}{1000}$ 是个常数，用 K 代替，即

$$\Delta p = K b_B \tag{1-9}$$

所以拉乌尔定律也可表述为：**【在一定温度下，难挥发的非电解质稀溶液的蒸气压下降值近似地与溶液的质量摩尔浓度成正比，与溶质的本性无关】**。

【例1-6】 在热带气候条件下，用乙醚作外科手术的麻醉剂将会遇到困难，因为乙醚的正常沸点为34.6℃，有可能在炎热的条件下迅速汽化。为解决这个问题，可在乙醚中加入少量难挥发溶质以降低其蒸气压。如果在40℃乙醚的蒸气压为122790Pa，问在此温度下，为防止乙醚沸腾，其溶质的质量摩尔浓度至少应为多少？（液体的沸点定义为液体蒸气压等于外压时的温度）。

解： $p_A^{\ominus}=122790Pa$，乙醚的摩尔质量为 $74g \cdot mol^{-1}$

$$\Delta p = K b_B \quad K = p_A^{\ominus} \frac{M_A}{1000 g \cdot kg^{-1}}$$

$$b_B = \frac{\Delta p}{K} = \frac{122790Pa - 101325Pa}{122790Pa \times \frac{74 g \cdot mol^{-1}}{1000 g \cdot kg^{-1}}} = 2.4 mol \cdot kg^{-1}$$

【例 1-7】 323K 时 200g 乙醇中含有 23.0g 非挥发性溶质的溶液，其蒸气压下降 1.70×10^{3}Pa。已知 323K 时乙醇蒸气压为 2.93×10^{4}Pa，求溶质的摩尔质量。

解：设溶质的物质的量为 n_B，溶质的摩尔质量为 M_B

$$\Delta p=p_A^{\ominus}x_B=p_A^{\ominus}\frac{n_B}{n_B+n_A}$$

$$1.70\times10^{3}\,\text{Pa}=2.93\times10^{4}\,\text{Pa}\,\frac{n_B}{n_B+\dfrac{200\text{g}}{46.0\text{g}\cdot\text{mol}^{-1}}}$$

$$n_B=0.2678\text{mol}$$

解得

$$M_B=\frac{m_B}{n_B}=\frac{23.0\text{g}}{0.2678\text{mol}}=85.9\text{g}\cdot\text{mol}^{-1}$$

二、溶液的沸点升高

（一）纯液体的沸点

液体沸腾时不仅在表面上而且在液体内部都发生蒸发，要使液体中的气泡形成并增大，气泡内的蒸气压力就必须与施于它的外界压力相等。因此纯液体的沸点定义为液体的蒸气压等于外压时的温度。在恒压下，纯液体的沸点是恒定的，在 101.325kPa 压力下的液体沸点称为正常沸点。例如水的正常沸点是 373.15K（如果没有指出外压条件，通常都是指正常沸点）。当外压较高时，水的沸点也会高于 373.15K，当外压较低时（例如在高山顶上），水的沸点将低于 373.15K。

利用液体的沸点与外压有关这一性质，在提取和精制热稳定性差的物质时，常采用减压蒸馏或减压浓缩的方法以降低蒸发温度，防止高热对这些物质的破坏。又如，对热稳定性好的注射液和对某些医疗器械灭菌，常采用热压灭菌法，即在密闭的高压消毒器内加热，通过提高水蒸气的温度缩短灭菌时间并提高灭菌效果。

（二）溶液的沸点升高

由于溶质的加入降低了溶剂的蒸气压，所以欲使敞口容器中溶液的蒸气压达到大气压而使其沸腾，就需要较高的温度。

图 1-1 是水、冰和溶液的蒸气压与温度的关系曲线。由图可见，溶液的蒸气压在任何温度下都小于水的蒸气压。在 100℃时，水的蒸气压正好等于外压 101.325kPa，水将沸腾，而此时溶液的蒸气压小于 101.325kPa，要使溶液的蒸气压达到此值，就必须加热至 B′点（沸点），可见溶液的沸点总是高于纯溶剂的沸点。

和溶液的蒸气压下降一样，**【溶液的沸点升高也近似地与溶液的质量摩尔浓度成正比，而与溶质的本性无关】**。对稀溶液来说，沸点升高的数学近似表达式为：

$$\Delta T_b=K_b b_B \tag{1-10}$$

式中，ΔT_b 是溶液沸点升高的度数，K_b 是摩尔沸点升高常数，也就是 1mol 溶质溶于 1000g 溶剂中所引起沸点升高的度数。不同溶剂的 K_b 值不同（见表 1-1）。有机溶剂的 K_b 值一般都大于纯水的 K_b 值。

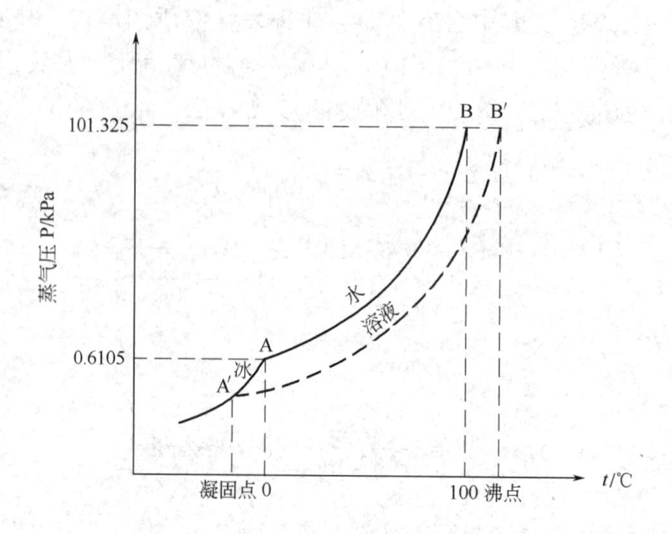

图 1-1 水、冰和溶液的蒸气压曲线

表 1-1 几种溶剂的 K_b 值

溶剂	b. p. (K)	K_b (K·mol^{-1}·kg)	溶剂	b. p. (K)	K_b (K·mol^{-1}·kg)
水	373.0	0.512	二氯甲烷	333.2	3.63
醋酸	391.4	3.07	苯	353.2	2.53
丙酮	329.5	1.71	乙醚	307.4	2.16
二硫化碳	319.1	2.34	萘	491.0	5.80

【例 1-8】 在 50.00gCCl_4 中，溶入 0.5126g 萘（M=128.16），测得 ΔT_b 为 0.402K。若在同量 CCl_4 中，溶入 0.6216g 未知物，测得沸点升高 0.647K，求此未知物的摩尔质量。

解：

$$\Delta T_{b_1}=0.402\text{K}=K_b b_{B_1}，\Delta T_{b_2}=0.647\text{K}=K_b b_{B_2}$$

$$\frac{\Delta T_{b_1}}{\Delta T_{b_2}}=\frac{0.402\text{K}}{0.647\text{K}}=0.621=\frac{b_{B_1}}{b_{B_2}}=\frac{\dfrac{\dfrac{0.5126\text{g}}{128.16\text{g}\cdot\text{mol}^{-1}}}{50\times10^{-3}\text{kg}}}{\dfrac{\dfrac{0.6216\text{g}}{M_{B_2}}}{50\times10^{-3}\text{kg}}}$$

$$M_{B_2}=96.5\text{g}\cdot\text{mol}^{-1}$$

三、溶液的凝固点降低

冬季，人们在公路上洒盐水以融化冰雪，往汽车散热器（水箱）里加乙二醇之类的防冻剂以防止结冰，0℃时海水不会结冰。这些现象表明溶液的凝固点比纯溶剂要低，其原因还是由于溶液的蒸气压下降。

物质的凝固点是在一定外压下该物质的固相蒸气压与液相蒸气压相等时的温度。溶液的凝固点实际上就是溶液中溶剂的蒸气压与纯固态溶剂的蒸气压相等时的温度。因为相转移的方向是由蒸气压高的相向蒸气压低的相自动转移，从图 1-1 可知，A 点是水的凝固点，此时水的蒸气压与冰相等，都是 0.6105kPa，而 0℃时溶液的蒸气压小于 0.6105kPa，即小于 0℃时冰的蒸气压。此溶液和冰不能共存，若两者接触，则冰将熔化，所以 0℃不是溶液的冰点。由图中曲线可以看出，水、冰和溶液的蒸气压虽然都随着温度的下降而减小，但冰减小的幅度大，因而在交点 A′处，

溶液的蒸气压可以与冰的蒸气压相等，冰和溶液达到平衡，该温度就是溶液的凝固点。

需要强调的是，稀溶液凝固时，随着温度不断降低，开始只是纯溶剂呈固态析出，而溶质并不析出。水溶液凝固时，首先析出冰，随着冰的析出，溶液浓度不断变大，于是冰点不断降低。当溶液浓度达到饱和时，冰和溶质同时结晶出来，溶液的冰点不再降低，直到溶液全部变成固态的冰和溶质的混合物。这种混合物称为低共熔混合物（共晶混合物）。生成低共熔混合物时的温度称为最低共熔温度。不同体系的最低共熔温度是不同的，例如食盐溶液为－22.4℃。

由此可知，当温度高于－22.4℃时，冰和食盐不能共存，当两者混合后，冰立刻开始熔化。冰融化时要大量吸热，故冰盐混合物可作为致冷剂。另外，海水中溶解约3.5%的盐（总盐量），在南北极和寒冷地区的海洋上，常可以见到绵延数公里的冰山，这是宝贵的淡水资源。

与沸点升高一样，**【稀溶液的凝固点下降与溶液的质量摩尔浓度成正比，而与溶质的本性无关】**。数学近似表达式为：

$$\Delta T_f = K_f b_B \tag{1-11}$$

式中，ΔT_f 是溶液凝固点下降的度数，K_f 是摩尔凝固点下降常数，也就是1mol溶质溶于1000g溶剂中所引起凝固点下降的度数。不同溶剂的 K_f 值不同（见表1-2）。有机溶剂的 K_f 值一般都较大。

表1-2　几种溶剂的 K_f 值

溶　剂	m. p.（K）	K_f（$K\cdot mol^{-1}\cdot kg$）	溶　剂	m. p.（K）	K_f（$K\cdot mol^{-1}\cdot kg$）
水	273.0	1.86	醋酸	290.0	3.90
苯	278.5	5.10	樟脑	451.0	40.0
环己烷	279.5	20.20	四氯化碳	250.1	32.0
萘	353.0	6.90	乙醚	156.8	1.80

应用式（1-10）和式（1-11）可计算非电解质稀溶液沸点上升和凝固点降低的值及非电解质的摩尔质量。由于大多数溶剂的 $K_f > K_b$，所以由同一质量摩尔浓度溶液测得的凝固点降低值比沸点升高值大，因而实验误差小；测定溶液凝固点又是在低温下进行的，即使多次重复测定也不会引起变性或破坏，溶液浓度也不会变化，因此在医学和生物科学实验中凝固点降低法应用更为广泛。此法的另一个优点是对于可挥发的溶质也适用，而沸点法就不行。

【例1-9】　2.6g尿素[$CO(NH_2)_2$]溶于50.0g水中，计算此溶液在标准压力时的沸点和凝固点。

解：尿素的摩尔质量＝60.0g·mol⁻¹，尿素的物质的量 n_B＝2.60/60.0＝0.0433mol

$$质量摩尔浓度\ b_B = \frac{n_B}{m_A} = \frac{0.0433mol}{50\times10^{-3}kg} = 0.866mol\cdot kg^{-1}$$

$$\Delta T_b = 0.512K\cdot mol^{-1}\cdot kg \times 0.866mol\cdot kg^{-1} = 0.443K$$

$$T_b = 373.0K + 0.443K = 373.443K$$

$$\Delta T_f = 1.86K\cdot mol^{-1}\cdot kg \times 0.866mol\cdot kg^{-1} = 1.61K$$

$$T_f = 273.0K - 1.61K = 271.39K$$

【例1-10】　溶解2.76g甘油于200g水中，测得凝固点下降为0.279K，求甘油的摩尔质量。

解：
$$\Delta T_f = K_f b_B$$

$$b_B=\frac{n_B}{m_A}=\frac{\frac{m_B}{M_B}}{m_A}$$

$$M_B=\frac{m_B}{b_B m_A}$$

$$b_B=\frac{\Delta T_f}{K_f}=\frac{0.279\text{K}}{1.86\text{K}\cdot\text{mol}^{-1}\cdot\text{kg}}=0.15\text{mol}\cdot\text{kg}^{-1}$$

$$M_B=\frac{2.76\text{g}}{0.15\text{mol}\cdot\text{kg}^{-1}\times200\times10^{-3}\text{kg}}=92\text{g}\cdot\text{mol}^{-1}$$

四、溶液的渗透压

（一）渗透现象和渗透压

当我们用一种能使溶剂分子通过而不使溶质分子通过的半透膜把一种溶液和它的纯溶剂分隔开时（或用半透膜把稀溶液和浓溶液分隔开），纯溶剂将通过半透膜扩散到溶液中使其稀释，这种现象叫作渗透。实际上，溶剂是同时沿着两个相反方向通过半透膜而扩散的，只不过纯溶剂向溶液的扩散速度要比相反方向的扩散（即溶剂分子从溶液向纯溶剂的扩散）速度大得多。许多动植物的膜，如萝卜皮、香肠的外皮和动物的膀胱，以及有些人造薄膜如火棉胶制成的薄膜和筒壁上沉积着亚铁氰化铜{$Cu_2[Fe(CN)_6]$}沉淀的素烧瓷筒等，都可以用作渗透的半透膜。

图 1-2 是一个渗透现象实验装置。将一半透膜紧扎在漏斗管的口上，将漏斗内充入浓糖水并倒置在一杯水中。由于渗透作用，水将扩散而进入糖水溶液，可看到溶液体积逐渐增大，垂直的管子中液面上升。随着液柱的升高，压力增大，从而使漏斗中糖水溶液的水分子通过半透膜的速度增大，当压力达到一定的数值时，在单位时间内，水分子从两个相反方向通过半透膜的数目相等，体系达到平衡状态，可看做是渗透过程已经“终止”。这种刚刚可以阻止渗透过程进行所外加的压力叫作溶液的渗透压。

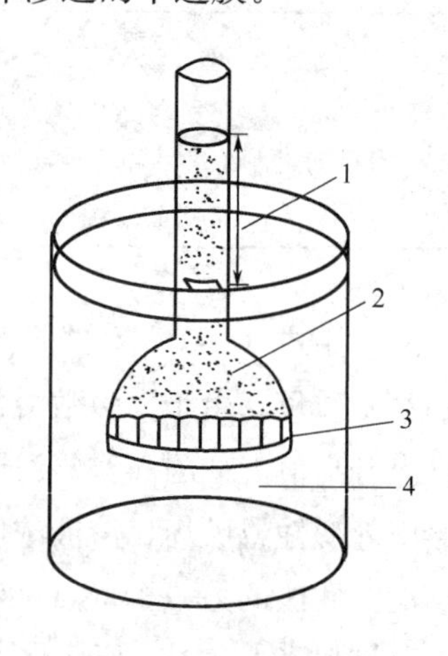

图 1-2　渗透现象实验

注：1. 渗透压；2. 糖水溶液；3. 半透膜；4. 纯溶剂（水）

渗透压只有当溶液与溶剂被半透膜隔开时才能显示出来。如果用半透膜将稀溶液和浓溶液隔开，为了阻止渗透作用发生，必须在浓溶液液面上施加一压力，但此压力既不代表浓溶液的渗透压，也不是稀溶液的渗透压，而是两种溶液渗透压之差。

（二）渗透压与浓度、温度的关系

1886 年，荷兰化学家**范特霍夫**（Van’t Hoff）根据实验结果指出：**【在一定温度下，非电解质稀溶液的渗透压 π 和溶液的物质的量浓度成正比，与溶质的本性无关】**。其数学表达式为：

$$\pi=c_B RT \tag{1-12}$$

式中，π 是溶液渗透压，单位是 kPa，c_B 是物质的量浓度，R 是气体常数（8.314kPa·L·mol^{-1}·K^{-1}），T 为绝对温度。

对于稀溶液来说，其物质的量浓度近似地与质量摩尔浓度相等，所以又有：

$$\pi=b_B RT \tag{1-13}$$

式中，R 为 8.314kPa·L·mol^{-1}·K^{-1}

若 c_B 用溶质的 n_B 除以溶液体积 V 来表示，则式（1-12）可写成：

$$\pi=\frac{n_B RT}{V} \text{或} \pi V=n_B RT$$

此式形式上与理想气体状态方程完全相同。但是，方程形式上的一致，决不意味着稀溶液的渗透压 π 与气体压强 p 相同，因为不仅它们产生的原因不同，而且测定它们的方法也不一样。气体压强 p 可以直接测定，而渗透压 π 只有在半透膜两侧分别存在溶剂和溶液时才能表现出来。

稀溶液的渗透压是相当大的，这往往令人惊奇。例如 25℃时，0.1mol·L^{-1}溶液的渗透压为：

$$\pi=0.1\text{mol}\cdot\text{L}^{-1}\times 8.314\text{kPa}\cdot\text{L}\cdot\text{mol}^{-1}\cdot\text{K}^{-1}\times 298\text{K}=248\text{kPa}$$

这相当于 25m 多高水柱的压力，可见渗透推动力是十分可观的。正因为有如此巨大的推动力，自然界才有高达几十米甚至百余米的参天大树。据说澳洲的桉树最高可达 155m。

由于直接测定渗透压相当困难，因此对一般不挥发的非电解质摩尔质量的测定，常用沸点上升和凝固点下降法。但对高分子化合物的测定，因为待测的某些极高分子量的物质，一般物质的量浓度很小，这时用渗透法有其独特的优点。

【例 1-11】 人的血浆在 272.44K 结冰，求在体温 310K（37℃）时的渗透压。

解：水的凝固点为 273K，故血浆的 ΔT_f 为：

$$\Delta T_f=273\text{K}-272.44\text{K}=0.56\text{K}$$

$$\Delta T_f=K_f b_B，\ b_B=\frac{\Delta T_f}{K_f}$$

$$\begin{aligned}\pi &=b_B RT=\frac{\Delta T_f}{K_f}RT\\ &=\frac{0.56\text{K}}{1.86\text{K}\cdot\text{mol}^{-1}\cdot\text{L}}\times 8.314\text{kPa}\cdot\text{L}\cdot\text{mol}^{-1}\cdot\text{K}^{-1}\times 310\text{K}\\ &=776\text{kPa}\end{aligned}$$

可见人体血液在 37℃时的渗透压是 776kPa。

【例 1-12】 将 1.00g 血红蛋白溶于水中，配成 100mL 溶液，在 293K 时测得溶液渗透压为 0.366kPa，求血红蛋白的摩尔质量。

解：

$$\pi V=n_B RT=\frac{m_B}{M_B}RT$$

$$\begin{aligned}M_B &=\frac{m_B RT}{\pi V}=\frac{1.00\text{g}\times 8.314\text{kPa}\cdot\text{L}\cdot\text{mol}^{-1}\cdot\text{K}^{-1}\times 293\text{K}}{0.366\text{kPa}\times 0.1\text{L}}\\ &=66557\text{g}\cdot\text{mol}^{-1}\end{aligned}$$

血红蛋白的摩尔质量为 66557g·mol^{-1}。

难挥发非电解质稀溶液的沸点升高、凝固点降低和渗透压这些依数性现象，本质上都是由溶液蒸气压下降引起的。透过现象看本质，分析矛盾抓关键，有助于逐层深入地认识现象的内在原因，揭示事物的发展规律。

五、依数性的应用

稀溶液的依数性在科学实践中有着重要的作用。如前所述及，在不同的条件下，可以分别利用稀溶液的沸点升高、凝固点降低以及产生的渗透压来测定某些物质的摩尔质量，方法简捷实用，且有一定精确度。也可以利用稀溶液凝固点降低的原理制作防冻剂和制冷剂。特别是渗透压和渗透现象，与医学的关系尤为密切，下面着重加以介绍。

（一）渗透压在医学上的意义

生命的存在与渗透平衡有着极为密切的关系，因此渗透现象很早就引起生物学家的注意。动植物都是由无数细胞所组成的，细胞膜均具有奥妙的半透膜功能。细胞膜是一种很容易透水，而几乎不能透过溶解于细胞液中的物质的薄膜。例如，若将红血球放进纯水，在显微镜下会看到水穿过细胞壁而使细胞慢慢肿胀，直到最后破裂；若将细胞放进浓糖水溶液时，水就向相反方向运动，细胞因此渐渐地萎缩。又如，人们在游泳池或河水中游泳时，睁开眼睛，很快就会感到疼痛，这是因为眼睛组织的细胞由于渗透而扩张所引起的；而在海水中游泳，却没有不适之感，这是因为 海水的浓度很接近眼睛组织的细胞液浓度。正是因为海水和淡水的渗透压不同，海水鱼和淡水鱼才不能交换生活环境，否则将会引起鱼体细胞的肿胀或萎缩而使其难以生存。又如，医学上使用的人工肾也与渗透现象有关，它是一种特殊的渗析装置，可以从肾衰竭或尿毒症患者血液中脱除代谢产物，对体内的酸碱和电解质平衡起调节作用，从而缓解病情。为了进一步研究渗透压与生物的关系，下面介绍渗透浓度的概念。

1. 渗透浓度

生物体液（如血浆、细胞内液等）的渗透压是由溶于体液中的各种溶质粒子（分子和离子）的浓度决定的，这些粒子叫作渗透活性物质，其浓度叫作渗透浓度，定义为：溶液中能产生渗透作用的溶质粒子（分子和离子）的总物质的量浓度。其单位通常用 $mmol \cdot L^{-1}$表示。一个 Na^+ 离子和一个蔗糖分子，它们所产生的渗透压是相同的。这样，式（1-12）中的 c_B，在这里就是渗透浓度。表 1-3 列出了正常人血浆中各种渗透活性物质的渗透浓度。

表 1-3 中血浆渗透浓度表示在每升血浆中含有 303.7mmol 的渗透活性物质，它近似地等于各种渗透活性物质粒子的渗透浓度总和。

表 1-3　正常人血浆中各种渗透活性物质的渗透浓度

渗透活性物质	$mmol \cdot L^{-1}$	渗透活性物质	$mmol \cdot L^{-1}$
Na^+	144.0	氨基酸	2.0
K^+	5.0	肌酸	0.2
Ca^{2+}	2.5	乳酸盐	1.2
Mg^{2+}	1.5	葡萄糖	5.6
Cl^-	107.0	蛋白质	1.2
HCO_3^-	27.0	尿素	4.0
HPO_4^{2-}，$H_2PO_4^-$	2.0	总量	303.7
SO_4^{2-}	0.5		

【例 1-13】 计算输液用的 $50g \cdot L^{-1}$ 葡萄糖和 $9g \cdot L^{-1}$ NaCl 溶液的渗透浓度。

解：葡萄糖溶液渗透浓度为：

$$\frac{50g \cdot L^{-1}}{180g \cdot mol^{-1}} \times 1000 = 278mmol \cdot L^{-1}$$

NaCl 溶液中渗透活性物质为 Na^+ 离子和 Cl^- 离子，因此其渗透浓度为：

$$\frac{9g \cdot L^{-1}}{58.5g \cdot mol^{-1}} \times 1000 \times 2 = 308mmol \cdot L^{-1}$$

2. 等渗、高渗和低渗溶液

渗透压相等的两种溶液，称为等渗溶液。对于渗透压不等的两种溶液，相对而言，渗透压高的称为高渗溶液，渗透压低的称为低渗溶液。**【在医疗实践中，溶液的等渗、低渗或高渗是以血浆总渗透压为标准，即溶液的渗透压与血浆总渗透压相等的溶液为等渗溶液，溶液的渗透压低于血浆总渗透压的溶液为低渗溶液，溶液的渗透压高于血浆总渗透压的溶液为高渗溶液】**。临床上常用的等渗溶液有：①生理盐水（0.15mol·L^{-1} NaCl 溶液），渗透浓度为 308mmol·L^{-1}。②0.278mol·L^{-1}葡萄糖溶液，渗透浓度为 278 mmol·L^{-1}。③0.149mol·L^{-1}碳酸氢钠溶液，渗透浓度为 298 mmol·L^{-1}，等等。临床上为病人输液必须用等渗溶液。

3. 晶体渗透压与胶体渗透压

血浆等生物体液是电解质（如 KCl、$NaHCO_3$ 等）、小分子物质（如葡萄糖、尿素等）和高分子物质（蛋白质）溶解于水而成的复杂混合物。在医学上，把电解质、小分子物质所产生的渗透压叫作晶体渗透压，而把高分子物质产生的渗透压叫作胶体渗透压。在 100mL 血浆中，含有小分子物质 0.75g，含有蛋白质等大分子物质 7g。虽然小分子物质含量少，但由于其摩尔质量小，电解质又以离子形式存在，所以在单位体积血浆中，离子数目仍较多，由此产生的晶体渗透压就高。例如在 37℃时，正常人的血浆的总渗透压为 776kPa，其中晶体渗透压的贡献为 772kPa，占 99.5%，而胶体渗透压为 3.8kPa，只占 0.5%。

由于生物半透膜（如细胞膜和毛细血管壁）对各种溶质的通透性不相同，因此，晶体渗透压和胶体渗透压有着不同的生理功能。

（1）*血浆和细胞间液之间水的转移*　血浆和细胞间液之间有一层作为半透膜的毛细血管壁，蛋白质等大分子不易透过此壁，而其他小分子物质如水、离子等均能自由透过，故血管内外渗透压差异主要为胶体渗透压的差异。如果因某种原因人体内的血浆蛋白减少，引起血浆胶体渗透压降低，则血浆内的水就会通过毛细管壁进入细胞间液。可见，胶体渗透压虽小，但对于调节血管内外体液中水分起着重要作用。

（2）*细胞间液和细胞内液之间水的转移*　细胞膜可看作是功能极其复杂的半透膜。除了蛋白质等大分子物质不能透过外，很多小分子物质和离子也不能自由透过。由于晶体渗透压远大于胶体渗透压，因此，晶体渗透压是决定细胞间液和细胞内液水分转移的主要因素。由于水可以透过细胞膜，正常情况下细胞内外液的晶体渗透压基本相等。如果人体由于某种原因缺水时，细胞外液中盐浓度相对升高，晶体渗透压增大，于是细胞内液水分通过细胞膜向细胞外液渗透，造成细胞失水皱缩。如果大量输入低渗葡萄糖溶液，则使细胞外液盐浓度降低，晶体渗透压减小，细胞外液的水分子向细胞内渗透，引起细胞肿胀。可见晶体渗透压在调节细胞内外水分方面起着重要作用。

（二）反渗透技术

前面讨论溶液的渗透压时已知，当溶液与纯水被半透膜隔开之后，若在溶液一侧外加一个大小与渗透压相等的压力，就可以阻止渗透作用的进行。如果外加压力大于渗透压，则水将从溶液向纯水方面运动，这种使纯溶剂通过半透膜从溶液中被压出来的过程叫作反向渗透。利用反向渗透可以从海水中提取淡水，也可以净化被可溶性污物严重污染的废水。研究表明，用反向渗透技术淡化海水所需的能量仅为蒸馏法所需能量的 30%，所以该法很有发展前途。反向渗透技术的主要问题在于寻找一种高强度的耐高压半透膜，因为绝大多数的细胞膜或各种较大的植物或动物膜都是易碎的，承受不住很高的渗透压。现已研制出由尼龙或醋酸纤维制成的合成薄膜用于反向渗透技术装置。目前国内已有使用反渗透装置日产 20 万吨淡水的工厂。

第三节 强电解质溶液理论

在熔融状态或在水溶液中，能够导电的化合物称为**电解质**（electrolyte）。根据电解质的结构及它们在水溶液中的电离行为，又可分为强电解质和弱电解质。

强电解质多为离子键化合物或强极性共价键化合物，它们在水中完全电离，故均以水合离子状态存在于溶液中且导电性强。如 HCl、NaCl、NaOH 等。

一、电解质溶液的依数性

在第二节稀溶液的依数性讨论中已经知道，非电解质稀溶液的依数性只与溶液中溶质微粒的数量成正比，而与溶质的本性无关。但对于电解质溶液，由于其要发生电离，因而在测定它们的凝固点降低值时，依数性出现了反常。所测定的下降值比同浓度的非电解质溶液的相应数值要大。如表 1-4。

表 1-4 几种无机盐水溶液的凝固点降低值

盐 类	浓 度 ($mol \cdot kg^{-1}$)	按稀溶液定律计算 ΔT_f/K	实验测得 $\Delta T_f'$/K	$i=\frac{\Delta T_f'}{\Delta T_f}$
KCl	0.2	0.372	0.673	1.81
KNO_3	0.2	0.372	0.664	1.78
$MgCl_2$	0.1	0.186	0.519	2.79
$Ca(NO_3)_2$	0.1	0.186	0.461	2.48
NaCl	0.1	0.186	0.347	1.87

另外，在测定电解质稀溶液的渗透压时，也发现测定出的数值要比利用渗透压计算公式得出来的数值大。对这种偏差的出现，范特霍夫首先建议在公式中引入校正系数 i，即：

$$\pi' = ic_B RT$$

这样计算值就接近实验值了。校正系数 i 可以通过实验测定得到，最常用的方法是测定溶液凝固点下降值。如以 ΔT_f 表示按稀溶液定律计算出的非电解质稀溶液凝固点下降值，以 $\Delta T_f'$ 表示相同浓度的电解质由实验测得的数值，则校正系数为

$$i = \frac{\Delta T_f'}{\Delta T_f}$$

事实上，由凝固点下降法求得的值也适用于同浓度下对其他依数性的校正，故 i 称为**等渗系数**（isosmotic coefficient）。

$$i = \frac{\pi_{渗}'}{\pi_{渗}} = \frac{\Delta p'}{\Delta p} = \frac{\Delta T_b'}{\Delta T_b} = \frac{\Delta T_f'}{\Delta T_f}$$

1887 年，瑞典化学家**阿仑尼乌斯**（S. A. Arrhenius）根据这些数据，认为电解质在水溶液中是电离的，所以 i 值总是大于 1，但由于电离程度的不同，i 值又是小于 100%电离时质点所应扩大的倍数。从表 1-4 中 NaCl 的数据表明：$0.1 mol \cdot kg^{-1}$ NaCl 若不电离，其 ΔT_f 值应是 0.186K，若 100%电离，即质点数目应为 $0.2 mol \cdot kg^{-1}$，则 ΔT_f 值应为 0.372K，然而实验测得的 $\Delta T_f'$ 却是 0.347K，介于上述两数值之间。

阿仑尼乌斯认为，这是由于电解质在水中不完全电离的结果。但现代测试证明，像 HAc 这类电解质，在水中确实是部分电离的，其水溶液中存在着 HAc、H^+ 和 Ac^- 等。但是像 NaCl、

$MgSO_4$ 这样的盐类，它们在晶体中本身就以离子堆积的方式存在，在水溶液中不可能有分子存在。这一结论显然与依数性实验结果之间产生了矛盾。

1923 年，**德拜**（Debye）和**休克尔**（Huckel）提出了强电解质溶液理论，对上述矛盾进行了解释。

二、离子氛与离子强度

德拜和休克尔认为：强电解质在水溶液中，虽然理论上是 100%电离为其组成的离子，但由于带有电荷的阳、阴离子之间存在着强烈的相互作用。因此在阳离子周围吸引着一定数量的阴离子，在阴离子周围吸引着一定数量的阳离子，使离子本身的行动不能完全自由。德拜和休克尔将中心离子周围的那些异性离子群叫作**"离子氛"**（ionic atmosphere）。如图 1-3 所示。

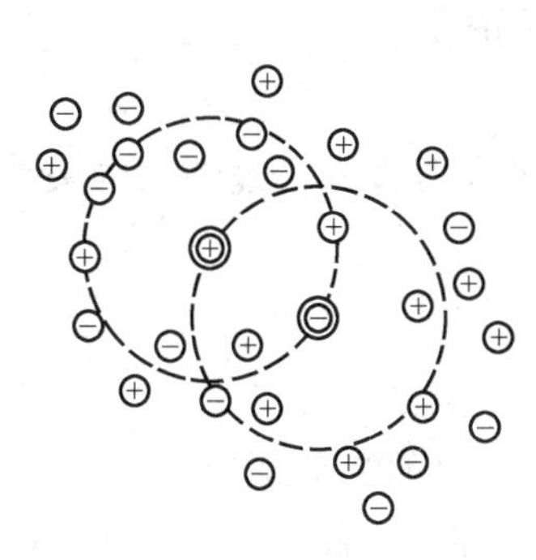

图 1-3 离子氛示意图

由于"离子氛"的存在，使得离子间相互作用而发生牵制。当电解质溶液通电时，便会导致离子不能百分之百地发挥其输送电荷的作用，使表观上实验所测得的离子的数目少于电解质完全电离时应有的离子数目。同样，在测量电解质溶液的依数性时，也会觉得发挥作用的离子数目少于电解质完全电离时应有的离子数目。这样就很好地解释了 $0.1\text{mol}\cdot\text{kg}^{-1}$ NaCl 溶液的 ΔT_f 不是 0.372K，而是 0.347K。

显然，溶液中离子的浓度越大，离子所带的电荷数目越多，离子与它的离子氛之间的作用越强。为此，引入**离子强度**（ionic strength）的概念。离子强度定义为：

$$I=\frac{1}{2}(b_1Z_1^2+b_2Z_2^2+b_3Z_3^2+\cdots)=\frac{1}{2}\sum_i b_iZ_i^2$$

式中，I 为离子强度，单位为 $\text{mol}\cdot\text{kg}^{-1}$，$b_1$、$b_2$、$b_3$…表示各离子的质量摩尔浓度，$Z_1$、$Z_2$、$Z_3$…表示各离子所带的电荷数。

【离子强度是溶液中存在的离子所产生的电场强度的量度，它与溶液中各离子的浓度和电荷数有关，而与离子本性无关】。

【例 1-14】 求下列溶液的离子强度。

① $0.01\text{mol}\cdot\text{kg}^{-1}$的 $BaCl_2$ 溶液；

② $0.1\text{mol}\cdot\text{kg}^{-1}$ HCl 和 $0.1\text{mol}\cdot\text{kg}^{-1}$ $CaCl_2$ 溶液等体积混合后形成的溶液。

解： ① $b(Ba^{2+})=0.01\text{mol}\cdot\text{kg}^{-1}$　　$b(Cl^-)=0.02\text{mol}\cdot\text{kg}^{-1}$

$Z(Ba^{2+})=2$　　$Z(Cl^-)=-1$

$$I=\frac{1}{2}[0.01\text{mol}\cdot\text{kg}^{-1}\times2^2+0.02\text{mol}\cdot\text{kg}^{-1}\times(-1)^2]=0.03\ \text{mol}\cdot\text{kg}^{-1}$$

② 混合溶液中：

$$b(H^+)=0.1\text{mol}\cdot\text{kg}^{-1}\times\frac{1}{2}=0.05\ \text{mol}\cdot\text{kg}^{-1}$$

$$b(Ca^{2+})=0.1\text{mol}\cdot\text{kg}^{-1}\times\frac{1}{2}=0.05\ \text{mol}\cdot\text{kg}^{-1}$$

$$Z(H^+)=1\qquad Z(Ca^{2+})=2$$

$$b(Cl^-)=0.1\ \text{mol}\cdot\text{kg}^{-1}\times\frac{1}{2}+0.1\text{mol}\cdot\text{kg}^{-1}\times2\times\frac{1}{2}=0.15\text{mol}\cdot\text{kg}^{-1}$$

$$Z(Cl^-)=-1$$

$$I=\frac{1}{2}[0.05mol\cdot kg^{-1}\times1^2+0.05mol\cdot kg^{-1}\times2^2+0.15mol\cdot kg^{-1}\times(-1)^2]=0.2mol\cdot kg^{-1}$$

三、活度与活度系数

在电解质溶液中，由于阴、阳离子间的相互作用，使部分离子不能完全自由移动。因此实验测得的离子实际浓度比按完全电离计算的离子浓度要小。

我们把电解质溶液中，离子实际发挥作用的浓度称为有效浓度，或称**活度**（activity）。显然，活度的数值比其对应的浓度数值要小，可用一个系数将二者联系起来，即：

$$\alpha=\gamma\cdot c \tag{1-14}$$

式中，a 表示活度，γ 表示**活度系数**（activity coefficient），c 表示浓度。

显然，γ 反映了电解质溶液中离子相互牵制作用的大小。

1961 年，戴维斯在实验数据基础上，将离子本身电荷、溶液中离子强度与活度系数的关系修正为如下经验式：

$$\lg\gamma_i=-0.509\times Z_i^2\left(\frac{\sqrt{I}}{1+\sqrt{I}}-0.30I\right) \tag{1-15}$$

此式对离子强度高达 0.1～0.2$mol\cdot kg^{-1}$的许多电解质，均可得到较好的结果。

表 1-5 列出了离子的活度系数 γ 与离子强度 I 的关系。可见，当离子强度越小，离子所带电荷越少，其活度系数就越趋近于 1，则活度就越接近浓度；当离子强度越大，离子所带电荷越多，其活度系数越小，则活度与浓度差别就越显著。

表 1-5　离子的活度系数与离子强度的关系

离子强度(I)	活度系数 γ 值			
	离子电荷 Z=1	离子电荷 Z=2	离子电荷 Z=3	离子电荷 Z=4
1×10^{-4}	0.99	0.95	0.90	0.83
2×10^{-4}	0.98	0.94	0.87	0.77
5×10^{-4}	0.97	0.90	0.80	0.67
1×10^{-3}	0.96	0.86	0.73	0.56
2×10^{-3}	0.95	0.81	0.64	0.45
5×10^{-3}	0.92	0.72	0.51	0.30
1×10^{-2}	0.89	0.63	0.39	0.19
2×10^{-2}	0.87	0.57	0.28	0.12
5×10^{-2}	0.81	0.44	0.15	0.04
0.1	0.78	0.33	0.08	0.01
0.2	0.70	0.24	0.04	0.003
0.3	0.66	—	—	—
0.5	0.62	—	—	—

电解质溶液的浓度与活度之间一般是有差别的。严格地说，应该用活度来进行计算，但对于稀溶液，弱电解质溶液，难溶强电解质溶液，由于其中离子浓度均很低，即离子强度很小。在这种情况下，可忽略离子间的牵制作用，一般近似认为活度系数 $\gamma=1$，通常就用浓度来计算。

但当溶液中离子浓度较大或准确度要求较高时，必须用活度来进行计算，否则所得结果将偏

离实际情况较远。

【例 1-15】 计算 $0.05mol \cdot kg^{-1} Na_2SO_4$ 的离子强度及 Na^+、SO_4^{2-} 的活度系数。

解：

$$b(Na^+) = 0.05mol \cdot kg^{-1} \times 2 = 0.10mol \cdot kg^{-1}$$

$$b(SO_4^{2-}) = 0.05mol \cdot kg^{-1}$$

$$Z(Na^+) = 1 \qquad Z(SO_4^{2-}) = -2$$

$$I = \frac{1}{2}[0.1mol \cdot kg^{-1} \times 1^2 + 0.05mol \cdot kg^{-1} \times (-2)^2] = 0.15mol \cdot kg^{-1}$$

$$\lg\gamma_{Na^+} = -0.509 \times 1^2 \left(\frac{\sqrt{0.15}}{1+\sqrt{0.15}} - 0.30 \times 0.15\right) = -0.1175 \qquad \therefore \gamma_{Na^+} = 0.76$$

$$\lg\gamma_{SO_4^{2-}} = -0.509 \times (-2)^2 \left(\frac{\sqrt{0.15}}{1+\sqrt{0.15}} - 0.30 \times 0.15\right) = -0.47 \qquad \therefore \gamma_{SO_4^{2-}} = 0.34$$

反渗透技术

反渗透技术是以压力差为推动力的膜分离过程，具有高效率、能耗低、易操作等优点，在污水处理、海水淡化方面具有很高的应用价值。反渗透技术的核心部件是反渗透膜，目前市场上主要有非对称膜和复合膜两种，非对称膜主要以醋酸纤维素膜为主；复合膜主要由支撑层和超薄功能层组成，支撑层多为具有多孔结构的聚砜超滤膜，超薄功能层常为多元酰氯和多元胺通过界面聚合反应形成的芳香聚酰胺功能涂层。近年来，我国在新型膜材料的开发、膜工艺改进和商业化膜改性等方面进行了大量研究工作，使复合反渗透膜朝着更高脱盐率、更低压力、更高抗污染性能三个方向发展。目前，已建成了日产 118 万吨级反渗透高盐度苦咸水淡化工程。

小 结

1. 溶液浓度的表示方法很多，**【常用的有质量摩尔浓度 b_B**［溶质 B 的量 n_B(mol) 与溶剂的质量 m_A(kg) 之比］、**物质的量浓度 c_B**［溶质 B 的量 n_B(mol) 与溶液的体积 V 之比］、**摩尔分数 x_B**［混合物中物质 B 的量 n_B(mol) 与混合物的总物质的量 $n_总$ 之比］**】**。

$$b_B = \frac{n_B}{m_A}$$

$$c_B = \frac{n_B}{V}$$

$$x_B = \frac{n_B}{n_总}$$

还可用质量分数 ω_B、体积分数 φ_B、质量浓度 ρ_B 表示溶液的浓度。

2. 当把不挥发性的溶质溶入某一溶剂后，会发生下列现象：溶液的蒸气压将比纯溶剂蒸气压降低；溶液的沸点将比纯溶剂的沸点升高；溶液的凝固点将比纯溶剂凝固点降低。另外，在溶液与纯溶剂之间还会产生渗透压。当溶液浓度较稀时，蒸气压降低值、沸点升高值、凝固点降低值以及溶液的渗透压之值仅仅与溶液中的溶质质点数目有关而与溶质种类无关。因此，上述四种性质被称为溶液的依数性。

3. 强电解质溶液理论

(1) 强电解质在水溶液中能100%电离，但不能100%发挥离子作用，因在溶液中存在着离子氛的影响。

(2) 离子强度 $I=\frac{1}{2}(b_1Z_1^2+b_2Z_2^2+b_3Z_3^2+\cdots)=\frac{1}{2}\sum_i b_iZ_i^2$

(3) 活度是溶液中真正发挥作用的离子的有效浓度 $a=\gamma\cdot c$

离子强度越大，活度系数越小，浓度与活度差别越大。

思考题

1. 物质的量和质量这两个概念相同吗？
2. 质量摩尔浓度的优点是什么？
3. 什么是纯液体的凝固点？什么是纯液体的沸点？它们与蒸气压有何关系？
4. 产生渗透压的原因是什么？
5. 为什么临床常用质量浓度为 $9\text{g}\cdot\text{L}^{-1}$ 的生理盐水和 $50\text{g}\cdot\text{L}^{-1}$ 的葡萄糖溶液输液？

习　题

1. 浓盐酸的质量分数为0.37，密度为 $1.19\text{g}\cdot\text{mL}^{-1}$，求浓盐酸的：①物质的量浓度；②质量摩尔浓度；③HCl和 H_2O 的摩尔分数。

2. 在400g水中，加入质量分数为0.90 H_2SO_4 100g，求此溶液中 H_2SO_4 的摩尔分数和质量摩尔浓度。

3. 10.00cm^3 NaCl饱和溶液重12.003g，将其蒸干后得NaCl 3.173g，试计算：

(1) NaCl的溶解度；

(2) NaCl的质量分数；

(3) 溶液的物质的量浓度；

(4) NaCl的质量摩尔浓度；

(5) NaCl和 H_2O 的摩尔分数。

4. 现有密度为 $1.84\text{g}\cdot\text{cm}^{-3}$ 质量分数为0.98的 H_2SO_4 溶液，如何用此酸配制下列各溶液：

(1) 250cm^3 质量分数为0.25，密度为 $1.18\text{g}\cdot\text{cm}^{-3}$ 的 H_2SO_4 溶液；

(2) 500cm^3 $3.00\text{mol}\cdot\text{dm}^{-3}$ 的 H_2SO_4 溶液。

5. 已知乙醇水溶液中乙醇（C_2H_5OH）的摩尔分数是0.05，求乙醇的质量摩尔浓度和乙醇溶液的物质的量浓度（溶液的密度为 $0.997\text{g}\cdot\text{mL}^{-1}$）。

6. 20℃时乙醚的蒸气压为58955Pa。今在100g乙醚中溶入某非挥发性有机物质10.0g，乙醚的蒸气压降低至56795Pa。试求该有机物质的摩尔质量。

7. 在一个钟罩内有两杯水溶液，甲杯中含0.259g蔗糖和30.00g水，乙杯中含有0.76g某非电解质和40.00g水，在恒温下放置足够长的时间达到平衡，甲杯水溶液总质量变为23.89g，求该非电解质的摩尔质量。

8. 为了防止水在仪器内冻结，可在水里面加入甘油。如需使其冰点下降至271K，则在每100g水中应加入甘油多少克？（甘油分子式为 $C_3H_8O_3$）

9. 称取某碳氢化合物 3.20g 溶于 50g 苯中，测得溶液的凝固点下降了 0.256K，计算该化合物的摩尔质量。

10. 溶解 3.25g 硫于 40.0g 苯中，苯的凝固点降低 1.62K，求此溶液中硫分子由几个硫原子组成？

11. 孕酮是一种雌性激素，经分析得知含 9.6%H，10.2%O 和 80.2%C。今有 1.50g 孕酮试样溶于 10.0g 苯中，所得溶液凝固点为 276.06K，求孕酮分子式。

12. 在 26.57g 氯仿（$CHCl_3$）中溶解 0.402g 萘（$C_{10}H_8$），其沸点比氯仿的沸点高 0.429K，求氯仿的沸点升高常数。

13. 1.22×10^{-2}kg 苯甲酸溶于 0.10kg 乙醇，使乙醇沸点升高了 1.13K，若将 1.22×10^{-2}kg 苯甲酸溶于 0.10kg 苯中，则苯的沸点升高 1.36K。计算苯甲酸在两种溶剂中的摩尔质量。计算结果说明什么问题？（乙醇的 $K_b=1.19K\cdot kg\cdot mol^{-1}$，苯的 $K_b=2.60K\cdot kg\cdot mol^{-1}$）

14. 把一小块冰放在 0℃的水中，另一小块冰放在 0℃的盐水中，各有什么现象？为什么？

15. 求 4.40%的葡萄糖（$C_6H_{12}O_6$）水溶液，在 27℃时的渗透压（溶液的密度为 $1.015g\cdot cm^{-3}$）。

16. 今有某蛋白质的饱和溶液 100mL，其中含有蛋白质 0.518g，在 293K 时测得渗透压为 0.413kPa，求此蛋白质的摩尔质量。

17. 泪水的凝固点为 272.48K，求泪水的渗透浓度（$mmol\cdot L^{-1}$）及 310K 时的渗透压。

18. 在 298K 时，将 2g 某化合物溶于 1000g 水中，它的渗透压与 298K 时 0.8g 葡萄糖（$C_6H_{12}O_6$）和 1.2g 蔗糖（$C_{12}H_{22}O_{11}$）溶于 1000g 水中的渗透压相同。试求：

（1）该化合物的摩尔质量；

（2）该化合物水溶液的凝固点；

（3）该化合物水溶液的蒸气压。

（298K 时纯水的蒸气压为 3.13kPa，H_2O 的 $K_f=1.86K\cdot kg\cdot mol^{-1}$）

19. 计算 $0.01mol\cdot L^{-1}$ Na_2SO_4 溶液和 $0.01mol\cdot L^{-1}$ NaCl 的溶液等体积混合后，溶液的离子强度。

20. 计算 $0.050mol\cdot kg^{-1}$ K_2SO_4 溶液的离子强度及 K^+、SO_4^{2-} 的活度。

第二章

化学平衡

扫一扫，查阅本章数字资源，含PPT、音视频、图片等

【学习要求】

1. 掌握标准平衡常数的概念、表达式。
2. 熟悉有关标准平衡常数的计算；熟悉化学平衡的影响因素。
3. 了解催化剂与化学平衡的关系；了解吕·查德里原理。

研究一个化学反应时，首先要由化学热力学的知识预测反应自发进行的方向和能达到的最大限度。只有热力学确定能进行的反应，才可以由化学动力学知识研究如何改变外界条件，控制化学反应速率。本章主要讨论化学热力学范畴的化学反应进行的限度问题，为学习无机化学中的四大平衡等内容，打下初步的理论基础。

第一节　化学反应的可逆性和化学平衡

一、化学反应的可逆性

【在一定条件下，一个反应既可按反应方程式从左向右进行，也可从右向左进行，这便叫作反应的可逆性】。这样的化学反应称为**可逆反应**（reversiblereaction）。

绝大多数的化学反应都具有可逆性，但各种化学反应的可逆程度相差很大。有的反应可逆性比较显著，例如在高温时，一氧化碳与水蒸气作用生成二氧化碳和氢气的反应：

$$CO(g)+H_2O(g) \rightleftharpoons CO_2(g)+H_2(g)$$

有的反应逆向反应的倾向较弱，可逆程度就较小，从整体看，反应似乎是朝一个方向进行的。例如 Ag^+ 离子与 Cl^- 离子结合生成 AgCl 沉淀，而 AgCl 固体只能少量溶于水，溶解性较差，被溶解的 AgCl 几乎全部电离成 Ag^+ 离子和 Cl^- 离子：

$$Ag^+ + Cl^- \rightleftharpoons AgCl(s)$$

还有的反应进行时，逆反应发生的条件尚未具备，反应物已耗尽。例如：以二氧化锰作为催化剂的氯酸钾受热分解生成氧气的反应：

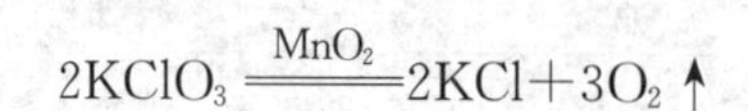

$$2KClO_3 \xrightarrow{MnO_2} 2KCl + 3O_2\uparrow$$

这些反应习惯上称为不可逆反应。能进行到底的不可逆反应很少。

二、化学平衡

可逆反应的进行，必然导致**化学平衡**（chemical equilibrium）状态的实现。**【化学平衡状态就是在可逆反应中，正、逆反应速率相等，反应物和生成物的浓度不再随时间变化的状态】**。

化学平衡状态具有以下几个重要特点：

（1）化学平衡是动态平衡。当化学反应达到平衡，化学反应体系处于平衡状态，但反应并未停止。从宏观上讲，反应物和生成物的浓度不再随时间而改变，从微观上看，只是净反应结果无变化，正、逆反应仍以相同反应速率双向进行。

（2）只要体系与环境未发生物质的交换，可逆反应会自发地趋于化学平衡。这意味着在条件一定的情况下，反应以有限的速率进行。

（3）化学平衡可以从正、逆两个方向达到。例如，在温度一定的封闭体系中，$CaCO_3$ 分解达到平衡后，CO_2 的压力是恒定的，而不管化学平衡是从 $CaCO_3$ 分解还是由 CaO 与 CO_2 反应建立的。

（4）化学平衡是某一条件下可逆反应进行的最大限度。

第二节 标准平衡常数及其计算

一、标准平衡常数

平衡常数是反映化学反应进行限度的重要参数。以热力学为基础，根据热力学关系而得到的平衡常数称为热力学平衡常数或**标准平衡常数**（standard equilibrium constant）。

（一）稀溶液中反应的标准平衡常数

对稀溶液中的可逆反应：

$$e\mathrm{E(aq)}+f\mathrm{F(aq)}\rightleftharpoons d\mathrm{D(aq)}+h\mathrm{H(aq)}$$

在一定温度下达到化学平衡时，各物质的浓度不再随时间而变，这时的浓度称为**平衡浓度**（严格计算时应用活度）。E、F、D、H 的相对平衡浓度之间存在如下定量关系：

$$K^{\ominus}=\frac{\left[\frac{c_{\mathrm{eq}}(\mathrm{D})}{c^{\ominus}}\right]^{d}\cdot\left[\frac{c_{\mathrm{eq}}(\mathrm{H})}{c^{\ominus}}\right]^{h}}{\left[\frac{c_{\mathrm{eq}}(\mathrm{E})}{c^{\ominus}}\right]^{e}\cdot\left[\frac{c_{\mathrm{eq}}(\mathrm{F})}{c^{\ominus}}\right]^{f}} \tag{2-1}$$

式中，$K^{\ominus}$ 称为标准平衡常数或热力学平衡常数，其 SI 单位为 1。$c_{\mathrm{eq}}(\mathrm{D})$、$c_{\mathrm{eq}}(\mathrm{H})$、$c_{\mathrm{eq}}(\mathrm{E})$、$c_{\mathrm{eq}}(\mathrm{F})$ 分别为平衡时 D、H、E、F 的物质的量浓度，$c^{\ominus}$ 表示标准物质的量浓度，$c^{\ominus}=1\mathrm{mol\cdot L^{-1}}$。$c_{\mathrm{eq}}(\mathrm{D})/c^{\ominus}$、$c_{\mathrm{eq}}(\mathrm{H})/c^{\ominus}$、$c_{\mathrm{eq}}(\mathrm{E})/c^{\ominus}$、$c_{\mathrm{eq}}(\mathrm{F})/c^{\ominus}$ 分别表示 D、H、E、F 的**相对平衡浓度**。

上式表明，**【在一定温度下，稀溶液中的可逆反应达到平衡时，反应物和生成物的相对平衡浓度以化学计量数为指数的幂的乘积是一个常数】**。

因为 $c^{\ominus}=1\mathrm{mol\cdot L^{-1}}$，则 $K^{\ominus}$ 的表达式也可简写为：

$$K^{\ominus}=\frac{[c_{\mathrm{eq}}(\mathrm{D})]^{d}\cdot[c_{\mathrm{eq}}(\mathrm{H})]^{h}}{[c_{\mathrm{eq}}(\mathrm{E})]^{e}\cdot[c_{\mathrm{eq}}(\mathrm{F})]^{f}}$$

本书后面章节所涉及的有关标准平衡常数的计算，常用此简写式。

（二）气体混合物反应的标准平衡常数

对气体混合物中的可逆反应：

$$eE(g)+fF(g)\rightleftharpoons dD(g)+hH(g)$$

在一定温度下达到化学平衡时，E、F、D、H 的分压都不再随时间而变，这时的分压称为**平衡分压**，E、F、D、H 的平衡分压 $p_{eq}(E)$、$p_{eq}(F)$、$p_{eq}(D)$、$p_{eq}(H)$ 之间存在如下定量关系：

$$K^{\ominus}=\frac{\left[\frac{p_{eq}(D)}{p^{\ominus}}\right]^{d}\cdot\left[\frac{p_{eq}(H)}{p^{\ominus}}\right]^{h}}{\left[\frac{p_{eq}(E)}{p^{\ominus}}\right]^{e}\cdot\left[\frac{p_{eq}(F)}{p^{\ominus}}\right]^{f}} \tag{2-2}$$

式中，$p^{\ominus}$表示标准压力，$p^{\ominus}=100kPa$，$p_{eq}(D)/p^{\ominus}$、$p_{eq}(H)/p^{\ominus}$、$p_{eq}(E)/p^{\ominus}$、$p_{eq}(F)/p^{\ominus}$分别为 D、H、E、F 的**相对平衡分压**。

上式表明，**【在一定温度下，气体混合物中的可逆反应达到平衡时，反应物和生成物的相对平衡分压以化学计量数为指数的幂的乘积是一个常数】**。

（三）非均相反应的标准平衡常数

对非均相可逆反应：

$$eE(s)+fF(aq)\rightleftharpoons dD(l)+hH(g)$$

在一定温度下达到平衡时，存在如下定量关系：

$$K^{\ominus}=\frac{\left[\frac{p_{eq}(H)}{p^{\ominus}}\right]^{h}}{\left[\frac{c_{eq}(F)}{c^{\ominus}}\right]^{f}} \tag{2-3}$$

例如用盐酸溶解碳酸钙的离子反应：

$$CaCO_3(s)+2H^+(aq)=Ca^{2+}(aq)+CO_2(g)+H_2O(l)$$

该反应在一定温度下达到平衡时，其标准平衡常数的表达式为：

$$K^{\ominus}=\frac{\left[\frac{p_{eq}(CO_2)}{p^{\ominus}}\right]\cdot\left[\frac{c_{eq}(Ca^{2+})}{c^{\ominus}}\right]}{\left[\frac{c_{eq}(H^+)}{c^{\ominus}}\right]^{2}}$$

书写标准平衡常数表达式时应注意以下几点：

1. 在标准平衡常数表达式中，各物种均以各自的标准态为参考态。所以，如果某物种是气体，则其分压要除以 $p^{\ominus}$(100kPa)；若是溶液中的某溶质，其浓度要除以$c^{\ominus}$($1mol\cdot L^{-1}$)；若是液体或固体，其参考态为相应的纯液体或纯固体。因此，表示液体和固体状态的相应物理量不出现在标准平衡常数的表达式中（称其活度为 1）。

$$CaCO_3(s)\rightleftharpoons CaO(s)+CO_2(g)$$

$$K^{\ominus}=\frac{p_{eq}(CO_2)}{p^{\ominus}}$$

$$Fe_3O_4(s)+4H_2(g)\rightleftharpoons 3Fe(s)+4H_2O(g)$$

$$K^{\ominus}=\frac{\left[\frac{p_{eq}(H_2O)}{p^{\ominus}}\right]^{4}}{\left[\frac{p_{eq}(H_2)}{p^{\ominus}}\right]^{4}}$$

$$Cr_2O_7^{2-} + H_2O \rightleftharpoons 2CrO_4^{2-} + 2H^+$$

$$K^\ominus = \frac{\left[\frac{c_{eq}(CrO_4^{2-})}{c^\ominus}\right]^2 \cdot \left[\frac{c_{eq}(H^+)}{c^\ominus}\right]^2}{\left[\frac{c_{eq}(Cr_2O_7^{2-})}{c^\ominus}\right]}$$

或简写为

$$K^\ominus = \frac{[c_{eq}(CrO_4^{2-})]^2 \cdot [c_{eq}(H^+)]^2}{c_{eq}(Cr_2O_7^{2-})}$$

2. 多重反应平衡体系中，任一种物质的平衡浓度或分压必须同时满足体系中多个平衡，因此，各标准平衡常数之间存在一定的关系。例如：

$$2NO(g) + O_2(g) \rightleftharpoons 2NO_2(g) \qquad (1)$$

$$K_1^\ominus = \frac{\left[\frac{p_{eq}(NO_2)}{p^\ominus}\right]^2}{\left[\frac{p_{eq}(NO)}{p^\ominus}\right]^2 \cdot \left[\frac{p_{eq}(O_2)}{p^\ominus}\right]}$$

$$2NO_2(g) \rightleftharpoons N_2O_4(g) \qquad (2)$$

$$K_2^\ominus = \frac{\left[\frac{p_{eq}(N_2O_4)}{p^\ominus}\right]}{\left[\frac{p_{eq}(NO_2)}{p^\ominus}\right]^2}$$

$$2NO(g) + O_2(g) \rightleftharpoons N_2O_4(g) \qquad (3)$$

$$K_3^\ominus = \frac{\left[\frac{p_{eq}(N_2O_4)}{p^\ominus}\right]}{\left[\frac{p_{eq}(NO)}{p^\ominus}\right]^2 \cdot \left[\frac{p_{eq}(O_2)}{p^\ominus}\right]}$$

从反应式看(1)+(2)=(3)，而且：

$$K_1^\ominus \times K_2^\ominus = \frac{\left[\frac{p_{eq}(NO_2)}{p^\ominus}\right]^2}{\left[\frac{p_{eq}(NO)}{p^\ominus}\right]^2 \cdot \left[\frac{p_{eq}(O_2)}{p^\ominus}\right]} \times \frac{\left[\frac{p_{eq}(N_2O_4)}{p^\ominus}\right]}{\left[\frac{p_{eq}(NO_2)}{p^\ominus}\right]^2} = K_3^\ominus$$

即：**【将两个独立反应相加，所得总反应的标准平衡常数等于这两个相加反应的标准平衡常数之乘积。同理，将两个独立反应相减，所得反应的标准平衡常数等于这两个反应的标准平衡常数之商。这个规则叫多重平衡规则】**。对一些难以直接测定或是不易从文献查得平衡常数的反应，可根据此规则间接计算它们的标准平衡常数。值得注意的是，使用多重平衡规则时，要求所有化学反应都是在同一温度下进行。

3. 标准平衡常数的表达式和数值，与化学反应方程式的写法有关。化学反应方程式的写法不同，其标准平衡常数的表达式就不同。例如反应：

$$2SO_2(g) + O_2(g) \rightleftharpoons 2SO_3(g) \qquad (1)$$

$$K_1^\ominus = \frac{\left[\frac{p_{eq}(SO_3)}{p^\ominus}\right]^2}{\left[\frac{p_{eq}(SO_2)}{p^\ominus}\right]^2 \cdot \left[\frac{p_{eq}(O_2)}{p^\ominus}\right]}$$

$$SO_3(g) \rightleftharpoons SO_2(g) + \frac{1}{2}O_2(g) \qquad (2)$$

$$K_2^\ominus = \frac{\left[\frac{p_{eq}(SO_2)}{p^\ominus}\right] \cdot \left[\frac{p_{eq}(O_2)}{p^\ominus}\right]^{1/2}}{\left[\frac{p_{eq}(SO_3)}{p^\ominus}\right]}$$

$$K_1^{\ominus}=\frac{1}{K_2^{\ominus 2}}$$

由于标准平衡常数是以生成物相对平衡浓度的乘积为分子，所以它能很好地表明化学反应进行的限度。在一定温度下，不同的化学反应各有其特定的标准平衡常数。标准平衡常数的数值越大，达到平衡时生成物的分压或浓度越大，而反应物的分压或浓度越小，反应正向进行的限度就越大；反之同理。

二、有关化学平衡的计算

如果测得化学平衡时反应物、生成物的浓度（或分压），就能直接计算标准平衡常数。此外，若能确定最初各物质的浓度（或分压）及平衡时某一物质的浓度（或分压），也能计算标准平衡常数。反之，如果已知标准平衡常数，也可从反应物的起始浓度（或分压），计算平衡时各反应物和生成物的浓度（或分压）及反应物的转化率。**【某反应的转化率是指平衡时该反应物已转化了的量占初始量的百分数】**。即：

$$转化率\ \alpha=\frac{平衡时某反应物转化的量}{反应开始时该反应物的量}\times 100\% \tag{2-4}$$

【例 2-1】 某温度时，反应 $CO(g)+H_2O(g)\rightleftharpoons H_2+CO_2(g)$ 的 $K^{\ominus}=9.0$。若用 0.020mol CO(g) 和 0.020mol $H_2O(g)$ 作用于 1L 容器中，计算在这种条件下，CO 的转化率最大是多少？

解： 设平衡时有 $x$mol 的 CO_2 和 H_2 生成

	$CO(g)$	$+H_2O(g)\rightleftharpoons$	H_2	$+CO_2(g)$
初始时物质的量/(mol)	0.020	0.020	0	0
平衡时物质的量/(mol)	$0.020-x$	$0.020-x$	x	x

$$K^{\ominus}=\frac{\left[\frac{p_{eq}(H_2)}{p^{\ominus}}\right]\cdot\left[\frac{p_{eq}(CO_2)}{p^{\ominus}}\right]}{\left[\frac{p_{eq}(CO)}{p^{\ominus}}\right]\cdot\left[\frac{p_{eq}(H_2O)}{p^{\ominus}}\right]}=\frac{n_{eq}(H_2)\times n_{eq}(CO_2)}{n_{eq}(CO)\times n_{eq}(H_2O)}$$

即：

$$\frac{(x\text{mol})^2}{(0.020\text{mol}-x\text{mol})^2}=9.0$$

$$x=0.015$$

$$CO\ 的转化率=\frac{0.015\text{mol}}{0.020\text{mol}}\times 100\%=75\%$$

化学平衡状态是反应进行的最大限度，某反应物在给定条件下，平衡时具有最大的转化率，平衡转化率即是指定条件下的最大转化率。

第三节 化学平衡的移动

前面已讨论，在一定条件下，可逆反应中正反应和逆反应的速率相等时，建立化学平衡状态。一旦条件改变，向某一方向进行的反应速率大于向相反方向进行的速率，平衡状态被破坏，直到正、逆反应速率再次相等，此时系统的组成已发生变化，建立起与新条件相适应的新的平衡状态。这种**【因外界条件改变，使可逆反应从一种平衡状态向另一种平衡状态转变的过程，称为化学平衡的移动**（shift of chemical equilibrium）**】**。

浓度、压力、温度等外界因素都会使化学平衡发生移动。

一、浓度对化学平衡的影响

浓度可以影响化学平衡，但是它不能改变标准平衡常数的数值。根据反应商 J，可以推测化学平衡移动的方向。

对于任意稀溶液中的反应：

$$eE(aq)+fF(aq)\rightleftharpoons dD(aq)+hH(aq)$$

$$J=\frac{\left[\frac{c(D)}{c^{\ominus}}\right]^d\cdot\left[\frac{c(H)}{c^{\ominus}}\right]^h}{\left[\frac{c(E)}{c^{\ominus}}\right]^e\cdot\left[\frac{c(F)}{c^{\ominus}}\right]^f}\quad \text{或简写}\quad J=\frac{[c(D)]^d\cdot[c(H)]^h}{[c(E)]^e\cdot[c(F)]^f} \tag{2-5}$$

式中 $c(D)$、$c(H)$、$c(E)$、$c(F)$ 分别为 D、H、E、F 在任意时刻的物质的量浓度。此时的 J 称为浓度商。

如果体系处于平衡状态，$V_{正}=V_{逆}$，$J=K^{\ominus}$。如果某种条件的改变，能使$V_{正}\neq V_{逆}$，$J\neq K^{\ominus}$，这将导致平衡发生移动。如果增大反应物浓度或减小生成物浓度，将使 $J<K^{\ominus}$，体系将向减小反应物浓度和增大生成物浓度的方向移动。随着反应物浓度的不断减小和生成物浓度的不断增加，J 值不断变大，当 J 重新等于 $K^{\ominus}$时，体系又在新的浓度基础上建立起新的平衡。相反，如果增大生成物浓度或减小反应物浓度，这将使 $J>K^{\ominus}$，体系将向减小生成物浓度和增大反应物浓度的方向移动，直至 $J=K^{\ominus}$。总之，在平衡体系中，如果其他条件不变，增大（或减小）其中某物质的浓度，平衡就向减小（或增大）该物质浓度的方向移动。因此，我们就可以用 J 与 $K^{\ominus}$的比较来判断反应进行的方向了。即：

$J<K^{\ominus}$，反应正向自发进行

$J=K^{\ominus}$，反应处于平衡状态

$J>K^{\ominus}$，反应逆向自发进行

【例 2-2】 含 $0.100\text{mol}\cdot\text{L}^{-1}$ $AgNO_3$、$0.100\text{mol}\cdot\text{L}^{-1}$ $Fe(NO_3)_2$ 和 $0.0100\text{mol}\cdot\text{L}^{-1}$ $Fe(NO_3)_3$ 的溶液中发生如下反应：$Fe^{2+}+Ag^+\rightleftharpoons Fe^{3+}+Ag$，298.15K 时，$K^{\ominus}=2.98$。求：

（1）反应向哪个方向进行；

（2）平衡时 Ag^+、Fe^{2+}、Fe^{3+} 的浓度各为多大；

（3）Ag^+ 的转化率；

（4）如果保持 Ag^+、Fe^{3+} 的浓度不变，而使 Fe^{2+} 的浓度变为 $0.300\text{mol}\cdot\text{L}^{-1}$，求在新条件下 Ag^+ 的转化率。

解：（1）$J=\frac{\left[\frac{c(Fe^{3+})}{c^{\ominus}}\right]}{\left[\frac{c(Fe^{2+})}{c^{\ominus}}\right]\cdot\left[\frac{c(Ag^+)}{c^{\ominus}}\right]}$　或简写　$J=\frac{c(Fe^{3+})}{c(Fe^{2+})\cdot c(Ag^+)}$

$$=\frac{0.0100}{0.100\times 0.100}=1.00$$

$J<K^{\ominus}$，所以，反应向正方向进行。

（2）	Fe^{2+}	+	Ag^+	$\rightleftharpoons$	Fe^{3+}	+	Ag
初始浓度/($\text{mol}\cdot\text{L}^{-1}$)	0.100		0.100		0.0100		
平衡浓度/($\text{mol}\cdot\text{L}^{-1}$)	$0.100-x$		$0.100-x$		$0.0100+x$		

$$K^{\ominus}=\frac{\left[\frac{c_{eq}(Fe^{3+})}{c^{\ominus}}\right]}{\left[\frac{c_{eq}(Fe^{2+})}{c^{\ominus}}\right]\cdot\left[\frac{c_{eq}(Ag^+)}{c^{\ominus}}\right]}\quad \text{或简写}\quad K^{\ominus}=\frac{c_{eq}(Fe^{3+})}{c_{eq}(Fe^{2+})\cdot c_{eq}(Ag^+)}$$

即：
$$2.98=\frac{(0.0100+x)}{(0.100-x)^2}$$
$$x=0.0130$$
$$c_{eq}(Fe^{3+})=0.0100+0.0130=0.0230(mol\cdot L^{-1})$$
$$c_{eq}(Fe^{2+})=c_{eq}(Ag^{+})=0.100-0.0130=0.0870(mol\cdot L^{-1})$$

(3) $\alpha_1(Ag^+)=\frac{0.0130mol\cdot L^{-1}}{0.100mol\cdot L^{-1}}\times100\%=13.0\%$

(4) 设在新条件下 Ag^+ 的转化率为 α_2。则

平衡时：$c_{eq}(Fe^{2+})=(0.300-0.100\alpha_2)\ mol\cdot L^{-1}$

$c_{eq}(Ag^+)=(0.100-0.100\alpha_2)\ mol\cdot L^{-1}$

$c_{eq}(Fe^{3+})=(0.010+0.100\alpha_2)mol\cdot L^{-1}$

$$2.98=\frac{\frac{(0.0100+0.100\alpha_2)mol\cdot L^{-1}}{1mol\cdot L^{-1}}}{\left[\frac{(0.100-0.100\alpha_2)mol\cdot L^{-1}}{1mol\cdot L^{-1}}\right]\cdot\left[\frac{(0.300-0.100\alpha_2)mol\cdot L^{-1}}{1mol\cdot L^{-1}}\right]}$$

或简写成
$$2.98=\frac{(0.0100+0.100\alpha_2)}{(0.100-0.100\alpha_2)\times(0.300-0.100\alpha_2)}$$
$$\alpha_2=38.1\%$$

对于可逆反应，若提高某一反应物的浓度或降低产物的浓度，都可使 $J<K^{\ominus}$，平衡将向着减少反应物浓度和增加产物的浓度的方向移动。在生产中，常利用这一原理来提高反应物的转化率。

二、压力对化学平衡的影响

由于压力对固体和液体体积的影响极小，所以压力改变对固体和液体反应的平衡体系几乎没有影响。对于有气体参加的反应，与浓度的变化一样，压力改变可能使平衡发生移动，但也不能改变标准平衡常数。改变压力对化学平衡移动的影响通常有以下几种情况：

1. 改变某气体物种的分压

对于任意气体混合物反应：

$$eE(g)+fF(g)\rightleftharpoons dD(g)+hH(g)$$

$$J=\frac{\left[\frac{p(D)}{p^{\ominus}}\right]^d\cdot\left[\frac{p(H)}{p^{\ominus}}\right]^h}{\left[\frac{p(E)}{p^{\ominus}}\right]^e\cdot\left[\frac{p(F)}{p^{\ominus}}\right]^f} \tag{2-6}$$

式中，$p(D)/p^{\ominus}$、$p(H)/p^{\ominus}$、$p(E)/p^{\ominus}$、$p(F)/p^{\ominus}$ 分别为 D、H、E、F 在任意时刻的分压。此时的 J 又可称为分压商。

如果改变某气体的分压，则与改变其物质浓度的情况相同。如增大反应物的分压或减小产物的分压，这时反应商 $J<K^{\ominus}$，平衡将向正反应方向移动，使反应物的分压减小和产物的分压增大。如减小反应物的分压或增大产物的分压，这时 $J>K^{\ominus}$，平衡将向逆反应方向移动，使反应物的分压增大和产物的分压减小。总之，**【在平衡体系中，如果其他条件不变，增大（或减小）其中某物质的分压，平衡就向减小（或增大）该物质分压的方向移动，使改变的影响减弱】**。

2. 改变体系的总压力

以下列气体反应为例来进行讨论：

$$eE(g)+fF(g)\rightleftharpoons dD(g)+hH(g)$$

平衡时，
$$K^{\ominus}=\frac{\left[\frac{p_{eq}(D)}{p^{\ominus}}\right]^{d}\cdot\left[\frac{p_{eq}(H)}{p^{\ominus}}\right]^{h}}{\left[\frac{p_{eq}(E)}{p^{\ominus}}\right]^{e}\cdot\left[\frac{p_{eq}(F)}{p^{\ominus}}\right]^{f}}=J$$

如保持其他条件不变，只改变体系的总压力使之为原来的 m 倍，各气体的分压也将都变为原来分压的 m 倍，这时，

$$J=\frac{\left[\frac{mp_{eq}(D)}{p^{\ominus}}\right]^{d}\cdot\left[\frac{mp_{eq}(H)}{p^{\ominus}}\right]^{h}}{\left[\frac{mp_{eq}(E)}{p^{\ominus}}\right]^{e}\cdot\left[\frac{mp_{eq}(F)}{p^{\ominus}}\right]^{f}}=\frac{\left[\frac{p_{eq}(D)}{p^{\ominus}}\right]^{d}\cdot\left[\frac{p_{eq}(H)}{p^{\ominus}}\right]^{h}}{\left[\frac{p_{eq}(E)}{p^{\ominus}}\right]^{e}\cdot\left[\frac{p_{eq}(F)}{p^{\ominus}}\right]^{f}}\times m^{(d+h)-(e+f)}=K^{\ominus}m^{\Sigma\nu_{B}(g)} \qquad (2\text{-}7)$$

式中，$m>1$ 时，为增大体系的总压力；$m<1$ 时，为减小体系的总压力。由式（2-7）可知，不论体系的总压力如何改变，当 $\sum_{B}\nu_{B(g)}=0$ 时，$J=K^{\ominus}$。也就是说，如果反应前后的气体分子总数相等时，其平衡状态不受体系总压力改变的影响。

当 $\sum_{B}\nu_{B(g)}<0$，即 $(e+f)>(d+h)$ 时，为气体分子总数减少的反应。若 $m>1$（加压）时，$J<K^{\ominus}$，平衡向正反应方向，即向气体分子总数减少的方向移动。若 $m<1$（减压）时，$J>K^{\ominus}$，平衡向逆反应方向，即向气体分子总数增多的方向移动。

当 $\sum_{B}\nu_{B(g)}>0$，即 $(e+f)<(d+h)$ 时，为气体分子总数增多的反应。若 $m>1$（加压）时，$J>K^{\ominus}$，平衡向逆反应方向，即向气体分子总数减少的方向移动。若 $m<1$（减压）时，$J<K^{\ominus}$，平衡向正反应方向，即向气体分子总数增多的方向移动。

3. 惰性气体的影响

惰性气体的加入，对化学平衡是否有影响，要视具体情况而定。**【恒温、恒容条件下，对化学平衡无影响；恒温、恒压条件下，惰性气体的加入，使反应体系体积增大，造成各组分气体分压的减小，化学平衡向气体分子总数增多的方向移动】**。

【例 2-3】 反应：$CO(g)+H_2O(g)\rightleftharpoons CO_2(g)+H_2(g)$　已知在 308K 时，$K^{\ominus}=1.0$。将 0.30mol CO、0.30mol H_2O、0.10mol H_2 和 0.10mol CO_2 装入 1L 的密闭容器中，使之在该温度下反应，计算平衡移动方向和达到平衡时各物质的分压及 CO 的平衡转化率。

解：按题意，各物质的分压 $p_B=\frac{n_B}{V}RT$，因为此反应的 $\sum\nu_B=0$，所以计算时可用物质的量代替分压：

$$J=\frac{\left[\frac{p(CO_2)}{p^{\ominus}}\right]\cdot\left[\frac{p(H_2)}{p^{\ominus}}\right]}{\left[\frac{p(CO)}{p^{\ominus}}\right]\cdot\left[\frac{p(H_2O)}{p^{\ominus}}\right]}=\frac{n(CO_2)\cdot n(H_2)}{n(CO)\cdot n(H_2O)}=\frac{0.10\times0.10}{0.30\times0.30}=0.11$$

$K^{\ominus}=1.0$，$J<K^{\ominus}$，平衡向正反应方向移动。

设新生成 CO_2 的物质的量为 $x$mol，则：

	$CO(g)$	+	$H_2O(g)$	$\rightleftharpoons$	$CO_2(g)$	+	$H_2(g)$
初始时物质的量/(mol)	0.30		0.30		0.10		0.10
平衡时物质的量/(mol)	$0.30-x$		$0.30-x$		$0.10+x$		$0.10+x$

$$K^{\ominus}=\frac{\left[\frac{p_{eq}(CO_2)}{p^{\ominus}}\right]\cdot\left[\frac{p_{eq}(H_2)}{p^{\ominus}}\right]}{\left[\frac{p_{eq}(CO)}{p^{\ominus}}\right]\cdot\left[\frac{p_{eq}(H_2O)}{p^{\ominus}}\right]}=\frac{n_{eq}(CO_2)\cdot n_{eq}(H_2)}{n_{eq}(CO)\cdot n_{eq}(H_2O)}$$

$$1.0=\frac{(0.10+x)(0.10+x)}{(0.30-x)(0.30-x)}$$

解得：$x=0.10$

平衡时：$p(CO)=p(H_2O)=\frac{n}{V}RT$

$$=\frac{(0.30-0.10)\text{mol}\times 8.314\times 10^{-3}\text{kPa}\cdot\text{m}^3\cdot\text{K}^{-1}\cdot\text{mol}^{-1}\times 308\text{K}}{1\times 10^{-3}\text{m}^3}$$

$$=512.1\text{kPa}$$

$$p(CO_2)=p(H_2)=\frac{n}{V}RT$$

$$=\frac{(0.10+0.10)\text{mol}\times 8.314\times 10^{-3}\text{kPa}\cdot\text{m}^3\cdot\text{K}^{-1}\cdot\text{mol}^{-1}\times 308\text{K}}{1\times 10^{-3}\text{m}^3}$$

$$=512.1\text{kPa}$$

CO 的平衡转化率为：

$$\frac{(0.30-0.20)\text{mol}}{0.30\text{mol}}\times 100\%\approx 33.3\%$$

三、温度对化学平衡的影响

温度对化学平衡的影响与浓度和压力的影响有本质上的区别。改变浓度和压力对化学平衡的影响是从改变 J 而得以实现的。它们只能使平衡点改变，$K^{\ominus}$ 不变。而温度的变化，却导致了标准平衡常数 $K^{\ominus}$ 的改变。

我们先观察一个实验。在一个密闭的球体内充有二氧化氮和四氧化二氮。在二氧化氮和四氧化二氮间存在着下列平衡：

$$2NO_2(g) \rightleftharpoons N_2O_4(g) \qquad \Delta_r H_m^{\ominus}=-57.19\text{kJ}\cdot\text{mol}^{-1}$$

NO_2 是红棕色气体，N_2O_4 为无色气体。将该球体放入冷水中时，球内的颜色变浅，说明体系中 N_2O_4 的浓度增大，NO_2 的浓度减小，平衡向正反应方向移动。将球体放入热水中时，球内的颜色变深，说明体系中的 NO_2 浓度增大，N_2O_4 的浓度减小，平衡向逆反应方向移动。

根据热力学推导，当温度变化不大的情况下，也就是说，反应的平均摩尔焓变 $\Delta_r H^{\ominus}$ 可以看作是常数的时候，得出：

$$\ln\frac{K_2^{\ominus}}{K_1^{\ominus}}=\frac{\Delta_r H_m^{\ominus}}{R}\left(\frac{1}{T_1}-\frac{1}{T_2}\right)=\frac{\Delta_r H_m^{\ominus}}{R}\left(\frac{T_2-T_1}{T_2T_1}\right) \tag{2-8}$$

上式称为 Van't Hoff 方程式。式中：$\Delta_r H_m^{\ominus}$ 是在 $T_1 \sim T_2$ 温度范围内反应的平均摩尔焓变，R 为气体常数，$R=8.314\text{J}\cdot\text{mol}^{-1}\cdot\text{K}^{-1}$。

从上式可以清楚看出，温度的变化与标准平衡常数和反应热间的关系：

当 $\Delta_r H^{\ominus}<0$，为放热反应，$T_2>T_1$ 时，$K_2^{\ominus}<K_1^{\ominus}$，平衡向逆反应方向移动；$T_2<T_1$ 时，$K_2^{\ominus}>K_1^{\ominus}$，平衡向正反应方向移动。当 $\Delta_r H^{\ominus}>0$，为吸热反应，$T_2>T_1$ 时，$K_2^{\ominus}>K_1^{\ominus}$，平衡向正反应方向移动；$T_2<T_1$ 时，$K_2^{\ominus}<K_1^{\ominus}$，平衡向逆反应方向移动。

总之，**【升高温度，平衡向吸热反应方向移动；降低温度，平衡向放热反应方向移动】**。

利用式（2-8），可以通过两个不同温度下的标准平衡常数近似地求得一个反应的平均摩尔焓变 $\Delta_r H^{\ominus}$；也可通过化学反应的平均摩尔焓变和已知温度下的标准平衡常数求得另一温度下的标准平衡常数。

【例 2-4】 已知在 298.15K 时反应 $CO(g)+H_2O(g) \rightleftharpoons CO_2(g)+H_2(g)$ 的 $\Delta_r H^{\ominus}=-41.17\text{kJ}\cdot\text{mol}^{-1}$，500K 时的 $K^{\ominus}=126$，求 800K 时的 $K^{\ominus}$。

解：设 $\Delta_r H_m^{\ominus}$ 不随温度改变，根据公式：

$$\ln K_2^{\ominus}(T_2)=\ln K_1^{\ominus}(T_1)+\frac{\Delta_r H^{\ominus}}{R}\frac{(T_2-T_1)}{T_2 T_1}$$

$$=\ln 126+\frac{(-41.17\times10^3)\text{J}\cdot\text{mol}^{-1}}{8.314\text{J}\cdot\text{mol}^{-1}\cdot\text{K}^{-1}}\left(\frac{800\text{K}-500\text{K}}{800\text{K}\times500\text{K}}\right)$$

$$=1.13$$

$$K^{\ominus}=3.09$$

催化剂对化学平衡是否有影响呢？

根据**纯粹及应用化学国际学会**（IUPAC）的建议，**催化剂**（catalyst）的定义是：存在较少量就能显著地改变反应速率而其本身最后并无损耗的物质。对于任一确定的可逆反应来说，由于反应前后催化剂的化学组成、质量不变，因此无论是否使用催化剂，反应的始态、终态都是一样的，即反应的标准吉布斯自由能变 $\Delta_r G_m^{\ominus}(T)$ 相等。根据 $\Delta_r G_m^{\ominus}(T)=-RT\ln K^{\ominus}(T)$，在一定温度下，$K^{\ominus}(T)$ 也不变，说明催化剂不会影响化学平衡状态，它只是缩短（或延缓）了达到平衡的时间。

前面讨论了浓度、压力、温度对平衡移动的影响，法国的化学家**吕・查德里**（Le Chatelier）在 1887 年从以上这些结论中，总结出一条著名规律：**【假如改变平衡系统的条件之一，如温度、压力、浓度等，平衡就向能减弱这个改变的方向移动。这个规律叫作吕・查德里原理**（Le Chatelier's principle）**，也叫作平衡移动原理】**。

吕・查德里原理适用于所有的平衡，包括化学平衡和物理平衡（例如冰和水的平衡），是关于平衡移动的一个普遍性的规律。应该注意的是，吕・查德里原理只适用于已经达到动态平衡的体系，而不适用于非平衡体系。例如在物质开始燃烧时，周围温度增高，不但没有使燃烧停止，反而越烧越旺。

碳中和与化学平衡

二氧化碳主要产生于生产生活中的燃料燃烧、各类工业原料及中间体的氧化反应等一系列化学反应中。随着各国二氧化碳等温室气体排放的增加，全球气候灾难频发。碳中和，从化学平衡的角度看，其实质是在大气层这个复杂纷繁的总化学反应体系中，维持反应产物二氧化碳的平衡。对于新增工业产能产生的二氧化碳排放，一方面，通过绿色化学技术或使用新能源，减少二氧化碳排放的新增；另一方面，通过植树造林光合作用吸收或绿色化学技术将二氧化碳转化为其他固体物，从而中和（抵消）新增工业产能产生的二氧化碳排放量。重塑能源体系，重构产业格局，顺应绿色潮流，发展低碳经济，是实现全球生态环境保护和人类高质量发展的有效途径。

小　结

1. 可逆反应的进行，必然导致化学平衡状态的实现，即正、逆反应速率相等，反应物和生成物的浓度不再随时间而变化。化学平衡是动态平衡。

在一定温度下当反应 $e\text{E(aq)}+f\text{F(aq)}\rightleftharpoons d\text{D(aq)}+h\text{H(aq)}$ 达到化学平衡时，E、F、D、H

的平衡浓度之间存在如下定量关系：

$$K^{\ominus}=\frac{\left[\frac{c_{eq}(D)}{c^{\ominus}}\right]^{d}\cdot\left[\frac{c_{eq}(H)}{c^{\ominus}}\right]^{h}}{\left[\frac{c_{eq}(E)}{c^{\ominus}}\right]^{e}\cdot\left[\frac{c_{eq}(F)}{c^{\ominus}}\right]^{f}}$$

若上式是气相反应，则可用产物及反应物的平衡分压来表示：

$$K^{\ominus}=\frac{\left[\frac{p_{eq}(D)}{p^{\ominus}}\right]^{d}\cdot\left[\frac{p_{eq}(H)}{p^{\ominus}}\right]^{h}}{\left[\frac{p_{eq}(E)}{p^{\ominus}}\right]^{e}\cdot\left[\frac{p_{eq}(F)}{p^{\ominus}}\right]^{f}}$$

2. 多重平衡规则：在同一温度下，将几个独立反应相加，所得总反应的标准平衡常数等于相加反应的标准平衡常数之乘积。将几个独立反应相减，所得反应的标准平衡常数等于这几个反应标准平衡常数之商。

3. 因外界条件改变，使可逆反应从一种平衡状态向另一种平衡状态转变的过程，称为化学平衡的移动，浓度、压力、温度等外界因素都会使化学平衡发生移动。根据反应商 J 与 $K^{\ominus}$ 大小的比较，可以推测化学平衡移动的方向。

$J<K^{\ominus}$，反应正向自发进行

$J=K^{\ominus}$，反应处于平衡状态

$J>K^{\ominus}$，反应逆向自发进行

4. 吕·查德里原理：假如改变平衡系统的条件之一，如温度、压力、浓度等，平衡就向能减弱这个改变的方向移动。

思考题

1. 试述化学平衡的基本特征。

2. 在一定温度和压强下，某一定量的 PCl_5 气体的体积为 1L，此时 PCl_5 气体已有 50%离解为 PCl_3 和 Cl_2。试判断在下列情况下，PCl_5 的离解度是增大还是减小。

(1) 减压使 PCl_5 的体积变为 2L；

(2) 保持总压强不变，加入氮气，使体积增至 2L；

(3) 保持体积不变，加入氮气，使压强增加 1 倍；

(4) 保持总压强不变，加入氯气，使体积变为 2L；

(5) 保持体积不变，加入氯气，使压强增加 1 倍。

3. 下列叙述是否正确？为什么？

(1) 达到平衡时，各反应物和生成物的浓度一定相等。

(2) 标准平衡常数数值大，说明正反应一定进行；标准平衡常数数值小，说明正反应不能进行。

(3) 对于放热反应来说，升高温度会使其标准平衡常数变小，反应的转化率降低。

(4) 在一定温度下，反应 $A(aq)+2B(s)\rightleftharpoons C(aq)$ 达到平衡时，必须有B(s)存在；同时，平衡状态又与B(s)的量无关。

习　题

1. 在523K时，将0.110mol $PCl_5(g)$ 引入1L容器中，建立下列平衡：

$$PCl_5(g) \rightleftharpoons PCl_3(g) + Cl_2(g)$$

平衡时 $PCl_3(g)$ 的浓度是0.050mol·L^{-1}。求在523K时反应的 $K^{\ominus}$ 和 $PCl_5(g)$ 的转化率。

2. 反应 $H_2(g)+CO_2(g) \rightleftharpoons CO(g)+H_2O(g)$ 在1259K达到平衡时，$p_{eq}(H_2)=p_{eq}(CO_2)=$ 4605.6Pa，$p_{eq}(CO)=p_{eq}(H_2O)=5861.7$Pa。求该温度下反应的标准平衡常数 $K^{\ominus}$ 及开始时 H_2 和 CO_2 的分压。

3. 298K时，在0.50mol·L^{-1}的 $SnCl_2$ 溶液中加入Pb粒，发生反应 $Sn^{2+}+Pb \rightleftharpoons Pb^{2+}+Sn$，反应达到平衡时，测得溶液中 $c_{eq}(Sn^{2+})=0.34$mol·L^{-1}，$c_{eq}(Pb^{2+})=0.16$mol·L^{-1}。若测得 $c_{eq}(Pb^{2+})=0.70$mol·L^{-1}，则原来的 $SnCl_2$ 溶液的浓度应为多少？

4. 已知在298K和总压为 2.00×10^5Pa时，有13.3%（物质的量分数）的 N_2O_4 转换为 NO_2。求此温度下的 $K^{\ominus}$。

5. 醋酸水溶液在298K达电离平衡：$HAc \rightleftharpoons H^+ + Ac^-$。此时平衡浓度为 $c_{eq}(HAc)=1.994$mol·L^{-1}，$c_{eq}(H^+)=c_{eq}(Ac^-)=0.006$mol·L^{-1}，若在此平衡态下温度不变而将溶液浓度稀释一倍，求达到新平衡态时各物质的浓度为多少？

6. 反应：$FeO(s)+H_2(g) \rightleftharpoons Fe(s)+H_2O(g)$。已知在1073K和1173K时的 $K^{\ominus}$ 分别为0.499和0.594，求1273K时的 $K^{\ominus}$。

第三章

弱电解质的电离平衡

扫一扫，查阅本章数字资源，含PPT、音视频、图片等

【学习要求】

1. 掌握电离平衡常数的意义和溶液中一元弱电解质的电离平衡及有关计算。
2. 掌握同离子效应和盐效应的概念、缓冲溶液的作用原理和有关计算。
3. 熟悉多元弱酸的分步电离及近似计算、各类盐的水溶液 pH 值计算。
4. 了解酸碱质子论和电子论。

弱电解质多为弱极性共价键化合物，在水中仅发生部分电离，大部分以分子状态存在于溶液中，导电性弱。如 HAc、$HgCl_2$、$NH_3 \cdot H_2O$ 等。

第一节　水的电离与溶液的 pH 值（自学）

一、水的离子积常数

实验发现：纯水也有微弱的导电能力，经测定，在 298.15K 时，水中有少量的 H^+ 和 OH^- 离子，且 $c_{eq}(H^+)=c_{eq}(OH^-)=1\times10^{-7}mol \cdot L^{-1}$，推测水发生了电离，其反应如下：

$$H_2O \rightleftharpoons H^+(aq)+OH^-(aq)$$

水的电离平衡的标准平衡常数为

$$K_w^\ominus=\frac{c_{eq}(H^+)}{c^\ominus}\times\frac{c_{eq}(OH^-)}{c^\ominus} \tag{3-1}$$

$K_w^\ominus$ 通常称为水的离子积常数，简称水的离子积。

与其他平衡常数一样，$K_w^\ominus$ 也只是温度的函数，在 298.15K，$K_w^\ominus=1\times10^{-14}$，其他温度下的 $K_w^\ominus$ 见表 3-1。

表 3-1　不同温度的 $K_w^\ominus$

t/℃	5	10	20	25	50	100
$K_w^\ominus/10^{-14}$	0.185	0.292	0.681	1.007	5.47	55.1

二、溶液的 pH 值

溶液的酸碱性取决于溶液中的 H^+ 离子和 OH^- 的相对平衡浓度，当水中加入某些其他电解质，使得 $c_{eq}(H^+)\neq c_{eq}(OH^-)$，破坏了原有的水的电离平衡，建立新的平衡后，只要温度未改

变，水的电离平衡常数式（3-1）亦不变。此时若 $c_{eq}(H^+) > c_{eq}(OH^-)$，则溶液显酸性；若 $c_{eq}(H^+) = c_{eq}(OH^-)$，溶液为中性；若 $c_{eq}(H^+) < c_{eq}(OH^-)$，溶液显碱性。

为了方便，通常用 $c_{eq}(H^+)$ 的负对数来描述溶液的酸碱性，写为 $pH = -\lg\frac{c_{eq}(H^+)}{c^{\ominus}}$，称为溶液的 pH 值。

在 298.15K 时，纯水的 $c_{eq}(H^+) = c_{eq}(OH^-) = 1\times10^{-7}\,mol\cdot L^{-1}$，此时 pH=7 为中性，据此，若 $c_{eq}(H^+) > 1\times10^{-7}\,mol\cdot L^{-1}$，则 pH<7，溶液显酸性，若 $c_{eq}(H^+) < 1\times10^{-7}\,mol\cdot L^{-1}$，则 pH>7，溶液显碱性。

因

$$pH = -\lg\frac{c_{eq}(H^+)}{c^{\ominus}} = -\lg c_{eq}(H^+) \tag{3-2}$$

$$pOH = -\lg\frac{c_{eq}(OH^-)}{c^{\ominus}} = -\lg c_{eq}(OH^-) \tag{3-3}$$

$$pK_w^{\ominus} = -\lg K_w^{\ominus} = -\lg(1\times10^{-14}) = 14$$

将式（3-1）两边取负常用对数，则得：

$$pK_w^{\ominus} = pH + pOH = 14$$

$$pH = 14 - pOH$$

$$pOH = 14 - pH$$

注：式（3-2）及（3-3）中，使用了相对平衡浓度 $\frac{c_{eq}(H^+)}{c^{\ominus}}$ 及 $\frac{c_{eq}(OH^-)}{c^{\ominus}}$，这是由于在计算 pH 值时，对 H^+ 及 OH^- 浓度取对数时，数学规则要求不能用有单位的物质的量浓度 c（或平衡浓度 c_{eq}），必须把物质的量浓度转变为单位为 1 的相对浓度 $\frac{c}{c^{\ominus}}$（或相对平衡浓度 $\frac{c_{eq}}{c^{\ominus}}$）后再取对数。在整个化学体系中，涉及计算时都会遇到类似的问题，因此本书也普遍采用相对浓度（或相对平衡浓度），当然这也造成了书写复杂。为了书写和阅读的方便，在不引起歧义的情况下，一律将相对浓度 $\frac{c}{c^{\ominus}}$（或相对平衡浓度 $\frac{c_{eq}}{c^{\ominus}}$）简写为 c（或 c_{eq}）。除特定情况，主要是习题和例题的叙述中，c（或 c_{eq}）恢复为物质的量浓度本义，即带有单位 $mol\cdot L^{-1}$，一般情况下，c 和 c_{eq} 就表示单位为 1 的相对浓度和相对平衡浓度。

第二节　弱电解质的电离平衡

作为弱电解质，它们在水溶液中仅发生部分电离，即大部分以分子形式存在于溶液中，只有少部分能电离成阴、阳离子。如 HAc、$NH_3\cdot H_2O$、$Pb(Ac)_2$、$HgCl_2$ 等。因此，弱电解质的电离过程是一个可逆过程，存在着分子与离子间的电离平衡。

一、一元弱酸、弱碱的电离平衡

（一）电离度及影响电离度的因素

1. 电离度

一元弱酸：在水溶液中只能电离出一个 H^+，如 HAc、HF、HCN 等。

一元弱碱：在水溶液中只能电离出一个 OH^-，如 $NH_3\cdot H_2O$ 等。

HAc 是一元弱酸，其电离方程式为

$$HAc \rightleftharpoons H^+ + Ac^-$$

在一定温度下，当 HAc 的电离速度与 H^+ 和 Ac^- 结合成 HAc 的分子速率相等时，此状态称

为电离平衡状态。

电离平衡是化学平衡的一种，属于动态平衡。只要外界条件不发生变化，此时 HAc 的浓度以及 H^+ 和 Ac^- 的浓度是个定值。为了定量地表示电解质在溶液中电离程度的大小，可以用电离百分率即**电离度**（degree of ionization）α 来表示。

$$\alpha=\frac{\text{已电离的弱电解质浓度}}{\text{弱电解质的起始浓度}}\times 100\% \tag{3-4}$$

【电离度是电离平衡时，弱电解质的电离百分率】。

如 25℃时，$0.1mol\cdot L^{-1}$ HAc 溶液中，有 $1.33\times 10^{-3}mol\cdot L^{-1}$ 的 HAc 电离，则

HAc 的电离度 $\alpha=\frac{1.33\times 10^{-3}}{0.1}\times 100\%=1.33\%$

2. 影响电离度的因素

（1）*电解质本性* 在相同浓度时，不同的弱电解质，它们的电离度相差很大，这是因为各种分子的结构不同。由于各种原子的半径、电荷分布有差异，势必造成化学键极性的不同。在水溶液中，极性大的易电离，极性小的难电离。因而表现在电离度上差别很大，故相同浓度时电离度的大小可以反映出弱电解质电离能力的相对强弱。常见弱酸溶液的电离度见表 3-2。

表 3-2 几种弱酸溶液的电离度（298.15K，$0.1mol\cdot L^{-1}$）

弱 酸	化 学 式	电离度 α%	弱 酸	化 学 式	电离度 α%
磷酸	H_3PO_4	26	醋酸	CH_3COOH	1.33
亚硫酸	H_2SO_3	20	碳酸	H_2CO_3	0.17
氢氟酸	HF	15	氢硫酸	H_2S	0.07
水杨酸	HOC_6H_4COOH	10	氢氰酸	HCN	0.007
亚硝酸	HNO_2	6.5			

（2）*溶液的浓度* 溶液的浓度对某一弱电解质的电离度影响很大。一定温度下，不同浓度的同一弱电解质与电离度的关系是：浓度越小，电离度越大；浓度越大，电离度越小。这是因为浓度小，离子间距离加大，离子重新结合为分子的机会减少，故电离度增大。但要注意的是：浓度稀，电离度大，溶液中的 H^+ 浓度并不是随之也越大。因为$c_{eq}(H^+)=c\cdot\alpha$，H^+ 浓度的大小取决于浓度与电离度两个因素，电离度只是表示分子转化为离子的百分率。

（3）*溶剂的性质* 同一电解质在不同的溶剂中，电离度的大小也不同。溶剂的极性、pH 值均会影响电离度。例如 HCl 在水中可以百分之百电离，但在 HAc 中电离度显著减小，在 C_6H_6 中基本不发生电离。

（4）*温度的影响* 电离过程一般热效应不显著，故温度对电离度的影响不大。但水的电离有较明显的吸热现象，所以温度升高，对水的电离度有较大的影响。

（5）*其他电解质的存在* 在弱电解质溶液中加入其他电解质，将对弱电解质电离度有较大影响，主要的影响因素有同离子效应和盐效应，将在后面详细讨论。

（二）电离平衡常数

1. 弱酸、弱碱的电离平衡表示式

弱酸和弱碱在水溶液中只有一部分发生电离，故存在着未电离的分子与离子之间的平衡，如醋酸溶液和氨水溶液中分别存在着下列平衡：

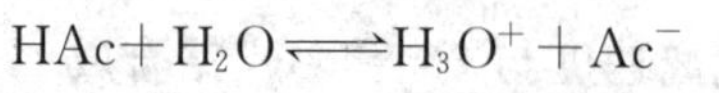

$$HAc+H_2O\rightleftharpoons H_3O^++Ac^-$$

$$NH_3+H_2O \rightleftharpoons NH_4^+ + OH^-$$

或写作

$$HAc \rightleftharpoons H^+ + Ac^-$$

$$NH_3 \cdot H_2O \rightleftharpoons NH_4^+ + OH^-$$

在一定的温度下，当达到电离平衡时，平衡常数表达式可分别写成：

$$K_a^{\ominus}(HAc)=\frac{a(H^+)\cdot a(Ac^-)}{a(HAc)} \tag{3-5}$$

$$K_b^{\ominus}(NH_3\cdot H_2O)=\frac{a(NH_4^+)\cdot a(OH^-)}{a(NH_3\cdot H_2O)} \tag{3-6}$$

$K_a^{\ominus}$ 称为弱酸的标准电离平衡常数，$K_b^{\ominus}$ 称为弱碱的标准电离平衡常数。

在电解质溶液的平衡体系中，实际上是活度满足上式所表示的关系。因为活度是溶液中各物质实际起作用的浓度，即有效浓度。

但弱电解质的稀溶液中，由于电离出的离子数目较少，离子之间的相互作用较小，可以认为溶液中各物质的活度系数 γ 为 1，于是电离平衡常数表达式中活度可用相对平衡浓度代替，其简写式为：

$$K_a^{\ominus}(HAc)=\frac{c_{eq}(H^+)\cdot c_{eq}(Ac^-)}{c_{eq}(HAc)} \tag{3-7}$$

$$K_b^{\ominus}(NH_3\cdot H_2O)=\frac{c_{eq}(NH_4^+)\cdot c_{eq}(OH^-)}{c_{eq}(NH_3\cdot H_2O)} \tag{3-8}$$

$c_{eq}(H^+)$、$c_{eq}(Ac^-)$、$c_{eq}(HAc)$分别表示当 HAc 达到电离平衡时 H^+、Ac^-和 HAc 的相对平衡浓度，同样 $c_{eq}(NH_4^+)$、$c_{eq}(OH^-)$、$c_{eq}(NH_3)$分别表示当 $NH_3\cdot H_2O$ 达到电离平衡时 NH_4^+、OH^-和 $NH_3\cdot H_2O$ 的相对平衡浓度。本书后面章节涉及的相对平衡浓度均用 c_{eq}表示。

$K_a^{\ominus}$ 和 $K_b^{\ominus}$ 是化学平衡常数的一种形式，其数值的大小，可以反映弱电解质电离的趋势。

一般把 $K^{\ominus}\leqslant 10^{-4}$的电解质称为弱电解质；$K^{\ominus}=10^{-2}\sim10^{-3}$的电解质称为中强电解质。某些一元弱酸、弱碱的电离平衡常数见表 3-3。

表 3-3　某些一元弱酸、弱碱的电离平衡常数（298.15K）

一元弱酸	$K_a^{\ominus}$	一元弱碱	$K_b^{\ominus}$
HCN	6.17×10^{-10}	$NH_3\cdot H_2O$	1.74×10^{-5}
HClO	2.95×10^{-8}	CH_3NH_2	4.2×10^{-4}
HBrO	2.06×10^{-9}	$(CH_3)_2NH$	1.2×10^{-4}
HIO	2.3×10^{-11}	$(CH_3)_3N$	7.4×10^{-5}
HF	6.6×10^{-4}	$CH_3CH_2NH_2$	5.6×10^{-4}
HNO_2	5.1×10^{-4}	C_5H_5N	1.7×10^{-9}
HCOOH	1.8×10^{-4}	$C_6H_5NH_2$	4.2×10^{-10}
CH_3COOH	1.75×10^{-5}	N_2H_4	3.0×10^{-6}

有时可用 $pK_a^{\ominus}$ 或 $pK_b^{\ominus}$ 来表示弱酸或弱碱的强度。$pK_a^{\ominus}=-\lg K_a^{\ominus}$，$pK_b^{\ominus}=-\lg K_b^{\ominus}$。要注意的是 $pK_a^{\ominus}$ 越大，酸越弱；$pK_a^{\ominus}$ 越小，酸越强。$pK_b^{\ominus}$ 同样用来表示弱碱的相对强弱。

2. 运用电离平衡常数注意事项

(1) $K_a^{\ominus}$、$K_b^{\ominus}$ 是标准电离平衡常数，只适用于弱酸或弱碱的电离平衡，对于强酸、强碱，由于它们的电离几乎是不可逆的，故不宜使用电离平衡常数表达。

(2) $K_a^{\ominus}$、$K_b^{\ominus}$ 具有一般平衡常数的特性，它与浓度无关，只是温度的函数。由于弱电解质电离的热效应不大，所以温度对电离平衡常数的影响不大，而且一般研究的多为常温下的电离平衡，因此在实际应用时，可忽略温度对电离平衡常数的影响。

（3）在弱电解质溶液中，如果加入含有与弱电解质相同离子的其他电解质时，平衡常数表达式中有关的离子浓度应指溶液中该离子的总的平衡浓度。

电离平衡常数可以通过实验测得，也可以利用热力学方法根据基础热力学数据计算求得。

（三）电离平衡常数与电离度的关系

电离平衡常数和电离度都能反映弱电解质的电离程度，它们之间既有区别又有联系。电离平衡常数是平衡常数的一种形式，不随电解质的浓度而变化；电离度是弱电解质转化率的一种形式，表示弱电解质在一定条件下的解离百分率，随弱电解质的浓度变化而变化，二者之间存在一定的定量关系。

为便于讨论，本书后面章节涉及的相对起始浓度或相对浓度$\frac{c}{c^{\ominus}}$用简写的 c 表示。

以 HAc 电离为例，设 HAc 的起始浓度为 c，达平衡时，电离度为 α

$$HAc \rightleftharpoons H^{+} + Ac^{-}$$

相对起始浓度 $\quad c \quad 0 \quad 0$

相对平衡浓度 $\quad c-c\alpha \quad c\alpha \quad c\alpha$

达平衡时（简式）

$$\frac{c_{eq}(H^{+})\cdot c_{eq}(Ac^{-})}{c_{eq}(HAc)}=K_{a}^{\ominus}$$

$$\frac{c\cdot\alpha\cdot c\cdot\alpha}{c(1-\alpha)}=K_{a}^{\ominus} \qquad \frac{c\cdot\alpha^{2}}{1-\alpha}=K_{a}^{\ominus}$$

当 $\alpha\leqslant5\%$时 $\quad 1-\alpha\approx1$

即

$$K_{a}^{\ominus}\approx c\cdot\alpha^{2} \qquad 或\ \alpha\approx\sqrt{\frac{K_{a}^{\ominus}}{c}} \tag{3-9}$$

式（3-9）称为稀释定律。可见，对同一弱电解质，电离平衡常数基本上不随浓度变化而变化，电离度则随浓度的减小而增大。当浓度为定值时，电离度随电离平衡常数的增大而增大。说明在浓度相同的条件下，电离平衡常数值的大小反映了不同弱电解质电离度的大小。

（四）一元弱酸、弱碱的简化计算

任何 HA 型弱酸在水溶液中存在着下列电离平衡

$$HA \rightleftharpoons H^{+} + A^{-}$$

同时，在水溶液中还存在着 H_2O 的电离平衡

$$H_2O \rightleftharpoons H^{+} + OH^{-}$$

H^+ 来源于 HA 的电离及 H_2O 的电离，但当 HA 的 $K_{a}^{\ominus}\gg K_{w}^{\ominus}$ 时，且 HA 的浓度不是很小时，可采取合理的近似处理，以简化计算过程，通常可忽略 H_2O 的电离，只考虑弱酸的电离，则溶液中 $c_{eq}(H^{+})\approx c_{eq}(A^{-})$

设 HA 的初始浓度为 $c(HA)$，达平衡时 $c_{eq}(H^{+})\approx c_{eq}(A^{-})$，电离平衡常数表达式可用简写式表示

则

$$K_{a}^{\ominus}=\frac{c_{eq}(H^{+})\cdot c_{eq}(A^{-})}{c_{eq}(HA)}$$

$$K_{a}^{\ominus}=\frac{[c_{eq}(H^{+})]^{2}}{c(HA)-c_{eq}(H^{+})}$$

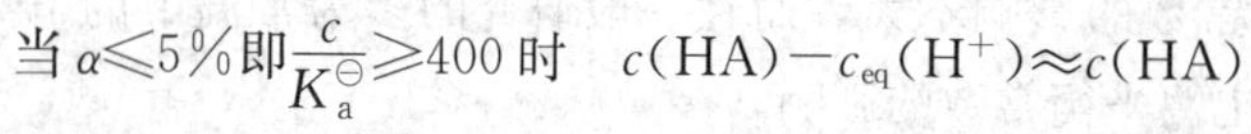

当 $\alpha\leqslant5\%$即$\frac{c}{K_{a}^{\ominus}}\geqslant400$时 $\quad c(HA)-c_{eq}(H^{+})\approx c(HA)$

则
$$c_{eq}(H^+)=\sqrt{K_a^{\ominus}\cdot c(HA)} \tag{3-10}$$

上式是计算一元弱酸 $c_{eq}(H^+)$浓度的简化公式。

同理，对一元弱碱溶液，可以得到 $c_{eq}(OH^-)=\sqrt{K_b^{\ominus}\cdot c}$ (3-11)

必须注意上述简化公式只有当弱酸或弱碱的电离度 $\alpha\leqslant 5\%$，即$\dfrac{c}{K^{\ominus}}\geqslant 400$ 时才能使用，否则将造成较大的误差。因为公式中忽略了电离掉的弱酸（或弱碱）浓度。当 $\alpha>5\%$，即$\dfrac{c}{K^{\ominus}}<400$ 时，不可忽略已电离的弱酸（或弱碱）的浓度，可通过解一元二次方程求 H^+（或 OH^-）浓度。对于一元弱酸：

$$c_{eq}(H^+)=-\frac{K_a^{\ominus}}{2}+\sqrt{\frac{K_a^{\ominus 2}}{4}+K_a^{\ominus}\cdot c} \tag{3-12}$$

一元弱碱：
$$c_{eq}(OH^-)=-\frac{K_b^{\ominus}}{2}+\sqrt{\frac{K_b^{\ominus 2}}{4}+K_b^{\ominus}\cdot c} \tag{3-13}$$

若是遇到极弱的酸或浓度极稀的酸，虽然$\dfrac{c}{K_a^{\ominus}}\geqslant 400$，但此时必须考虑水解离出的 H^+，否则会得到荒谬的结论。可以用 $c\cdot K_a^{\ominus}\geqslant 24K_w^{\ominus}$ 判断。若 $c\cdot K_a^{\ominus}<24K_w^{\ominus}$，则应用

$$c_{eq}(H^+)=\sqrt{K_a^{\ominus}\cdot c+K_w^{\ominus}} \tag{3-14}$$

【例 3-1】 求下列 HAc 溶液的 pH 值及电离度。(已知 HAc 的 $K_a^{\ominus}=1.75\times10^{-5}$)

(1) $0.10\text{mol}\cdot\text{L}^{-1}$；　　(2) $1.0\times10^{-3}\text{mol}\cdot\text{L}^{-1}$。

解：(1)
$$\frac{c}{K_a^{\ominus}}=\frac{0.10}{1.75\times10^{-5}}=5.7\times10^3>400$$

可用（3-10）公式计算

$$c_{eq}(H^+)=\sqrt{K_a^{\ominus}\cdot c}=\sqrt{1.75\times10^{-5}\times0.10}=1.32\times10^{-3}$$
$$pH=-\lg c_{eq}(H^+)=-\lg 1.32\times10^{-3}=2.88$$
$$\alpha=\frac{c_{eq}(H^+)}{c}\times100\%=\frac{1.32\times10^{-3}}{0.10}\times100\%=1.32\%$$

答：$0.10\text{mol}\cdot\text{L}^{-1}$ HAc 溶液的 pH 值为 2.88，电离度是 1.32%。

(2)
$$\frac{c}{K_a^{\ominus}}=\frac{1.0\times10^{-3}}{1.75\times10^{-5}}=57.1<400$$

不能用式（3-10）计算，要用式（3-12）计算

$$c_{eq}(H^+)=-\frac{K_a^{\ominus}}{2}+\sqrt{\frac{K_a^{\ominus 2}}{4}+K_a^{\ominus}\cdot c}$$
$$=-\frac{1.75\times10^{-5}}{2}+\sqrt{\frac{(1.75\times10^{-5})^2}{4}+1.75\times10^{-5}\times1.0\times10^{-3}}=1.24\times10^{-4}$$
$$pH=-\lg c_{eq}(H^+)=-\lg 1.24\times10^{-4}=3.91$$
$$\alpha=\frac{1.24\times10^{-4}}{1.0\times10^{-3}}\times100\%=12.4\%$$

答：$1.0\times10^{-3}\text{mol}\cdot\text{L}^{-1}$ HAc 溶液的 pH 值为 3.91，电离度是 12.4%。

【例 3-2】 计算 $1.0\times10^{-5}\text{mol}\cdot\text{L}^{-1}$ HCN 溶液的 $c_{eq}(H^+)$、pH 值。(已知 HCN $K_a^{\ominus}=6.17\times10^{-10}$)

解： $$\frac{c}{K_a^{\ominus}}=\frac{1.0\times10^{-5}}{6.17\times10^{-10}}=16207>400$$

若用式（3-10）计算

$$c_{eq}(H^+)=\sqrt{6.17\times10^{-10}\times1.0\times10^{-5}}=7.9\times10^{-8}$$

$$pH=7.10$$

显然 pH=7.10 结论是荒谬的。

∵ $$c\cdot K_a^{\ominus}=1.0\times10^{-5}\times6.17\times10^{-10}=6.17\times10^{-15}<24K_w^{\ominus}=2.4\times10^{-13}$$

∴ 计算其溶液 $c_{eq}(H^+)$时，必须考虑水解离出的 H^+。

$$c_{eq}(H^+)=\sqrt{K_a^{\ominus}\cdot c+K_w^{\ominus}}=\sqrt{6.17\times10^{-10}\times1.0\times10^{-5}+1.0\times10^{-14}}=1.3\times10^{-7}$$

$$pH=6.89$$

答：$1.0\times10^{-5}mol\cdot L^{-1}$ HCN 溶液的 $c_{eq}(H^+)$是 $1.3\times10^{-7}mol\cdot L^{-1}$，pH 值是 6.89。

一元弱酸电离时必然存在水的电离，但并不是每次计算都要考虑水的电离。在酸不太弱，浓度又不太低的情况下，计算酸度时，水电离出的氢离子可以忽略不计。抓主要矛盾，暂时忽略问题的次要方面，可以使我们将丰富的感性材料去粗取精、去伪存真，更好更快地认识事物的本质。这里体现了主要矛盾和次要矛盾的辩证关系。

（五）同离子效应与盐效应

1. 同离子效应

【在弱电解质溶液中，加入含有相同离子的强电解质，使电离平衡向左移动，弱电解质的电离度降低的作用叫同离子效应（common ion effect）】。

【例 3-3】 在 $0.10mol\cdot L^{-1}$ 的 HAc 溶液中，加入固体 NaAc，使 NaAc 的浓度达 $0.1mol\cdot L^{-1}$，求该 HAc 溶液中的 $c_{eq}(H^+)$和电离度。(已知 HAc 的 $K_a^{\ominus}=1.75\times10^{-5}$)

解： 设平衡时已电离的 HAc 相对浓度为 x，则

	HAc	⇌	H^+	+	Ac^-
相对起始浓度	0.1		0		0.1
相对平衡浓度	$0.1-x$		x		$0.1+x$

$$\frac{x(0.1+x)}{0.1-x}=K_a^{\ominus}$$

∵ $\frac{c}{K_a^{\ominus}}=\frac{0.1}{1.75\times10^{-5}}>400$，且有 NaAc 加入，使平衡左移，故 HAc 电离出 H^+更少。

∴ $0.1-x\approx0.1$　　$0.1+x\approx0.1$

$$\frac{0.1\cdot x}{0.1}=1.75\times10^{-5}$$

$$x=c_{eq}(H^+)=1.75\times10^{-5}$$

$$c_{eq}(H^+)=1.75\times10^{-5}mol\cdot L^{-1}$$

$$\alpha=\frac{1.75\times10^{-5}mol\cdot L^{-1}}{0.1mol\cdot L^{-1}}\times100\%=0.0175\%$$

答：该 HAc 溶液中的 $c_{eq}(H^+)$是$1.75\times10^{-5}mol\cdot L^{-1}$，电离度是 0.0175%。

前面例 3-1 中计算出，$0.10mol\cdot L^{-1}$ HAc 溶液中的 $c_{eq}(H^+)$为 $1.32\times10^{-3}mol\cdot L^{-1}$，电离度为 1.32%。但当溶液中加入 $0.1mol\cdot L^{-1}$ NaAc 后，H^+浓度降至 $1.75\times10^{-5}mol\cdot L^{-1}$，电离度降低至 0.0175%。可见，同离子效应对弱电解质的电离度影响是很大的。

2. 盐效应

在前面有关离子浓度的计算中，由于 HAc 的电离度很小，所以溶液中离子间的相互作用可以忽略，将活度系数 γ 看作 1，用浓度代替活度。当加入 NaCl 强电解质后，溶液中离子强度 I 增大，γ 偏离 1 的程度增大，此时不能再用浓度代替活度。

【例 3-4】 若在 0.1mol·L^{-1} HAc 溶液中，加入 NaCl 固体，使其浓度达 0.1mol·L^{-1}，计算此时溶液中的 H^+ 浓度及电离度。

解：∵ HAc 电离出 H^+、Ac^- 很少，故其离子间作用可忽略不计。

0.1mol·L^{-1} NaCl 的存在，要考虑离子间的牵制作用。

$$I=\frac{1}{2}[0.1\text{mol·L}^{-1}\times 1^2+0.1\text{mol·L}^{-1}\times(-1)^2]=0.1\text{mol·L}^{-1}$$

当 $I=0.1\text{mol·L}^{-1}$，1 价离子的活度系数 $\gamma=0.78$

$$\frac{a_{H^+}\cdot a_{Ac^-}}{a_{HAc}}=K_a^{\ominus}$$

$\gamma_{HAc}=1$　且 $c_{eq}(HAc)\approx 0.1\text{mol·L}^{-1}$

$$\frac{\gamma_{H^+}\cdot c_{eq}(H^+)\cdot\gamma_{Ac^-}\cdot c_{eq}(Ac^-)}{c_{eq}(HAc)}=1.75\times 10^{-5}$$

∵
$$\gamma_{H^+}=\gamma_{Ac^-}=0.78\qquad c_{eq}(H^+)=c_{eq}(Ac^-)$$

$$\frac{0.78^2[c_{eq}(H^+)]^2}{0.1\text{mol·L}^{-1}}=1.75\times 10^{-5}$$

$$c_{eq}(H^+)=\sqrt{\frac{1.75\times 10^{-5}\times 0.1}{0.78^2}}=1.70\times 10^{-3}$$

HAc 的电离度为：

$$\alpha=\frac{c_{eq}(H^+)}{c}=\frac{1.70\times 10^{-3}}{0.1}\times 100\%=1.70\%$$

计算结果表明，由于加入了其他强电解质，使弱电解质的电离度稍有增加。

【在弱电解质的溶液中，加入其他强电解质时，该弱电解质的电离度将稍有增大，这种作用称为盐效应（salt effect）**】**。

应该指出，在弱电解质溶液中发生同离子效应的同时，也存在盐效应，只是同离子效应大于盐效应，盐效应可以忽略不计。

同离子效应与盐效应对弱电解质的电离影响是相互矛盾的，但弱电解质的同离子效应要比盐效应强得多，也就是说，同离子效应是主要矛盾，决定了事物发展的主要方向，抓住了这个主要矛盾，次要矛盾可以不予考虑。

二、多元弱酸的电离

在水溶液中一个分子能解离二个或二个以上 H^+ 的弱酸叫多元弱酸。如 H_2CO_3、H_2S 为二元弱酸，H_3AsO_4 为三元中强酸。

多元弱酸在水溶液中的电离是分步进行的，每一步都有它的电离平衡表达式和电离平衡常数。以 H_2S 为例：

第一步电离
$$H_2S \rightleftharpoons H^+ + HS^-$$

$$K_{a_1}^{\ominus}=\frac{c_{eq}(H^+)\cdot c_{eq}(HS^-)}{c_{eq}(H_2S)}=1.32\times 10^{-7}$$

第二步电离　　$HS^- \rightleftharpoons H^+ + S^{2-}$

$$K_{a_2}^{\ominus}=\frac{c_{eq}(H^+)\cdot c_{eq}(S^{2-})}{c_{eq}(HS^-)}=7.08\times10^{-15}$$

表 3-4 中列出了一些多元弱酸的各级电离平衡常数。

表 3-4　一些多元弱酸的电离平衡常数（298.15K）

多元酸	$K_{a_1}^{\ominus}$	$K_{a_2}^{\ominus}$	$K_{a_3}^{\ominus}$
H_2CO_3	4.17×10^{-7}	5.62×10^{-11}	
$H_2C_2O_4$	5.37×10^{-2}	5.37×10^{-5}	
H_3PO_4	7.59×10^{-3}	6.31×10^{-8}	4.37×10^{-13}
H_2S	1.32×10^{-7}	7.08×10^{-15}	
H_2SO_3	1.26×10^{-2}	6.31×10^{-8}	
H_3AsO_4	6.31×10^{-3}	1.05×10^{-7}	3.16×10^{-12}

从上表数据中，可以看出多元弱酸次一级电离平衡常数比前一级电离平衡常数要小得多，说明后一步的电离比前一步的电离要困难得多，这是多级电离的特点。因为第一级电离的 H^+ 来自于中性分子，而第二级电离的 H^+ 来自于带有负电荷的酸根离子，显然 H^+ 要受到负电荷对它的吸引力；此外，第一级电离出的 H^+ 对第二级的电离产生了同离子效应。两个原因导致多元弱酸 $K_{a_3}^{\ominus}\ll K_{a_2}^{\ominus}\ll K_{a_1}^{\ominus}$。

因此多元弱酸溶液中的 H^+ 主要来自其第一步电离，在比较多元弱酸的相对强弱时，只要用 $K_{a_1}^{\ominus}$ 进行比较即可。

强调指出：多元弱酸的电离虽然是分步进行的，但溶液中的 H^+ 浓度是指总浓度。如 H_2S 溶液中的 H^+ 浓度，应是 H_2S、HS^- 和 H_2O 电离出的 H^+ 浓度之和。多元弱酸的电离平衡，应是几个相关平衡的共同结果，溶液中的 H^+ 必须同时满足各步的电离平衡，这一点对以后讨论多重平衡时非常重要。

【例 3-5】 室温下，饱和 H_2S 水溶液中，H_2S 浓度为 $0.1mol\cdot L^{-1}$，求该溶液中的 $c_{eq}(H^+)$、$c_{eq}(HS^-)$、$c_{eq}(S^{2-})$ 及 $c_{eq}(OH^-)$。（已知 H_2S 的 $K_{a_1}^{\ominus}=1.32\times10^{-7}$，$K_{a_2}^{\ominus}=7.08\times10^{-15}$）

解：（1）求 $c_{eq}(H^+)$、$c_{eq}(HS^-)$

当 $\frac{K_{a_1}^{\ominus}}{K_{a_2}^{\ominus}}=\frac{1.32\times10^{-7}}{7.08\times10^{-15}}>10^4$ 时，可忽略 H_2S 的二级电离，当作一元弱酸处理。

$$H_2S \rightleftharpoons H^+ + HS^-$$

因为 $\frac{c}{K_{a_1}^{\ominus}}=\frac{0.1}{1.32\times10^{-7}}>400$，故可简化计算

$$c_{eq}(H^+)=\sqrt{K_{a_1}^{\ominus}c}=\sqrt{1.32\times10^{-7}\times0.1}=1.15\times10^{-4}$$

由于第二步电离非常小，可认为 $c_{eq}(HS^-)\approx c_{eq}(H^+)$

（2）求 $c_{eq}(S^{2-})$

S^{2-} 是 H_2S 的二级电离产物

$$HS^- \rightleftharpoons H^+ + S^{2-}$$

$$K_{a_2}^{\ominus}=\frac{c_{eq}(H^+)\cdot c_{eq}(S^{2-})}{c_{eq}(HS^-)}=7.08\times10^{-15}$$

于是 $c_{eq}(S^{2-})=K_{a_2}^{\ominus}=7.08\times10^{-15}$

（3）求 $c_{eq}(OH^-)$

$$c_{eq}(OH^-)=\frac{K_w^{\ominus}}{c_{eq}(H^+)}=\frac{1\times10^{-14}}{1.15\times10^{-4}}=8.70\times10^{-11}$$

答：饱和 H_2S 水溶液中 H^+ 与 HS^- 浓度均为 $1.15\times10^{-4}mol\cdot L^{-1}$，$S^{2-}$ 浓度为 $7.08\times10^{-15}mol\cdot L^{-1}$，$OH^-$ 浓度为 $8.70\times10^{-11}mol\cdot L^{-1}$。

从上面的计算过程中，可得到计算二元弱酸的结论：

1. 当二元弱酸 $K_{a_2}^{\ominus}\ll K_{a_1}^{\ominus}$ 时，求 $c_{eq}(H^+)$ 当作一元弱酸处理。

2. 二元弱酸溶液中，酸根的浓度近似等于 $K_{a_2}^{\ominus}$，与酸的原始浓度关系不大。

3. 由于二元弱酸酸根的浓度极低，当需要大量酸根时，应用其相应盐而不用酸。

根据多重平衡规则

$$H_2S \rightleftharpoons H^+ + HS^- \qquad HS^- \rightleftharpoons H^+ + S^{2-}$$

将二式相加

$$H_2S \rightleftharpoons 2H^+ + S^{2-}$$

$$K^{\ominus}=\frac{[c_{eq}(H^+)]^2\cdot c_{eq}(S^{2-})}{c_{eq}(H_2S)}=K_{a_1}^{\ominus}\cdot K_{a_2}^{\ominus} \tag{3-15}$$

总的电离平衡常数关系式仅表示当 H_2S 达到电离平衡时，$c_{eq}(H^+)$、$c_{eq}(S^{2-})$、$c_{eq}(H_2S)$ 三者相对平衡浓度间的关系，而不是说 H_2S 电离过程是按 $H_2S \rightleftharpoons 2H^+ + S^{2-}$ 的方式一步进行的。因此调节溶液的 H^+ 浓度，可以控制溶液中 S^{2-} 的浓度。

【例 3-6】 在 $0.3mol\cdot L^{-1}$ 的盐酸中，通入 H_2S 至饱和，计算溶液中 S^{2-} 的浓度？

解： 盐酸为强酸，在溶液中完全电离，H^+ 的浓度 $0.3mol\cdot L^{-1}$，对 H_2S 的电离起了抑制作用，故 H_2S 电离产生的 H^+ 可忽略不计。已知 H_2S 的饱和溶液浓度为 $0.1mol\cdot L^{-1}$。

根据

$$K^{\ominus}=\frac{[c_{eq}(H^+)]^2\cdot c_{eq}(S^{2-})}{c_{eq}(H_2S)}=K_{a_1}^{\ominus}\cdot K_{a_2}^{\ominus}$$

$$c_{eq}(S^{2-})=\frac{K_{a_1}^{\ominus}\cdot K_{a_2}^{\ominus}\cdot c_{eq}(H_2S)}{[c_{eq}(H^+)]^2}$$

$$=\frac{1.32\times10^{-7}\times7.08\times10^{-15}\times0.1}{(0.3)^2}=1.04\times10^{-21}$$

答：在 $0.3mol\cdot L^{-1}$ 的盐酸中，溶液中的 S^{2-} 浓度为 $1.04\times10^{-21}mol\cdot L^{-1}$。

第三节　缓冲溶液

溶液的 pH 值是影响化学反应的重要条件之一，当 pH 值不合适或反应过程中介质的 pH 值发生很大变化时，均会影响反应的正常进行。

在 1L 纯水中，加入 0.1mL $1mol\cdot L^{-1}$ HCl，溶液的 pH 值就会由 7 下降至 4；加入 0.1mL $1mol\cdot L^{-1}$ NaOH，溶液的 pH 值就会由 7 升高至 10。

在 1L HAc 和 NaAc 各为 $0.1mol\cdot L^{-1}$ 的混合溶液中，加入上述同样量的 HCl 或 NaOH 时，发现溶液的 pH 值基本保持不变，类似这种 HAc 和 NaAc 混合溶液称之为**缓冲溶液**（buffer solution）。

【缓冲溶液是一种能抵抗外加少量强酸、强碱或稀释，而保持体系的 pH 值基本不变的溶液】。缓冲溶液具有抗少量强酸、抗少量强碱、抗少量水稀释的作用，此作用称为缓冲作用。

一、缓冲溶液的缓冲作用原理

以 HAc-NaAc 组成的缓冲溶液为例来说明缓冲溶液的缓冲作用原理：

$$HAc \rightleftharpoons H^+ + Ac^-$$
$$NaAc \longrightarrow Na^+ + Ac^-$$

在 HAc 溶液中加入 NaAc 后，由于同离子效应使 HAc 的电离度降低，因此溶液中存在着大量未电离的 HAc 分子及 Ac^-，且它们之间建立电离平衡。

$$HAc \rightleftharpoons H^+ + Ac^-$$

当外加少量强酸时，溶液中的 Ac^- 便与酸中的 H^+ 结合为 HAc 分子，使平衡向左移动，当新的平衡建立时，$c(HAc)$ 略有增加，$c(Ac^-)$ 略有减少，溶液中的 H^+ 浓度改变很小。故 Ac^- 具有抗 H^+ 的作用，称之为抗酸成分。

当外加少量强碱时，溶液中的 H^+ 便与碱中的 OH^- 结合为更难电离的 H_2O，使平衡向右移动，这时 HAc 又立即电离出 H^+ 与 Ac^-，当达到再次平衡时，$c(HAc)$略有减少，$c(Ac^-)$略有增加，溶液中的 H^+ 浓度基本不变。故 HAc 具有抗 OH^- 的作用，称之为抗碱成分。

当加入少量的水溶液稀释时，由于溶液中 $c(HAc)$ 和 $c(Ac^-)$ 降低的倍数相等，根据 $c_{eq}(H^+)=K_a^\ominus \cdot \frac{c_{eq}(HAc)}{c_{eq}(Ac^-)}$，$H^+$ 浓度仍无变化。

由以上分析，不难看出缓冲溶液之所以具有缓冲作用，因其中含有抗酸成分和抗碱成分，这两种成分称之为缓冲溶液的**缓冲对**或**缓冲系**。

必须注意的是，缓冲溶液的缓冲作用是有限的，当大量的 OH^- 或 H^+ 进入时，溶液中 HAc 或 Ac^- 消耗将尽时，其抗碱、抗酸的作用也随之消失。

另外，浓度较大的强酸、强碱溶液也有一定的缓冲作用。因为加少量的酸或碱对强酸、强碱浓度变化很小，所以溶液的 pH 值可基本稳定。

【通常使用的缓冲溶液有弱酸及其盐，如 HAc-NaAc；弱碱及其盐，如 $NH_3 \cdot H_2O$-NH_4Cl；多元弱酸及其次级盐，如 H_2CO_3-$NaHCO_3$，以及酸式盐及其次级盐，如 $NaHCO_3$-Na_2CO_3、NaH_2PO_4-Na_2HPO_4，均可组成不同 pH 值的缓冲溶液】。

二、缓冲溶液的 pH 值近似计算

1. 弱酸及其盐组成的缓冲溶液

设弱酸 HA 的浓度为 $c(HA)$，其弱酸盐 MA 的浓度为 $c(A^-)$，平衡时$c_{eq}(H^+)$为 x

	HA ⇌	H^+ +	A^-
电离前相对浓度	$c(HA)$	0	$c(A^-)$
相对平衡浓度	$c(HA)-x$	x	$c(A^-)+x$

$$K_a^\ominus=\frac{c_{eq}(H^+)\cdot c_{eq}(A^-)}{c_{eq}(HA)}=\frac{x\cdot[c(A^-)+x]}{c(HA)-x}$$

∵ 同离子效应，x 很小 ∴$c(HA)-x \approx c(HA)$ $c(A^-)+x \approx c(A^-)$

则 $K_a^\ominus=\frac{x\cdot c(A^-)}{c(HA)}$ 即 $c_{eq}(H^+)=K_a^\ominus \cdot \frac{c(HA)}{c(A^-)}$

两边取负对数 $-\lg c_{eq}(H^+)=-\lg K_a^\ominus+\left[-\lg\frac{c(HA)}{c(A^-)}\right]$

$$pH=pK_a^\ominus-\lg\frac{c(HA)}{c(A^-)} \tag{3-16}$$

2. 弱碱及其盐组成的缓冲溶液

同理，根据上面的推导方法，可得到弱碱及其盐组成的缓冲溶液 pH 值近似计算式。

$$pOH = pK_b^{\ominus} - \lg \frac{c(MOH)}{c(M^+)}$$

即
$$pH = 14 - pK_b^{\ominus} + \lg \frac{c(MOH)}{c(M^+)} \tag{3-17}$$

【例 3-7】 在 90mL 含 HAc 和 NaAc 各 0.1mol·L^{-1} 的溶液中，加入 10mL 0.01mol·L^{-1} HCl，溶液的 pH 值为多少？已知 HAc 的 $pK_a^{\ominus}=4.76$。

解： 在 90mL HAc-NaAc 溶液中，加入 10mL 0.01mol·L^{-1} HCl 后，体积增大，原来的各物质浓度有变化，需重新计算，同时，由于 HCl 的加入，H^+ 与 Ac^- 结合为 HAc，$c(HAc)$增大，$c(Ac^-)$减小。

$$c(HAc) = 0.1 \times \frac{90mL}{90mL+10mL} + 0.01 \times \frac{10mL}{90mL+10mL}$$
$$= 0.091$$
$$c(Ac^-) = 0.1 \times \frac{90mL}{90mL+10mL} - 0.01 \times \frac{10mL}{90mL+10mL}$$
$$= 0.089$$

代入式(3-16)
$$pH = pK_a^{\ominus} - \lg \frac{c(HAc)}{c(Ac^-)}$$
$$= 4.76 - \lg \frac{0.091}{0.089}$$
$$= 4.75$$

【例 3-8】 如果在上述溶液中，加入 10mL 0.01mol·L^{-1} NaOH 后，溶液的 pH 值又为多少？

解： 与上述分析一样，只是 OH^- 与 H^+ 结合为水，$c(HAc)$ 减少，而 $c(Ac^-)$ 增加

$$c(HAc) = 0.1 \times \frac{90mL}{90mL+10mL} - 0.01 \times \frac{10mL}{90mL+10mL}$$
$$= 0.089$$
$$c(Ac^-) = 0.1 \times \frac{90mL}{90mL+10mL} + 0.01 \times \frac{10mL}{90mL+10mL}$$
$$= 0.091$$
$$pH = 4.76 - \lg \frac{0.089}{0.091}$$
$$= 4.77$$

【例 3-9】 如果在上述溶液中，加入 10mL 水，pH 值又为多少？

解：
$$c(HAc) = c(Ac^-) = 0.1 \times \frac{90mL}{90mL+10mL} = 0.09$$
$$pH = 4.76 - \lg \frac{0.09}{0.09} = 4.76$$

式 (3-16) 与式 (3-17) 使用的均为缓冲对的原始浓度，忽略了已电离的弱酸或弱碱的浓度，所以是计算缓冲溶液 pH 值的近似公式。若当缓冲对的浓度过稀或二组分的浓度比值过于悬殊，应使用平衡浓度，也就是要考虑已电离的弱酸或弱碱的浓度，这样计算的结果与实际缓冲溶液的 pH 值更接近。

三、缓冲容量

缓冲溶液具有一定的抗酸、抗碱能力，其作用是有一定限度的。1922 年，**范斯莱克**

（Vanslyke）提出了**缓冲容量**（buffer capacity）概念，其为衡量缓冲溶液缓冲能力大小的尺度。

【缓冲容量在量值上等于单位体积（1L 或 1mL）**缓冲溶液的 pH 值增大或减小 1 个单位时所需加入强酸或强碱的物质的量**（mol 或 mmol）**】**。

用数学式可表示为：

$$\beta=\frac{\Delta n}{|\Delta pH|\cdot V} \tag{3-18}$$

式中，β 为缓冲容量；Δn 为加入的 H^+ 或 OH^- 的物质的量；$|\Delta pH|$ 为缓冲溶液加入 H^+ 或 OH^- 后，溶液 pH 值改变的绝对值，V 为溶液的体积。

例如在 1L 含有 0.1mol·L⁻¹ HAc 和 0.1mol·L⁻¹ NaAc 的缓冲溶液（$pK_a^\ominus=4.76$）中，加入的 H^+ 量为 0.001mol，则

$$c(HAc)=0.1+0.001=0.101$$

$$c(Ac^-)=0.1-0.001=0.099$$

$$pH=4.76-\lg\frac{0.101}{0.099}=4.75$$

$$\Delta pH=|4.75-4.76|=0.01$$

$$\beta=\frac{0.001mol}{0.01pH\times 1L}=0.1mol\cdot L^{-1}\cdot pH^{-1}$$

由此，不难看出，缓冲溶液的缓冲容量越大，其缓冲作用越强，即抗酸、抗碱、抗稀释能力越强。

那么对于一个给定的缓冲溶液来说，它的缓冲容量与哪些因素有关呢？见表 3-5。

表 3-5　HAc-NaAc 缓冲溶液的缓冲容量与 $c_{总}$ 和 $\frac{c(HAc)}{c(NaAc)}$ 的关系

编号	c(HAc)	c(NaAc)	$c_{总}$	$\frac{c(HAc)}{c(NaAc)}$	pH	加入 0.05mL 1mol·L⁻¹ HCl 后 $\|\Delta pH\|$	$\frac{\beta}{mol\cdot L^{-1}\cdot pH^{-1}}$
1	0.10	0.10	0.20	1∶1	4.76	4.34×10^{-4}	0.115
2	0.010	0.010	0.020	1∶1	4.76	4.34×10^{-3}	0.0115
3	0.020	0.180	0.20	1∶9	5.70	3.04×10^{-3}	0.0164
4	0.002	0.198	0.20	1∶99	6.75	1.6×10^{-2}	0.0031

从表 3-5 数据可以明显看出，缓冲容量的大小与缓冲溶液的总浓度及二组分的比值有关。

表中 1 与 2 比较，缓冲对组分浓度之比均为 1∶1，当加入等量的 H^+ 后，总浓度大的缓冲容量大；总浓度小的，缓冲容量小。表中 1、3、4 相比较，当缓冲溶液二组分的总浓度相等时，二组分的浓度比值越趋近于 1，其缓冲容量越大；二组分的浓度比值越悬殊，其缓冲容量越小。由此可知：

（1）在二组分浓度比值一定时，缓冲溶液的总浓度较大时，缓冲容量较大，反之总浓度较小时，缓冲容量较小。

（2）当缓冲溶液的总浓度一定时，各缓冲组分浓度比值越趋近于 1，缓冲容量越大。

当缓冲组分浓度的比值过于悬殊时，甚至会失去缓冲作用。因此，对任何一个缓冲溶液的缓冲作用，都有一个有效的缓冲范围，这个范围大约在 $pK_a^\ominus$（或 $pK_b^\ominus$）两侧各一个 pH 单位之内，即 $pH=pK_a^\ominus\pm1$，$pH=14-(pK_b^\ominus\pm1)$。如 HAc-NaAc 缓冲溶液，$pK_a^\ominus=4.76$，其缓冲范围为pH=3.76～5.76，同理 NH_3-NH_4Cl 缓冲溶液，$pK_b^\ominus=4.76$，其缓冲范围为pH=8.24～10.24。因此在配制缓冲溶液时，必须要考虑其缓冲容量。一般各组分的浓度为 0.05～0.5mol·L⁻¹，当总浓度一定时，各组

分的浓度比值控制在1∶9～9∶1，才能保证缓冲溶液在一定pH范围内具有抗酸、抗碱、抗稀释的缓冲作用。

四、缓冲溶液的选择与配制

根据实际工作的需要，确定在某一pH值范围内选择和配制缓冲溶液时，有下列几个步骤：

1. 选择缓冲对

（1）选取的缓冲对不能与反应物或生成物发生化学反应，对于药用缓冲溶液还要考虑不能有毒性，加温灭菌与有效期内要稳定。

（2）为了保证一定的缓冲容量，所选择的缓冲溶液中的弱酸（或弱碱）的 $pK_a^\ominus$（或 $14-pK_b^\ominus$）与所要求的pH值尽量接近，这样可保证二组分浓度之比值趋近于1。

2. 若溶液的pH值与 $pK_a^\ominus$（或 $14-pK_b^\ominus$）不等时，利用缓冲公式，计算出各组分需要的量。

3. 根据实际要求，选择缓冲对的浓度，一般在 $0.05\sim0.5mol\cdot L^{-1}$。

4. 以上是按照理论计算出的量，其中忽略了弱酸（或弱碱）的电离以及某些盐的水解因素，故配制好的缓冲溶液应用pH计加以校准。

【例3-10】 现有 $1mol\cdot L^{-1}$ 的HAc溶液和 $1mol\cdot L^{-1}$ 的NaAc溶液，需配制1L pH=5的缓冲溶液，若使溶液中HAc的浓度为 $0.2mol\cdot L^{-1}$，应如何配制？

解： 已知HAc的 $pK_a^\ominus=4.76$，缓冲溶液中 $c(HAc)=0.2$

（1）根据已知条件，首先计算缓冲溶液中NaAc的浓度 $c(NaAc)$

$$pH=pK_a^\ominus-\lg\frac{c(HAc)}{c(NaAc)}$$

$$5=4.76-\lg\frac{0.2}{c(NaAc)}\qquad \lg\frac{0.2}{c(NaAc)}=-0.24$$

$$\frac{0.2}{c(NaAc)}=0.57\qquad c(NaAc)=0.351$$

（2）计算所需酸和盐的量

需 $1mol\cdot L^{-1}$ 的HAc的体积 $V_1=\frac{0.2\times1L}{1}=0.2L$

需 $1mol\cdot L^{-1}$ 的NaAc的体积 $V_2=\frac{0.351\times1L}{1}=0.351L$

答：取 $1mol\cdot L^{-1}$ 的HAc溶液0.2L，$1mol\cdot L^{-1}$ 的NaAc溶液0.351L混合，加水稀释到1L，即得pH=5的缓冲溶液。

最后用pH计予以校准。

五、血液中的缓冲体系

机体正常的生理功能，不但需要体液含量、渗透压的稳定，适宜的温度，还必须保持恒定的酸碱度。然而在代谢过程中不断产生酸性和碱性物质，摄入酸性和碱性食物或药物，都可能影响体内pH值的稳定。

人体主要依靠血液缓冲，肺呼吸和肾脏的排泄与重吸收来维持体液pH值的恒定。人体血液的pH值要恒定在7.35～7.45之间，如低于7.35或高于7.45就会出现酸中毒或碱中毒。

血浆中的缓冲系统有 H_2CO_3-$NaHCO_3$、NaH_2PO_4-Na_2HPO_4、血浆蛋白质-血浆蛋白质钠盐。

红细胞中的缓冲系统有：H_2CO_3-$KHCO_3$、KH_2PO_4-K_2HPO_4、HHb-KHb（HHb-血红蛋

白)、$HHbO_2$-$KHbO_2$（$HHbO_2$-氧合血红蛋白）。

血浆中以碳酸氢盐缓冲系统含量最多，作用最重要。红细胞中以血红蛋白及氧合血红蛋白缓冲系统最为重要，它们之间有密切联系。健康人血液 pH 值为 7.4，主要靠 H_2CO_3-$NaHCO_3$ 缓冲系统的调节。

六、缓冲溶液在药物生产中的应用

在药物生产中，药物的疗效、稳定性、溶解性以及对人体的刺激性均必须全面考虑。选择合适的缓冲溶液在药物生产过程中是必不可少的。如维生素 C 水溶液（5mg/mL）pH＝3.0。若直接用于局部注射会产生难受的刺痛，常用$NaHCO_3$调节其 pH 值在5.5～6.0 之间，就可减轻注射时的刺痛，并能增加其稳定性。在配制抗生素的注射剂时，常加入适量的维生素 C 与甘氨酸钠作为缓冲剂以减少对机体的刺激，而有利于药物吸收。有些注射液经高温灭菌后，pH 值会发生较大变化，一般可采用适当的缓冲液进行 pH 值调整，使加温灭菌后，其 pH 值仍保持恒定，可见缓冲溶液在制药工程中是十分重要的。

第四节　盐的水解

酸在水中能电离出 H^+，溶液呈酸性；碱在水中能电离出 OH^-，溶液呈碱性。盐在水中既不电离出 H^+，也不电离出 OH^-，那么它在水溶液中呈什么性呢？实验结果表明，NaAc、Na_2CO_3 这类由弱酸与强碱反应生成的盐在水溶液中呈碱性；NH_4Cl、$Fe(NO_3)_3$ 这类由强酸与弱碱反应生成的盐在水溶液中呈酸性；NaCl、KNO_3 这类由强酸与强碱反应生成的盐在水溶液中呈中性。各种盐在水溶液中呈现不同的酸碱性是由于组成盐的离子与水电离出的 H^+ 或 OH^- 结合生成弱酸或弱碱，引起水的电离平衡发生移动，从而改变了溶液中 H^+ 与 OH^- 的相对浓度，使溶液呈现不同的酸碱性。

【盐的离子与溶液中水电离出的 H^+ 或 OH^- 作用生成弱电解质的反应叫作盐的水解】。

一、各种类型盐的水解

（一）弱酸强碱盐的水解

以 NaAc 为例，NaAc 在水中全部电离：

$$NaAc \longrightarrow Na^+ + Ac^-$$

$$H_2O \rightleftharpoons OH^- + H^+$$

Na^+ 与 OH^- 不能结合成分子，不影响水的电离平衡。但是 Ac^- 可以和水电离产生的 H^+ 结合成弱电解质 HAc 分子，破坏了水的电离平衡，使水的电离平衡向右移动，当建立新的平衡时，溶液中的 $c(OH^-) > c(H^+)$，溶液显碱性。

从上讨论可知，NaAc 的水解实质是 Ac^- 的水解：

水解离子方程式为：　$$Ac^- + H_2O \rightleftharpoons HAc + OH^-$$

达平衡时：　$$K_h^{\ominus} = \frac{c_{eq}(HAc) \cdot c_{eq}(OH^-)}{c_{eq}(Ac^-)}$$

$K_h^{\ominus}$ 为水解平衡常数。

Ac^- 的水解平衡，实际上是 HAc 的电离平衡与 H_2O 的电离平衡的共同作用结果。

将分子分母上同乘以 $c_{eq}(H^+)$，便可得到：

$$K_h^{\ominus}=\frac{c_{eq}(HAc)\cdot c_{eq}(OH^-)}{c_{eq}(Ac^-)}\cdot\frac{c_{eq}(H^+)}{c_{eq}(H^+)}=\frac{K_w^{\ominus}}{K_a^{\ominus}}$$

所以弱酸强碱盐的水解平衡常数　$K_h^{\ominus}=\frac{K_w^{\ominus}}{K_a^{\ominus}}$　(3-19)

该式表明弱酸强碱盐的水解决定于组成盐的弱酸的相对强弱。当温度一定时，酸越弱，其酸根离子水解倾向越大；酸越强，其酸根离子水解倾向越小。

除了用 $K_h^{\ominus}$ 表示盐的水解倾向大小外，通常也可用水解度 h 来表示。

水解度　$h=\frac{\text{已水解的盐浓度}}{\text{盐的起始浓度}}\times 100\%$　(3-20)

【例 3-11】 求 $0.1\text{mol}\cdot\text{L}^{-1}$ NaAc 溶液的 pH 值和水解度 h。已知 HAc　$K_a^{\ominus}=1.75\times10^{-5}$。(1) 求溶液的 pH 值；(2) 求 h。

解：(1) 求溶液 pH 值，忽略水电离出的 OH^-

设平衡时溶液中的 $c_{eq}(OH^-)=x$

$$Ac^- + H_2O \rightleftharpoons HAc + OH^-$$

相对起始浓度　0.1　0　0

相对平衡浓度　$0.1-x$　x　x

$$\because\quad \frac{c_{eq}(HAc)\cdot c_{eq}(OH^-)}{c_{eq}(Ac^-)}=K_h^{\ominus}=\frac{K_w^{\ominus}}{K_a^{\ominus}}$$

$$\therefore\quad \frac{x^2}{0.1-x}=\frac{1\times10^{-14}}{1.75\times10^{-5}}=5.7\times10^{-10}$$

$$\because\quad \frac{c}{K_h^{\ominus}}>400$$

$$\therefore\quad 0.1-x\approx0.1$$

$$\frac{x^2}{0.1}=5.7\times10^{-10}\quad 则\quad c_{eq}(OH^-)=x=\sqrt{5.7\times10^{-10}\times0.1}=7.5\times10^{-6}$$

$$pOH=5.12$$

$$pH=8.88$$

(2) 求 h

$$h=\frac{c_{eq}(OH^-)}{c(NaAc)}\times100\%=\frac{7.5\times10^{-6}}{0.1}\times100\%=7.5\times10^{-3}\%$$

通过例 3-11 的计算，可导出计算一元弱酸强碱盐 OH^- 离子相对平衡浓度的近似计算公式。

$$c_{eq}(OH^-)=\sqrt{\frac{K_w^{\ominus}}{K_a^{\ominus}}\cdot c}\qquad(3\text{-}21)$$

可见，弱酸强碱盐水溶液的 OH^- 离子浓度与弱酸电离平衡常数的平方根成反比，与盐浓度的平方根成正比。

需要指出的是，上式忽略了已水解的盐的浓度，当已水解的盐浓度较大时，即 $\frac{c}{K_h^{\ominus}}<400$，则必须解一元二次方程，否则误差太大。

(二) 强酸弱碱盐的水解

此类盐的水解与弱酸强碱盐的水解相似，只是发生水解的是组成盐的阳离子。以 NH_4Cl

为例。

$$NH_4Cl \longrightarrow NH_4^+ + Cl^-$$
$$H_2O \rightleftharpoons OH^- + H^+$$

溶液中存在着 NH_4^+、Cl^-、H^+、OH^- 四种离子，Cl^- 与 H^+ 碰撞，相互不能结合。NH_4^+ 与 OH^- 碰撞，结合生成 $NH_3 \cdot H_2O$。由于 OH^- 浓度减少，水的电离平衡遭到破坏，水的电离平衡向右移动。当新的电离平衡建立时溶液中的 $c_{eq}(H^+) > c_{eq}(OH^-)$，水溶液呈酸性。

同样可知：**【强酸弱碱盐水解的是组成盐的阳离子，其结果溶液呈酸性】**。

NH_4Cl 水解离子方程式：

$$NH_4^+ + H_2O \rightleftharpoons NH_3 \cdot H_2O + H^+$$

当达到水解平衡时，$K_h^\ominus = \dfrac{c_{eq}(NH_3 \cdot H_2O) \cdot c_{eq}(H^+)}{c_{eq}(NH_4^+)}$，若在上式分子、分母上各乘以 $c_{eq}(OH^-)$，则得到

$$\frac{c_{eq}(NH_3 \cdot H_2O) \cdot c_{eq}(H^+)}{c_{eq}(NH_4^+)} \cdot \frac{c_{eq}(OH^-)}{c_{eq}(OH^-)} = \frac{K_w^\ominus}{K_b^\ominus}$$

所以强酸弱碱盐的水解平衡常数 $$K_h^\ominus = \frac{K_w^\ominus}{K_b^\ominus} \tag{3-22}$$

用同样的方法可以导出，强酸弱碱盐 H^+ 离子相对平衡浓度的近似计算公式。

当 $\dfrac{c}{K_h^\ominus} \geqslant 400$ 时， $$c_{eq}(H^+) = \sqrt{\frac{K_w^\ominus}{K_b^\ominus} \cdot c} \tag{3-23}$$

以上两类盐发生水解的仅是组成盐的某一种离子，所以这类盐也称为单弱盐。

（三）弱酸弱碱盐的水解

由弱酸与弱碱反应生成的盐称为弱酸弱碱盐，组成盐的阴阳离子在水溶液中可发生水解。

以 NH_4Ac 为例

$$NH_4Ac \longrightarrow NH_4^+ + Ac^-$$
$$H_2O \rightleftharpoons OH^- + H^+$$

溶液中存在 NH_4^+、Ac^-、OH^-、H^+ 等四种离子，NH_4^+ 与 OH^- 可结合为 $NH_3 \cdot H_2O$，Ac^- 与 H^+ 可结合为 HAc。因此，该盐的水解倾向比起单弱盐要强烈得多，故又可称其为双弱盐。

NH_4Ac 水解离子方程式 $NH_4^+ + Ac^- + H_2O \rightleftharpoons HAc + NH_3 \cdot H_2O$

$$K_h^\ominus = \frac{c_{eq}(HAc) \cdot c_{eq}(NH_3 \cdot H_2O)}{c_{eq}(NH_4^+) \cdot c_{eq}(Ac^-)}$$

由上式可知，NH_4Ac 的水解平衡，实质是 H_2O 的电离平衡、HAc 的电离平衡以及 $NH_3 \cdot H_2O$ 的电离平衡共同作用的结果。

将分子、分母同乘以 $c_{eq}(H^+)$、$c_{eq}(OH^-)$

则 $$K_h^\ominus = \frac{c_{eq}(HAc) \cdot c_{eq}(NH_3 \cdot H_2O)}{c_{eq}(NH_4^+) \cdot c_{eq}(Ac^-)} \cdot \frac{c_{eq}(H^+) \cdot c_{eq}(OH^-)}{c_{eq}(H^+) \cdot c_{eq}(OH^-)} = \frac{K_w^\ominus}{K_a^\ominus \cdot K_b^\ominus}$$

所以弱酸弱碱盐的水解平衡常数 $$K_h^\ominus = \frac{K_w^\ominus}{K_a^\ominus \cdot K_b^\ominus} \tag{3-24}$$

因为 $K_a^\ominus$、$K_b^\ominus$ 一般均较小，所以 $K_h^\ominus$ 相对于单弱盐的 $K_h^\ominus$ 要大得多，说明该类型盐的水解倾向较强烈。

当$K_a^\ominus>K_b^\ominus$，溶液呈酸性；$K_a^\ominus<K_b^\ominus$，溶液呈碱性；$K_a^\ominus=K_b^\ominus$，溶液呈中性。由于 HAc 的 $K_a^\ominus$ 与 $NH_3 \cdot H_2O$ 的 $K_b^\ominus$ 几乎相等，因此 NH_4Ac 溶液呈中性。

以 NH_4CN 为例推导出计算弱酸弱碱盐 H^+ 离子浓度的计算公式

$$NH_4^+ + H_2O \rightleftharpoons NH_3 \cdot H_2O + H^+ \qquad K_h^\ominus=\frac{K_w^\ominus}{K_b^\ominus}=\frac{c_{eq}(NH_3 \cdot H_2O) \cdot c_{eq}(H^+)}{c_{eq}(NH_4^+)} \tag{1}$$

$$CN^- + H_2O \rightleftharpoons HCN + OH^- \qquad K_h^\ominus=\frac{K_w^\ominus}{K_a^\ominus}=\frac{c_{eq}(HCN) \cdot c_{eq}(OH^-)}{c_{eq}(CN^-)} \tag{2}$$

由（1）式，有一个NH_4^+ 水解，就有一个 $NH_3 \cdot H_2O$ 生成，且生成一个 H^+，由（2）式，有一个 CN^- 水解，就有一个 HCN 生成，且生成一个 OH^-，H^+ 与 OH^- 中和，由于 $K_a^\ominus<K_b^\ominus$，导致$\frac{K_w^\ominus}{K_a^\ominus}>\frac{K_w^\ominus}{K_b^\ominus}$，所以 OH^- 中和后还有剩余，平衡时溶液中：

$$c_{eq}(OH^-) = c_{eq}(HCN) - c_{eq}(NH_3 \cdot H_2O) \tag{3}$$

由（1）式得：
$$c_{eq}(NH_3 \cdot H_2O) = \frac{K_w^\ominus \cdot c_{eq}(NH_4^+)}{K_b^\ominus \cdot c_{eq}(H^+)} \tag{4}$$

由（2）式得：
$$c_{eq}(HCN) = \frac{K_w^\ominus \cdot c_{eq}(CN^-)}{K_a^\ominus \cdot c_{eq}(OH^-)} = \frac{c_{eq}(H^+) \cdot c_{eq}(CN^-)}{K_a^\ominus} \tag{5}$$

（4）式、（5）式代入（3）式：$c_{eq}(OH^-) = \frac{c_{eq}(H^+) \cdot c_{eq}(CN^-)}{K_a^\ominus} - \frac{K_w^\ominus \cdot c_{eq}(NH_4^+)}{K_b^\ominus \cdot c_{eq}(H^+)}$

去掉分母整理得：$[c_{eq}(H^+)]^2 \cdot K_b^\ominus \cdot c_{eq}(CN^-) = K_a^\ominus \cdot K_w^\ominus \cdot [c_{eq}(NH_4^+) + K_b^\ominus]$

$$c_{eq}(H^+) = \sqrt{\frac{K_a^\ominus \cdot K_w^\ominus \cdot [K_b^\ominus + c_{eq}(NH_4^+)]}{K_b^\ominus \cdot c_{eq}(CN^-)}}$$

由于 $K_a^\ominus$、$K_b^\ominus$ 均很小，而 CN^-、NH_4^+ 水解也很小，所以

$$c_{eq}(CN^-) \approx c_{eq}(NH_4^+) \approx c,\ K_a^\ominus + c_{eq}(CN^-) \approx c$$

$$c_{eq}(H^+) = \sqrt{\frac{K_a^\ominus \cdot K_w^\ominus}{K_b^\ominus}} \tag{3-25}$$

同理，对于 $K_a^\ominus=K_b^\ominus$ 的 NH_4Ac，$K_a^\ominus>K_b^\ominus$ 的 NH_4F 均可推导出上述公式。

由上述公式可知，弱酸弱碱盐溶液的 pH 值与盐的浓度几乎无关，与组成该盐的弱酸和弱碱的电离常数有关。

【例 3-12】 求 $0.1mol \cdot L^{-1} NH_4CN$ 溶液的 pH 值。

已知：HCN $K_a^\ominus=6.17\times10^{-10}$　　$NH_3 \cdot H_2O$ $K_b^\ominus=1.74\times10^{-5}$

解：NH_4CN 为弱酸弱碱盐

$$c_{eq}(H^+) = \sqrt{\frac{K_w^\ominus \cdot K_a^\ominus}{K_b^\ominus}} = \sqrt{\frac{1\times10^{-14}\times6.17\times10^{-10}}{1.74\times10^{-5}}} = 5.95\times10^{-10}$$

$$pH = -\lg 5.95\times10^{-10} = 9.23$$

答：NH_4CN 溶液的 pH 值为 9.23。

（四）多元弱酸强碱盐的水解

多元弱酸强碱盐在水溶液中进行的水解，同多元弱酸电离一样，是分级进行的。以 Na_2CO_3 为例

$$Na_2CO_3 \longrightarrow 2Na^+ + CO_3^{2-} \qquad \text{发生水解的是 } CO_3^{2-}$$

第一级水解
$$CO_3^{2-} + H_2O \rightleftharpoons HCO_3^- + OH^-$$

$$K_{h_1}^\ominus = \frac{c_{eq}(HCO_3^-) \cdot c_{eq}(OH^-)}{c_{eq}(CO_3^{2-})} = \frac{K_w^\ominus}{K_{a_2}^\ominus}$$

第二级水解 $$HCO_3^- + H_2O \rightleftharpoons H_2CO_3 + OH^-$$

$$K_{h_2}^{\ominus} = \frac{c_{eq}(H_2CO_3) \cdot c_{eq}(OH^-)}{c_{eq}(HCO_3^-)} = \frac{K_w^{\ominus}}{K_{a_1}^{\ominus}}$$

由于多元弱酸的 $K_{a_1}^{\ominus} \gg K_{a_2}^{\ominus}$，所以多元弱酸强碱盐的 $K_{h_1}^{\ominus} \gg K_{h_2}^{\ominus}$，同时，第一级水解产生的 OH^- 对第二级水解起了抑制作用。因此，对多元弱酸强碱盐来说，只需考虑第一级水解即可。计算这类盐溶液的 pH 值，可参照弱酸强碱盐的计算方法。

当$\frac{c}{K_{h_1}^{\ominus}} \geqslant 400$时 $$c_{eq}(OH^-) = \sqrt{K_{h_1}^{\ominus} \cdot c} \tag{3-26}$$

当$\frac{c}{K_{h_1}^{\ominus}} < 400$时，则不能采用盐的原始浓度，应用平衡浓度，即必须解一元二次方程。

【例 3-13】 计算 0.1mol·L^{-1} Na_3PO_4 溶液的 pH 值。

已知：H_3PO_4 $K_{a_1}^{\ominus} = 7.59 \times 10^{-3}$ $K_{a_2}^{\ominus} = 6.31 \times 10^{-8}$ $K_{a_3}^{\ominus} = 4.37 \times 10^{-13}$

解： Na_3PO_4 为多元弱酸强碱盐，只要考虑其第一级水解

$$PO_4^{3-} + H_2O \rightleftharpoons HPO_4^{2-} + OH^-$$

$K_{h_1}^{\ominus} = \frac{K_w^{\ominus}}{K_{a_3}^{\ominus}} = \frac{1 \times 10^{-14}}{4.37 \times 10^{-13}} = 0.023$ $c/K_{h_1}^{\ominus} = 0.1/0.023 = 4.35 < 400$ 需解一元二次方程。

设水解后 $c_{eq}(OH^-) = x$ $c_{eq}(HPO_4^{2-}) = x$ $c_{eq}(PO_4^{3-}) = 0.1 - x$

$$\frac{x^2}{0.1 - x} = 0.023 \qquad x^2 + 0.023x - 0.0023 = 0 \qquad 解得\ x = 0.038$$

即 $c_{eq}(OH^-) = 0.038$ $pOH = 1.42$ $pH = 12.58$

答：0.1mol·L^{-1} Na_3PO_4 溶液的 pH 值为 12.58。

（五）弱酸的酸式盐的水解

弱酸的酸式盐在溶液中水解的情况比较复杂，酸根离子既可发生电离又可发生水解。

以 $NaHCO_3$ 为例

$$NaHCO_3 \longrightarrow Na^+ + HCO_3^-$$

HCO_3^- 发生电离： $HCO_3^- \rightleftharpoons H^+ + CO_3^{2-}$ $K_{a_2}^{\ominus} = 5.62 \times 10^{-11}$

HCO_3^- 发生水解： $HCO_3^- + H_2O \rightleftharpoons H_2CO_3 + OH^-$

$$K_h^{\ominus} = \frac{K_w^{\ominus}}{K_{a_1}^{\ominus}} = \frac{1 \times 10^{-14}}{4.17 \times 10^{-7}} = 2.4 \times 10^{-8}$$

因为 $K_h^{\ominus} > K_{a_2}^{\ominus}$，说明 HCO_3^- 在水溶液中水解倾向大于电离倾向，溶液呈碱性。

HCO_3^- 水解后，其 $c(OH^-) = c_{eq}(H_2CO_3)$，$HCO_3^-$ 电离产生的 H^+ 与 OH^- 要结合为 H_2O，被 H^+ 结合的 $c(OH^-) = c_{eq}(CO_3^{2-})$。

即 $$c_{eq}(OH^-) = c_{eq}(H_2CO_3) - c_{eq}(CO_3^{2-}) \tag{1}$$

根据 $H_2CO_3 \rightleftharpoons H^+ + HCO_3^-$ $HCO_3^- \rightleftharpoons H^+ + CO_3^{2-}$

$$\frac{c_{eq}(H^+) \cdot c_{eq}(HCO_3^-)}{c_{eq}(H_2CO_3)} = K_{a_1}^{\ominus}$$

$$c_{eq}(H_2CO_3) = \frac{c_{eq}(H^+) \cdot c_{eq}(HCO_3^-)}{K_{a_1}^{\ominus}} \tag{2}$$

$$\frac{c_{eq}(H^+) \cdot c_{eq}(CO_3^{2-})}{c_{eq}(HCO_3^-)} = K_{a_2}^{\ominus} \qquad c_{eq}(CO_3^{2-}) = \frac{K_{a_2}^{\ominus} \cdot c_{eq}(HCO_3^-)}{c_{eq}(H^+)} \tag{3}$$

将(2)、(3)式代入(1)式得：

$$c_{eq}(OH^-) = \frac{c_{eq}(H^+) \cdot c_{eq}(HCO_3^-)}{K_{a_1}^{\ominus}} - \frac{K_{a_2}^{\ominus} \cdot c_{eq}(HCO_3^-)}{c_{eq}(H^+)}$$

两边同乘以 $K_{a_1}^{\ominus}$ 和 $c_{eq}(H^+)$，并整理得：

$$[c_{eq}(H^+)]^2 = \frac{K_{a_1}^{\ominus} \cdot K_W^{\ominus}}{c_{eq}(HCO_3^-)} + K_{a_1}^{\ominus} \cdot K_{a_2}^{\ominus}$$

由于 HCO_3^- 电离和水解程度均很小，$C_{eq}(HCO_3^-) \approx c$，则 $\frac{K_{a_1}^{\ominus} \cdot K_W^{\ominus}}{c_{eq}(HCO_3^-)} \ll K_{a_1}^{\ominus} \cdot K_{a_2}^{\ominus}$　因此 $\frac{K_{a_1}^{\ominus} \cdot K_W^{\ominus}}{c_{eq}(HCO_3^-)} + K_{a_1}^{\ominus} \cdot K_{a_2}^{\ominus} \approx K_{a_1}^{\ominus} \cdot K_{a_2}^{\ominus}$

得：

$$c_{eq}(H^+) = \sqrt{K_{a_1}^{\ominus} \cdot K_{a_2}^{\ominus}} \tag{3-27}$$

式（3-27）说明弱酸的酸式盐的水溶液 $c_{eq}(H^+)$ 近似地等于弱酸两级电离平衡常数乘积的平方根，该式适用于多元弱酸的次级盐。

【例 3-14】 计算 $0.1mol \cdot L^{-1} NaH_2PO_4$、$0.1mol \cdot L^{-1} Na_2HPO_4$ 溶液的 pH 值。

已知：H_3PO_4　$K_{a_1}^{\ominus} = 7.59 \times 10^{-3}$　$K_{a_2}^{\ominus} = 6.31 \times 10^{-8}$　$K_{a_3}^{\ominus} = 4.37 \times 10^{-13}$

解：$0.1mol \cdot L^{-1} NaH_2PO_4$

$$H_2PO_4^- \rightleftharpoons H^+ + HPO_4^{2-} \qquad H_2PO_4^- + H_2O \rightleftharpoons H_3PO_4 + OH^-$$

根据（3-27）式：

$$\begin{aligned} c_{eq}(H^+) &= \sqrt{K_{a_1}^{\ominus} \cdot K_{a_2}^{\ominus}} \\ &= \sqrt{7.59 \times 10^{-3} \times 6.31 \times 10^{-8}} \\ &= 2.19 \times 10^{-5} \end{aligned}$$

$$pH = -\lg 2.19 \times 10^{-5} = 4.66$$

$0.1mol \cdot L^{-1} Na_2HPO_4$

$$HPO_4^{2-} \rightleftharpoons H^+ + PO_4^{3-} \qquad HPO_4^{2-} + H_2O \rightleftharpoons H_2PO_4^- + OH^-$$

根据(3-27)式的推导方法可得到：

$$\begin{aligned} c_{eq}(H^+) &= \sqrt{K_{a_2}^{\ominus} \cdot K_{a_3}^{\ominus}} \\ &= \sqrt{6.31 \times 10^{-8} \times 4.37 \times 10^{-13}} \\ &= 1.66 \times 10^{-10} \end{aligned}$$

$$pH = -\lg 1.66 \times 10^{-10} = 9.78$$

由于强酸强碱盐的离子均不能与水电离出的 H^+ 与 OH^- 结合为弱电解质，因此，强酸强碱盐不发生水解，溶液呈中性。

二、影响水解平衡移动的因素

（一）盐的本性

盐类水解程度的大小与盐本身的性质有关。水解生成的弱酸或弱碱越弱，该盐水解倾向就越

大；生成的弱酸弱碱越强，水解倾向越小。例如同是弱酸强碱盐的 NaAc 和 NaCN，由于 HCN 是比 HAc 更弱的酸，当两者浓度相同时，NaCN 水溶液的 pH 值要比 NaAc 水溶液的 pH 值高，说明 NaCN 的水解程度大于 NaAc 的水解程度。

（二）外界条件的影响

（1）温度　水解反应是中和反应的逆反应，中和反应是放热反应，故水解反应是吸热反应，根据化学平衡移动原理，升高温度平衡向吸热反应方向移动。因此，升高温度能促进盐类的水解。例如，$FeCl_3$ 的水解，常温下反应并不明显，加热后，颜色逐渐加深，溶液变得混浊，反应进行得较彻底。

在分析化学和无机制备中，常采用升高温度促进水解的方法，以达到分离和合成的目的。

（2）浓度　对于单弱盐，盐的浓度越小，水解倾向越大。例如当 NaAc 达到水解平衡时 $\frac{c_{eq}(HAc)\cdot c_{eq}(OH^-)}{c_{eq}(Ac^-)}=K_h^{\ominus}$，若溶液稀释，各物质浓度减小，此时$\frac{c_{eq}(HAc)\cdot c_{eq}(OH^-)}{c_{eq}(Ac^-)}<K_h^{\ominus}$，破坏了原来的平衡，因此促使平衡向水解方向移动。如将 Na_2SiO_3 稀释，可析出 H_2SiO_3 的沉淀。

$$SiO_3^{2-}+H_2O \rightleftharpoons HSiO_3^-+OH^-$$

$$HSiO_3^-+H_2O \rightleftharpoons H_2SiO_3\downarrow+OH^-$$

对于双弱盐水解度 h 与浓度无关。当稀释时，分子分母同样程度减小，平衡不移动。故稀释能促进单弱盐的水解，而对双弱盐没有影响。

（3）酸碱度　根据各类盐的水解情况，控制溶液的酸碱度，可以促进或抑制水解。

实验室在配制 Sn^{2+}、Fe^{3+}、Bi^{3+}、Sb^{3+} 等盐类的水溶液时，由于水解而生成沉淀，得不到所需的盐溶液。如：

$$SnCl_2+H_2O \rightleftharpoons Sn(OH)Cl\downarrow+HCl$$

$$FeCl_3+3H_2O \rightleftharpoons Fe(OH)_3\downarrow+3HCl$$

$$Bi(NO_3)_3+H_2O \rightleftharpoons BiO(NO_3)\downarrow+2HNO_3$$

$$SbCl_3+H_2O \rightleftharpoons SbOCl+2HCl$$

故在配制这些盐类溶液时，应先加入相应的酸，抑制其水解，然后再稀释至所需浓度（注意不可先加水再加酸，因水解产物难溶解）。

（4）水解的抑制和利用　盐类的水解受温度、浓度以及酸度的影响。

前面已讲到实验室配制溶液时，为了抑制某些盐的水解，配制时，可加入相应的酸或碱，然后再加水配制到所需浓度。

也可利用盐类的水解反应，来分离、鉴定和提纯某些物质，例如利用锑盐、铋盐的水解特性来鉴定锑、铋。利用 Fe^{3+} 易水解的性质以除去溶液中的 Fe^{2+} 或 Fe^{3+}。如可用氧化剂 H_2O_2 先将 Fe^{2+} 氧化为 Fe^{3+}，然后加热或加入适量碱至 pH 值 3～4，促使 Fe^{3+} 完全水解，形成 $Fe(OH)_3$ 沉淀而除去。有些药物水溶液由于水解而不稳定，甚至失去药效。例如盐酸普鲁卡因注射液，pH 值过高，会发生水解，水解产物失去麻醉作用并伴有毒性，可应用盐酸调节 pH 值至 4.2～4.5，以抑制其水解而保证疗效稳定。

第五节　酸碱质子论与电子论（自学）

人们对酸碱理论的研究，已经走过了二百多年的历程，同样对它的认识，也经历了由浅入深，由低级到高级的过程。

最初人们是根据物质的性质来区分酸和碱的。1774 年，发现氧元素后，便认为凡是酸的组成中都含有氧元素。19 世纪初，HCl、HI 等相继发现，又认为酸的组成中都含有氢元素。

随着生产和科学的发展，1887 年，年轻的瑞典科学家**阿累尼乌斯**（S. A. Arrhenius）提出了酸碱电离理论。它对酸碱下的定义是：**【在溶液中能电离出 H^+，而没有其他阳离子的物质为酸；在溶液中能电离出 OH^-，而没有其他阴离子的物质为碱】**。阿累尼乌斯的酸碱理论，对阐明酸、碱在水溶液中的性质方面起到了积极的作用。

但是，随着人们对化学知识掌握的范围不断扩大，此理论也逐渐暴露出它的局限性。于是人们提出了各种酸碱的新观念，使酸碱理论得到了很大的发展。1923 年，**布朗斯特德**（J. N. Bronsted）和**劳莱**（T. M. Lowrey）提出了酸碱质子理论，扩大了酸碱的范畴，更新了酸碱的含义。

一、酸碱质子论

（一）酸和碱的定义

质子理论认为：**【凡是能给出质子 H^+ 的物质是酸；凡是能接受质子的物质是碱】**。例如 HCl、NH_4^+、$H_2PO_4^-$ 等都是酸，因为它们都能给出质子。NH_3、CO_3^{2-}、$[Al(H_2O)_5OH]^{2+}$ 等都是碱，因为它们都能接受质子。由此可以看到，在质子理论中，酸和碱不局限于分子状态的物质，还可以是阴离子和阳离子。有些物质，如 $H_2PO_4^-$、H_2O 等，它们既可以给出质子又可以接受质子。

$$H_2PO_4^- \rightleftharpoons H^+ + HPO_4^{2-} \qquad H_2PO_4^- + H^+ \rightleftharpoons H_3PO_4$$

$$H_2O \rightleftharpoons H^+ + OH^- \qquad H_2O + H^+ \rightleftharpoons H_3O^+$$

即它们具有酸碱二重性质，称之为两性物质。质子理论中，酸碱的概念，不局限于水溶液，是完全根据物质给出 H^+ 和接受 H^+ 的本身行为而定。阿累尼乌斯酸碱理论中的分子酸、分子碱包括在质子论的酸碱范畴，同时还补充了离子酸、离子碱，扩大了酸碱的范畴。

质子理论中，没有盐的概念。因为组成盐的离子在质子论中均视为离子酸或离子碱。例如 NH_4Cl，NH_4^+ 为离子酸，Cl^- 为离子碱。

（二）酸和碱的共轭关系

根据酸碱质子论，酸给出质子后，其剩余部分必有接受质子的能力，质子碱接受质子后便变为质子酸。

$$\text{质子酸} \rightleftharpoons \text{质子碱} + H^+$$

可见，同一对质子酸、碱是互相依存的，彼此之间通过质子传递可以互相转化。质子酸、碱的这种对应互变关系称为酸和碱的共轭关系。处于共轭关系的酸碱称为共轭酸碱对。

$$HCl \longrightarrow H^+ + Cl^-$$

HCl 与 Cl^- 是共轭酸碱对，其中 HCl 是 Cl^- 的共轭酸，Cl^- 是 HCl 的共轭碱。

作为两性物质：例如

$$H_2O \rightleftharpoons H^+ + OH^- \qquad H_2O + H^+ \rightleftharpoons H_3O^+$$

H_2O 既是 OH^- 的共轭酸，又是 H_3O^+ 的共轭碱。根据酸碱的共轭关系，不难理解，共轭酸

越强，即给出 H^+ 的能力越强，其共轭碱越弱，即接受 H^+ 的能力越弱。反之，酸越弱，其共轭碱越强。例如 HCl 为强酸，而 Cl^- 则为弱碱；HCN 为弱酸，则 CN^- 为强碱。常见的共轭酸碱及其相对强弱见表 3-6。

表 3-6 常见的共轭酸碱对及其相对强弱

质子酸强度序	共轭酸碱对			质子碱强度序
		酸⇌共轭碱＋质子		
酸性增强↑	强酸	$HClO_4 \rightleftharpoons ClO_4^- + H^+$	极弱碱	碱性增强↓
		$HI \rightleftharpoons I^- + H^+$		
		$HBr \rightleftharpoons Br^- + H^+$		
		$HCl \rightleftharpoons Cl^- + H^+$		
		$HNO_3 \rightleftharpoons NO_3^- + H^+$		
		$H_2SO_4 \rightleftharpoons HSO_4^- + H^+$		
		$H_3O^+ \rightleftharpoons H_2O + H^+$		
	中强酸	$H_3PO_4 \rightleftharpoons H_2PO_4^- + H^+$	弱碱	
		$HNO_2 \rightleftharpoons NO_2^- + H^+$		
酸性增强↑	弱酸	$HF \rightleftharpoons F^- + H^+$	中强碱	碱性增强↓
		$HAc \rightleftharpoons Ac^- + H^+$		
		$H_2CO_3 \rightleftharpoons HCO_3^- + H^+$		
		$H_2S \rightleftharpoons HS^- + H^+$		
		$NH_4^+ \rightleftharpoons NH_3 + H^+$		
		$HCN \rightleftharpoons CN^- + H^+$		
	极弱酸	$H_2O \rightleftharpoons OH^- + H^+$	强碱	
		$NH_3 \rightleftharpoons NH_2^- + H^+$		

（三）酸碱反应的实质

根据酸碱质子理论，酸碱反应就是两个共轭酸碱对之间质子转移的反应。

$$酸_1 + 碱_2 \rightleftharpoons 碱_1 + 酸_2$$

由于酸碱质子理论扩大了酸和碱的范畴，因此，在电离理论中的酸碱电离、中和反应、水解反应都可以包括在酸碱反应的范围之内，可以将它们看成是质子转移的酸碱反应。

酸碱电离

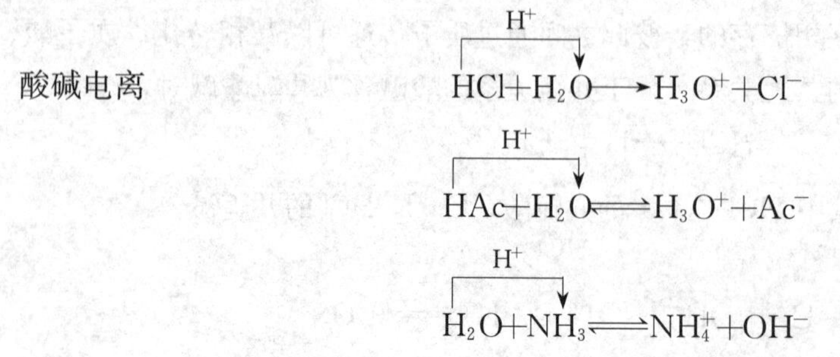

酸碱电离就是水与分子酸、碱的质子转移反应，在水溶液中，酸电离给出质子，生成水合氢

离子并产生共轭碱。由于强酸给出质子的能力很强，其共轭碱碱性极弱，几乎不能结合质子，因此酸碱反应几乎完全进行到底。

弱酸给出质子的能力较弱，其共轭碱则较强，反应不能进行完全，为可逆反应。例如氨与水的反应。电离理论中的酸碱中和反应，盐的水解反应均可看作是质子的转移反应。

中和反应　$H_3O^+ + OH^- \xrightarrow{} H_2O + H_2O$（$H^+$）

水解反应　$H_2O + Ac^- \rightleftharpoons HAc + OH^-$（$H^+$）

（四）酸和碱的强度

酸碱强度不仅决定于酸碱本身给出质子和接受质子的能力，同时也决定于溶剂接受和给出质子的能力。同一种酸在不同的溶剂中，由于溶剂接受质子的能力不同，而显示不同的酸性。HNO_3 在水中是强酸，但在冰醋酸中却是个弱酸，因为冰醋酸接受质子的能力比水弱，而在纯硫酸中，硫酸给出质子的能力比 HNO_3 强，所以 HNO_3 在硫酸溶液中成为碱。

因此要比较各种酸、碱的强度必须选定一种溶剂，最常用的溶剂是水。

对共轭酸碱对来说　$\text{酸} + H_2O \rightleftharpoons H_3O^+ + \text{碱}$（$H^+$）

其酸常数为　$K_a^{\ominus} = \dfrac{c_{eq}(H_3O^+) \cdot c_{eq}(\text{碱})}{c_{eq}(\text{酸})}$

$$\text{碱} + H_2O \rightleftharpoons \text{酸} + OH^- \quad (H^+)$$

其碱常数为　$K_b^{\ominus} = \dfrac{c_{eq}(\text{酸}) \cdot c_{eq}(OH^-)}{c_{eq}(\text{碱})}$

以 HAc-Ac^- 共轭酸碱对为例

$$HAc + H_2O \rightleftharpoons H_3O^+ + Ac^- \quad (H^+)$$

$$K_a^{\ominus} = \frac{c_{eq}(H_3O^+) \cdot c_{eq}(Ac^-)}{c_{eq}(HAc)}$$

$$Ac^- + H_2O \rightleftharpoons HAc + OH^- \quad (H^+)$$

$$K_b^{\ominus} = \frac{c_{eq}(HAc) \cdot c_{eq}(OH^-)}{c_{eq}(Ac^-)}$$

将 $K_a^{\ominus}$ 与 $K_b^{\ominus}$ 相乘

$$K_a^{\ominus} \cdot K_b^{\ominus} = \frac{c_{eq}(H_3O^+) \cdot c_{eq}(\text{碱})}{c_{eq}(\text{酸})} \cdot \frac{c_{eq}(\text{酸}) \cdot c_{eq}(OH^-)}{c_{eq}(\text{碱})}$$

$$= c_{eq}(H_3O^+) \cdot c_{eq}(OH^-) = K_w^{\ominus}$$

由此可知，以水为溶剂，共轭酸碱对的酸常数和碱常数乘积等于水的离子积常数。若以其他两性物质为溶剂，则 $K_a^{\ominus} \cdot K_b^{\ominus}$ 的乘积就等于该溶剂的离子积常数。

根据酸常数和碱常数可以判断酸碱反应进行的方向和程度。酸越强，给出质子的能力就越

强；碱越强，接受质子的能力就越强。因此酸碱反应是较强的酸与较强的碱作用，生成较弱的碱和较弱的酸的过程。

如
$$HCl+NH_3 \rightleftharpoons NH_4^+ + Cl^-$$

由于 HCl 的 $K_a^{\ominus}=10^7$，其共轭碱 Cl^- 的 $K_b^{\ominus}=10^{-21}$，而 NH_3 的 $K_b^{\ominus}=1.74\times10^{-5}$，说明 NH_3 接受质子的能力比 Cl^- 强，所以反应可以向右进行。

根据酸碱常数也可计算质子酸碱溶液中 H^+ 和 OH^- 的浓度。例如，按照酸碱质子论，Ac^- 是一元弱碱，其碱常数就是水解常数：$K_b^{\ominus}(Ac^-)=\dfrac{K_w^{\ominus}}{K_a^{\ominus}(HAc)}=K_h^{\ominus}$

根据一元弱碱 pH 近似计算公式，即可得到 Ac^- 溶液中求 OH^- 的近似计算公式：

$$\frac{c}{K_b^{\ominus}(Ac^-)}=\frac{c}{K_h^{\ominus}}\geqslant 400,\ c_{eq}(OH^-)=\sqrt{c\cdot K_b^{\ominus}(Ac^-)}=\sqrt{c\cdot K_h^{\ominus}}$$

同理，弱碱强酸盐是离子酸，弱碱弱酸盐和酸式盐是两性物质，多元弱酸的强碱正盐是多元弱碱，均可归为弱酸弱碱一起讨论。

酸碱质子论认为，所有的缓冲溶液都是由一对共轭酸碱组成的，溶液中的平衡可写为通式：

$$\text{酸} \rightleftharpoons \text{共轭碱} + H^+$$

相对起始浓度：　c（酸）　c（共轭碱）　0

相对平衡浓度：　c（酸）　c（共轭碱）　$c_{eq}(H^+)$

$$K_a^{\ominus}=\frac{c_{eq}(H^+)\cdot c_{eq}(\text{共轭碱})}{c_{eq}(\text{酸})}$$

$$c_{eq}(H^+)=\frac{K_a^{\ominus}\cdot c_{eq}(\text{酸})}{c_{eq}(\text{共轭碱})}$$

$$pH=pK_a^{\ominus}-\lg\frac{c(\text{酸})}{c(\text{共轭碱})}$$

例：
$$NH_4^+(\text{酸})—NH_3(\text{共轭碱})$$

$$pH=pK_a^{\ominus}(NH_4^+)-\lg\frac{c(NH_4^+)}{c(NH_3)},\ pH=14-pK_b^{\ominus}(NH_3)+\lg\frac{c(NH_3)}{c(NH_4^+)}$$

根据上述通式可得到前面推导的各类缓冲溶液计算公式。

酸碱质子论扩大了酸碱的含义和酸碱反应的范畴，摆脱了酸碱必须在水中发生反应的局限性，解决了一些非水溶剂或气体间的酸碱反应，并把水溶液中进行的各种离子反应归纳为质子转移的酸碱反应，同时也能用平衡常数来定量地衡量在某溶剂中酸和碱的强度。

但是，质子理论还有它的局限性，将酸碱反应局限在质子的转移上，也就是所讨论的物质必须含有氢，对一些不含氢而又呈现酸碱性的物质如 SO_2 等不能很好地解释。

二、酸碱电子论简介

（一）酸和碱的定义

在质子理论提出的同年，美国物理化学家**路易斯**（G. N. Lewis）提出了酸碱电子理论，该理论对酸碱的定义是：

【酸：凡是可以接受电子对的物质为酸】。

【碱：凡是可以给出电子对的物质为碱】。

因此，酸是电子对的接受体，碱是电子对的给予体。酸碱反应的实质是配位键的形成并生成酸碱配合物。

酸 （电子对接受体）		碱 （电子对给予体）		酸碱配合物
H^+	+	$:OH^-$	⟶	$H:OH$
HCl	+	$:NH_3$（H—N—H，N上连H）	⟶	$[H \leftarrow NH_3]^+ + Cl^-$
Cu^{2+}	+	$4[:NH_3]$	⟶	$[Cu(\leftarrow NH_3)_4]^{2+}$

（二）反应类型

根据酸碱电子论，可把酸碱反应分为以下四种类型。

1. 酸碱加合反应

酸		碱		酸碱配合物
BF_3	+	F^-	⟶	BF_4^-
H^+	+	OH^-	⟶	H_2O
Ag^+	+	Cl^-	⟶	AgCl

以上这些反应其本质是路易斯酸接受了路易斯碱所给予的电子对。

2. 酸取代反应

$$[Cu(NH_3)_4]^{2+} + 4H^+ \longrightarrow Cu^{2+} + 4NH_4^+$$

酸（H^+）从酸碱配合物$[Cu(NH_3)_4]^{2+}$中取代了酸（Cu^{2+}），而本身与碱（NH_3）结合生成一种新的酸碱配合物 NH_4^+

如　$$Al(OH)_3 + 3H^+ \longrightarrow Al^{3+} + 3H_2O$$

H^+取代了 Al^{3+}，也为酸取代反应。

3. 碱取代反应

$$[Cu(NH_3)_4]^{2+} + 2OH^- \longrightarrow Cu(OH)_2\downarrow + 4NH_3$$

碱（OH^-）取代了酸碱配合物$[Cu(NH_3)_4]^{2+}$中的 NH_3，形成了新的酸碱配合物$Cu(OH)_2$。

如　$$[Ag(NH_3)_2]^+ + I^- \longrightarrow AgI\downarrow + 2NH_3$$

4. 双取代反应

$$BaCl_2 + Na_2SO_4 \longrightarrow BaSO_4 + 2NaCl$$

两种酸碱配合物中的酸碱互相交叉取代，生成两种新的酸碱配合物。

如　$$NaOH + HCl \longrightarrow NaCl + H_2O$$

在酸碱电子理论中，一种物质究竟属于酸、属于碱，还是酸碱配合物，应该在具体的反应中确定。

根据该理论，几乎所有的阳离子都能起酸的作用，阴离子都能起碱的作用，绝大多数的物质都能归为酸、碱或酸碱配合物；大多数反应都可以归为酸碱之间的反应或酸碱与酸碱配合物之间的反应。可见这一理论的适应面极为广泛。但由于这一理论包罗万象，所以显得酸碱的特征不明显，这是酸碱电子理论的不足之处。

酸碱的认知

人类对酸碱的认知经历了一个曲折而又漫长的过程。1887 年瑞典科学家阿累尼乌斯(S. A. Arrhenius)提出的酸碱电离理论，使得人类对酸碱的认知发生了质的飞跃，这一学说主要适用于水溶液系统。1923 年丹麦化学家布朗斯特德（J. N. Bronsted）和英国化学家劳莱（T. M. Lowrey）提出的酸碱质子理论，成功地解释了含质子体系的酸碱特点及反应机理，但在非质子体系却受到了挑战。随后美国物理化学家路易斯（G. N. Lewis）提出的酸碱电子理论，可将大多数物质包含在酸、碱范畴之中，但不足之处在于酸碱的特征不明显。每一种新理论的提出都使人类对酸碱认知的范围不断扩大和深入，每一次新理论的诞生，都经历了由浅入深、由感性到理性、由低级到高级的发展过程。这种不断探索、勇于创新的科学精神是人类发展的内在动力，是人类进步的不竭源泉。

小 结

1. 弱电解质的电离平衡

(1) 弱电解质在水溶液中发生部分电离，所以存在着电离平衡，当达到平衡时，可用电离度或电离平衡常数表示，两者之间的定量关系为 $K^{\ominus}=c\cdot\alpha^2$。

(2) 一元弱酸、弱碱氢离子浓度与氢氧根离子浓度的简化计算：

当 $\dfrac{c}{K^{\ominus}}\geqslant 400, c_{eq}(H^+)=\sqrt{K_a^{\ominus}\cdot c}$ $\qquad c_{eq}(OH^-)=\sqrt{K_b^{\ominus}\cdot c}$

(3) 多元弱酸在溶液中是分步电离的，且 $K_{a_2}^{\ominus}\ll K_{a_1}^{\ominus}$，因此，可当作一元弱酸计算 H^+ 浓度。

(4) 同离子效应、盐效应对弱电解质的电离平衡有影响。

2. 缓冲溶液

(1) 缓冲溶液的定义、组成及作用原理。

(2) 缓冲溶液 pH 求算公式：

弱酸及其弱酸盐 $\quad pH=pK_a^{\ominus}-\lg\dfrac{c(HA)}{c(A^-)}$

弱碱及其弱碱盐 $\quad pH=14-pK_b^{\ominus}+\lg\dfrac{c(MOH)}{c(M^+)}$

(3) 缓冲容量的概念、缓冲溶液的配制。

3. 盐的水解

各类盐的水解常数及离子浓度的简化计算。

(1) 弱酸强碱盐 $\quad K_h^{\ominus}=\dfrac{K_w^{\ominus}}{K_a^{\ominus}} \qquad c_{eq}(OH^-)=\sqrt{\dfrac{K_w^{\ominus}}{K_a^{\ominus}}\cdot c}$

(2) 强酸弱碱盐 $\quad K_h^{\ominus}=\dfrac{K_w^{\ominus}}{K_b^{\ominus}} \qquad c_{eq}(H^+)=\sqrt{\dfrac{K_w^{\ominus}}{K_b^{\ominus}}\cdot c}$

(3) 弱酸弱碱盐 $\quad K_h^{\ominus}=\dfrac{K_w^{\ominus}}{K_a^{\ominus}\cdot K_b^{\ominus}} \qquad c_{eq}(H^+)=\sqrt{\dfrac{K_w^{\ominus}\cdot K_a^{\ominus}}{K_b^{\ominus}}}$

(4) 多元弱酸强碱盐考虑一级水解 $\quad c_{eq}(OH^-)=\sqrt{K_{h_1}^{\ominus}\cdot c}$

（5）弱酸的酸式盐 $c_{eq}(H^+) = \sqrt{K_{a_1}^{\ominus} \cdot K_{a_2}^{\ominus}}$（适用于多元弱酸的次级盐）

（6）影响水解的因素　盐的本性、温度、浓度和酸度。

4. 酸碱质子论与电子论

（1）阿累尼乌斯酸碱电离理论　酸、碱定义。

（2）酸碱质子理论　定义，酸碱共轭关系及酸碱反应。

（3）路易斯酸碱电子理论　定义及反应类型。

思考题

1. 相同浓度的 HCl 和 HAc 溶液的 pH 值是否相同？pH 值相同的 HCl 溶液和 HAc 溶液其浓度是否相同？若用 NaOH 中和 pH 值相同的 HCl 和 HAc 溶液，哪个用量大？原因何在？

2. 若要配制 pH＝7 或 pH＝10 左右的缓冲溶液，应分别选择①甲酸和甲酸钠；②氨水和氯化铵；③磷酸和磷酸二氢钠；④磷酸二氢钠和磷酸氢二钠中的哪一组缓冲对？

3. 为什么硫化铝在水溶液中不能存在？

4. 酸碱质子论的基本要点是什么？什么叫共轭酸碱对？酸碱的强弱由哪些因素决定？

习　题

1. 在氨水中加入下列物质时，氨水的电离度和溶液的 pH 值将如何变化？

（1）加 NH_4Cl　　（2）加 NaOH

（3）加 HCl　　（4）加水稀释

2. 健康人血液的 pH 值为 7.35～7.45。患某种疾病的人的血液的 pH 值可暂时降到 5.90，问此时血液中 $c_{eq}(H^+)$ 为正常状态的多少倍？

3. 浓度为 $0.10 mol \cdot L^{-1}$ 的一元弱酸溶液，其 pH 值为 2.77，求这一弱酸的电离常数及该条件下的电离度。

4. 在 298K 时，某弱酸 HA 溶液的浓度为 $0.005 mol \cdot L^{-1}$ 时，电离度为 6.0%；$0.20 mol \cdot L^{-1}$ 时，电离度为 0.97%。分别计算这两种溶液的 H^+ 浓度及 HA 的电离常数 $K_a^{\ominus}$。计算结果说明什么？若 HA 电离度为 1.0%，则 HA 的原始浓度是多少？

5. 欲配制 pH＝2.50 的 HNO_2 溶液，需要多大浓度的 HNO_2 才能达到要求？已知 HNO_2 的 $K_a^{\ominus} = 5.13 \times 10^{-4}$。

6. 已知 298K 时，$0.01 mol \cdot L^{-1}$ 某一元弱碱的水溶液其 pH 值为 10，求

（1）α 和 $K_b^{\ominus}$；

（2）稀释 100 倍以后的 α 和 $K_b^{\ominus}$。

7. 在 1.0L $0.10 mol \cdot L^{-1}$ 氨水溶液中，应加入多少克 NH_4Cl 固体，才能使溶液的 pH 值等于 9.00。（忽略固体的加入对溶液体积的影响）

8. 准确量取 200mL $0.60 mol \cdot L^{-1}$ $NH_3 \cdot H_2O$ 溶液与 300mL $0.30 mol \cdot L^{-1}$ NH_4Cl 溶液，混合配制一缓冲溶液。问：

（1）假定总体积为 500mL，该缓冲溶液的 pH 值是多少？

（2）加入 0.020mol HCl 后，溶液的 pH 值又是多少？

(3) 加入 0.020mol NaOH 后，溶液的 pH 值又是多少？

9. 在 10mL 0.3mol·L^{-1} $NaHCO_3$溶液中，需加入多少毫升 0.2mol·L^{-1} Na_2CO_3，才使溶液的 pH=10。已知 H_2CO_3 的$K_{a_1}^{\ominus}=4.17\times10^{-7}$，$K_{a_2}^{\ominus}=5.62\times10^{-11}$。

10. 次溴酸 HBrO 的电离常数为 2.0×10^{-9}，试计算 0.020mol·L^{-1}次溴酸钾溶液的 pH 值和水解度。

11. 将 40mL 0.20mol·L^{-1} HCl 溶液同 20mL 0.40mol·L^{-1}氨水混合，计算溶液的 pH 值。已知 $NH_3\cdot H_2O$ 的 $K_b^{\ominus}=1.74\times10^{-5}$。

12. 计算在 298K 时，0.06mol·L^{-1} Na_2S 溶液的 pH 值和水解度。已知 H_2S 的 $K_{a_1}^{\ominus}=1.32\times10^{-7}$，$K_{a_2}^{\ominus}=7.08\times10^{-15}$。

13. 现有 0.20mol·L^{-1} HCl 溶液与 0.20mol·L^{-1}氨水溶液，在下列各情况下如何计算混合溶液的 pH 值？

(1) 两种溶液等体积混合。

(2) 两种溶液按 2∶1 的体积混合。

(3) 两种溶液按 1∶2 的体积混合。

14. 如何用 0.1mol·L^{-1}的 HAc 与 0.1mol·L^{-1}的 NaOH 配制 1L pH 值为 5 的缓冲溶液？已知 HAc 的 $pK_a^{\ominus}=4.76$。

第四章
难溶强电解质的沉淀-溶解平衡

扫一扫，查阅本章数字资源，含PPT、音视频、图片等

【学习要求】

1. 掌握溶度积的基本概念、溶度积和溶解度之间的换算以及溶度积规则。
2. 掌握应用溶度积规则判断沉淀的生成和溶解及几种平衡同时存在情况下的综合计算。
3. 了解沉淀-溶解平衡中的同离子效应、盐效应。
4. 熟悉分步沉淀、沉淀转化的概念。

物质的溶解度有大有小，各不相同，通常所说的难溶物是指溶解度小于 0.01g/100g H_2O 的物质。绝对不溶解的物质是不存在的。任何难溶物质在水中总是或多或少溶解，其中溶解在水中发生完全电离的难溶物称为难溶强电解质，例如 AgCl、$BaSO_4$ 等都是常见的难溶强电解质。

本章将讨论难溶强电解质在水溶液中建立的沉淀-溶解平衡。沉淀-溶解平衡是一种常见的重要化学平衡，其特征是在反应过程中总是伴随一种物相的生成或消失。在药物制备及分析中常常会利用沉淀-溶解平衡原理进行鉴定、测定及分离某些离子。例如：药物 $BaSO_4$、$Al(OH)_3$的制备，药品中微量氯化物、硫酸盐或重金属离子的检查，分析化学中的沉淀滴定法等。

第一节　溶度积和溶解度

一、溶度积

在一定温度下，将难溶强电解质 $BaSO_4$ 放入水中，固体表面上的一些 Ba^{2+} 和 SO_4^{2-} 在极性水分子的作用下，脱离固体表面形成水合离子进入溶液，这个过程称为**溶解**（dissolution）。另外，溶液中水合 Ba^{2+} 和 SO_4^{2-} 处在不断的无序运动中。其中有些相互碰撞到固体 $BaSO_4$ 表面时，受固体表面正负离子的吸引，又会重新析出回到固体表面上来，这个过程称为**沉淀**（precipitation）。

当溶解速率和沉淀速率相等时，体系达到动态平衡，称**沉淀-溶解平衡**（equilibrium of precipitation dissolution）。此时，溶液中的离子活度不再随时间改变，溶液则为该温度下 $BaSO_4$ 的饱和溶液。此过程可表示为：

$$BaSO_4(s) \underset{\text{沉淀}}{\overset{\text{溶解}}{\rightleftharpoons}} Ba^{2+}(aq) + SO_4^{2-}(aq)$$

这种固-液两相之间的平衡，不同于酸碱平衡，属于多相平衡。

根据化学平衡定律，上述平衡常数的表达式为：

$$K_{ap}^{\ominus}=a(Ba^{2+})\times a(SO_4^{2-})$$

$K_{ap}^{\ominus}$称为活度积常数，简称**活度积**（activity product）。由于讨论的是难溶强电解质，溶解度都很小，溶液中离子浓度较小，离子间相互作用可忽略，可以用浓度代替活度，用溶度积代替活度积。

所以，上述平衡常数表达式又可用简写式表示为：

$$K_{sp}^{\ominus}=c_{eq}(Ba^{2+})\cdot c_{eq}(SO_4^{2-})$$

【$K_{sp}^{\ominus}$是难溶强电解质沉淀-溶解平衡的平衡常数，反映了物质的溶解能力，故称为溶度积常数，简称溶度积（solubility product）**】**。表达式中 $c_{eq}(Ba^{2+})$、$c_{eq}(SO_4^{2-})$ 是相对平衡浓度，其 SI 单位和 $K_{sp}^{\ominus}$的 SI 单位一样均为 1。

每一种难溶强电解质，在一定温度下，都有自己的溶度积，不同类型的难溶强电解质又有其不同的溶度积表达式。

例：

$$Mg(OH)_2(s)\rightleftharpoons Mg^{2+}+2OH^-$$

（为简便起见，可略去水合符号“aq”）

$$K_{sp}^{\ominus}[Mg(OH)_2]=c_{eq}(Mg^{2+})\cdot[c_{eq}(OH^-)]^2$$

$$Ag_2CrO_4(s)\rightleftharpoons 2Ag^++CrO_4^{2-}$$

$$K_{sp}^{\ominus}(Ag_2CrO_4)=[c_{eq}(Ag^+)]^2\cdot c_{eq}(CrO_4^{2-})$$

$$Ca_3(PO_4)_2(s)\rightleftharpoons 3Ca^{2+}+2PO_4^{3-}$$

$$K_{sp}^{\ominus}[Ca_3(PO_4)_2]=[c_{eq}(Ca^{2+})]^3\cdot[c_{eq}(PO_4^{3-})]^2$$

归纳起来，可用通式表示：

$$A_mB_n(s)\rightleftharpoons mA^{n+}+nB^{m-}$$

$$K_{sp}^{\ominus}(A_mB_n)=[c_{eq}(A^{n+})]^m\cdot[c_{eq}(B^{m-})]^n$$

上式表示，**【在一定温度下，难溶强电解质的饱和溶液中，各组分离子相对平衡浓度幂的乘积是一常数】**。

$K_{sp}^{\ominus}$与其他化学平衡常数一样，只与难溶强电解质的本性和温度有关，而与沉淀的量和溶液中离子浓度的变化无关。$K_{sp}^{\ominus}$虽随温度的变化而变化，但一般变化不大。通常采用 298.15K 时的 $K_{sp}^{\ominus}$，一些常用难溶强电解质的 $K_{sp}^{\ominus}$（298.15K）列在书后附录。

二、溶度积和溶解度的关系（课堂讨论）

溶度积 $K_{sp}^{\ominus}$从平衡常数角度表示难溶强电解质溶解的趋势，溶解度 s 也可以表示难溶物溶解的程度，两者之间存在着必然的联系。因此 $K_{sp}^{\ominus}$与 s 之间可以互相换算。换算时溶解度用 $mol\cdot L^{-1}$表示。

不同类型的难溶强电解质，溶度积与溶解度之间的定量关系不同，现分类型讨论如下。

（一）AB 型难溶强电解质

对于 AB 型难溶强电解质，如 AgCl、$BaCO_3$ 等，在达到沉淀-溶解平衡时，生成的阳离子和阴离子的物质的量相等。因此，溶液中阳离子或阴离子的相对浓度在数值上就等于该物质的溶解度。

设 AB 型难溶强电解质的溶解度为 s $mol\cdot L^{-1}$，则：

$$AB(s)\rightleftharpoons A^++B^-$$

相对平衡浓度 $\qquad s \qquad s$

$$K_{sp}^{\ominus}=c_{eq}(A^+)\cdot c_{eq}(B^-)=s^2$$

$$s=\sqrt{K_{sp}^{\ominus}}$$

【例 4-1】 已知 298.15K 时 AgCl 和 AgBr 的溶度积分别为 1.8×10^{-10} 和 5.2×10^{-13}，分别求它们的溶解度 s_1、s_2。

解： 在 AgCl 的饱和溶液中存在如下平衡：

$$AgCl(s) \rightleftharpoons Ag^+ + Cl^-$$

相对平衡浓度　　s_1　　s_1

$$K_{sp}^{\ominus}(AgCl)=c_{eq}(Ag^+)\cdot c_{eq}(Cl^-)=s_1^2$$

$$s_1=\sqrt{K_{sp}^{\ominus}(AgCl)}=\sqrt{1.8\times10^{-10}}=1.3\times10^{-5}$$

同理，在 AgBr 饱和溶液中：

$$AgBr(s) \rightleftharpoons Ag^+ + Br^-$$

相对平衡浓度　　s_2　　s_2

$$K_{sp}^{\ominus}(AgBr)=c_{eq}(Ag^+)\cdot c_{eq}(Br^-)=s_2^2$$

$$s_2=\sqrt{K_{sp}^{\ominus}(AgBr)}=\sqrt{5.2\times10^{-13}}=7.2\times10^{-7}$$

（二）AB_2 型或 A_2B 型难溶强电解质

对于 AB_2 型或 A_2B 型的难溶强电解质，如 $Mg(OH)_2$、PbI_2、Ag_2CrO_4 等，它们的溶度积与溶解度之间的关系讨论如下：

以 AB_2 型为例，设其溶解度为 s mol·L^{-1}，则：

$$AB_2(s) \rightleftharpoons A^{2+} + 2B^-$$

相对平衡浓度　　s　　$2s$

$$K_{sp}^{\ominus}=c_{eq}(A^{2+})\cdot[c_{eq}(B^-)]^2=s\cdot(2s)^2=4s^3$$

$$s=\sqrt[3]{\frac{K_{sp}^{\ominus}}{4}}$$

【例 4-2】 已知 Ag_2CrO_4 在 298.15K 时的溶解度 s 为 2.1×10^{-3} g/100gH_2O，求该温度下 Ag_2CrO_4 的 $K_{sp}^{\ominus}$。

解： 先将溶解度的单位换算为 mol·L^{-1}。由于 Ag_2CrO_4 的溶解度不大，其饱和溶液的密度可认为是 1.00g·mL^{-1}，Ag_2CrO_4 的摩尔质量为 332g·mol^{-1}，所以其溶解度为：

$$s=\frac{2.1\times10^{-3}\,\text{g}}{332\,\text{g}\cdot\text{mol}^{-1}\times\frac{100}{1000}\,\text{L}}=6.3\times10^{-5}\,\text{mol}\cdot\text{L}^{-1}$$

在 Ag_2CrO_4 饱和溶液中，存在如下平衡：

$$Ag_2CrO_4(s) \rightleftharpoons 2Ag^+ + CrO_4^{2-}$$

相对平衡浓度　　$2s$　　s

$$K_{sp}^{\ominus}(Ag_2CrO_4)=(2s)^2\cdot s=4s^3=4\times(6.3\times10^{-5})^3=1.0\times10^{-12}$$

（三）AB_3 型或 A_3B 型

对于 AB_3 型或 A_3B 型的难溶强电解质，如 $Fe(OH)_3$、Ag_3PO_4 等，以 AB_3 型为例讨论 $K_{sp}^{\ominus}$ 与 s 之间的关系。

在 AB_3 型的饱和溶液中，存在如下平衡：

$$AB_3(s) \rightleftharpoons A^{3+} + 3B^-$$

相对平衡浓度 $\qquad s \qquad 3s$

$$K_{sp}^{\ominus} = c_{eq}(A^{3+}) \cdot [c_{eq}(B^-)]^3 = s \cdot (3s)^3 = 27s^4$$

$$s = \sqrt[4]{\frac{K_{sp}^{\ominus}}{27}}$$

（四）A_mB_n 型难溶强电解质

若以 A_mB_n 表示任一类型的难溶强电解质，设一定温度下其溶解度为 s mol · L^{-1}，则饱和溶液中存在如下平衡：

$$A_mB_n(s) \rightleftharpoons mA^{n+} + nB^{m-}$$

相对平衡浓度 $\qquad ms \qquad ns$

$$K_{sp}^{\ominus} = [c_{eq}(A^{n+})]^m \cdot [c_{eq}(B^{m-})]^n$$
$$= (ms)^m \cdot (ns)^n$$
$$= m^m \cdot n^n \cdot s^{m+n}$$

$$s = \sqrt[m+n]{\frac{K_{sp}^{\ominus}}{m^m \cdot n^n}}$$

必须指出的是，溶解度与溶度积按上述关系换算是有条件的：

1. 只适用于溶解度很小的难溶强电解质。难溶强电解质的溶解度小，饱和溶液中离子浓度小，离子间相互作用弱，可以用浓度代替活度进行计算。否则上述换算关系会产生较大偏差（如 $CaSO_4$、$CaCrO_4$ 等）。

2. 仅适用于溶解后电离出的离子在水溶液中不发生任何化学反应的难溶强电解质。例如对某些难溶硫化物、碳酸盐和磷酸盐水溶液就不能忽略各阴离子的水解反应，在这种情况下若用上述简单方法进行计算也会产生较大偏差。

3. 仅适用于溶解后一步完全电离的难溶强电解质。

如 $Fe(OH)_3$ 在水溶液中分三步电离：

$$Fe(OH)_3(s) \rightleftharpoons Fe(OH)_2^+ + OH^- \qquad K_1^{\ominus}$$
$$Fe(OH)_2^+ \rightleftharpoons Fe(OH)^{2+} + OH^- \qquad K_2^{\ominus}$$
$$Fe(OH)^{2+} \rightleftharpoons Fe^{3+} + OH^- \qquad K_3^{\ominus}$$

相对总电离平衡，虽存在 $c_{eq}(Fe^{3+}) \cdot [c_{eq}(OH^-)]^3 = K_{sp}^{\ominus}$ 的关系，但溶液中 $c_{eq}(Fe^{3+})$ 与 $c_{eq}(OH^-)$ 之比并不等于 1∶3；还有像 $HgCl_2$ 等共价型难溶电解质，溶解部分并不都以简单离子存在。在这种情况下，上述换算关系也不适用。

综上所述，可以用溶度积与溶解度之间的关系式来进行相互间的换算；也可以用 $K_{sp}^{\ominus}$ 值来比较难溶强电解质溶解度的大小。相同类型的难溶强电解质，$K_{sp}^{\ominus}$ 大的，溶解度也大；$K_{sp}^{\ominus}$ 小的，溶解度也小。如例 4-1 中，$K_{sp}^{\ominus}(AgCl) > K_{sp}^{\ominus}(AgBr)$，所以 $s(AgCl) > s(AgBr)$。而不同类型的难溶强电解

质就不能用$K_{sp}^{\ominus}$直接比较溶解度的大小了，必须通过计算来判断。如例4-1、例4-2，$K_{sp}^{\ominus}(Ag_2CrO_4)<K_{sp}^{\ominus}(AgCl)$，但$s(Ag_2CrO_4)>s(AgCl)$。

三、溶度积规则

在一定条件下，某一难溶强电解质沉淀能否生成或溶解，可以根据以下所述的溶度积规则来判断。

这里先引入一个离子积（或称浓度商）的概念，**【难溶强电解质溶液中，任意状态下各组分离子相对浓度（严格讲是活度）的幂的乘积称离子积，用J表示】**。

以$BaSO_4$为例：　　　　$BaSO_4(s) \rightleftharpoons Ba^{2+} + SO_4^{2-}$

若用$c(Ba^{2+})$、$c(SO_4^{2-})$表示任一状态下，Ba^{2+}、SO_4^{2-}的相对浓度，则：

$$J = c(Ba^{2+}) \cdot c(SO_4^{2-})$$

J与$K_{sp}^{\ominus}$的表达式类似，但两者的概念是有区别的。$K_{sp}^{\ominus}$特指难溶强电解质的饱和溶液中，各组分离子相对平衡浓度的幂的乘积，在一定温度下，是一常数。而J是任意情况下，各组分离子相对浓度的幂的乘积，在一定温度下，其数值不定。$K_{sp}^{\ominus}$仅仅是J的一个特例。

在任何给定的溶液中，J与$K_{sp}^{\ominus}$相比较可能有以下三种情况：

1. $J = K_{sp}^{\ominus}$，是饱和溶液，达到沉淀-溶解平衡状态。

2. $J < K_{sp}^{\ominus}$，是不饱和溶液，无沉淀析出，若体系中有固体存在，平衡向沉淀溶解的方向移动，直至达新的平衡（饱和）溶液状态为止。

3. $J > K_{sp}^{\ominus}$，是过饱和溶液，平衡向生成沉淀的方向移动，会有新的沉淀析出，直至饱和为止。

上述J与$K_{sp}^{\ominus}$的关系及其结论称**溶度积规则**（the rule of solubility），是沉淀-溶解平衡移动规律的总结，可以用来判断沉淀的生成和溶解，是沉淀溶解反应的基本规则。

第二节　沉淀-溶解平衡的移动

沉淀-溶解平衡和前一章所述的酸碱平衡一样是一动态平衡，如果改变平衡的条件，平衡将会发生移动，或者生成沉淀，或者使沉淀溶解。

一、沉淀的生成

（一）沉淀的生成

【根据溶度积规则，生成沉淀的必要条件是$J > K_{sp}^{\ominus}$】。通常采用加入沉淀剂的方法。加入沉淀剂，增大离子浓度，使平衡向生成沉淀的方向移动。

【例4-3】　将$2.0 \times 10^{-4}\,mol \cdot L^{-1}$的$BaCl_2$溶液和等体积$1.0 \times 10^{-3}\,mol \cdot L^{-1}$的$K_2CrO_4$溶液混合后，有无$BaCrO_4$沉淀产生？[已知$K_{sp}^{\ominus}(BaCrO_4) = 1.2 \times 10^{-10}$]

解：两溶液等体积混合后，溶液中：

$$c(Ba^{2+}) = \frac{2.0 \times 10^{-4}\,mol \cdot L^{-1}}{2} = 1.0 \times 10^{-4}\,mol \cdot L^{-1}$$

$$c(CrO_4^{2-}) = \frac{1.0 \times 10^{-3}\,mol \cdot L^{-1}}{2} = 5.0 \times 10^{-4}\,mol \cdot L^{-1}$$

$$J = c(Ba^{2+}) \cdot c(CrO_4^{2-}) = 1.0 \times 10^{-4} \times 5.0 \times 10^{-4}$$
$$= 5.0 \times 10^{-8} > K_{sp}^{\ominus}(BaCrO_4) = 1.2 \times 10^{-10}$$

根据溶度积规则，溶液中有 $BaCrO_4$ 沉淀生成。

【例 4-4】 在 0.050L $3.0 \times 10^{-4} mol \cdot L^{-1}$ Pb^{2+} 溶液中加入 0.10L $0.0030 mol \cdot L^{-1}$ 的 I^- 溶液后，能否产生 PbI_2 沉淀？[已知 $K_{sp}^{\ominus}(PbI_2) = 7.1 \times 10^{-9}$]

解：混合溶液的总体积为 0.15L，溶液中各离子浓度为：

$$c(Pb^{2+}) = \frac{0.050L \times 3.0 \times 10^{-4} mol \cdot L^{-1}}{0.15L} = 1.0 \times 10^{-4} mol \cdot L^{-1}$$

$$c(I^-) = \frac{0.10L \times 0.0030 mol \cdot L^{-1}}{0.15L} = 2.0 \times 10^{-3} mol \cdot L^{-1}$$

$$J = c(Pb^{2+}) \cdot [c(I^-)]^2 = 1.0 \times 10^{-4} \times (2.0 \times 10^{-3})^2$$
$$= 4.0 \times 10^{-10} < K_{sp}^{\ominus}(PbI_2) = 7.1 \times 10^{-9}$$

根据溶度积规则，无 PbI_2 沉淀产生。

【例 4-5】 在 $0.50 mol \cdot L^{-1}$ $MgCl_2$ 溶液中加入等体积的 $0.10 mol \cdot L^{-1}$ 的氨水，若此氨水中同时含有 $0.020 mol \cdot L^{-1}$ 的 NH_4Cl，试问 $Mg(OH)_2$ 能否沉淀？已知 $K_{sp}^{\ominus}[Mg(OH)_2] = 1.8 \times 10^{-11}$；$K_b^{\ominus}(NH_3 \cdot H_2O) = 1.74 \times 10^{-5}$。

解：混合液中：

$$c(Mg^{2+}) = \frac{0.50 mol \cdot L^{-1}}{2} = 0.25 mol \cdot L^{-1}$$

$$c(NH_3 \cdot H_2O) = \frac{0.10 mol \cdot L^{-1}}{2} = 0.050 mol \cdot L^{-1}$$

$$c(NH_4^+) = \frac{0.020 mol \cdot L^{-1}}{2} = 0.010 mol \cdot L^{-1}$$

溶液中的 OH^- 是由 $0.050 mol \cdot L^{-1}$ $NH_3 \cdot H_2O$ 和 $0.010 mol \cdot L^{-1}$ NH_4Cl 组成的缓冲溶液提供的，根据缓冲溶液求 OH^- 浓度的计算公式得：

$$c_{eq}(OH^-) = \frac{K_b^{\ominus} \cdot c(NH_3 \cdot H_2O)}{c(NH_4^+)}$$
$$= \frac{1.74 \times 10^{-5} \times 0.050}{0.010}$$
$$= 8.7 \times 10^{-5}$$

$$J = c(Mg^{2+}) \cdot [c(OH^-)]^2 = 0.25 \times (8.7 \times 10^{-5})^2$$
$$= 1.9 \times 10^{-9} > K_{sp}^{\ominus}[Mg(OH)_2] = 1.8 \times 10^{-11}$$

根据溶度积规则，有 $Mg(OH)_2$ 沉淀产生。

（二）分步沉淀

以上讨论的沉淀的生成都是只生成一种沉淀的情况，实际上溶液里常常同时会有多种离子，而且它们都能与同一沉淀剂反应生成多种沉淀。在这种情况下，沉淀的生成将按什么顺序进行呢？第二种离子沉淀时，第一种离子沉淀到什么程度呢？现以 $AgNO_3$ 沉淀 Cl^-、I^- 为例，运用溶度积规则讨论如下：

【例 4-6】 在含有 $0.010 mol \cdot L^{-1} Cl^-$ 和 $0.010 mol \cdot L^{-1} I^-$ 的溶液中，逐滴加入 $AgNO_3$，哪一种离子先沉淀？当第二种离子开始沉淀时，第一种离子是否沉淀完全？（忽略滴加 $AgNO_3$ 溶液后，引起的体积变化）

解：根据溶度积规则，AgCl 和 AgI 刚开始沉淀时所需要的 Ag^+ 相对浓度分别是：

$$c_1(Ag^+)=\frac{K_{sp}^{\ominus}(AgCl)}{c(Cl^-)}=\frac{1.8\times10^{-10}}{0.010}=1.8\times10^{-8}$$

$$c_2(Ag^+)=\frac{K_{sp}^{\ominus}(AgI)}{c(I^-)}=\frac{8.3\times10^{-17}}{0.010}=8.3\times10^{-15}$$

结果表明，AgI 开始沉淀时所需的 $c_2(Ag^+)$ 比 AgCl 开始沉淀时所需要的 $c_1(Ag^+)$ 小得多，显然，逐滴加入 $AgNO_3$ 时，离子浓度的幂次方乘积首先达到 AgI 的溶度积，AgI 先沉淀出来。继续滴加 $AgNO_3$，当溶液中 $J\geqslant K_{sp}^{\ominus}(AgCl)$ 时，AgCl 开始沉淀。

当 Cl^- 开始沉淀时，溶液对于 AgCl 来说已达饱和，这时 Ag^+ 同时满足两个沉淀平衡，即：

$$AgCl(s)\rightleftharpoons Ag^++Cl^- \qquad c_{eq}(Ag^+)=\frac{K_{sp}^{\ominus}(AgCl)}{c_{eq}(Cl^-)}$$

$$AgI(s)\rightleftharpoons Ag^++I^- \qquad c_{eq}(Ag^+)=\frac{K_{sp}^{\ominus}(AgI)}{c_{eq}(I^-)}$$

$$\frac{K_{sp}^{\ominus}(AgCl)}{c_{eq}(Cl^-)}=\frac{K_{sp}^{\ominus}(AgI)}{c_{eq}(I^-)}$$

设 Cl^- 浓度不随 $AgNO_3$ 的加入而变化，$c(Cl^-)\approx c_{eq}(Cl^-)$，则

$$c_{eq}(I^-)=\frac{K_{sp}^{\ominus}(AgI)}{K_{sp}^{\ominus}(AgCl)}\cdot c_{eq}(Cl^-)=\frac{8.3\times10^{-17}}{1.8\times10^{-10}}\times0.010=4.6\times10^{-9}$$

计算结果说明，AgCl 开始沉淀时，I^- 早已沉淀完全了。在一般分析中，当离子浓度小于或等于 $1.0\times10^{-5}mol\cdot L^{-1}$ 时，可认为该离子已经沉淀完全了。

【这种加入一种沉淀剂，使溶液中原有多种离子按照到达溶度积的先后顺序分别沉淀出来的现象称为分步沉淀（fractional precipitation）**】**。离子沉淀的顺序决定于沉淀物的 $K_{sp}^{\ominus}$ 和被沉淀离子的浓度。对于同类型的沉淀，若沉淀的 $K_{sp}^{\ominus}$ 相差较大，则 $K_{sp}^{\ominus}$ 小的先沉淀，$K_{sp}^{\ominus}$ 大的后沉淀；若两者 $K_{sp}^{\ominus}$ 相差不大，且被沉淀离子的浓度又相差过于悬殊的话，就要具体问题具体分析了。对于不同类型的沉淀，因有不同幂次的关系，就不能直接根据 $K_{sp}^{\ominus}$ 值来判断沉淀的先后顺序，必须根据计算结果确定。例如，用逐滴加入 $AgNO_3$ 沉淀 $0.010mol\cdot L^{-1}$ 的 Cl^- 和 $0.010mol\cdot L^{-1}$ 的 CrO_4^{2-}，AgCl 和 Ag_2CrO_4 开始沉淀时所需的 Ag^+ 相对浓度分别是：

$$c_1(Ag^+)=\frac{K_{sp}^{\ominus}(AgCl)}{c(Cl^-)}=1.8\times10^{-8}$$

$$c_2(Ag^+)=\sqrt{\frac{K_{sp}^{\ominus}(Ag_2CrO_4)}{c(CrO_4^{2-})}}=1.0\times10^{-5}$$

虽然 $K_{sp}^{\ominus}(AgCl)>K_{sp}^{\ominus}(Ag_2CrO_4)$，但沉淀 Cl^- 所需的 Ag^+ 浓度较小，反而是 AgCl 先沉淀。

掌握了分步沉淀的原理，根据具体情况，适当地控制条件，可以达到分离离子的目的，例如难溶氢氧化物的分离、难溶硫化物的分离等，将在下一节详细讨论。

（三）沉淀的转化

【在含有沉淀的溶液中，加入适当试剂，使这种沉淀转化为另一种沉淀的过程称沉淀的转化（transformation of precipitation）**】**。沉淀的转化一般有下列两种情况。

1. 难溶强电解质转化为更难溶的强电解质

将$(NH_4)_2S$溶液加入到盛有黄色$PbCrO_4$沉淀的试管中，并搅拌之，可以观察到沉淀由黄色变为黑色，转化过程可表示如下：

$$
\begin{array}{ccc}
PbCrO_4(s) \rightleftharpoons & Pb^{2+} & + CrO_4^{2-} \\
& + & \\
(NH_4)_2S \longrightarrow & S^{2-} & + 2NH_4^+ \\
& \Updownarrow & \\
& PbS(s) &
\end{array}
$$

由于$K_{sp}^{\ominus}(PbS) < K_{sp}^{\ominus}(PbCrO_4)$，$Pb^{2+}$和$S^{2-}$生成了更难溶的PbS沉淀，从而使$c_{eq}(Pb^{2+})$降低，这时对于$PbCrO_4$来说，$J<K_{sp}^{\ominus}$，平衡右移，$PbCrO_4$沉淀逐渐溶解；而对于PbS来说，$J>K_{sp}^{\ominus}$，PbS沉淀不断生成。当转化达平衡时，转化的总反应式为：

$$PbCrO_4(s)+S^{2-} \rightleftharpoons PbS(s)+CrO_4^{2-}$$

转化反应平衡常数：$K^{\ominus}=\dfrac{c_{eq}(CrO_4^{2-})}{c_{eq}(S^{2-})}=\dfrac{K_{sp}^{\ominus}(PbCrO_4)}{K_{sp}^{\ominus}(PbS)}=\dfrac{2.8\times10^{-13}}{1.0\times10^{-28}}$

$$=2.8\times10^{15}$$

平衡常数$K^{\ominus}$很大，因此转化反应不仅能自发进行，而且进行得很完全。根据转化平衡常数的大小可以判断转化的可能性。$K^{\ominus}>1$，转化可以进行；$K^{\ominus}$越大，转化进行的程度越大；$K^{\ominus}\geqslant 10^6$，转化反应进行得比较完全。

2. 难溶强电解质转化为稍易溶的难溶强电解质

一般来说，由难溶强电解质转化为更难溶的强电解质，由于转化反应的$K^{\ominus}>1$，转化较容易实现。反过来，由溶解度小的沉淀转化为溶解度较大的沉淀，由于转化反应的$K^{\ominus}<1$，这种转化比较困难。但当两种沉淀溶解度相差不是太大时，控制一定的条件，还是可以进行的。

例如：$BaSO_4$的溶解度比$BaCO_3$的溶解度小$[K_{sp}^{\ominus}(BaSO_4)=1.1\times10^{-10}<K_{sp}^{\ominus}(BaCO_3)=5.1\times10^{-9}]$，但控制条件，将$BaSO_4$用$Na_2CO_3$处理，还是可以转化为$BaCO_3$沉淀的。转化反应如下：

$$BaSO_4(s)+CO_3^{2-} \rightleftharpoons BaCO_3(s)+SO_4^{2-}$$

$$K^{\ominus}=\frac{c_{eq}(SO_4^{2-})}{c_{eq}(CO_3^{2-})}=\frac{K_{sp}^{\ominus}(BaSO_4)}{K_{sp}^{\ominus}(BaCO_3)}=\frac{1.1\times10^{-10}}{5.1\times10^{-9}}=\frac{1}{46}$$

平衡常数$K^{\ominus}=\dfrac{1}{46}$，不是太小，只要控制溶液中的$c(CO_3^{2-})>46c(SO_4^{2-})$，反应即可正向进行。实际操作中，可用饱和$Na_2CO_3$溶液处理$BaSO_4$沉淀3～4次，转化反应进行得还比较完全。

必须指出的是，这种转化只适用于溶解度相差不大的沉淀之间。如果两沉淀的溶解度相差很大，转化反应的$K^{\ominus}$很小，这种转化将是十分困难的，甚至是不可能的。

二、沉淀的溶解

【根据溶度积规则，沉淀溶解的必要条件是$J<K_{sp}^{\ominus}$】。因此，只要能降低溶液中有关离子浓度，使$J<K_{sp}^{\ominus}$，沉淀就会溶解，通常使用的方法有以下几种。

(一) 生成弱电解质使沉淀溶解

1. 生成弱酸使沉淀溶解

由弱酸所形成的难溶强电解质，如 $BaCO_3$、CaC_2O_4、FeS 等，大多都溶于强酸。如：

$$\begin{array}{l} CaCO_3(s) \rightleftharpoons Ca^{2+} + CO_3^{2-} \\ \qquad\qquad\qquad\qquad\quad + \\ \qquad 2HCl \longrightarrow 2Cl^- + 2H^+ \\ \qquad\qquad\qquad\qquad\quad \Updownarrow \\ \qquad\qquad\qquad\quad H_2CO_3 \rightleftharpoons H_2O + CO_2\uparrow \end{array}$$

由 HCl 提供的 H^+ 与 CO_3^{2-} 结合，生成弱酸 H_2CO_3，而碳酸大部分分解为水和 CO_2 气体，造成溶液 CO_3^{2-} 浓度减小，$J<K_{sp}^{\ominus}$，平衡向沉淀溶解的方向移动。因而只要有足量的 HCl 即可使 $CaCO_3$ 沉淀完全溶解。溶解总反应为：

$$CaCO_3(s) + 2H^+ \rightleftharpoons Ca^{2+} + H_2CO_3$$

总平衡常数：

$$K^{\ominus} = \frac{c_{eq}(Ca^{2+}) \cdot c_{eq}(H_2CO_3)}{[c_{eq}(H^+)]^2}$$

$$= \frac{K_{sp}^{\ominus}(CaCO_3)}{K_{a_1}^{\ominus} \cdot K_{a_2}^{\ominus}} = 1.2 \times 10^8$$

$K^{\ominus}$值很大，溶解反应进行得比较完全。难溶弱酸盐在酸中溶解的反应称酸溶反应，反应的总平衡常数称为酸溶平衡常数。显然，酸溶平衡常数的大小是由 $K_{sp}^{\ominus}$和 $K_a^{\ominus}$两个因素决定的，沉淀的 $K_{sp}^{\ominus}$越大，或生成的弱酸的 $K_a^{\ominus}$越小，$K^{\ominus}$越大，则酸溶反应进行得越彻底。反之，$K^{\ominus}$越小，则酸溶反应不完全。当 $K^{\ominus} \leqslant 10^{-6}$时，反应几乎不能进行。例如 MnS 和 CuS 的 $K_{sp}^{\ominus}$分别为 2.5×10^{-13}和 6.3×10^{-36}，前者可溶于 HCl，而后者则不溶。

2. 生成 H_2O 使沉淀溶解

难溶氢氧化物，如 $Mg(OH)_2$、$Cu(OH)_2$、$Fe(OH)_3$、$Al(OH)_3$ 等，与酸作用生成弱电解质溶液，降低了溶液中 OH^- 浓度，使难溶氢氧化物的 $J<K_{sp}^{\ominus}$，平衡向沉淀溶解的方向移动。例如：

$$\begin{array}{l} Fe(OH)_3(s) \rightleftharpoons Fe^{3+} + 3OH^- \\ \qquad\qquad\qquad\qquad\qquad + \\ \qquad 3HCl \longrightarrow 3Cl^- + 3H^+ \\ \qquad\qquad\qquad\qquad\qquad \Updownarrow \\ \qquad\qquad\qquad\qquad\quad 3H_2O \end{array}$$

总反应式：

$$Fe(OH)_3(s) + 3H^+ \rightleftharpoons Fe^{3+} + 3H_2O$$

酸溶平衡常数：

$$K^{\ominus} = \frac{c_{eq}(Fe^{3+})}{[c_{eq}(H^+)]^3} = \frac{K_{sp}^{\ominus}[Fe(OH)_3]}{K_w^{\ominus 3}}$$

$$= \frac{4.0\times10^{-38}}{(1.0\times10^{-14})^3} = 4.0\times10^4$$

由上述酸溶平衡常数的表达式可知，难溶氢氧化物酸溶反应程度的大小，除与 $K_{sp}^{\ominus}$有关外，还与 $K_w^{\ominus}$有关。

3. 生成弱碱使沉淀溶解

$K_{sp}^{\ominus}$较大的难溶氢氧化物，如 $Mg(OH)_2$、$Mn(OH)_2$ 等除能溶于酸外，还可溶于铵盐。例如：

$$
\begin{array}{l}
Mg(OH)_2(s) \rightleftharpoons Mg^{2+} + 2OH^- \\
\qquad\qquad\qquad\qquad\qquad\quad + \\
2NH_4Cl \longrightarrow 2Cl^- + 2NH_4^+ \\
\qquad\qquad\qquad\qquad\qquad\quad \Updownarrow \\
\qquad\qquad\qquad\qquad 2NH_3 \cdot H_2O
\end{array}
$$

由于铵盐溶液中的 NH_4^+ 可与 $Mg(OH)_2$ 饱和溶液中的 OH^- 结合生成弱电解质 $NH_3 \cdot H_2O$，溶液中 OH^- 浓度减小，使 $Mg(OH)_2$ 溶液中的 $J < K_{sp}^{\ominus}$，平衡向沉淀溶解的方向移动，$Mg(OH)_2$ 沉淀溶解。溶解总反应为：

$$Mg(OH)_2(s) + 2NH_4^+ \rightleftharpoons Mg^{2+} + 2NH_3 \cdot H_2O$$

$$K^{\ominus} = \frac{[c_{eq}(Mg^{2+})] \cdot [c_{eq}(NH_3 \cdot H_2O)]^2}{[c_{eq}(NH_4^+)]^2} = \frac{K_{sp}^{\ominus}[Mg(OH)_2]}{[K_b^{\ominus}(NH_3 \cdot H_2O)]^2}$$

$$= \frac{1.8 \times 10^{-11}}{(1.74 \times 10^{-5})^2} = 5.9 \times 10^{-2}$$

平衡常数 $K^{\ominus}$ 不是很大，但若加足量的氯化铵，溶解还是可以进行的。此类难溶强电解质的溶解难易取决于难溶氢氧化物的 $K_{sp}^{\ominus}$ 和生成弱碱的电离常数 $K_b^{\ominus}$，$K_{sp}^{\ominus}$ 越大，$K_b^{\ominus}$ 越小，溶解越易进行；反之，则越难进行。如 $Al(OH)_3$、$Fe(OH)_3$ 等 $K_{sp}^{\ominus}$ 较小的难溶氢氧化物沉淀可溶于强酸溶液，但不溶于铵盐溶液。

4. 生成难电离的盐使沉淀溶解

$PbSO_4$ 沉淀能溶于饱和 NaAc 溶液中，反应如下：

$$
\begin{array}{l}
PbSO_4(s) \rightleftharpoons Pb^{2+} + SO_4^{2-} \\
\qquad\qquad\qquad\quad + \\
2NaAc \longrightarrow 2Ac^- + 2Na^+ \\
\qquad\qquad\qquad\quad \Updownarrow \\
\qquad\qquad\quad Pb(Ac)_2
\end{array}
$$

由 NaAc 提供的 Ac^- 和 Pb^{2+} 形成弱电解质 $Pb(Ac)_2$，溶液中 Pb^{2+} 浓度减小，使 $PbSO_4$ 溶液的 $J < K_{sp}^{\ominus}$，$PbSO_4$ 沉淀溶解。

（二）利用氧化还原反应使沉淀溶解

前面讨论的难溶弱酸盐的酸溶反应表明，难溶物的 $K_{sp}^{\ominus}$ 越小，生成弱酸的 $K_a^{\ominus}$ 越大，酸溶平衡常数越小，沉淀越难溶解。如沉淀 Ag_2S、CuS 等，由于 $K_{sp}^{\ominus}$ 非常小，酸溶平衡常数很小，即使加入高浓度的非氧化性强酸也不能有效地降低 S^{2-} 浓度，使沉淀溶解。因此，Ag_2S、CuS 等不溶于非氧化性的强酸中。但如果用氧化性的强酸，如热的稀 HNO_3，则可以将 S^{2-} 氧化成单质 S，从而大大降低 S^{2-} 浓度，使 Ag_2S、CuS 的 $J < K_{sp}^{\ominus}$，Ag_2S、CuS 沉淀溶解。反应可表示如下：

$$3CuS + 8HNO_3(稀) = 3Cu(NO_3)_2 + 2NO\uparrow + 3S\downarrow + 4H_2O$$

$$3Ag_2S + 8HNO_3(稀) = 6AgNO_3 + 2NO\uparrow + 3S\downarrow + 4H_2O$$

（三）生成配离子使沉淀溶解

一些难溶强电解质，既不溶于非氧化性酸，也不溶于氧化性酸，如 AgX 等。但它们的阳离子可以和某些配合剂生成配合物，溶液中游离的阳离子浓度大大降低，使 $J < K_{sp}^{\ominus}$，沉淀溶解。如 AgCl 能溶于 $NH_3 \cdot H_2O$ 中，AgI 能溶于 KCN 溶液中等。

其溶解的反应式可表示如下：

$$AgCl(s)+2NH_3 \rightleftharpoons [Ag(NH_3)_2]^+ + Cl^-$$
$$AgI(s)+2CN^- \rightleftharpoons [Ag(CN)_2]^- + I^-$$

这类溶解反应能否进行，进行到什么程度，除与沉淀的 $K_{sp}^{\ominus}$ 有关外，还与生成配离子的稳定性有关。具体的定量计算在配合物一章中讨论。

某些情况下，为使 $K_{sp}^{\ominus}$ 极小的难溶强电解质溶解，有时需要同时采用两种或多种方法才行。例如 HgS 的 $K_{sp}^{\ominus}=4.0\times10^{-53}$，必须加入王水（1 体积浓 HNO_3+3 体积浓 HCl），同时利用氧化还原和生成配离子两种方法使其溶解。具体反应如下：

$$3HgS+2NO_3^-+12Cl^-+8H^+=3[HgCl_4]^{2-}+3S\downarrow+2NO\uparrow+4H_2O$$

反应中由于 S^{2-} 被 HNO_3 氧化为单质 S，Hg^{2+} 和 Cl^- 生成 $[HgCl_4]^{2-}$ 配离子，使溶液中 S^{2-} 和 Hg^{2+} 浓度同时被大大降低，$J<K_{sp}^{\ominus}$，HgS 沉淀溶解。

总之，沉淀-溶解平衡中，沉淀与溶解是两个既对立又统一的矛盾体，互相依赖，不可分割。条件改变，平衡会发生移动，体现不同条件下，矛盾会互相转化。

三、同离子效应和盐效应

同离子效应和盐效应对酸碱平衡的影响，前面章节已经讨论过，这里将介绍沉淀平衡中的同离子效应和盐效应。

（一）同离子效应

【**在难溶强电解质溶液中，加入与难溶强电解质具有相同离子的易溶强电解质，使难溶强电解质的溶解度减小的效应，称沉淀-溶解平衡中的同离子效应**（common ion effect）】。例如在 AgCl 的饱和溶液中加入 NaCl，存在着 AgCl 的沉淀-溶解平衡，NaCl 在溶液中完全电离成 Na^+ 和 Cl^-，可表示如下：

$$AgCl(s) \rightleftharpoons Ag^+ + Cl^-$$
$$NaCl \longrightarrow Na^+ + Cl^-$$

显然，由于 NaCl 的加入，溶液中 Cl^- 浓度增大，$J>K_{sp}^{\ominus}$，平衡左移，生成了更多的 AgCl 沉淀，直至建立新的平衡 $J=K_{sp}^{\ominus}$ 为止。其结果导致 AgCl 的溶解度减小。

下面通过计算定量地讨论一下同离子效应的影响。

【例 4-7】 已知 298.15K 时，AgCl 在纯水中的溶解度为 1.34×10^{-5} mol·L^{-1}，分别计算 AgCl 在 0.10mol·L^{-1} NaCl 溶液和 0.20mol·L^{-1} 的 $AgNO_3$ 溶液中的溶解度。

[已知 $K_{sp}^{\ominus}$（AgCl）$=1.8\times10^{-10}$]

解：① 设 AgCl 在 0.10mol·L^{-1} NaCl 溶液中的溶解度为 s_1 mol·L^{-1}，则有：

$$AgCl(s) \rightleftharpoons Ag^+ + Cl^-$$

相对平衡浓度　　s_1　　$s_1+0.10$

根据溶度积规则　$K_{sp}^{\ominus}(AgCl)=s_1(s_1+0.10)\approx0.10s_1$

$$s_1=1.8\times10^{-9}$$

② 设 AgCl 在 0.20mol·L^{-1} $AgNO_3$ 溶液中的溶解度为 s_2 mol·L^{-1}，则平衡时：

$$c_{eq}(Ag^+)=0.20+s_2\approx0.20 \qquad c_{eq}(Cl^-)=s_2$$

根据溶度积规则

$$K_{sp}^{\ominus}(AgCl)=c_{eq}(Ag^+)\cdot c_{eq}(Cl^-)=0.20s_2$$

$$s_2 = 9.0 \times 10^{-10}$$

由计算结果可知，在AgCl的平衡体系中，加入含有共同离子Ag^+或Cl^-的试剂后，AgCl的溶解度降低很多。在一定浓度范围内，加入的同离子量越多，其溶解度降低得越多。因此，实际工作中常利用加入适当过量的沉淀剂，产生同离子效应，使沉淀反应更趋完全。

（二）盐效应

【在难溶强电解质的饱和溶液中，加入与难溶强电解质不具有相同离子的易溶强电解质，使难溶强电解质的溶解度略有增大的效应，称为盐效应（salt effect）**】**。例如在$BaSO_4$饱和溶液中，加入KNO_3，则有：

$$BaSO_4(s) \rightleftharpoons Ba^{2+} + SO_4^{2-}$$

$$KNO_3 \longrightarrow K^+ + NO_3^-$$

KNO_3在溶液中完全电离成K^+和NO_3^-，使溶液中总的离子浓度增大，离子间相互作用增强，离子强度I增大，活度系数γ减小，有效离子浓度（即活度）a减小，平衡右移，结果$BaSO_4$溶解度稍有增大。

需要指出的是，在产生同离子效应的同时，也产生盐效应。但由于稀溶液中，同离子效应的影响较大，盐效应的影响较小，一般两效应共存时，以同离子效应的影响为主，而忽略盐效应的影响。

如前所述，根据同离子效应，要使沉淀完全，必须加过量沉淀剂，但也不宜过量太多，否则盐效应影响会增大，反而使沉淀的溶解度稍有增大，一般来讲，沉淀剂以过量20%～50%为宜。

这充分体现了在矛盾普遍性原理的指导下，分析矛盾的特殊性，并找出解决矛盾的正确方法，即具体问题具体分析。

第三节　沉淀反应的某些应用（阅读）

沉淀反应的应用十分广泛，在化工和药物生产中，许多难溶物质的制备，一些易溶产品中某些杂质的分离去除，以及产品的质量分析等，都会涉及一些与沉淀-溶解平衡有关的问题。

一、在药物生产上的应用

难溶无机药物的制备，原则上是通过两种易溶电解质互相混合而制成的。制备过程中，必须控制适当的反应条件，否则会影响产品的纯度，进而影响药物的疗效。现以《中国药典》$BaSO_4$、$Al(OH)_3$的精制为例说明如下。

（一）$BaSO_4$的制备

制备$BaSO_4$一般用$BaCl_2$和Na_2SO_4为原料，或向可溶性钡盐中加入硫酸制得。离子反应式为：

$$Ba^{2+} + SO_4^{2-} = BaSO_4 \downarrow$$

所得沉淀经过滤、洗涤、干燥后，并经检查其杂质，测定其含量，符合《中国药典》所规定质量标准便可供药用。

$BaSO_4$生产的最佳条件是：在适当稀的$BaCl_2$热溶液中，缓慢加入沉淀剂Na_2SO_4或H_2SO_4，并不断搅拌溶液，等$BaSO_4$沉淀析出后，与溶液一起放置一段时间，使小晶体溶解，大晶体长大，小晶体表面和内部的杂质进入溶液（该过程称沉淀的老化作用），所得$BaSO_4$颗粒粗大且纯净。

由于$BaSO_4$不溶于水和酸，且X射线不能透过钡离子，因此，可用作X光造影剂，以诊断胃肠道疾病。

（二）$Al(OH)_3$ 的制备

工业生产上，制备 $Al(OH)_3$ 用钒土（主要成分 Al_2O_3）为原料，使其先溶于硫酸生成硫酸铝，再与 Na_2CO_3 作用生成 $Al(OH)_3$ 胶体沉淀。反应式如下：

$$Al_2O_3 + 3H_2SO_4 = Al_2(SO_4)_3 + 3H_2O$$

$$Al_2(SO_4)_3 + 3Na_2CO_3 + 3H_2O = 2Al(OH)_3 \downarrow + 3Na_2SO_4 + 3CO_2 \uparrow$$

$Al(OH)_3$ 胶体沉淀的最佳生产条件是在比较浓的热溶液中进行，加入沉淀剂的速度可适当快一些，沉淀完全后不必老化，可立即过滤，经洗涤、干燥、检查杂质、测定含量，符合《中国药典》质量标准便可供药用。

氢氧化铝是一种常用抗酸药，可制成多种制剂，临床上用于胃酸过多、胃溃疡、十二指肠溃疡等疾病的治疗。

二、在药物质量控制上的应用

为了保证用药安全，必须确保药品符合国家规定的药品质量标准。在药物质量标准的控制上，不少检测手段就是巧妙地运用加入沉淀剂产生沉淀反应的原理。例如注射用水中氯化物的限度检查规定为：取水样 50mL，加稀 HNO_3 5 滴，$0.10mol \cdot L^{-1}$ $AgNO_3$ 溶液 1mL，放置半分钟不得发生浑浊。

根据样品的体积和所用试剂的浓度和体积，从 AgCl 的 $K_{sp}^{\ominus}$ 可计算出这种方法允许 Cl^- 存在的限度。

本方法检查时，

$$c(Ag^+) = \frac{1mL}{50mL + 1mL} \times 0.10mol \cdot L^{-1}$$

$$\approx 2.0 \times 10^{-3} mol \cdot L^{-1}$$

根据溶度积规则，若溶液中不产生浑浊，则 $J \leqslant K_{sp}^{\ominus}$，此时溶液中的 Cl^- 相对浓度为：

$$c(Cl^-) \leqslant \frac{K_{sp}^{\ominus}}{c(Ag^+)} = \frac{1.8 \times 10^{-10}}{2.0 \times 10^{-3}}$$

$$= 9.0 \times 10^{-8}$$

计算结果说明，$c(Cl^-)$ 超过 9.0×10^{-8} $mol \cdot L^{-1}$ 时，就会产生 AgCl 沉淀而使溶液变浑浊，这一浓度就是注射用水中允许 Cl^- 存在的最高限度。

又如药品杂质检查项目中的重金属检查，是利用生成 PbS 沉淀反应进行的。所谓重金属是指在弱酸性（pH 值约为 3）的溶液中，能与饱和 H_2S 试液作用产生硫化物沉淀的物质，如铅、银、铜、锌、钴、镍、砷、锑、铋、锡等盐类。因在生产过程中，遇到铅的机会最多，而且铅又易积蓄中毒，故检查时以铅为代表。检查方法是在样品溶液中加入饱和 H_2S 试液，使其与重金属离子生成棕色液或暗棕色浑浊，与一定量的标准铅按同法处理后所显的颜色或浑浊度进行比较，以计算出样品中重金属的含量限度。

再如药品中含有微量硫酸盐的检查法，是利用硫酸盐与新鲜配制的氯化钡溶液在酸性溶液中作用生成硫酸钡浑浊。将它与一定量的标准硫酸钾与氯化钡在同一条件下用同法处理所生成的浑浊比较，以推断出样品中含硫酸盐的限度。

三、沉淀的分离

利用沉淀反应，可以进行某些离子间的分离。其中应用较多的是利用氢氧化物、硫化物沉淀进行分离。

（一）氢氧化物沉淀的分离

除碱金属和锶、钡的氢氧化物外，大多数金属氢氧化物都是难溶强电解质。由于难溶氢氧化物的溶度积有大有小，各不相同。因此，难溶氢氧化物开始沉淀和沉淀完全时的 pH 值范围不同，通过控制不同的 pH 值范围可以使不同的氢氧化物沉淀，以达到分离的目的。

【例 4-8】　某混合溶液中 Cr^{3+} 和 Cd^{2+} 的浓度都是 $0.010mol \cdot L^{-1}$，若只要 Cr^{3+} 沉淀，Cd^{2+} 不沉淀，从而达到分离的目的，问需控制 pH 值在什么范围？

{已知 $K_{sp}^{\ominus}[Cr(OH)_3]=6.3\times10^{-31}$；$K_{sp}^{\ominus}[Cd(OH)_2]=2.51\times10^{-14}$}

解：若要 Cr^{3+} 和 Cd^{2+} 分离，必须使 Cr^{3+} 沉淀完全，而 Cd^{2+} 不沉淀留在溶液中，因此，只要计算出 $Cr(OH)_3$ 沉淀完全时的 pH 值和 $Cd(OH)_2$ 刚开始沉淀时的 pH 值即可控制。

$Cr(OH)_3$ 沉淀完全时：

$$c(OH^-)=\sqrt[3]{\frac{K_{sp}^{\ominus}[Cr(OH)_3]}{1.0\times10^{-5}}}=\sqrt[3]{\frac{6.3\times10^{-31}}{1.0\times10^{-5}}}$$

$$=4.0\times10^{-9}$$

$$pH=pK_W^{\ominus}-pOH=14+\lg(4.0\times10^{-9})=5.60$$

$Cd(OH)_2$ 开始沉淀时：

$$c(OH^-)=\sqrt{\frac{K_{sp}^{\ominus}[Cd(OH)_2]}{0.010}}=\sqrt{\frac{2.51\times10^{-14}}{0.010}}$$

$$=1.6\times10^{-6}$$

$$pH=pK_W^{\ominus}-pOH=14+\lg(1.6\times10^{-6})=8.20$$

因此，只要控制 pH 在 5.60～8.20 之间，即可使 Cr^{3+} 和 Cd^{2+} 分离。

实际工作中，溶液 pH 值的控制多采用缓冲溶液。

【例 4-9】 在 10mL 浓度均为 $0.20mol\cdot L^{-1}$ 的 Fe^{3+} 和 Mg^{2+} 的混合液中，加入 10mL $0.20mol\cdot L^{-1}$ 氨水，欲使 Fe^{3+} 和 Mg^{2+} 分离，最少应加入多少克 NH_4Cl。

{已知 $K_{sp}^{\ominus}[Fe(OH)_3]=4.0\times10^{-38}$；$K_{sp}^{\ominus}[Mg(OH)_2]=1.8\times10^{-11}$}

解：混合后，溶液中各离子浓度为：

$$c(Fe^{3+})=0.10mol\cdot L^{-1}\qquad c(Mg^{2+})=0.10mol\cdot L^{-1}$$

$$c(NH_3\cdot H_2O)=0.10mol\cdot L^{-1}$$

Fe^{3+} 沉淀完全时：

$$c(OH^-)=\sqrt[3]{\frac{K_{sp}^{\ominus}[Fe(OH)_3]}{1.0\times10^{-5}}}=\sqrt[3]{\frac{4.0\times10^{-38}}{1.0\times10^{-5}}}$$

$$=1.6\times10^{-11}$$

Mg^{2+} 开始沉淀时：

$$c(OH^-)=\sqrt{\frac{K_{sp}^{\ominus}[Mg(OH)_2]}{c(Mg^{2+})}}=\sqrt{\frac{1.8\times10^{-11}}{0.10}}=1.3\times10^{-5}$$

因此，控制 $1.3\times10^{-5}mol\cdot L^{-1}\geqslant c(OH^-)\geqslant1.6\times10^{-11}mol\cdot L^{-1}$，即可使 Fe^{3+} 与 Mg^{2+} 分离，由缓冲溶液计算 $c(OH^-)$ 公式：

$$K_b^{\ominus}=\frac{c(OH^-)\times\dfrac{m(NH_4Cl)}{M(NH_4Cl)\times V_{总}}}{c(NH_3\cdot H_2O)}$$

得：

$$m(NH_4Cl)=\frac{K_b^{\ominus}\times c(NH_3\cdot H_2O)\times M(NH_4Cl)\times V_{总}}{c(OH^-)}$$

而要使 Fe^{3+} 和 Mg^{2+} 分离，

$$\frac{K_b^{\ominus}\times c(NH_3\cdot H_2O)\times M(NH_4Cl)\times V_{总}}{1.6\times10^{-11}}\geqslant m(NH_4Cl)$$

$$\geqslant\frac{K_b^{\ominus}\times c(NH_3\cdot H_2O)\times M(NH_4Cl)\times V_{总}}{1.3\times10^{-5}}$$

所以，至少加的 NH_4Cl 质量为：

$$m(NH_4Cl)=\frac{K_b^{\ominus}\times c(NH_3\cdot H_2O)\times M(NH_4Cl)\times V_{总}}{1.3\times10^{-5}}$$

$$=\frac{1.74\times10^{-5}\times0.10\times53.5\times0.02}{1.3\times10^{-5}}$$

$$=0.14$$

因此，至少要加入 0.14g NH_4Cl。

（二）硫化物的分离

由于难溶硫化物的 $K_{sp}^{\ominus}$ 大多相差较大，刚开始沉淀和沉淀完全时所需的 S^{2-} 浓度不同，因此，可通过控制不同的 pH 范围，来控制不同的 S^{2-} 浓度，从而使硫化物沉淀分离。

【例 4-10】 某溶液中含有 Pb^{2+} 和 Fe^{2+}，二者浓度均为 $0.10mol \cdot L^{-1}$，若利用通入 H_2S 气体达饱和，使 Pb^{2+} 和 Fe^{2+} 分离，问溶液的 pH 值应控制在什么范围？［已知 $K_{sp}^{\ominus}(PbS) = 1.0 \times 10^{-28}$；$K_{sp}^{\ominus}(FeS) = 6.3 \times 10^{-18}$］

解： 由于两者的 $K_{sp}^{\ominus}$ 相差较大，因此，适当控制 S^{2-} 浓度可使 Pb^{2+} 沉淀完全，Fe^{2+} 不沉淀，即可使二者分离。

$$Pb^{2+}\text{沉淀完全时：}c(S^{2-}) = \frac{K_{sp}^{\ominus}(PbS)}{1.0 \times 10^{-5}} \tag{1}$$

$$Fe^{2+}\text{开始沉淀时：}c(S^{2-}) = \frac{K_{sp}^{\ominus}(FeS)}{c(Fe^{2+})} \tag{2}$$

在饱和 H_2S 溶液中，$c_{eq}(H_2S) = 0.10mol \cdot L^{-1}$，溶液中的 S^{2-} 浓度随 H^+ 浓度的变化而变化，关系式是：

$$K_{a_1}^{\ominus} \cdot K_{a_2}^{\ominus} = \frac{[c_{eq}(H^+)]^2 \cdot c_{eq}(S^{2-})}{c_{eq}(H_2S)}$$

$$c_{eq}(H^+) = \sqrt{\frac{K_{a_1}^{\ominus} \cdot K_{a_2}^{\ominus} \cdot c_{eq}(H_sS)}{c_{eq}(S^{2-})}} \tag{3}$$

将(1)式、(2)式中 $c(S^{2-})$ 看作 $c_{eq}(S^{2-})$，分别代入(3)式得：

Pb^{2+} 沉淀完全时：

$$c_{eq}(H^+) = \sqrt{\frac{K_{a_1}^{\ominus} \cdot K_{a_2}^{\ominus} \cdot c_{eq}(H_2S) \times 1.0 \times 10^{-5}}{K_{sp}^{\ominus}(PbS)}}$$

$$= \sqrt{\frac{9.35 \times 10^{-22} \times 0.10 \times 1.0 \times 10^{-5}}{1.0 \times 10^{-28}}}$$

$$= 3.1$$

$$pH = -\lg 3.1 = -0.49$$

Fe^{2+} 开始沉淀时：

$$c_{eq}(H^+) = \sqrt{\frac{K_{a_1}^{\ominus} \cdot K_{a_2}^{\ominus} \cdot c_{eq}(H_2S) \times c(Fe^{2+})}{K_{sp}^{\ominus}(FeS)}}$$

$$= \sqrt{\frac{9.35 \times 10^{-22} \times 0.10 \times 0.10}{6.3 \times 10^{-18}}}$$

$$= 1.2 \times 10^{-3}$$

$$pH = -\lg 1.2 \times 10^{-3} = 2.92$$

只要将 pH 控制在 $-0.49 \sim 2.92$，即可使 Pb^{2+} 和 Fe^{2+} 分离。

沉淀反应与废水处理

化学沉淀法操作简单，在许多污、废水处理行业中不可或缺。在采用传统化学沉淀法的同时，我国科研人员还致力于研究更有效、更环保的污、废水处理方法。例如采用复合盐沉淀法处理含砷废水，回收砷后母液可循环利用，从而实现含砷废水污染治理，同时也实现含砷废水中有价金属的高效回收。主要流程如下：

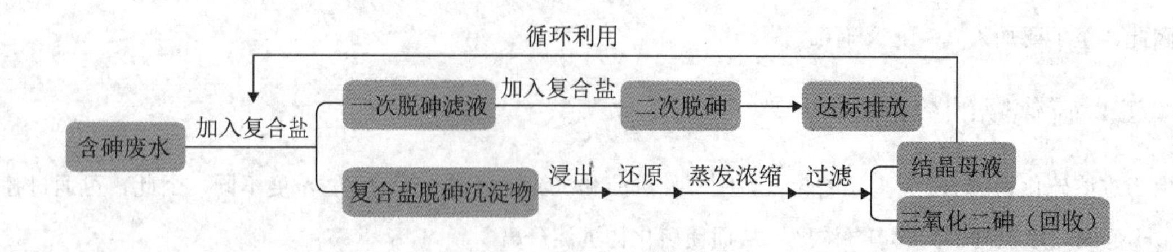

绿色化学理念是对传统化学的发展和创新，也是化学中人与自然和谐统一的体现，同时与中医药思维的“天人合一”理念不谋而合。因此，利用化学知识降低污染、治理污染，改善人类生活环境具有极其重要的意义。

小　结

1. 沉淀-溶解平衡的平衡常数称为溶度积（$K_{sp}^{\ominus}$），它表示在一定温度下，难溶强电解质的饱和溶液中，各组分离子相对平衡浓度幂的乘积为常数。

对于任一难溶强电解质 A_mB_n：$K_{sp}^{\ominus}(A_mB_n)=[c_{eq}(A^{n+})]^m\cdot[c_{eq}(B^{m-})]^n$

2. 溶度积与溶解度都能表示难溶强电解质溶解趋势的大小。在一定条件下，二者可以互相换算。

对于任一难溶强电解质 A_mB_n，换算通式为：$s=\sqrt[m+n]{\dfrac{K_{sp}^{\ominus}}{m^m\cdot n^n}}$

3. 利用溶度积规则可以判断沉淀的生成和溶解。

$J<K_{sp}^{\ominus}$，沉淀溶解或不生成沉淀。

$J=K_{sp}^{\ominus}$，平衡态，饱和溶液。

$J>K_{sp}^{\ominus}$，生成沉淀。

4. 分步沉淀

首先超过溶度积的难溶强电解质先沉淀。

利用分步沉淀原理，可进行难溶氢氧化物和难溶硫化物等的分离。

5. 沉淀转化：溶度积相差较大的难溶强电解质，溶度积大的易转化为溶度积小的。溶度积相差不大的难溶强电解质之间的转化要具体问题具体分析。

6. 沉淀溶解的常用方法有生成弱电解质、氧化还原、生成配离子。

思考题

1. 什么是溶度积？它与离子积有何区别？

2. 什么是溶度积规则？沉淀生成和溶解的必要条件是什么？要使沉淀溶解，通常采取哪些措施？

3. 将氨水加入含有杂质 Fe^{3+} 的 $MgCl_2$ 溶液中，为什么 pH 需调到 2～4 并加热溶液方能除去杂质 Fe^{3+} 离子，pH 太高或太低时各有什么影响？

习　题

1. 说明下列情况有无沉淀产生？

(1) 0.010mol·L^{-1} Pb^{2+}和0.010mol·L^{-1} Cl^-等体积混合。

(2) 1.0mL 0.010mol·L^{-1} $AgNO_3$ 和 99.0mL 0.010mol·L^{-1}的 NaCl 溶液相混合。

(3) 1000mL 0.00010mol·L^{-1} $SrCl_2$ 溶液中，加入固体 K_2SO_4 0.174g（忽略固体加入引起的体积变化）。已知 $K_{sp}^{\ominus}(PbCl_2)=1.6\times10^{-5}$，$K_{sp}^{\ominus}(AgCl)=1.8\times10^{-10}$，$K_{sp}^{\ominus}(SrSO_4)=3.2\times10^{-7}$。

2. 根据下列物质在 298.15K 时的溶解度求其溶度积。

(1) $BaCrO_4$ 在纯水中的溶解度为 2.8×10^{-4}g/100g H_2O。

(2) $Pb(OH)_2$ 在纯水中的溶解度为 6.7×10^{-6}mol·L^{-1}。

3. 计算下列物质在 298.15K 时的溶解度。

(1) $PbSO_4$（$K_{sp}^{\ominus}=1.6\times10^{-8}$）

(2) SrF_2（$K_{sp}^{\ominus}=2.5\times10^{-9}$）

(3) $Ca_3(PO_4)_2$（$K_{sp}^{\ominus}=2.0\times10^{-29}$）

4. 298.15K 时，$Mn(OH)_2$ 的 $K_{sp}^{\ominus}$为 2.06×10^{-13}，若 $Mn(OH)_2$ 在饱和溶液中完全电离，试计算：

(1) $Mn(OH)_2$ 在水中的溶解度及 Mn^{2+}、OH^-离子浓度。

(2) $Mn(OH)_2$ 在 0.010mol·L^{-1} NaOH 溶液中的 Mn^{2+}浓度。

(3) $Mn(OH)_2$ 在 0.010mol·L^{-1} $MnCl_2$ 溶液中的 OH^-浓度。

5. 某一元弱酸强碱形成的难溶强电解质 MA，在纯水中的溶解度(不考虑水解)为1.0×10^{-3} mol·L^{-1}，弱酸的 $K_a^{\ominus}$ 为 1.0×10^{-6}，试求该盐在 pH 保持 5.6 的溶液中的溶解度。

6. 将 500mL 0.10mol·L^{-1} NH_3 水溶液与 500mL 0.20mol·L^{-1} $MgCl_2$ 溶液混合时，有无 $Mg(OH)_2$沉淀产生？为了不析出 $Mg(OH)_2$，在溶液中至少要加入多少克 NH_4Cl 固体(忽略固体加入引起的体积变化)？已知 $K_{sp}^{\ominus}[Mg(OH)_2]=1.8\times10^{-11}$，$K_b^{\ominus}(NH_3\cdot H_2O)=1.74\times10^{-5}$。

7. 某溶液中含有 Mn^{2+}、Pb^{2+}、Ag^+和 H^+各为 0.10mol·L^{-1}，通入 H_2S 至饱和，问有哪些硫化物析出？已知 $K_{sp}^{\ominus}(MnS)=2.5\times10^{-13}$，$K_{sp}^{\ominus}(PbS)=1.0\times10^{-28}$，$K_{sp}^{\ominus}(Ag_2S)=6.3\times10^{-50}$，$H_2S$ 的 $K_{a_1}^{\ominus}\times K_{a_2}^{\ominus}=9.35\times10^{-22}$。

8. 现有 100mL 溶液，其中含有 0.010mol 的 NaCl 和 0.010mol 的 K_2CrO_4，逐滴加入 $AgNO_3$ 溶液时，哪一个先沉淀？当第二种离子开始沉淀时，第一种离子的浓度是多少？已知 $K_{sp}^{\ominus}(AgCl)=1.8\times10^{-10}$，$K_{sp}^{\ominus}(Ag_2CrO_4)=1.1\times10^{-12}$。

9. 向 Fe^{2+}和 Cr^{3+}浓度分别为 0.010mol·L^{-1}和 0.030mol·L^{-1}的混合溶液中，逐滴加入浓 NaOH 溶液，计算：

(1) $Fe(OH)_2$ 和 $Cr(OH)_3$ 开始沉淀时的 pH 值。

(2) $Fe(OH)_2$ 和 $Cr(OH)_3$ 哪个先沉淀？

(3) 若要使第一种离子沉淀完全，第二种离子不沉淀，应怎样控制溶液的 pH。

已知 $K_{sp}^{\ominus}[Fe(OH)_2]=8.0\times10^{-16}$，$K_{sp}^{\ominus}[Cr(OH)_3]=6.3\times10^{-31}$。

10. 某溶液中含有 0.10mol·L^{-1}Mn^{2+}和 0.10mol·L^{-1} Zn^{2+}，利用通入 H_2S 达饱和使其分离，pH 应控制在何范围？已知 $K_{sp}^{\ominus}(MnS)=2.5\times10^{-13}$，$K_{sp}^{\ominus}(ZnS)=2.5\times10^{-22}$。

第五章

氧化还原反应

扫一扫，查阅本章数字资源，含PPT、音视频、图片等

【学习要求】

1. 熟悉氧化还原反应的实质、氧化值的概念。
2. 掌握离子-电子法配平氧化还原反应方程式的方法。
3. 熟悉原电池的概念和书写方法以及电极电势、电动势的概念。
4. 熟悉能斯特方程及电极电势的应用，能够判断氧化剂与还原剂的相对强弱和氧化还原反应进行的方向。
5. 掌握氧化还原反应平衡常数的意义及其计算，能够判断氧化还原反应进行的程度。
6. 了解元素电势图及其应用。

化学反应可分为两大基本类型：一类是非氧化还原反应，在反应过程中没有电子的转移，如前面所讨论的酸碱反应（有质子的转移）和沉淀反应；另一类是**氧化还原反应**（oxidation-reduction reaction)，氧化还原反应是指参与反应的物质中一些元素的氧化值发生变化的反应，在反应过程中有电子的转移。氧化还原反应是生活和生产中常遇到的一类化学反应，常用作化学热和电能的来源。它对生物体的生命活动具有重要的意义。人体内进行的一系列化学反应中，有许多是氧化还原反应。如食物中的糖类、脂肪和蛋白质在体内与氧发生生物氧化，以满足生命活动如肌肉收缩、神经传导和物质代谢等的能量需要。以葡萄糖在体内发生的生物氧化反应为例：

$$C_6H_{12}O_6(s)+6O_2(g)=6CO_2(g)+6H_2O(l) \qquad \Delta G^{\ominus}=-2879kJ\cdot mol^{-1}$$

它是在体温310K、近中性的含水环境中，在一系列酶催化下温和进行的，释放的大部分能量以合成三磷酸腺苷（ATP）这样的高能磷酸化合物的形式储存起来。一旦机体活动需要，再由ATP通过水解提供能量。可见氧化还原反应在生物代谢过程中的重要性。本章将在氧化还原反应的基础上，以电极电势为核心，介绍氧化还原反应的基本原理及其应用。

第一节　基本概念（课堂讨论）

一、氧化还原反应的实质

“氧化”一词最初仅用于物质与氧的反应，“还原”一词仅用于物质失去氧的反应。随着物质结构和电化学理论的发展，人们对氧化还原反应的认识也逐步深入。人们发现，物质与氧的反应以及一系列没有氧参加的反应存在共同的特征，即在反应过程中均伴有电子的得失。例如，汞与氧

化合生成氧化汞时，汞被氧化生成氧化汞：

$$2Hg+O_2=2HgO$$

相反，当氧化汞加热分解成汞和氧时，氧化汞失去氧被还原成汞：

$$2HgO=2Hg+O_2$$

又如，锌与硫酸铜的反应：

$$Zn+Cu^{2+}=Zn^{2+}+Cu$$

反应中，每个锌原子失去两个电子，生成锌离子，发生氧化；每个铜离子接受两个电子生成铜原子，发生还原。

$$Zn-2e^- \longrightarrow Zn^{2+}\ （氧化反应）$$

$$Cu^{2+}+2e^- \longrightarrow Cu\ （还原反应）$$

为使化学研究系统化，**【把物质失去电子的过程叫氧化**（oxidation）；**物质得到电子的过程称还原**（reduction）。**在反应中失去电子的物质**（如 Zn）**称为还原剂**（reducing agent），**还原剂本身被氧化；在反应中得到电子的物质**（如 $CuSO_4$）**称为氧化剂**（oxidizing agent），**氧化剂本身被还原】**。在氧化还原反应中，电子不能游离存在，因此一种物质失去电子必然意味着另一物质得到电子，故氧化过程与还原过程总是同时发生而共存于一个反应之中，分别叫作氧化半反应和还原半反应。

在上述有简单离子参与或生成的反应中，反应物之间电子的转移是很明显的。但在仅有共价化合物参与的反应中，虽然没有发生上述那种电子的完全转移，却发生了电子对的偏移。例如：

$$H_2+Cl_2=2HCl$$

由于氯的电负性大于氢，所以在 HCl 分子中共用的电子对偏向氯的一方，尽管其中的氯和氢都没有获得电子或失去电子，却也有一定程度的电子的转移（或偏移）。这种反应同样属于氧化还原反应。

综上所述，**【氧化还原反应实质上是包含有电子得失或电子对偏移的反应】**。

二、氧化值

为了判断氧化还原反应的发生及方便氧化还原反应式的配平，1970 年，IUPAC（国际纯化学和应用化学联合会）给出了**氧化值**（oxidation number）（又叫氧化数）的概念。

氧化值的定义是：**【元素的氧化值是该元素的一个原子的表观电荷数，这种电荷数是人为地将成键电子指定给电负性较大的原子而求得的】**。

由氧化值的定义可知，分子中一个元素的氧化值取决于该元素成键电子对的数目和元素电负性的相对大小，对于得失电子的离子键适用，对电子对偏移的共价键也适用。例如：在 NaCl 中，Cl 的电负性大于 Na，Na 失去一个电子，这样 Na 的氧化值为＋1，Cl 获得一个电子，氧化值为－1。以离子键形成的简单化合物，阴阳离子电荷就为该元素的氧化值，是其真正的荷电数。在共价化合物 H_2O 中，氧的电负性较大，故两对成键电子都归电负性大的元素氧，氧“获得”两个电子，氧化值为－2；每个 H“失去”一个电子，氧化值为＋1。在共价化合物中，氧化值只是一种人为的指定，并不是原子实际所带的净电荷数，而是原子在化合状态时的一种形式或表观荷电数，它不同于离子的电荷。

根据氧化值的定义，总结出确定氧化值的一般规律：

1. 在单质分子中，元素的氧化值为零。因为在单质分子中，同种原子的电负性相同，原子间成键电子无偏离。如 S_8、P_4、Cl_2 分子中 S、P、Cl 的氧化值为零。

2. 正常氧化物中，氧的氧化值为-2。但在过氧化物（Na_2O_2）、超氧化物（KO_2）和 OF_2 中，氧的氧化值分别为-1，$-1/2$ 和$+2$。

3. 氢除了在活泼金属氢化物（如 NaH、CaH_2）中其氧化值为-1外，在一般化合物中其氧化值为$+1$。如在 H_2O、HCl 中，H 的氧化值即为$+1$。

4. 在离子型化合物中，各元素的氧化值等于离子的电荷数。例如，$CaCl_2$ 由一个 Ca^{2+} 离子和两个 Cl^- 离子结合而成，因此 Ca 的氧化值为$+2$，Cl 的氧化值为-1。

5. 分子或多原子离子的总电荷数等于各元素氧化值的代数和，中性分子的总电荷数为零。

根据以上规则，可以计算出各种物质中任一元素的氧化值。

【例 5-1】 试求 MnO_4^-、$Cr_2O_7^{2-}$、Fe_3O_4、$Na_2S_4O_6$、P_4O_6 中 Mn、Cr、Fe、S、P 的氧化值。

解： 设 MnO_4^- 中 Mn 的氧化值为 x，则

$x+4\times(-2)=-1$ $\qquad x=+7$ $\qquad MnO_4^-$ 中 Mn 的氧化值为$+7$。

设 $Cr_2O_7^{2-}$ 中 Cr 的氧化值为 x，则

$2\times x+7\times(-2)=-2$ $\qquad x=+6$， $\qquad Cr_2O_7^{2-}$ 中 Cr 的氧化值为$+6$。

用同样的方法可以求出 Fe_3O_4、$Na_2S_4O_6$、P_4O_6 中 Fe、S、P 的氧化值分别为$+8/3$、$+5/2$、$+3$。

需要指出的是，氧化值不一定是整数，在定义氧化值时，人为地把原子间成键电子的偏移看成是电子的得失，而当分子中同一元素的原子处在不同价态时，该元素的氧化值还可能出现分数。显然，氧化值不能确切地表示分子中原子的真实电荷数。但是在反应前后，每一分子中元素氧化值的升高（或降低）值还是和它失去（或得到）的电子数一致的。如在 Fe_3O_4 的生成反应中

$$3Fe+2O_2=Fe_3O_4$$

每生成一分子 Fe_3O_4，Fe 的氧化值升高总数为 $3\times(+8/3)=+8$，相当于给出 8 个电子；而氧的氧化值降低总数为 $4\times(-2)=-8$，相当于得到 8 个电子。值得注意的是：在离子化合物中元素的氧化值和它的化合价是一致的；在共价化合物中元素的氧化值与它的化合价有所不同。氧化值有正负之分，而共价物则无正负。元素的化合价只能是整数，而元素的氧化值可以是整数也可以是分数。可见氧化还原反应的实质是电子转移的过程，它反映在氧化值的改变上。根据氧化值的概念，可给氧化还原反应下一更确切的定义：**【由于电子得失或电子对偏移致使单质或化合物中元素氧化值改变的反应称氧化还原反应。元素氧化值升高的过程称氧化；元素氧化值降低的过程称还原。反应中失电子（氧化值升高）的物质称为还原剂，反应中得电子（氧化值降低）的物质称为氧化剂】**。

氧化值的一个重要用途就是用于判断氧化还原反应；另一个重要用途就是用于氧化还原反应方程式的配平。

第二节 氧化还原反应方程式的配平

氧化还原反应往往比较复杂，反应中涉及的物质比较多，除了氧化剂与还原剂外，还有酸、碱、水等介质参与，并且它们的化学计量系数有时较大，因此难以用一般的观察法配平反应方程式。配平氧化还原反应方程式的方法很多，下面重点介绍常用的离子-电子法。

一、离子-电子法（半反应法）

【离子-电子法必须遵循一个原则，即氧化剂得到电子的总数与还原剂失去电子的总数必须相

等】。现以 $KMnO_4$ 和 K_2SO_3 在稀 H_2SO_4 溶液中的反应为例，说明离子-电子法配平反应方程式的方法。其主要步骤是：

1. 根据反应事实写出反应物和生成物的化学式，并将氧化值起变化的离子写成一个没有配平的离子反应方程式：

$$KMnO_4 + K_2SO_3 + H_2SO_4 \longrightarrow MnSO_4 + K_2SO_4 + H_2O$$

$$MnO_4^- + SO_3^{2-} \longrightarrow Mn^{2+} + SO_4^{2-}$$

2. 将离子反应方程式改写为两个半反应，一个代表氧化剂的还原反应，另一个代表还原剂的氧化反应：

$$MnO_4^- \longrightarrow Mn^{2+}\ \text{（还原反应）}$$

$$SO_3^{2-} \longrightarrow SO_4^{2-}\ \text{（氧化反应）}$$

3. 将两个半反应式配平。配平半反应式，不仅要使两边各种原子的总数相等，而且也要使两边的净电荷数相等。方法是首先配平氧化值改变的原子数，然后根据介质的不同在半反应的左边或右边加上适当的 H^+ 或 OH^- 数来配平电荷数，最后加 H_2O 使之平衡。

MnO_4^- 还原为 Mn^{2+} 时，要得到 5 个电子，这样左边所带电荷数为－6，右边所带电荷数为＋2，为使电荷平衡，在酸性介质中，左边应加 8 个 H^+；为使原子守恒，右边加 4 个 H_2O 分子可使半反应配平。

$$MnO_4^- + 8H^+ + 5e^- \longrightarrow Mn^{2+} + 4H_2O$$

SO_3^{2-} 氧化为 SO_4^{2-} 时，右边得到 2 个电子，左边所带电荷数为－2，右边为－4。为使电荷平衡，在酸性介质中右边应增加 2 个 H^+；为使原子守恒，左边应加 1 个 H_2O 分子。

$$SO_3^{2-} + H_2O \longrightarrow SO_4^{2-} + 2H^+ + 2e^-$$

4. 根据氧化剂得到的电子总数和还原剂失去的电子总数必须相等的原则，在两个半反应式中乘以适当系数（由得失电子数的最小公倍数确定），然后两式相加，可得配平的离子反应方程式。最后核对反应方程式两边的原子数和电荷数相等后，将“→”改为“＝”：

$$\begin{array}{rl|l} & MnO_4^- + 8H^+ + 5e^- \longrightarrow Mn^{2+} + 4H_2O & \times 2 \\ +) & SO_3^{2-} + H_2O \longrightarrow SO_4^{2-} + 2H^+ + 2e^- & \times 5 \\ \hline & 2MnO_4^- + 5SO_3^{2-} + 6H^+ = 2Mn^{2+} + 5SO_4^{2-} + 3H_2O & \end{array}$$

若要写成分子反应方程式，只需加上原来参与氧化还原反应的离子即可：

$$2KMnO_4 + 5K_2SO_3 + 3H_2SO_4 = 2MnSO_4 + 6K_2SO_4 + 3H_2O$$

核对反应方程式两边氧原子数相等，即可证实这个反应方程式已经配平。这一方法是分别配平氧化、还原两个半反应，又称**半反应法**。

【例 5-2】 用离子-电子法配平：$CrO_2^- + H_2O_2 \longrightarrow CrO_4^{2-} + H_2O$（在碱性介质中）

解：第一步：氧化反应：　$CrO_2^- \longrightarrow CrO_4^{2-}$

还原反应：　$H_2O_2 \longrightarrow H_2O$

第二步：配平氧化半反应：CrO_2^- 氧化为 CrO_4^{2-}，右边获得 3 个电子，为使电荷平衡，左边应加 4 个 OH^-，为使两边原子守恒，右边应加 2 个 H_2O 分子。

$$CrO_2^- + 4OH^- \longrightarrow CrO_4^{2-} + 2H_2O + 3e^-$$

第三步：配平还原半反应：　$H_2O_2 + 2e^- \longrightarrow 2OH^-$

第四步：合并：

$$
\begin{array}{ll|l}
 & CrO_2^- + 4OH^- \longrightarrow CrO_4^{2-} + 2H_2O + 3e^- & \times 2 \\
+) & H_2O_2 + 2e^- \longrightarrow 2OH^- & \times 3 \\
\hline
 & 2CrO_2^- + 2OH^- + 3H_2O_2 = 2CrO_4^{2-} + 4H_2O &
\end{array}
$$

应该指出的是，若在中性或碱性介质中，在配平时，应加 OH^- 使两边电荷守恒。对于例 5-2，若配平成：

$$2CrO_2^- + 3H_2O_2 = 2CrO_4^{2-} + 2H_2O + 2H^+$$

表面上看是配平了，但与事实不符。既然是在碱性介质中进行的反应，当然在反应式中不应该出现 H^+。而且，在酸性条件下，CrO_2^- 和 CrO_4^{2-} 都是不能存在的。

又如 MnO_4^- 在中性溶液中被还原为 MnO_2 的半反应：

$$MnO_4^- + 2H_2O + 3e^- \longrightarrow MnO_2 + 4OH^-$$

MnO_4^- 还原为 MnO_2 时，得到了 3 个电子，左边所带电荷数为 -4，右边为零，则应在右边加 4 个 OH^-，同时左边加 2 个 H_2O 以使平衡。

【例 5-3】 氯气在热的氢氧化钠溶液中生成氯化钠和氯酸钠，用离子-电子法完成并配平该反应方程式。

解： 写出未配平的分子反应方程式：

$$Cl_2 + NaOH \longrightarrow NaCl + NaClO_3 + H_2O$$

未配平的离子反应方程式为：

$$Cl_2 + OH^- \longrightarrow Cl^- + ClO_3^- + H_2O$$

这个反应可配平为如下的两个半反应式：

$$Cl_2 + 12OH^- \longrightarrow 2ClO_3^- + 6H_2O + 10e^-$$

$$Cl_2 + 2e^- \longrightarrow 2Cl^-$$

将两个半反应合并：

$$
\begin{array}{ll|l}
 & Cl_2 + 12OH^- \longrightarrow 2ClO_3^- + 6H_2O + 10e^- & \times 1 \\
+) & Cl_2 + 2e^- \longrightarrow 2Cl^- & \times 5 \\
\hline
 & 6Cl_2 + 12OH^- = 2ClO_3^- + 6H_2O + 10Cl^- &
\end{array}
$$

应使配平的离子方程式中各离子、分子的系数为最小正整数：

$$3Cl_2 + 6OH^- = ClO_3^- + 3H_2O + 5Cl^-$$

核对方程式两边电荷数和原子个数是否各自相等。其分子方程式为：

$$3Cl_2 + 6NaOH = NaClO_3 + 3H_2O + 5NaCl$$

离子-电子法只适用于水溶液中的反应，不需要计算氧化值，且简便、快速。对配平有复杂化合物及某些有机物参加的反应比较方便。此外，还可以通过学习离子-电子法来掌握书写半反应式的方法，而半反应式也是电极反应的基本反应式。

二、氧化值法（阅读）

氧化值法必须遵循一个原则，即氧化剂中元素氧化值降低的总数与还原剂中氧化值升高的总数必须相等。现以 $KMnO_4$ 和 $FeSO_4$ 在稀 H_2SO_4 溶液中的反应为例，说明氧化值法配平方程式的步骤。

【例 5-4】 配平 $KMnO_4$ 在稀 H_2SO_4 溶液中氧化 $FeSO_4$ 的反应方程式。

解： ①写出反应物和生成物的化学式，并标出氧化值有变化的元素，计算出反应前后氧化值的变化。

$$\overset{2-7=-5 \quad \times 2}{\overbrace{\overset{+7}{K\underline{Mn}O_4} + \overset{+2}{\underline{Fe}SO_4} + H_2SO_4 \longrightarrow \overset{+2}{MnSO_4}}} + \overset{+3}{Fe_2}(SO_4)_3 + K_2SO_4$$

$$\text{Fe}: 3-2=+1 \quad \times 2 \times 5$$

② 根据元素的氧化值的升高和降低的总数必须相等的原则，按最小公倍数确定氧化剂和还原剂的化学式前面的系数，其中，氧化值升高或降低的数值，以数字前面加“+”或“−”号表示，由这些系数可得到下列不完全的方程式：

$$2KMnO_4+10FeSO_4+H_2SO_4 \longrightarrow 2MnSO_4+5Fe_2(SO_4)_3+K_2SO_4$$

③ 根据反应式两边同种原子的总数相等的原则，逐一调整系数，用观察法配平反应式两边其他原子数目。通常先配平 K 原子和 S 原子，最后再核对 H 原子和 O 原子是否相等。由于左边多 16 个 H 原子和 8 个 O 原子，右边应加 8 个水分子，得到配平的氧化还原方程式：

$$2KMnO_4+10FeSO_4+8H_2SO_4=2MnSO_4+5Fe_2(SO_4)_3+K_2SO_4+8H_2O$$

如：铬铁矿和碳酸钠在空气中煅烧的反应：

$$Fe(CrO_2)_2+O_2+Na_2CO_3 \longrightarrow Fe_2O_3+Na_2CrO_4+CO_2$$

$Fe(CrO_2)_2$ 中 Fe(Ⅱ)和 Cr(Ⅲ)同时被氧化成 Fe(Ⅲ)和 Cr(Ⅵ)，每一个 Fe(Ⅱ)被氧化的同时有两个Cr(Ⅲ)被氧化，而 O_2 中氧的氧化值则从 0 降为−2。反应中氧化值的变化为：

Fe　$3-2=1$
Cr　$2\times(6-3)=6$　　总共升高 7×4
O　$2\times(-2-0)=-4$　　总共降低 4×7

根据元素的氧化值的升高和降低总数必须相等的原则，$Fe(CrO_2)_2$ 与 O_2 的系数分别为 4 和 7。得到下列不完全的方程式：

$$4Fe(CrO_2)_2+7O_2 \longrightarrow 2Fe_2O_3+8Na_2CrO_4$$

由于右边出现 16 个 Na 原子，则左边必须加上 8 个 Na_2CO_3，同时在右边加上 8 个 CO_2，这样就得到配平的方程式：

$$4Fe(CrO_2)_2+7O_2+8Na_2CO_3=2Fe_2O_3+8Na_2CrO_4+8CO_2$$

【例 5-5】 配平方程式：$As_2S_3+HNO_3 \longrightarrow H_3AsO_4+H_2SO_4+NO$

解： 标出氧化值有变化的元素，计算出反应前后氧化值的变化。

$[6-(-2)]\times3=24$
$(5-3)\times2=4$　　$+28$　$\times3$

$$\overset{+3\ -2}{As_2S_3}+\overset{+5}{HNO_3} \longrightarrow \overset{+5}{H_3AsO_4}+\overset{+6}{H_2SO_4}+\overset{+2}{NO}$$

$2-5=-3$　　$\times28$

按最小公倍数确定氧化剂和还原剂的系数，再用观察法配平反应式两边其他原子数目，可得配平的氧化还原方程式：

$$3As_2S_3+28HNO_3+4H_2O=6H_3AsO_4+9H_2SO_4+28NO$$

氧化值法既适用于水溶液中的反应的配平，也适用于非水高温熔融状态下反应的配平，既可配平分子反应方程式，也可配平离子反应方程式，应用范围比较广泛。

第三节　电极电势

氧化还原反应是伴随着电子转移的反应，氧化剂和还原剂有强弱之分，用什么方法来表征氧化剂、还原剂的强弱？如何判断一个氧化还原反应进行的方向？这些问题就是本节所要讨论的基本内容。

一、原电池

（一）原电池的组成

原电池（primary cell）是利用自发氧化还原反应产生电流的装置，它使化学能转化为电能。

例如将锌片插入 $CuSO_4$ 溶液中，锌片上的 Zn 原子失去电子生成 Zn^{2+} 而溶解；溶液中的 Cu^{2+} 得到电子生成金属 Cu 在锌片上析出，即发生如下的氧化还原反应：

$$Zn + Cu^{2+} \xrightleftharpoons{2e^-} Cu + Zn^{2+}$$

反应中电子从 Zn 原子转移给 Cu^{2+} 离子。由于锌片和硫酸铜溶液直接接触，使得 Zn 和 Cu^{2+} 之间电子的转移是直接进行的，观察不到电流的产生，化学能都以热能的形式散失在环境之中。

如果采用一个装置，如图 5-1 所示，在两个烧杯中分别放入 $ZnSO_4$ 和 $CuSO_4$ 溶液，在盛 $ZnSO_4$ 溶液的烧杯中插入锌片，在盛 $CuSO_4$ 溶液的烧杯中插入铜片，把两个烧杯中的溶液用盐桥连接起来。盐桥是一个装满 KCl 饱和溶液冻胶的 U 形管。这时串联在 Cu 极和 Zn 极之间的检流计的指针就会向一方偏转，这说明导线中有电流通过，同时 Cu 片上有 Cu 析出。上述产生电流的装置即为由锌电极（$Zn-ZnSO_4$）和铜电极（$Cu-CuSO_4$）组成的原电池，简称为 Cu-Zn 原电池，也叫丹聂耳电池。

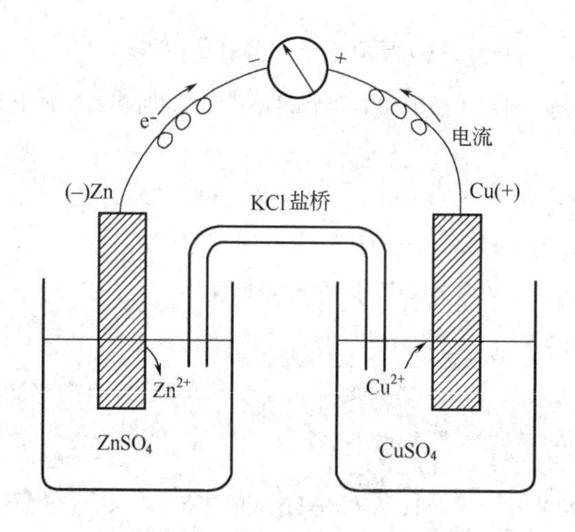

图 5-1 铜-锌原电池

（二）原电池的工作原理

Cu-Zn 原电池产生电流的原因是 Zn 失掉两个电子而形成 Zn^{2+} 离子：

$$Zn \rightleftharpoons Zn^{2+} + 2e^-$$

Zn^{2+} 离子进入溶液。Zn 极上过多的电子经过导线流向 Cu 极。在 Cu 极表面上，溶液中的 Cu^{2+} 离子获得电子后形成金属 Cu 析出：

$$Cu^{2+} + 2e^- \rightleftharpoons Cu$$

检流计的指针偏转表明，电流由 Cu 极流向 Zn 极，或电子由 Zn 极流向 Cu 极。这说明，Zn 极是**负极**（negative electrode），发生的是氧化反应，向外电路输出电子；而 Cu 极是**正极**（positive electrode），发生的是还原反应，从外电路接受电子。

盐桥的作用之一是平衡电荷，使反应顺利进行。否则随着反应的不断进行，在 $ZnSO_4$ 溶液

中，Zn^{2+}增多，溶液带正电荷；在 $CuSO_4$ 溶液中，由于 Cu^{2+}变为 Cu，Cu^{2+}减少，溶液带负电荷。这样将阻碍 Zn 的继续氧化和 Cu^{2+}的继续还原。由于盐桥的存在，其中 Cl^- 向 $ZnSO_4$ 溶液扩散，K^+ 则向 $CuSO_4$ 溶液扩散，分别中和过剩的电荷，使两溶液维持电中性，保证了氧化还原反应持续进行。

上述装置中进行的总反应为：

$$Zn + Cu^{2+} \rightleftharpoons Zn^{2+} + Cu$$

这一氧化还原反应分两处进行，一处进行氧化，另一处进行还原，即电子不是直接从还原剂转移到氧化剂，而是通过外电路进行传递，从而产生电流，实现了由化学能到电能的转变。

（三）原电池符号

原电池由两个半电池组成。在铜锌原电池中，锌和锌盐溶液组成一个半电池，铜和铜盐溶液组成另一个半电池。半电池又叫电极。在负极或正极上进行的氧化或还原半反应叫作电极反应。总反应称为电池反应。铜锌原电池的电极反应和电池反应可分别表示如下：

电极反应：负极 $Zn \rightleftharpoons Zn^{2+} + 2e^-$

正极 $Cu^{2+} + 2e^- \rightleftharpoons Cu$

电池反应： $Zn + Cu^{2+} \rightleftharpoons Zn^{2+} + Cu$

在氧化还原反应中，氧化剂与它的还原产物组成的一对物质或还原剂与它的氧化产物组成的一对物质，称为氧化还原电对。例如铜锌原电池中存在如下两个氧化还原电对：

Cu^{2+}/Cu Zn^{2+}/Zn

（氧化剂）（还原产物） （氧化产物）（还原剂）

在氧化还原电对中，氧化值高的物质称为氧化态物质（如 Cu^{2+}、Zn^{2+}），氧化值低的物质称为还原态物质（如 Cu、Zn）。氧化态物质与还原态物质的关系可用通式表示为：

$$氧化态 + ne^- \rightleftharpoons 还原态$$

例如：

Zn^{2+}/Zn $Zn^{2+} + 2e^- \rightleftharpoons Zn$

Cu^{2+}/Cu $Cu^{2+} + 2e^- \rightleftharpoons Cu$

MnO_4^-/Mn^{2+} $MnO_4^- + 8H^+ + 5e^- \rightleftharpoons Mn^{2+} + 4H_2O$

MnO_4^-/MnO_2 $MnO_4^- + 2H_2O + 3e^- \rightleftharpoons MnO_2 + 4OH^-$

在后两个半反应式中，H^+ 和 OH^- 离子的氧化值在反应前后没有发生变化，仅作为反应介质。

原则上，同一元素的不同氧化态之间都可组成氧化还原电对。为统一起见，氧化还原电对的写法规定为“氧化态/还原态”。如 Sn^{4+}/Sn^{2+}、Zn^{2+}/Zn、O_2/H_2O、Cl_2/Cl^- 等都是氧化还原电对。铜锌原电池由两个氧化还原电对 Zn^{2+}/Zn 和 Cu^{2+}/Cu 组成。

原电池装置可用符号表示。书写电池符号的惯例如下：

（1）一般将负极写在左边，正极写在右边。

（2）写出电极的化学组成及物态，气态要注明压力（单位为 kPa），溶液要注明浓度。

（3）单竖线“|”表示不同物相之间的接界。

（4）同一相中不同物质之间用逗号“,”分开。

（5）双竖线“‖”表示盐桥。

（6）气体或液体不能直接作为电极，需外加惰性导体（如铂和石墨等）做电极导体。惰性导体不参与电极反应，只起导电（输送或接送电子）的作用。

铜锌原电池的电池符号为：

$$(-)Zn(s) \mid Zn^{2+}(c_1) \parallel Cu^{2+}(c_2) \mid Cu(s)(+)$$

原电池的电动势表示电池正、负极之间的平衡电势差，即

$$E_{MF}=E_{(+)}-E_{(-)} \tag{5-1}$$

式中，E_{MF}表示电池电动势；E表示电极电势。在Cu-Zn原电池中

$$E_{MF}=E_{(+)}(Cu^{2+}/Cu)-E_{(-)}(Zn^{2+}/Zn)$$

按照图5-1的装置，如果用普通电压表进行测量，因为普通电压表的内阻不够大而有电流通过，所以普通电压表读数并不等于电池的电动势。如果用高阻抗的晶体管伏特计或电位差计就可直接测出电池的电动势。

理论上讲，任何氧化还原反应都可以设计成原电池，例如反应：

$$Cl_2+2I^- \rightleftharpoons 2Cl^-+I_2$$

此反应可分解为两个半电池反应：

负极：　$2I^- \rightleftharpoons I_2+2e^-$（氧化反应）

正极：　$Cl_2+2e^- \rightleftharpoons 2Cl^-$（还原反应）

该原电池的符号为：

$$(-)Pt(s),I_2(s) \mid I^-(c_1) \parallel Cl^-(c_2) \mid Cl_2(p_{Cl_2}) \mid Pt(s)(+)$$

【例5-6】 $FeCl_3$和$SnCl_2$溶液间可发生下面反应：

$$2FeCl_3+SnCl_2 \rightleftharpoons 2FeCl_2+SnCl_4$$

该反应可以组成一个原电池。电极反应和电池反应及电池表示式为：

电极反应：负极　$Sn^{2+} \rightleftharpoons Sn^{4+}+2e^-$

正极　$Fe^{3+}+e^- \rightleftharpoons Fe^{2+}$

电池反应：　$2Fe^{3+}+Sn^{2+} \rightleftharpoons 2Fe^{2+}+Sn^{4+}$

电池符号：　$(-)Pt(s) \mid Sn^{2+}(c_1),Sn^{4+}(c_2) \parallel Fe^{3+}(c_3),Fe^{2+}(c_4) \mid Pt(s)(+)$

【例5-7】 将氧化还原反应

$$2MnO_4^-+10Cl^-+16H^+ \rightleftharpoons 2Mn^{2+}+5Cl_2\uparrow+8H_2O$$

设计成原电池，并写出该原电池的符号。

解：先将氧化还原反应分解成两个半反应：

氧化反应：　$2Cl^- \rightleftharpoons Cl_2\uparrow+2e^-$

还原反应：　$MnO_4^-+8H^++5e^- \rightleftharpoons Mn^{2+}+4H_2O$

在原电池中正极发生还原反应，负极发生氧化反应，因此组成原电池时，MnO_4^-/Mn^{2+}电对为正极，Cl_2/Cl^-电对为负极。故原电池的符号为：

$$(-)C(s) \mid Cl_2(p_{Cl_2}) \mid Cl^-(c_1) \parallel H^+(c_2),Mn^{2+}(c_3),MnO_4^-(c_4) \mid C(s)(+)$$

氧化还原电池产生电流，证明氧化还原反应中确实发生了电子的转移，从而揭示了化学现象与电现象的联系，并为化学的新领域——电化学的建立和发展开拓了道路。

二、电极电势

（一）电极电势的产生

把原电池的两个电极用导线和盐桥连接起来可以产生电流，说明两个电极之间存在电势差。是什么原因使原电池的两个电极的电势不同呢？下面以金属的电极电势为例讨论电极电势产生的

原因。

金属晶体是由金属原子、金属离子和自由电子所组成，当我们把金属插入含有该金属盐的溶液时（如将锌棒插入硫酸锌溶液中），初看表面似乎不起什么变化，实际上会同时发生两种相反的过程：一方面，受到极性水分子的作用及本身的热运动，金属晶格中的金属离子 M^{n+}，有进入溶液成为水合离子而把电子留在金属表面的倾向，金属越活泼，金属离子浓度越小，这种倾向越大。另一方面，溶液中的金属离子 M^{n+} 也有从金属表面获得电子而沉积在金属表面上的倾向，金属越不活泼，溶液中金属离子浓度越大，这种沉积倾向越大。在一定条件下，当金属溶解的速率与金属离子沉积的速率相等时，就建立了如下的动态平衡：

$$M^{n+}(aq)+ne^- \rightleftharpoons M$$

在一给定浓度的溶液中，若金属失去电子的溶解速度大于金属离子得到电子的沉积速度，达到平衡时，金属带负电，溶液带正电。溶液中的金属离子并不是均匀分布的，由于静电吸引，较多地集中在金属表面附近的液层中。这样在金属和溶液的界面上形成了双电层［图 5-2(a)］，产生电势差。反之，如果金属离子的沉积速度大于金属的溶解速度，达到平衡时，金属带正电，溶液带负电。金属和溶液的界面上也形成双电层［图 5-2(b)］，产生电势差。

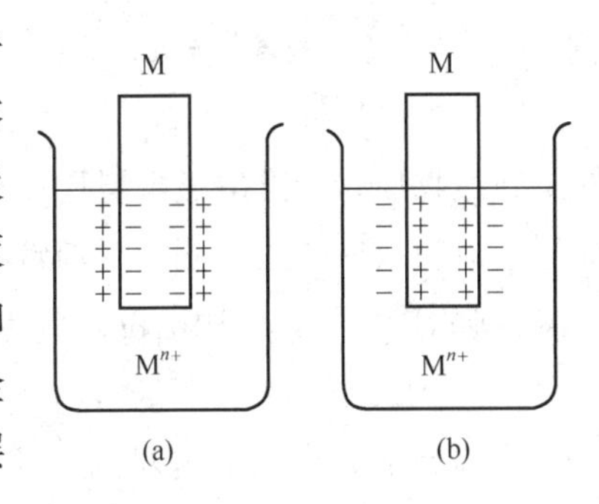

图 5-2　双电层结构

双电层的厚度虽然很小（约为 10^{-8} cm 数量级），但无论形成上述的哪一种双电层，金属和溶液之间都可产生电势差。这种【**在金属和它的盐溶液之间因形成双电层而产生的电势差叫作金属的平衡电极电势，简称电极电势**（electrode potential），**以符号 $E(M^{n+}/M)$ 表示，单位为 V(伏)**】。如锌的电极电势用 $E(Zn^{2+}/Zn)$ 表示，铜的电极电势用 $E(Cu^{2+}/Cu)$ 表示。电极电势大小主要取决于电极的本性，并受温度、离子浓度和介质等因素影响。

（二）标准氢电极

金属电极电势的大小反映了金属在水溶液中得失电子能力的大小。但是，迄今为止，任一半电池电极电势的绝对值仍无法测定。人们可以将任何两个半电池组成电池，并且能方便地测定电池的电动势，即能测得该电池正、负电极的电极电势的差值，为：

$$E_{MF}=E_{(+)}-E_{(-)}$$

为了测定电极电势的相对值，可以选定一个电极作为标准，IUPAC 选定**“标准氢电极”**（standard hydrogen electrode，缩写为 SHE）**作为标准电极，并人为规定其电极电势为** 0.0000 **伏。**将其他电极电势与标准氢电极电极电势作比较，从而确定各电对的相对电极电势大小。这种方法正如确定海拔高度以海平面做基准一样。

标准氢电极是氢离子浓度为 $1mol \cdot L^{-1}$、氢气的标准压力为 100kPa 的电极。国际上规定，298.15K 时，标准氢电极的电极电势为零。用符号 $E^{\ominus}(H^+/H_2)$ 表示。其电极符号为：

$$H^+(1mol \cdot L^{-1})|H_2(100kPa)|Pt(s)$$

$$E^{\ominus}(H^+/H_2)=0.0000V$$

标准氢电极的装置如图 5-3 所示。容器中装有 H^+ 浓度为 $1mol \cdot L^{-1}$ 的硫酸溶液，套管中插入一铂片。为了增大吸附氢气的能力，铂片表面上镀一层疏松的铂（铂黑），在 298.15K 时，不断从套管的支管中通入压力为 100kPa 的纯氢气，H_2 被铂黑吸附直到饱和。铂黑吸附的 H_2 和溶液

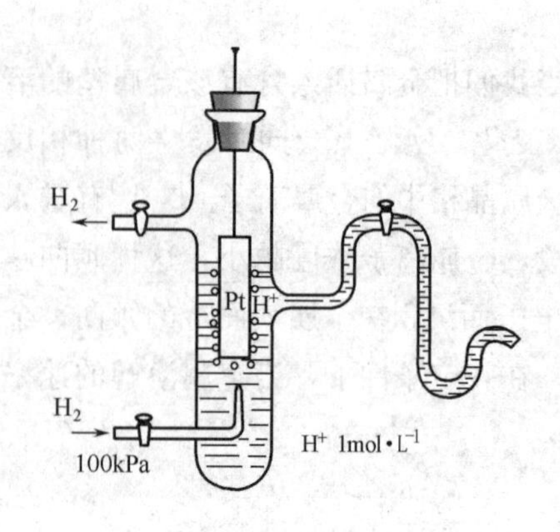

图 5-3 标准氢电极

中的 H^+ 构成了氢电极，其电极反应为：

$$2H^+(aq)+2e^- \rightleftharpoons H_2(g)$$

（三）标准电极电势的测定

按照 IUPAC 的建议：任一给定电极的标准电极电势定义为该电极在标准状态下与标准氢电极组成原电池，通过测定原电池的标准电动势 $E_{MF}^{\ominus}$，从而计算出该电极的标准电极电势。

$$E_{MF}^{\ominus}=E_{(+)}^{\ominus}-E_{(-)}^{\ominus}$$

所谓标准状态是指组成电极的离子的浓度（严格讲应是活度）为 $1mol \cdot L^{-1}$，气体的分压为 100kPa，液体和固体都是纯净物质，标准电极电势用符号 $E^{\ominus}$ 表示。欲测定某标准电极的电势，可将该标准电极与标准氢电极组成原电池，测定时通常将标准氢电极列于左侧（假定为负极），将待测标准电极列于右侧（假定为正极）。用电位计测定该原电池的标准电动势即为待测电极的标准电极电势。

$$E_{MF}^{\ominus}=E_{(+)}^{\ominus}-E_{(-)}^{\ominus}=E_{右}^{\ominus}-E_{左}^{\ominus}=E_{待测}^{\ominus}-E^{\ominus}(H^+/H_2)$$

例如测定 Zn^{2+}/Zn 电对的标准电极电势，可将纯净的锌片放在 $1mol \cdot L^{-1}$ 的 $ZnSO_4$ 溶液中，再把它和标准氢电极用盐桥连接起来，组成一个原电池。

$$(-)Pt(s)|H_2(100kPa)|H^+(1mol \cdot L^{-1}) \| Zn^{2+}(1mol \cdot L^{-1})|Zn(s)(+)$$

298.15K 时，测得 $E_{MF}^{\ominus}=-0.7618V$。则：

$$E_{MF}^{\ominus}=E^{\ominus}(Zn^{2+}/Zn)-E^{\ominus}(H^+/H_2)=E^{\ominus}(Zn^{2+}/Zn)-0.0000V=-0.7618V$$

$$E^{\ominus}(Zn^{2+}/Zn)=-0.7618V$$

又如测定 Cu^{2+}/Cu 电极的标准电极电势 $E^{\ominus}(Cu^{2+}/Cu)$，将标准 Cu^{2+}/Cu 电极与标准氢电极组成原电池：

$$(-)Pt(s)|H_2(100kPa)|H^+(1mol \cdot L^{-1}) \| Cu(s)^{2+}(1mol \cdot L^{-1})|Cu(s)(+)$$

298.15K 时，测得 $E_{MF}^{\ominus}=+0.3419V$，则：

$$E_{MF}^{\ominus}=E_{(+)}^{\ominus}-E_{(-)}^{\ominus}=E^{\ominus}(Cu^{2+}/Cu)-E^{\ominus}(H^+/H_2)$$

$$=E^{\ominus}(Cu^{2+}/Cu)-0.0000V=+0.3419V$$

$$E^{\ominus}(Cu^{2+}/Cu)=+0.3419V$$

从上面测定的数据来看，Zn^{2+}/Zn 电对的标准电极电势带有负号，Cu^{2+}/Cu 电对的标准电极电势带有正号。带负号表明锌失去电子的倾向大于 H_2，或 Zn^{2+} 获得电子生成金属锌的倾向小于 H^+。带正号表明铜失去电子的倾向小于 H_2，或 Cu^{2+} 离子获得电子生成金属铜的倾向大于 H^+，也就是说锌比铜活泼，因此锌比铜更容易失去电子转变成 Zn^{2+} 离子。

（四）标准电极电势表及使用注意事项

用上述方法不仅可以测定金属的标准电极电势，也可测定非金属离子和气体的标准电极电势。对某些与水反应而不能直接测定的电极，例如 Na^+/Na、F_2/F^- 等的电极可以通过热力学数据用间接的方法来计算标准电极电势。常用的一些标准电极电势数值列于本书的附录中。表 5-1 列出了 298.15K 时部分物质在水溶液中的标准电极电势。

为了正确使用标准电极电势表，将有关问题概述如下：

1. 在电极反应式氧化态$+ne^-$⇌还原态中，ne^-表示电极反应中转移的电子数。氧化态是指电对中氧化值高的物质，还原态是指电对中氧化值低的物质。如：

$$Cr_2O_7^{2-}+14H^++6e^- \rightleftharpoons 2Cr^{3+}+7H_2O$$

中，氧化态为$Cr_2O_7^{2-}$，还原态为Cr^{3+}。

表 5-1　标准电极电势（298.15K）

电极反应					
(1)在酸性溶液中					
氧化态		电子数		还原态	$E^\ominus$/V
Li^+	+	e^-	⇌	Li	−3.045
K^+	+	e^-	⇌	K	−2.931
Ca^{2+}	+	$2e^-$	⇌	Ca	−2.868
Na^+	+	e^-	⇌	Na	−2.714
Mg^{2+}	+	$2e^-$	⇌	Mg	−2.372
Al^{3+}	+	$3e^-$	⇌	Al	−1.662
Zn^{2+}	+	$2e^-$	⇌	Zn	−0.7618
Fe^{2+}	+	$2e^-$	⇌	Fe	−0.447
Co^{2+}	+	$2e^-$	⇌	Co	−0.280
Ni^{2+}	+	$2e^-$	⇌	Ni	−0.257
Sn^{2+}	+	$2e^-$	⇌	Sn	−0.1375
Pb^{2+}	+	$2e^-$	⇌	Pb	−0.1262
$2H^+$	+	$2e^-$	⇌	H_2	0.0000
Sn^{4+}	+	$2e^-$	⇌	Sn^{2+}	+0.151
Cu^{2+}	+	$2e^-$	⇌	Cu	+0.3419
Cu^+	+	e^-	⇌	Cu	+0.521
I_2	+	$2e^-$	⇌	$2I^-$	+0.5355
$H_3AsO_4+2H^+$	+	$2e^-$	⇌	$HAsO_2+2H_2O$	+0.560
O_2+2H^+	+	$2e^-$	⇌	H_2O_2	+0.695
Fe^{3+}	+	e^-	⇌	Fe^{2+}	+0.771
Ag^+	+	e^-	⇌	Ag	+0.7996
Br_2	+	$2e^-$	⇌	$2Br^-$	+1.066
$Cr_2O_7^{2-}+14H^+$	+	$6e^-$	⇌	$2Cr^{3+}+7H_2O$	+1.33
Cl_2	+	$2e^-$	⇌	$2Cl^-$	+1.3583
$MnO_4^-+8H^+$	+	$5e^-$	⇌	$Mn^{2+}+4H_2O$	+1.51
$H_2O_2+2H^+$	+	$2e^-$	⇌	$2H_2O$	+1.776
F_2	+	$2e^-$	⇌	$2F^-$	+2.866
(2)在碱性溶液中					
ZnO_2^{2-}	+	$2e^-$	⇌	$Zn+4OH^-$	−1.215
$2H_2O$	+	$2e^-$	⇌	H_2+2OH^-	−0.8277
S	+	$2e^-$	⇌	S^{2-}	−0.508
$Cu(OH)_2$	+	$2e^-$	⇌	$Cu+2OH^-$	−0.224
$CrO_4^{2-}+4H_2O$	+	$3e^-$	⇌	$Cr(OH)_3+5OH^-$	−0.13
$NO_3^-+H_2O$	+	$2e^-$	⇌	$NO_2^-+2OH^-$	+0.01
$ClO_4^-+H_2O$	+	$2e^-$	⇌	$ClO_3^-+2OH^-$	+0.36
Ag_2O+H_2O	+	$2e^-$	⇌	$2Ag+2OH^-$	+0.342
O_2+2H_2O	+	$4e^-$	⇌	$4OH^-$	+0.41
$ClO_3^-+3H_2O$	+	$6e^-$	⇌	Cl^-+6OH^-	+0.62
ClO^-+H_2O	+	$2e^-$	⇌	Cl^-+2OH^-	+0.89

2. 氧化态与还原态是相对而言的。同一种物质在某一电对中是氧化态，在另一电对中也可能是还原态。例如：Fe^{2+}在反应

$$Fe^{2+}+2e^- \rightleftharpoons Fe \ (E^\ominus=-0.447V)$$

中是氧化态，而在反应

$$Fe^{3+}+e^{-} \rightleftharpoons Fe^{2+} \quad (E^{\ominus}=+0.771V)$$

中是还原态。在讨论与Fe^{2+}离子有关的氧化还原反应时，若Fe^{2+}离子是作为还原剂而被氧化为Fe^{3+}离子，则必须用$E^{\ominus}(Fe^{3+}/Fe^{2+})$值（+0.771V）；反之，若$Fe^{2+}$离子是作为氧化剂而被还原为Fe，则必须用$E^{\ominus}(Fe^{2+}/Fe)$值(−0.447V)。

3. 从上表看出，氧化态物质获得电子的本领或氧化能力自上而下依次增强；还原态物质失去电子的本领或还原能力自下而上依次增强。其强弱程度可以从$E^{\ominus}$值的大小来判断。$E^{\ominus}$愈高，表示该电对的氧化态愈容易得到电子，氧化其他物质的能力愈强，它本身易被还原，是一个强氧化剂，而它的还原态还原能力愈弱；$E^{\ominus}$愈低，表示该电对的还原态愈容易失去电子，还原其他物质的能力愈强，它本身易被氧化，是一个强还原剂，而它的氧化态的氧化能力愈弱。

4. 标准电极电势的大小与得失电子数多少无关，即与半反应中的系数无关。$E^{\ominus}$值的大小是衡量氧化剂氧化能力或还原剂还原能力强弱的标度，是体系的强度性质，取决于物质的本性，而与物质的量的多少无关，即不具有加和性。

例如：

$$Cl_2(g)+2e^{-} \rightleftharpoons 2Cl^{-} \quad E^{\ominus}=+1.3583V$$

也可以书写为：

$$\frac{1}{2}Cl_2(g)+e^{-} \rightleftharpoons Cl^{-} \quad E^{\ominus}=+1.3583V$$

5. 电极电势采用还原电势。不论电极进行氧化或还原反应，电极电势符号不改变。例如，不管电极反应是$Zn \rightleftharpoons Zn^{2+}+2e$还是$Zn^{2+}+2e \rightleftharpoons Zn$，$E^{\ominus}(Zn^{2+}/Zn)$值均取−0.7618V。

另外，一般书籍和手册中标准电极电势表都分为两种介质：酸性溶液、碱性溶液。使用时什么时候查酸表，什么时候查碱表？有几条规律可循：

（1）在电极反应中，H^{+}无论在反应物或产物中出现均查酸表；

（2）在电极反应中，OH^{-}无论在反应物或产物中出现均查碱表；

（3）在电极反应中，没有H^{+}或OH^{-}出现时，可以从存在状态来考虑。

例如：$Fe^{3+}+e^{-} \rightleftharpoons Fe^{2+}$，$Fe^{3+}$只能在酸性溶液中存在，故在酸表中查找。又如金属与它的阳离子盐的电对查酸表。表现两性的金属与它的阴离子盐的电对应查碱表，如ZnO_2^{2-}/Zn查碱表。另外，介质没有参与电极反应的电势通常也列在酸表中，如：

$$Cl_2(g)+2e^{-} \rightleftharpoons 2Cl^{-}$$

【例5-8】 在含有Cl^{-}和I^{-}混合溶液中，为使I^{-}离子氧化为I_2而Cl^{-}离子不被氧化，在常用的氧化剂$Fe_2(SO_4)_3$和$KMnO_4$中，选择哪一种能符合要求？

解：查表得：

$$I_2+2e^{-} \rightleftharpoons 2I^{-} \qquad E^{\ominus}=+0.5355V$$

$$Fe^{3+}+e^{-} \rightleftharpoons Fe^{2+} \qquad E^{\ominus}=+0.771V$$

$$Cl_2+2e^{-} \rightleftharpoons 2Cl^{-} \qquad E^{\ominus}=+1.3583V$$

$$MnO_4^{-}+8H^{+}+5e^{-} \rightleftharpoons Mn^{2+}+4H_2O \qquad E^{\ominus}=+1.51V$$

从上述数据可知，$E^{\ominus}MnO_4^{-}/Mn^{2+}$值最大，该电对中的氧化态物质$MnO_4^{-}$能将混合液中的$Cl^{-}$和$I^{-}$离子分别氧化成$Cl_2$和$I_2$。因此，$KMnO_4$不合题意要求。而$E^{\ominus}(Fe^{3+}/Fe^{2+})>E^{\ominus}(I_2/I^{-})$，$E^{\ominus}(Fe^{3+}/Fe^{2+})<E^{\ominus}(Cl_2/Cl^{-})$，$Fe^{3+}$作氧化剂，能将$I^{-}$氧化成$I_2$析出。

$$2Fe^{3+}+2I^{-} \rightleftharpoons 2Fe^{2+}+I_2$$

而却不能将Cl^{-}氧化为Cl_2，所以应选用$Fe_2(SO_4)_3$作氧化剂。

（五）电极的类型（阅读）

电极是电池的基本组成部分，其类型较多，构造各异。常见的有以下4种类型的电极。

1. 金属及其离子电极

这种电极是指将金属片（或棒）插入含有该种金属离子的溶液中所构成的一种电极，它只有一个界面。如金属银与银离子组成的电极，简称银电极。

电极符号为：　　$Ag(s) \mid Ag^{+}(c)$

电极反应　　$Ag^{+}+e^{-} \rightleftharpoons Ag$

如 Sn^{2+}/Sn 电对所组成的电极，简称锡电极。

电极符号为：　　$Sn(s) \mid Sn^{2+}(c)$

电极反应：　　$Sn^{2+}+2e^{-} \rightleftharpoons Sn$

2. 气体-离子电极

在这类电极中，气体与溶液中的离子成平衡体系，如氢电极 H^{+}/H_2，氯电极 Cl_2/Cl^{-} 等。这类电极的构成需要一个固体导体材料，该导体材料与所接触的气体和溶液都不发生反应，常用的导体材料为铂或石墨。氢电极和氯电极的电极反应分别为：

$$2H^{+}+2e^{-} \rightleftharpoons H_2$$

$$Cl_2+2e^{-} \rightleftharpoons 2Cl^{-}$$

电极符号分别为：　$Pt(s) \mid Cl_2(p_{Cl_2}) \mid Cl^{-}(c_1)$ 和 $Pt(s) \mid H_2(p_{H_2}) \mid H^{+}(c_2)$

3. 金属-金属难溶盐或氧化物-负离子电极

这类电极的构成为：将金属表面涂以该金属难溶盐（或氧化物），然后将其浸入与该盐具有相同阴离子的溶液中，有两个界面。最常见的有银-氯化银电极。它是将表面涂有 AgCl 薄层的银丝插入 $1mol \cdot L^{-1}$ KCl（或 HCl）溶液中制得的。

其电极反应是：　　$AgCl+e^{-} \rightleftharpoons Ag+Cl^{-}$

电极符号为：　　$Ag(s)\text{-}AgCl(s) \mid Cl^{-}(c)$

此外，实验室常用的甘汞电极也属此类电极，它是利用反应：

$$2Hg+2Cl^{-} \rightleftharpoons Hg_2Cl_2+2e^{-}$$

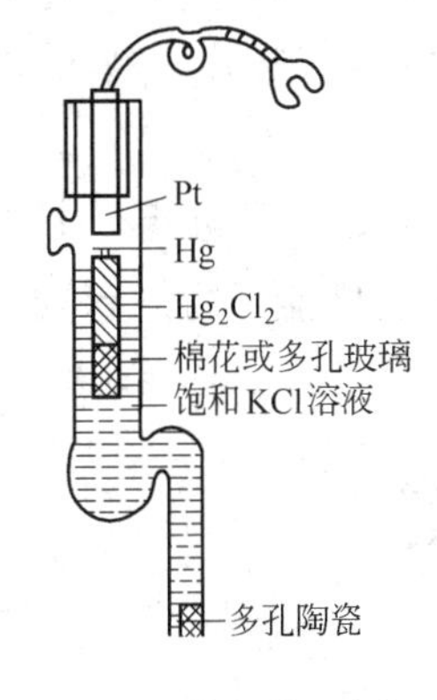

图 5-4　饱和甘汞电极

构成电极的。其氧化态 Hg_2Cl_2 称为甘汞，它是一种微溶性的固态物质。该电极由 Hg、糊体 Hg_2Cl_2 和 KCl 溶液组成。随着 KCl 溶液浓度的不同有不同的甘汞电极。最常用的是饱和甘汞电极（图 5-4），它是用饱和 KCl 溶液制得的。

电极符号为：$Hg(l) \mid Hg_2Cl_2(s) \mid Cl^{-}(c)$，饱和甘汞电极由两个玻璃套管组成。内管上部为汞，连接电极引线。在汞的下方充填甘汞（Hg_2Cl_2）和汞的糊状物。内管的下端用石棉或脱脂棉塞紧。外管上端有一个侧口，用以加入饱和氯化钾溶液，不用时侧口用橡皮塞塞紧。外管下端有一支管，支管口用多孔的素烧瓷塞紧，外边套以橡皮帽。使用时摘掉橡皮帽，使与外部溶液相通。当 KCl 为饱和溶液时，其电极电势为+0.2444V，其标准电极电势为+0.2801V。

4. 氧化还原电极

从广义上说，任何电极都有氧化及还原作用，故都是氧化还原电极。但习惯上仅将氧化态和还原态均为离子形式的电极称为氧化还原电极。它是将惰性电极（如铂或石墨）浸入含有同一元素的两种不同氧化态的离子的溶液中构成的。如 Pt 插入含有 Fe^{3+} 离子及 Fe^{2+} 离子的溶液中，即构成 Fe^{3+}/Fe^{2+} 电极。其电极反应为：

$$Fe^{3+}+e^{-} \rightleftharpoons Fe^{2+}$$

电极符号是：　　C(石墨) $\mid Fe^{3+}(c_1), Fe^{2+}(c_2)$

又如 MnO_4^{-}/Mn^{2+} 电极，其电极反应为：

$$MnO_4^{-}+8H^{+}+5e^{-} \rightleftharpoons Mn^{2+}+4H_2O$$

电极符号为：　$Pt(s) \mid MnO_4^-(c_1), Mn^{2+}(c_2), H^+(c_3)$

第四节　影响电极电势的因素

标准电极电势是在标准状态下测定的，如果条件改变，则电对的电极电势也随之发生改变。

一、能斯特方程式

电极电势的大小，首先取决于电极的本性，它是通过标准电极电势 $E^{\ominus}$ 来体现的。其次，溶液中离子的浓度（或气体的分压）、温度等的改变都会引起电极电势的变化。它们之间的定量关系可由**能斯特**（Nernst）方程式来表示。

对于任意一个电极反应可用以下形式表示：

$$Ox + ne^- \rightleftharpoons Re$$

式中，Ox 代表氧化型，Re 代表还原型。则它们之间的定量关系能斯特方程式表示为：

$$E = E^{\ominus} + \frac{RT}{nF}\ln\frac{c(Ox)}{c(Re)} \tag{5-2}$$

式中，E 为电对在热力学温度 T 及某一浓度（或气体的分压）时的电极电势（V）；$E^{\ominus}$ 为标准电极电势（V）；R 为气体常数 $8.3143J \cdot K^{-1} \cdot mol^{-1}$；$T$ 为绝对温度 K；F 为法拉第常数（$F = 96500C \cdot mol^{-1}$）；$n$ 为电极反应中得失的电子数；（5-2）式称为 Nernst 方程式。此方程表明电极反应中有关物质在任意浓度（或气体的分压）时的非标准状态电极电势 E 与标准电极电势 $E^{\ominus}$ 的关系。

由于温度对电极电势的影响较小，而一般化学反应又在常温（298.15K）下进行，若在 298.15K 时，将自然对数变换为以 10 为底的对数，并将 R 和 F 等常数代入，则能斯特方程式可写为：

$$E = E^{\ominus} + \frac{2.303 \times 8.3143J \cdot K^{-1} \cdot mol^{-1} \times 298.15K}{n \times 96500C \cdot mol^{-1}} \times \lg\frac{c(Ox)}{c(Re)}$$

$$E = E^{\ominus} + \frac{0.0592V}{n}\lg\frac{c(Ox)}{c(Re)} \tag{5-3}$$

此式称为电极反应的 Nernst 方程。式中，n 为电极反应中电子的转移数。

在应用 Nernst 方程时要注意以下几点：

1. Nernst 方程中 $c(Ox)$ 氧化型浓度是指参加电极反应的氧化态一方所有物质相对浓度幂的乘积；$c(Re)$ 还原型浓度是指参加电极反应的还原态一方所有物质相对浓度幂的乘积。而且浓度的幂指数应等于他们在电极反应中的系数。如电极反应

$$MnO_4^- + 8H^+ + 5e^- \rightleftharpoons Mn^{2+} + 4H_2O$$

$$E(MnO_4^-/Mn^{2+}) = E^{\ominus}(MnO_4^-/Mn^{2+}) + \frac{0.0592V}{5}\lg\frac{c(MnO_4^-) \cdot [c(H^+)]^8}{c(Mn^{2+})}$$

2. 纯固体、纯液体和 $H_2O(l)$ 的浓度为常数，以 1 代入。如电极反应

$$I_2(s) + 2e^- \rightleftharpoons 2I^-$$

$$E(I_2/I^-) = E^{\ominus}(I_2/I^-) + \frac{0.0592V}{2} \times \lg\frac{1}{[c(I^-)]^2}$$

上例中 $H_2O(l)$ 的浓度未写入 Nernst 方程。

3. 若电极反应中有气体参加，则气体用分压表示。压力在使用 SI 单位制时，一定要将分压值除以标准压力 $p^{\ominus}$ 之后，再代入 Nernst 方程进行计算。如电极反应

$$O_2(g)+4H^+ +4e^- \rightleftharpoons 2H_2O(l)$$

$$E(O_2/H_2O)=E^{\ominus}(O_2/H_2O)+\frac{0.0592V}{4}\times\lg\frac{\frac{p_{O_2}}{p^{\ominus}}\cdot[c(H^+)]^4}{1}$$

4. 注意 n 代表电极反应中电子的转移数。如，在电极反应 $H^+ +e^- \rightleftharpoons \frac{1}{2}H_2$ 中，$n=1$；在电极反应 $2H^+ +2e^- \rightleftharpoons H_2$ 中，$n=2$。

从 Nernst 方程来看，电极电势的大小不仅取决于电极的本质，而且还与物质的浓度、气体的分压以及温度有关。下面主要讨论在常温时，浓度对电极电势的影响。

二、浓度对电极电势的影响

在一定温度下，对于一给定的电极，氧化态和还原态物质浓度的变化将引起电极电势的变化。增大氧化态的浓度或减小还原态物质的浓度，都会使电极电势增大；反之电极电势将减小。

【例 5-9】 已知 $Sn^{4+}+2e^- \rightleftharpoons Sn^{2+}$　$E^{\ominus}=+0.151V$，试求当 Sn^{4+} 和 Sn^{2+} 离子浓度分别为下列值时的 E 值：

	1	2	3	4	5	6	7
$c(Sn^{4+})/(mol\cdot L^{-1})$	10^{-3}	10^{-2}	10^{-1}	1	1	1	1
$c(Sn^{2+})/(mol\cdot L^{-1})$	1	1	1	1	10^{-1}	10^{-2}	10^{-3}

解：对第一组：$E=E^{\ominus}+\frac{0.0592V}{2}\times\lg\frac{c(Sn^{4+})}{c(Sn^{2+})}$

$$=0.151V+\frac{0.0592V}{2}\times\lg\frac{10^{-3}}{1}=0.062V$$

用 Nernst 方程也可求出其他组的 E 值，结果列表如下：

	1	2	3	4	5	6	7
$c(Sn^{4+})/(mol\cdot L^{-1})$	10^{-3}	10^{-2}	10^{-1}	1	1	1	1
$c(Sn^{2+})/(mol\cdot L^{-1})$	1	1	1	1	10^{-1}	10^{-2}	10^{-3}
E/V	0.062	0.092	0.121	0.151	0.181	0.21	0.24

由上述计算结果可知，降低氧化态物质的浓度，电极电势减小；降低还原态物质的浓度，电极电势增大。

【例 5-10】 计算 298.15K 时，电池

$$(-)Cu(s)|Cu^{2+}(0.1mol\cdot L^{-1}) \parallel Fe^{3+}(0.1mol\cdot L^{-1}),\ Fe^{2+}(0.01mol\cdot L^{-1})|Pt(s)(+)$$

的电动势，并写出电池反应式。

解：从表 5-1 中查出电极反应式及标准电极电势：

$$Cu^{2+}+2e^- \rightleftharpoons Cu \qquad E^{\ominus}=+0.3123V$$

$$Fe^{3+}+e^- \rightleftharpoons Fe^{2+} \qquad E^{\ominus}=+0.771V$$

根据能斯特方程式，分别计算它们在非标准状态下的电极电势。

$$E(Cu^{2+}/Cu)=E^{\ominus}(Cu^{2+}/Cu)+\frac{0.0592V}{2}\times\lg c(Cu^{2+})$$

$$=0.3419V+\frac{0.0592V}{2}\times\lg0.1=0.31V$$

$$E(Fe^{3+}/Fe^{2+})=E^{\ominus}(Fe^{3+}/Fe^{2+})+0.0592V\times\lg\frac{c(Fe^{3+})}{c(Fe^{2+})}$$

$$=0.771V+0.0592V\times\lg\frac{0.1}{0.01}=0.830V$$

原电池的电动势为：$E_{MF}=E_{(+)}-E_{(-)}=E_{右}-E_{左}=0.83V-0.31V=0.518V$

电极反应：负极　$Cu\longrightarrow Cu^{2+}+2e^-$（氧化反应）

正极　$Fe^{3+}+e^-\longrightarrow Fe^{2+}$（还原反应）

电池反应：$Cu+2Fe^{3+}\rightleftharpoons Cu^{2+}+2Fe^{2+}$

三、酸度对电极电势的影响

在许多电极反应中，H^+或OH^-的氧化值虽然没有变化，却参与了电极反应。当它们的浓度改变时，对电极电势的影响如何？例如，$Cr_2O_7^{2-}$和Cr^{3+}的电极反应

$$Cr_2O_7^{2-}+14H^++6e^-\rightleftharpoons 2Cr^{3+}+7H_2O$$

氢离子在氧化态一方出现，参与了电极反应，反应后生成水。根据能斯特方程：

$$E(Cr_2O_7^{2-}/Cr^{3+})=E^{\ominus}(Cr_2O_7^{2-}/Cr^{3+})+\frac{0.0592V}{6}\times\lg\frac{c(Cr_2O_7^{2-})\cdot[c(H^+)]^{14}}{[c(Cr^{3+})]^2}$$

如果将$c(Cr_2O_7^{2-})$和$c(Cr^{3+})$都控制为$1mol\cdot L^{-1}$，只改变H^+浓度，其电极电势可计算如下：

当$c(H^+)=1mol\cdot L^{-1}$时，$E(Cr_2O_7^{2-}/Cr^{3+})=E^{\ominus}=+1.33V$

当$c(H^+)=2mol\cdot L^{-1}$时，

$$E(Cr_2O_7^{2-}/Cr^{3+})=E^{\ominus}(Cr_2O_7^{2-}/Cr^{3+})+\frac{0.0592V}{6}\times\lg[c(H^+)]^{14}$$

$$=+1.33V+\frac{0.0592V}{6}\times\lg 2^{14}$$

$$=+1.33V+0.041V$$

$$=1.37V$$

当$c(H^+)=10^{-3}mol\cdot L^{-1}$时，

$$E(Cr_2O_7^{2-}/Cr^{3+})=1.33V+\frac{0.0592V}{6}\lg[10^{-3}]^{14}$$

$$=1.33V+(-0.414)V$$

$$=0.92V$$

在该电极反应中，由于氢离子浓度的指数很高，氢离子浓度成为影响电极电势的主要因素，甚至可以影响反应方向。这就是说，在酸性溶液中，重铬酸钾能氧化的某些物质，在中性溶液中就不一定能氧化了。例如重铬酸钾能氧化浓盐酸中的氯离子，放出氯气。而它不能氧化氯化钠中的氯离子。这也就是许多氧化还原反应要求在一定酸度下进行的原因。

凡是有H^+和OH^-离子参加的电极反应，除了氧化态物质或还原态物质本身的浓度变化对电极电势有影响外，酸度对电极电势也有影响，而且酸度的影响往往更大。正因为如此，在一般标准电极电势表中，常将标准电极电势的数据分为酸性表[即$c(H^+)=1mol\cdot L^{-1}$]和碱性表[即$c(OH^-)=1mol\cdot L^{-1}$]，查表时务必注意。

四、沉淀生成对电极电势的影响

如果在反应体系中加入一种沉淀剂，则由于沉淀的生成，必然降低氧化态或还原态离子的浓

度，则电极电势值也必然发生改变。

从电对 $Ag^{+}+e^{-} \rightleftharpoons Ag$，$E^{\ominus}=+0.7996V$ 来看，Ag^{+} 是一个中等偏弱的氧化剂。若在溶液中加入 NaCl 便产生 AgCl 沉淀：

$$Ag^{+}+Cl^{-} \rightleftharpoons AgCl\downarrow$$

当达到平衡时，如果 Cl^{-} 离子浓度为 $1mol\cdot L^{-1}$，Ag^{+} 离子浓度则为：

$$c_{eq}(Ag^{+})=\frac{K_{sp}^{\ominus}}{c_{eq}(Cl^{-})}=K_{sp}^{\ominus}=1.8\times10^{-10}$$

$$c_{eq}(Ag^{+})=K_{sp}^{\ominus}\cdot c^{\ominus}=1.8\times10^{-10}\times1mol\cdot L^{-1}=1.8\times10^{-10}mol\cdot L^{-1}$$

这时　　$E=E^{\ominus}+0.0592\times\lg(1.8\times10^{-10})=0.7996V-0.5769V=0.2227V$

上面计算的电极电势已属于电对：$AgCl+e^{-} \rightleftharpoons Ag+Cl^{-}$ 的标准电极电势。这是因为将 Ag 插在 Ag^{+} 的溶液中所组成的电极 Ag^{+}/Ag，当加入 NaCl 后，产生了 AgCl 沉淀，而形成了 AgCl/Ag 电极，相应之下，电极电势下降了 0.5789V。

用同样的方法可以算出 $E^{\ominus}$(AgBr/Ag) 和 $E^{\ominus}$(AgI/Ag) 的数值：

$E^{\ominus}$ 减小 ↓　$K_{sp}^{\ominus}$ 减小 ↓　$c(Ag^{+})$ 减小 ↓

电　对	$E^{\ominus}$/V
$Ag^{+}+e^{-} \rightleftharpoons Ag$	+0.7996
AgCl（s）$+e^{-} \rightleftharpoons Ag+Cl^{-}$	+0.2227
AgBr（s）$+e^{-} \rightleftharpoons Ag+Br^{-}$	+0.0724
AgI（s）$+e^{-} \rightleftharpoons Ag+I^{-}$	−0.152

从 $E^{\ominus}$ 值可以看出：卤化银的溶度积减小，$E^{\ominus}$ 也减小，换句话说，溶度积越小，Ag^{+} 离子的平衡浓度越小，它的氧化能力越弱。

对于氧化态或还原态生成沉淀的电对，其电对的电极电势和 $K_{sp}^{\ominus}$ 的关系列表如下：

表 5-2　电极电势与 $K_{sp}^{\ominus}$ 关系表

氧化态生成沉淀	还原态生成沉淀
$M^{n+}+ne^{-} \rightleftharpoons M$　$E^{\ominus}(A)$	$M^{m+}+(m-n)e^{-} \rightleftharpoons M^{n+}$　$E^{\ominus}(A)$
$M^{n+}+nX^{-} \rightleftharpoons MX_{n}(s)$　$K_{sp}^{\ominus}(MX_{n})$	$M^{n+}+nX^{-} \rightleftharpoons MX_{n}(s)$　$K_{sp}^{\ominus}(MX_{n})$
$MX_{n}(s)+ne^{-} \rightleftharpoons M+nX^{-}$　$E^{\ominus}(B)$	$M^{m+}+(m-n)e^{-}+nX^{-} \rightleftharpoons MX_{n}(s)$　$E^{\ominus}(B)$
$E^{\ominus}(B)=E^{\ominus}(A)+\frac{0.0592V}{n}\lg K_{sp}^{\ominus}(MX_{n})$	$E^{\ominus}(B)=E^{\ominus}(A)+\frac{0.0592V}{m-n}\lg\frac{1}{K_{sp}^{\ominus}(MX_{n})}$

五、配合物的生成对电极电势的影响

已知电对 $Cu^{2+}+2e^{-} \rightleftharpoons Cu$，$E^{\ominus}=+0.3419V$

当在该体系中加入氨水时，由于 Cu^{2+} 和 NH_{3} 分子生成了难解离的 $[Cu(NH_{3})_{4}]^{2+}$ 配离子，

$$Cu^{2+}+4NH_{3} \rightleftharpoons [Cu(NH_{3})_{4}]^{2+}$$

使溶液中 Cu^{2+} 浓度降低，因而电极电势值也随之下降。从能斯特方程可以看出这种变化：

$$E=+0.3419V+\frac{0.0592V}{2}\lg c(Cu^{2+})$$

铜离子浓度减少时，电极电势值减小。这意味着 Cu 更容易转变成 Cu^{2+} 离子，即金属铜稳定性减小，Cu^{2+} 离子稳定性加大。

在 Cu^{2+} 和 NH_{3} 生成 $[Cu(NH_{3})_{4}]^{2+}$ 的体系中，

$$[Cu(NH_{3})_{4}]^{2+}+2e^{-} \rightleftharpoons Cu+4NH_{3}\quad E^{\ominus}=-0.065V$$

$E^{\ominus}\{[Cu(NH_3)_4]^{2+}/Cu\}$与$E^{\ominus}(Cu^{2+}/Cu)$之间存在一定的关系，这种配合平衡与氧化还原反应的定量计算将在配合平衡一章中介绍。

第五节 电极电势的应用

如前所述，电极电势的大小，反映了电对中氧化态物质氧化能力或还原态物质还原能力的相对强弱。电极电势的数值越大，表明电对中氧化态物质的氧化能力越强，而还原态物质的还原能力越弱，反之亦然。下面介绍一些电极电势的应用。

一、判断氧化剂和还原剂的强弱

氧化剂氧化能力或还原剂还原能力的相对大小可以用标准电极电势$E^{\ominus}$值来衡量。电极电势正值越大表明电极反应中氧化态物质越容易夺得电子转变为相应的还原态，而相应的还原态物质的还原能力越弱。可以利用电极电势来选择合适的氧化剂或还原剂。

【例 5-11】 指出在下列电对中最强的氧化剂和最强的还原剂。并排出各氧化态物质的氧化能力和各还原态物质的还原能力强弱顺序。

$$MnO_4^-/Mn^{2+}、Cu^{2+}/Cu、Fe^{3+}/Fe^{2+}、I_2/I^-、Cl_2/Cl^-、Sn^{4+}/Sn^{2+}$$

解：查表可知

$$MnO_4^- + 8H^+ + 5e^- \rightleftharpoons Mn^{2+} + 4H_2O \quad E^{\ominus} = +1.51$$
$$Cu^{2+} + 2e^- \rightleftharpoons Cu \quad E^{\ominus} = +0.3419V$$
$$Fe^{3+} + e^- \rightleftharpoons Fe^{2+} \quad E^{\ominus} = +0.771V$$
$$I_2 + 2e^- \rightleftharpoons 2I^- \quad E^{\ominus} = +0.5355V$$
$$Cl_2 + 2e^- \rightleftharpoons 2Cl^- \quad E^{\ominus} = +1.3583V$$
$$Sn^{4+} + 2e^- \rightleftharpoons Sn^{2+} \quad E^{\ominus} = +0.151V$$

电对MnO_4^-/Mn^{2+}的$E^{\ominus}$值最大，其中氧化态物质MnO_4^-是最强的氧化剂；电对Sn^{4+}/Sn^{2+}的$E^{\ominus}$值最小，其中还原态物质Sn^{2+}是最强的还原剂。各氧化态物质的氧化能力由强到弱的顺序：

$$MnO_4^- > Cl_2 > Fe^{3+} > I_2 > Cu^{2+} > Sn^{4+}$$

各还原态物质的还原能力由强到弱的顺序：

$$Sn^{2+} > Cu > I^- > Fe^{2+} > Cl^- > Mn^{2+}$$

二、判断氧化还原反应的方向

任何一个氧化还原反应，原则上都可以设计成原电池。利用原电池的电动势E_{MF}可以判断氧化还原反应进行的方向。因此，可以用下列关系式来判断氧化还原反应进行的方向：

$E_{MF} > 0$ 反应自发正向进行

$E_{MF} = 0$ 反应达到平衡

$E_{MF} < 0$ 反应不能自发正向进行，但可逆向进行

在标准状态时：

$E_{MF}^{\ominus} > 0$ 反应自发正向进行

$E_{MF}^{\ominus} = 0$ 反应达到平衡

$E_{MF}^{\ominus} < 0$ 反应不能自发正向进行，但可逆向进行

从原电池的电动势与电极电势之间的关系来看，$E_{MF}=E_{(+)}-E_{(-)}$，只有当 $E_{(+)}>E_{(-)}$ 时，氧化还原反应才能自发地向正反应方向进行。也就是说，氧化剂电对的电极电势必须大于还原剂电对的电极电势，才能满足 $E_{MF}>0$ 的条件。

【例 5-12】 在标准状态时，铜粉能否与 $FeCl_3$ 溶液作用？

解： 查表可知：

$$Cu^{2+}+2e^- \rightleftharpoons Cu \qquad E^\ominus=+0.3419V$$

$$Fe^{3+}+e^- \rightleftharpoons Fe^{2+} \qquad E^\ominus=+0.771V$$

$$Fe^{3+}+3e^- \rightleftharpoons Fe \qquad E^\ominus=-0.037V$$

因为

$$E^\ominus_{MF_1}=E^\ominus_{(+)}-E^\ominus_{(-)}=E^\ominus(Fe^{3+}/Fe^{2+})-E^\ominus(Cu^{2+}/Cu)=0.771V-0.3419V>0$$

$$E^\ominus_{MF_2}=E^\ominus_{(+)}-E^\ominus_{(-)}=E^\ominus(Fe^{3+}/Fe)-E^\ominus(Cu^{2+}/Cu)=-0.037V-0.3419V<0$$

因此，在标准状态时，Cu 粉能与 $FeCl_3$ 溶液作用，但 Cu 粉只能将 Fe^{3+} 离子还原成 Fe^{2+} 离子而不能还原成 Fe，其反应方程式为

$$2Fe^{3+}+Cu \rightleftharpoons Cu^{2+}+2Fe^{2+}$$

在印刷电路板的制造中，$FeCl_3$ 溶液可作铜板腐蚀剂，把铜版上需要去掉的部分与 $FeCl_3$ 作用，使铜变成 $CuCl_2$ 而溶解。由此可见，当两个电对发生氧化还原反应时，电极电势较大的电对的氧化态物质与电极电势较小的电对的还原态物质作用，发生氧化还原反应。

上面所举的例子，是用标准电极电势来判断氧化还原反应进行的方向。但是，事实上化学反应经常是在非标准状态下进行的，而且反应过程中各物质的浓度（或分压）也会发生变化，因此，用 $E^\ominus_{MF}$ 来判断氧化还原反应进行的方向是受“标准状态”限制的。不过在大多数情况下，用标准电极电势来判断，结论仍然是较正确的，因为大多数氧化还原反应如果组成原电池，其 $E^\ominus_{MF}$ 都比较大，一般大于 0.2～0.4V。在这种情况下，浓度的变化虽然会影响电极电势，但一般不会导致电池电动势改变正、负号。对于一些电极电势相差不大的两个电对组成的氧化还原反应来说，浓度（或分压）的变化则有可能改变反应进行的方向。

【例 5-13】 试判断 298.15K 时，氧化还原反应：$Sn+Pb^{2+} \rightleftharpoons Sn^{2+}+Pb$ 在下列条件下进行的方向。

(1) $c(Sn^{2+})=c(Pb^{2+})=1mol \cdot L^{-1}$；

(2) $c(Sn^{2+})=1mol \cdot L^{-1}$，$c(Pb^{2+})=0.01\ mol \cdot L^{-1}$。

解： 查表知：$Sn^{2+}+2e^- \rightleftharpoons Sn \qquad E^\ominus=-0.1375V$

$Pb^{2+}+2e^- \rightleftharpoons Pb \qquad E^\ominus=-0.1262V$

(1) 由反应式可知：Pb^{2+} 是氧化剂，Sn 是还原剂。

故上述电池反应的 $E^\ominus_{MF}=E^\ominus_{(+)}-E^\ominus_{(-)}$

将电对 Pb^{2+}/Pb 和 Sn^{2+}/Sn 组成原电池，Pb^{2+}/Pb 为正极，Sn^{2+}/Sn 为负极。

$E^\ominus_{MF}=-0.1262-(-0.1375)>0$，所以上述反应在标准状态下能自发向正反应方向进行。

(2) $c(Pb^{2+})=0.01mol \cdot L^{-1}$，处在非标准状态下。

$$E=E^\ominus+\frac{0.0592V}{n}\lg c(Pb^{2+})$$

$$=-0.1262V+\frac{0.0592V}{2}\lg 0.01=-0.185V$$

$$E_{MF}=-0.185V-(-0.1375V)=-0.0475V<0$$

所以上式反应不能自发正向进行，但可逆向进行。

此外，酸度也是改变氧化还原反应方向的重要因素。例如，实验室中要制备少量的氯气，常用的方法之一是用 $K_2Cr_2O_7$ 与盐酸作用：

$$Cr_2O_7^{2-}+6Cl^-+14H^+ \rightleftharpoons 2Cr^{3+}+3Cl_2\uparrow+7H_2O$$

$$E^{\ominus}(Cr_2O_7^{2-}/Cr^{3+})=+1.33V$$

$$E^{\ominus}(Cl_2/Cl^-)=+1.3583V$$

$$E^{\ominus}_{MF}=E^{\ominus}(Cr_2O_7^{2-}/Cr^{3+})-E^{\ominus}(Cl_2/Cl^-)=1.33V-1.3583V=-0.0283V<0$$

因此，在标准状态下该反应不能自发进行。

但若用 $10mol\cdot L^{-1}$的盐酸作用，假设其他有关物质仍处于标准状态，由下面的计算可知，上述反应是可以自发进行的。

$$Cr_2O_7^{2-}+14H^++6e^- \rightleftharpoons 2Cr^{3+}+7H_2O$$

$$E(Cr_2O_7^{2-}/Cr^{3+})=E^{\ominus}(Cr_2O_7^{2-}/Cr^{3+})+\frac{0.0592V}{6}\times\lg[c(H^+)]^{14}$$

$$=1.33V+\frac{0.0592V}{6}\times\lg10^{14}=1.47V$$

$$Cl_2+2e^- \rightleftharpoons 2Cl^-$$

$$E(Cl_2/Cl^-)=E^{\ominus}(Cl_2/Cl^-)+\frac{0.0592V}{2}\times\lg\frac{\frac{p_{Cl_2}}{p^{\ominus}}}{[c(Cl^-)]^2}$$

$$=1.3583V+\frac{0.0592V}{2}\times\lg\frac{1}{10^2}$$

$$=1.30V$$

则

$$E_{MF}=E(Cr_2O_7^{2-}/Cr^{3+})-E(Cl_2/Cl^-)=1.47V-1.30V=0.17V>0$$

可见，当盐酸的浓度为 $10mol\cdot L^{-1}$时，上述制备少量氯气的反应即可自发进行。

综上所述，对于两个电对的 $E^{\ominus}$值相差不太大的氧化还原反应，浓度或酸度的改变则有可能引起反应方向的改变。

三、氧化还原反应平衡及其应用

（一）平衡常数

氧化还原反应同其他可逆反应一样，用平衡常数可以定量地说明反应进行的程度，根据化学热力学原理理论上可导出：

$$\ln K^{\ominus}=\frac{nF}{RT}E^{\ominus}_{MF}=\frac{nF}{RT}[E^{\ominus}_{(+)}-E^{\ominus}_{(-)}] \tag{5-4}$$

在 298.15K 时，

$$\lg K^{\ominus}=\frac{nE^{\ominus}_{MF}}{0.0592V}=\frac{n[E^{\ominus}_{(+)}-E^{\ominus}_{(-)}]}{0.0592V} \tag{5-5}$$

式中，n 为氧化还原反应中电子得失的总数目。由于一个反应进行的程度可由平衡常数来衡量，而氧化还原反应的平衡常数可由标准电极电势计算，因此就可以用标准电极电势来判断氧化还原反应进行的程度。

从理论上讲，任何氧化还原反应都可以在原电池中进行。例如：

$$Cu+2Ag^{+} \rightleftharpoons Cu^{2+}+2Ag$$

当反应开始时，设各离子浓度都为 $1mol \cdot L^{-1}$，两个半电池的电极电势分别为：

正极　　$Ag^{+}+e^{-} \rightleftharpoons Ag$　　$E^{\ominus}=+0.7996V$

负极　　$Cu^{2+}+2e^{-} \rightleftharpoons Cu$　　$E^{\ominus}=+0.3419V$

原电池反应：　　$2Ag^{+}+Cu \rightleftharpoons Cu^{2+}+2Ag$

原电池的电动势　$E_{MF}^{\ominus}=E_{(+)}^{\ominus}-E_{(-)}^{\ominus}=+0.7996V-0.3419V=0.4577V$

随着反应正向进行，正极中 Ag^{+} 浓度不断降低，银电极的电极电势不断降低；负极中 Cu^{2+} 浓度不断增加，铜电极的电极电势不断升高。正、负两电极的电势逐渐接近，电动势也逐渐变小，最后，两电极的电势必将相等。此时，原电池的电动势等于零，氧化还原反应达到平衡状态，各离子浓度均为平衡浓度。

根据上述平衡原理，可以从两个电对的电极电势的数值，计算平衡常数 $K^{\ominus}$。

平衡时

$$E_{MF}=E\ (Ag^{+}/Ag)\ -E\ (Cu^{2+}/Cu)\ =0$$

$$E(Ag^{+}/Ag)=E(Cu^{2+}/Cu)$$

即

$$E^{\ominus}(Ag^{+}/Ag)+\frac{0.0592V}{2}\lg[c_{eq}(Ag^{+})]^{2}=E^{\ominus}(Cu^{2+}/Cu)+\frac{0.0592V}{2}\lg c_{eq}(Cu^{2+})$$

整理上式得：

$$E^{\ominus}(Ag^{+}/Ag)-E^{\ominus}(Cu^{2+}/Cu)=\frac{0.0592V}{2}\times\lg\frac{c_{eq}(Cu^{2+})}{[c_{eq}(Ag^{+})]^{2}}$$

该氧化还原反应的平衡常数表达式为：

$$K^{\ominus}=\frac{c_{eq}(Cu^{2+})}{[c_{eq}(Ag^{+})]^{2}}$$

代入上式可得：

$$\lg K^{\ominus}=\frac{2\times(0.7996V-0.3419V)}{0.0592V}=15.46$$

$$K^{\ominus}=2.9\times10^{15}$$

平衡常数 $K^{\ominus}$ 值很大，表示该氧化还原反应进行得相当完全。上述平衡常数 $K^{\ominus}$ 的推导与计算式（5-5）一致。

由式（5-5）可知，当 $E_{MF}^{\ominus}$ 值越大，平衡常数 $K^{\ominus}$ 值也就越大，反应进行得越完全。在温度 T 一定时，氧化还原反应的标准平衡常数与标准态的电池电动势 $E_{MF}^{\ominus}$ 及转移的电子数有关。即标准平衡常数只与氧化剂和还原剂的本性有关，而与反应物的浓度无关。

（二）判断氧化还原反应进行的程度

由于 $E_{MF}^{\ominus}$ 愈大，反应的标准平衡常数也愈大。因此可以直接用标准电动势的大小来估计反应进行的程度。

一般来说，如果某一化学反应的 $K^{\ominus}$ 值大于 10^{6}，就可以认为该反应进行得很完全。根据式（5-5），当 $K^{\ominus}=10^{6}$ 时，

若 $n=1$，则 $E_{MF}^{\ominus}=0.36V$

若 $n=2$，则 $E_{MF}^{\ominus}=0.18V$

若 $n=3$，则 $E_{MF}^{\ominus}=0.12V$

因此，常用$E_{MF}^{\ominus}$值是否大于0.2～0.4V来判断氧化还原反应能否自发进行，这很有实际意义。

【例5-14】 求298.15K时$KMnO_4$与$H_2C_2O_4$反应的标准平衡常数$K^{\ominus}$。

解：反应方程式为：

$$2MnO_4^- + 5H_2C_2O_4 + 6H^+ \rightleftharpoons 10CO_2 + 2Mn^{2+} + 8H_2O$$

两个电极反应为：$MnO_4^- + 8H^+ + 5e^- \rightleftharpoons Mn^{2+} + 4H_2O$ $\quad E^{\ominus} = +1.51V$

$$2CO_2 + 2H^+ + 2e^- \rightleftharpoons H_2C_2O_4 \qquad E^{\ominus} = -0.49V$$

配平后电子转移总数为10。

由式（5-5）得：

$$\lg K^{\ominus} = \frac{nE_{MF}^{\ominus}}{0.0592V} = \frac{10 \times [1.51V - (-0.49)V]}{0.0592V} = 338$$

$$K^{\ominus} = 1.0 \times 10^{338}$$

这是一个进行很彻底的反应。在分析化学的氧化还原滴定中，常用草酸来标定$KMnO_4$的浓度。

（三）氧化还原平衡与沉淀平衡——求溶度积常数

前面我们已经讨论了沉淀的生成对电极电势的影响，沉淀平衡与氧化还原平衡的关系实际上是沉淀剂和氧化剂或还原剂互相争夺离子的过程。选择两个适当的电极反应组成原电池，根据$E^{\ominus}$计算电池反应的平衡常数。再根据电池反应的平衡常数与溶度积常数的关系，可方便、准确地计算出溶度积常数，同时也可测出金属及其难溶盐-阴离子电极的标准电极电势。

【例5-15】 计算298.15K时AgCl的$K_{sp}^{\ominus}$值。

解：用Ag^+|Ag和Ag-AgCl|Cl^-电极组成电池。

查表可知：$Ag^+ + e^- \rightleftharpoons Ag \qquad E^{\ominus} = +0.7996V$

$$AgCl + e^- \rightleftharpoons Ag + Cl^- \qquad E^{\ominus} = +0.2223V$$

电池组成为：

$$(-)Ag\text{-}AgCl(s)|Cl^-(1mol \cdot L^{-1}) \parallel Ag^+(1mol \cdot L^{-1})|Ag(s)(+)$$

电池反应式为：

$$Ag^+ + Cl^- \rightleftharpoons AgCl(s) \qquad [Ag^+ + Ag + Cl^- \rightleftharpoons Ag + AgCl(s)]$$

（方括号内反应式上方标有电子转移箭头 e^-）

电池电动势：$E_{MF}^{\ominus} = E_{正极}^{\ominus} - E_{负极}^{\ominus} = 0.7996 - 0.2223 = +0.5773V$

此电池反应的标准平衡常数：

$$\lg K^{\ominus} = \frac{nE_{MF}^{\ominus}}{0.0592V} = \frac{n[E_{(+)}^{\ominus} - E_{(-)}^{\ominus}]}{0.0592V} = \frac{1 \times (0.7996V - 0.2223V)}{0.0592V} = 9.752$$

所以 $\qquad K^{\ominus} = 5.62 \times 10^{9}$

该电池反应的$K^{\ominus}$为：$\quad K^{\ominus} = \dfrac{1}{c_{eq}(Ag^+) \cdot c_{eq}(Cl^-)} = \dfrac{1}{K_{sp}^{\ominus}(AgCl)}$

AgCl的溶度积为：$\quad K_{sp}^{\ominus} = c_{eq}(Ag^+) \cdot c_{eq}(Cl^-) = \dfrac{1}{K^{\ominus}} = 1.78 \times 10^{-10}$

利用组成原电池的两个电极的标准电极电势的差值，还可计算出弱酸的电离平衡常数和配合物的稳定常数。有关稳定常数的定量计算将在配合物一章中讲述。

四、元素电势图及其应用

（一）元素电势图

许多元素具有多种氧化值。将某一元素各种氧化值按从高到低（或低到高）的顺序排列，在两种氧化值之间用直线连接起来并在直线上标明相应电极反应的标准电极电势值，这样构成的图，称为元素电势图。

元素电势图是**拉特默**（Latimer）于 1952 年首先提出的，故又称为拉特默图。根据溶液 pH 值的不同，又可以分为两大类：E_A（A 表示酸性溶液）表示溶液的 pH=0；E_B（B 表示碱性溶液）表示溶液的 pH=14。书写某一元素的电势图时，既可以将全部氧化值列出，也可以根据需要列出其中的一部分。例如氯的元素电势图：

酸性溶液：

$E_A^{\ominus}/V$

$$ClO_4^- \xrightarrow{+1.19} ClO_3^- \xrightarrow{+1.21} ClO_2^- \xrightarrow{+1.64} ClO^- \xrightarrow{+1.63} Cl_2 \xrightarrow{+1.3583} Cl^-$$

ClO^-—Cl^-：+1.49

ClO_3^-—Cl_2：+1.47

ClO_3^-—Cl^-：+1.45

ClO_4^-—Cl^-：+1.34

碱性溶液：

$E_B^{\ominus}/V$

$$ClO_4^- \xrightarrow{+0.36} ClO_3^- \xrightarrow{+0.33} ClO_2^- \xrightarrow{+0.66} ClO^- \xrightarrow{+0.40} Cl_2 \xrightarrow{+1.3583} Cl^-$$

ClO_3^-—ClO^-：+0.50

ClO^-—Cl^-：+0.89

在元素电势图中，任何连线相邻的两个物质可以组成一个电对。如上述在酸性溶液中，ClO_3^--Cl^-，ClO_3^- 是氧化态物质，Cl^- 是还原态物质，$E^{\ominus}(ClO_3^-/Cl^-) = +1.45V$。

元素电势图能比较清楚地标示出同一元素各氧化值间氧化还原性的变化。利用元素电势图，可以考察元素各氧化值在水溶液中的化学行为，计算未知电对的标准电极电势等。

（二）元素电势图的应用

1. 判断能否发生歧化反应

歧化反应即自身氧化还原反应。它是指在氧化还原反应中，氧化作用和还原作用发生在同种物质中相同氧化值的某一元素上，也就是该元素的原子(或离子)一部分被氧化而另一部分被还原。该物质在反应中既是氧化剂又是还原剂。

由某元素不同氧化值的三种物质所组成的两个电对，按其氧化值高低可排列为

$$A \xrightarrow{E_{左}^{\ominus}} B \xrightarrow{E_{右}^{\ominus}} C$$

假设 B 能发生歧化反应，那么这两个电对所组成的电池电动势：

$$E_{MF}^{\ominus} = E_{(+)}^{\ominus} - E_{(-)}^{\ominus} = E_{右}^{\ominus} - E_{左}^{\ominus}$$

B 变成 C 是得到电子的过程，电对 B/C 是电池的正极；B 变成 A 是失去电子的过程，电对 A/B 是电池的负极，所以

$$E_{MF}^{\ominus} = E_{右}^{\ominus} - E_{左}^{\ominus} > 0 \qquad 即\ E_{右}^{\ominus} > E_{左}^{\ominus}$$

假设 B 不能发生歧化反应，则

$$E_{MF}^{\ominus} = E_{右}^{\ominus} - E_{左}^{\ominus} < 0 \qquad 即\ E_{右}^{\ominus} < E_{左}^{\ominus}$$

根据以上原则，Cu^+ 是否能够发生歧化反应？

有关的电势图为：

$E_A^\ominus/V$ $\qquad Cu^{2+} \xrightarrow{+0.17} Cu^{+} \xrightarrow{+0.521} Cu$

因为 $E_{右}^\ominus > E_{左}^\ominus$，所以在酸性溶液中，$Cu^+$ 离子不稳定，它将发生下列歧化反应：

$$2Cu^+ \rightleftharpoons Cu + Cu^{2+}$$

又如 Br_2 的元素电势图：

$E_B^\ominus/V$ $\qquad BrO_3^- \xrightarrow{+0.519} \frac{1}{2}Br_2 \xrightarrow{+1.066} Br^-$

$E_{右}^\ominus > E_{左}^\ominus$，所以在碱性溶液 Br_2 会发生歧化作用，其反应式为：

$$3Br_2 + 6OH^- \rightleftharpoons 5Br^- + BrO_3^- + 3H_2O$$

该歧化反应的电动势 $E_{MF}^\ominus = E_{右}^\ominus - E_{左}^\ominus = 0.547V$，说明上述反应能自发地从左向右进行。

由上两例可推广为一般规律：

在元素电势图 $A \xrightarrow{E_{左}^\ominus} B \xrightarrow{E_{右}^\ominus} C$ 中，若 $E_{右}^\ominus > E_{左}^\ominus$，物质 B 将自发地发生歧化反应，产物为 A 和 C；若 $E_{右}^\ominus < E_{左}^\ominus$，当溶液中有 A 和 C 存在时，将自发地发生歧化反应的逆反应，产物为 B。

2. 从已知电对求未知电对的标准电极电势

假设有一元素的电势图：

$$A \underset{n_1}{\xrightarrow{E_1^\ominus}} B \underset{n_2}{\xrightarrow{E_2^\ominus}} C \underset{n_3}{\xrightarrow{E_3^\ominus}} D \qquad (A \to D:\ E_x^\ominus,\ (n_1+n_2+n_3))$$

n_1、n_2、n_3 分别为相应电对的电子转移数，其中 $n_x = n_1 + n_2 + n_3$。

根据化学热力学原理，理论上可导出下列公式：

$$\frac{n_1E_1^\ominus + n_2E_2^\ominus + n_3E_3^\ominus}{n_1 + n_2 + n_3} = E_x^\ominus$$

若有 i 个相邻电对，则

$$E_x^\ominus = \frac{n_1E_1^\ominus + n_2E_2^\ominus + \cdots + n_iE_i^\ominus}{n_1 + n_2 + \cdots + n_i} \tag{5-6}$$

根据此式，可以从已知电对的 $E^\ominus$ 计算出欲求电对的 $E^\ominus$ 值。

【例 5-16】 已知 298.15K 时，氯元素在碱性溶液中的电势图，试求出 $E_1^\ominus(ClO_4^-/Cl^-)$，$E_2^\ominus(ClO_3^-/ClO^-)$，$E_3^\ominus(ClO^-/Cl_2)$的值。

解： 298K 时氯元素在碱性溶液中的电势图

$E_B^\ominus/V$ $\qquad ClO_4^- \xrightarrow{+0.36} ClO_3^- \xrightarrow{+0.33} ClO_2^- \xrightarrow{+0.66} ClO^- \xrightarrow{E_3^\ominus} Cl_2 \xrightarrow{+1.36} Cl^-$

（$ClO^- \to Cl^-$：$+0.89$；$ClO_3^- \to ClO^-$：$E_2^\ominus$；$ClO_4^- \to Cl^-$：$E_1^\ominus$）

$$E_1^\ominus(ClO_4^-/Cl^-) = \frac{0.36V\times2 + 0.33V\times2 + 0.66V\times2 + 0.89V\times2}{2+2+2+2} = 0.56V$$

$$E_2^\ominus(ClO_3^-/ClO^-) = \frac{0.33V\times2 + 0.66V\times2}{2+2} = 0.50V$$

$$E_3^\ominus(ClO^-/Cl_2) = \frac{0.89V\times2 - 1.36V\times1}{1} = 0.42V$$

【例 5-17】 已知：$E_B^{\ominus}/V$　$H_2PO_2^- \xrightarrow{-1.82} P_4 \xrightarrow{-0.87} PH_3$

求：$E^{\ominus}(H_2PO_2^-/PH_3)$值。

解：

$$E^{\ominus}(H_2PO_2^-/PH_3)=\frac{n_1E_1^{\ominus}+n_2E_2^{\ominus}}{n_1+n_2}=\frac{1\times(-1.82)V+3\times(-0.87)V}{1+3}$$

$$=-1.11V$$

氧化还原反应与人体健康

氧化还原平衡是机体内环境稳态的基础，人体在代谢过程中产生大量的活性氧，活性氧增多会导致组织细胞氧化损伤，诱发癌症、神经系统退化、动脉粥样硬化等疾病。谷胱甘肽是人体内主要的非酶类抗氧化剂之一，谷胱甘肽还原型/氧化型（GSSG/GSH）是机体主要的内源性氧化-还原调控因子，通过—SH 和—S—S—之间的转换调控生物大分子的活性。GSH 可清除活性氧，维持生物大分子的巯基活性中心，同时蛋白质分子的链内、链间二硫键（—S—S—）也是维持其构型和活性的必需结构。GSH 被氧化之后变为 GSSG，在 GSSG 还原酶的催化下可被重新还原为 GSH。氧化与还原在同一有机体中既相互对立又相互依存，维持在相对恒定的平衡状态，保证人体各系统机能和代谢的正常进行。

小　结

1. 基本概念　氧化还原反应、氧化值、氧化剂、还原剂、氧化还原电对、氧化态、还原态、原电池、电极电势、标准电极电势、标准氢电极、惰性电极、元素电势图。

2. 离子-电子法配平氧化还原反应方程式

3. 原电池符号与电池反应

（1）已知电池反应来写原电池符号。

（2）已知原电池符号来写电池反应。

4. 能斯特方程及其应用

$$Ox+ne^- \rightleftharpoons Re$$

$$E=E^{\ominus}+\frac{0.0592V}{n}\lg\frac{c(Ox)}{c(Re)}$$

（1）由 $E^{\ominus}$ 和反应中所有物质的浓度求非标准态 E。能斯特方程中氧化型和还原型浓度的具体形式及浓度的方次应由具体的电极反应来确定。当体系中酸度改变和加入沉淀剂、配位剂时，则必须要利用酸碱平衡、配合平衡和沉淀平衡，先求出有关离子的浓度，再代入方程，求出 E。

（2）求原电池的电动势。

标准状态下：　　　$E_{MF}^{\ominus}=E_{(+)}^{\ominus}-E_{(-)}^{\ominus}$

非标准状态下：　　$E_{MF}=E_{(+)}-E_{(-)}$

5. 电极电势的应用

（1）计算标准状态下的 $E_{MF}^{\ominus}=E_{(+)}^{\ominus}-E_{(-)}^{\ominus}$。

（2）比较不同氧化剂和还原剂的相对强弱。

(3) 确定某条件下已知氧化还原反应的自发性。

(4) 计算平衡常数 $K^{\ominus}$。

$$\lg K^{\ominus}=\frac{n[E^{\ominus}_{(+)}-E^{\ominus}_{(-)}]}{0.0592\text{V}}$$

6. 元素电势图的应用

(1) 利用元素电势图判断歧化反应能否进行。

①$E^{\ominus}_{右}>E^{\ominus}_{左}$，能发生歧化反应。

②$E^{\ominus}_{右}<E^{\ominus}_{左}$，不能发生歧化反应。

(2) 利用元素电势图计算未知电对的标准电极电势。

思考题

1. 怎样利用标准电极电势判断下列氧化还原反应能否自发进行？

$2MnO_4^-+5SO_3^{2-}+6H^+ \rightleftharpoons 2Mn^{2+}+5SO_4^{2-}+3H_2O$

2. 上题的氧化还原反应中，若降低溶液 pH 值，是否有利于正向反应的自发进行？

3. 影响电极电势的因素有哪些？简述应用 Nernst 方程时注意事项？

习 题

1. 计算下列各原电池的电动势，并写出电极反应式和电池反应式。

(1) (—)$Fe|Fe^{2+}(c^{\ominus})\|Cl^-(c^{\ominus})|Cl_2(50\text{kPa})|Pt$(+)

(2) (—)$Cu|Cu^{2+}(c^{\ominus})\|Fe^{3+}(0.1\text{mol·L}^{-1}),Fe^{2+}(c^{\ominus})|Pt$(+)

(3) (—)$Pb(s)|Pb^{2+}(0.1\text{mol·L}^{-1})\|Ag^+(1\text{mol·L}^{-1})|Ag(s)$(+)

(4) (—)$Pt, I_2|I^-(0.1\text{mol·L}^{-1})\|MnO_4^-(0.1\text{mol·L}^{-1}), Mn^{2+}(0.1\text{mol·L}^{-1}), H^+(0.01\text{mol·L}^{-1})|Pt$(+)

2. 已知甘汞电极反应为

$$Hg_2Cl_2+2e^- \rightleftharpoons 2Hg+2Cl^- \qquad E^{\ominus}=+0.2801\text{V}$$

计算 $c(Cl^-)=0.16\text{mol·L}^{-1}$ 时电极电势为多少？

3. 用电池符号表示下列电池反应，并求出 298.15K 时的 E_{MF}，说明各反应能否从左到右自发进行：

(1) $\frac{1}{2}Cu(s)+\frac{1}{2}Cl_2(p^{\ominus}) \rightleftharpoons \frac{1}{2}Cu^{2+}(0.1\text{mol·L}^{-1})+Cl^-(1\text{mol·L}^{-1})$

(2) $Ni(s)+Sn^{2+}(0.10\text{mol·L}^{-1}) \rightleftharpoons Sn(s)+Ni^{2+}(0.01\text{mol·L}^{-1})$

4. 已知电对：$H_3AsO_4+2H^++2e^- \rightleftharpoons H_3AsO_3+H_2O \qquad E^{\ominus}=+0.560\text{V}$

$I_3^-+2e^- \rightleftharpoons 3I^- \qquad E^{\ominus}=+0.5355\text{V}$

求出下列反应的平衡常数：

$$H_3AsO_3+I_3^-+H_2O \rightleftharpoons H_3AsO_4+3I^-+2H^+$$

如果溶液的 pH=7，反应向什么方向进行？如果溶液的 $c(H^+)=6\text{mol·L}^{-1}$，反应向什么方向进行？

5. 试通过计算说明银能从 1.0mol·L^{-1} HI（强酸）溶液置换出氢气，并计算该反应的平衡常数。

6. 在 298.15K 时，反应 $Fe^{3+}+Ag \rightleftharpoons Fe^{2+}+Ag^{+}$ 的平衡常数为 0.531。已知 $E^{\ominus}(Fe^{3+}/Fe^{2+})=0.771V$，计算 $E^{\ominus}(Ag^{+}/Ag)$。

7. 某原电池中的一半电池是由银片浸入 $1.0mol\cdot L^{-1}$ Ag^{+} 溶液中组成的，另一半电池由银片浸入 Br^{-} 浓度为 $1.0mol\cdot L^{-1}$ AgBr 饱和溶液中组成的。电对 Ag^{+}/Ag 为正极，测得电池电动势为 0.728V，计算 $E^{\ominus}(AgBr/Ag)$ 和 $K_{sp}^{\ominus}(AgBr)$。

8. 下面是氧元素的电势图，根据此图回答下列问题：

$$E_A^{\ominus}/V \quad O_2 \xrightarrow{+0.695} H_2O_2 \longrightarrow H_2O \quad (O_2 \to H_2O: +1.23)$$

$$E_B^{\ominus}/V \quad O_2 \longrightarrow HO_2^{-} \xrightarrow{+0.88} OH^{-} \quad (O_2 \to OH^{-}: +0.40)$$

（1）通过计算说明 H_2O_2 在酸性介质中的氧化性的强弱，在碱性介质中还原性的强弱。

（2）判断 H_2O_2 在酸性介质和碱性介质中的稳定性。

9. 计算下列反应的 $E^{\ominus}$、$K^{\ominus}$。

（1）$Sn^{2+}(aq)+Hg^{2+}(aq) \rightleftharpoons Sn^{4+}(aq)+Hg(l)$

（2）$Cu(s)+2Ag^{+}(aq) \rightleftharpoons 2Ag(s)+Cu^{2+}(aq)$

10. 过量的纯铁屑置于 $0.050mol\cdot L^{-1}$ 的 Cd^{2+} 溶液中振荡至平衡，试计算 Cd^{2+} 的平衡浓度。

11. 已知在碱性溶液中：

$$E_B^{\ominus}/V \quad ClO_3^{-} \xrightarrow{?} ClO_2^{-} \xrightarrow{+0.66} ClO^{-} \quad (ClO_3^{-} \to ClO^{-}: +0.50)$$

试求 $E^{\ominus}(ClO_3^{-}/ClO_2^{-})$。

12. 已知下列电极反应的电极电势：

$$Cu^{2+}+e^{-} \rightleftharpoons Cu^{+} \qquad E^{\ominus}=+0.17V$$

$$Cu^{2+}+I^{-}+e^{-} \rightleftharpoons CuI \qquad E^{\ominus}=+0.86V$$

计算 CuI 的溶度积。

13. 已知：

$$PbSO_4(s)+2e^{-} \rightleftharpoons Pb+SO_4^{2-} \qquad E^{\ominus}=-0.359V$$

$$Pb^{2+}+2e^{-} \rightleftharpoons Pb \qquad E^{\ominus}=-0.126V$$

（1）若将这两个电对组成原电池，写出其电池符号和电池反应式。

（2）计算该电池的 $E_{MF}^{\ominus}$。

（3）求 $PbSO_4$ 的溶度积 $K_{sp}^{\ominus}$。

14. 已知电对 $Ag^{+}+e^{-} \rightleftharpoons Ag$ 的 $E^{\ominus}=0.7996V$，$Ag_2C_2O_4$ 的 $K_{sp}^{\ominus}=3.5\times10^{-11}$，计算下列电对的标准电极电势：

$$Ag_2C_2O_4(s)+2e^{-} \rightleftharpoons 2Ag+C_2O_4^{2-}$$

第六章

原子结构与周期系

扫一扫，查阅本章数字资源，含PPT、音视频、图片等

【学习要求】

1. 了解核外电子运动的特征，波函数与原子轨道、概率密度与电子云的概念。
2. 熟悉四个量子数的意义，氢原子 s、p、d 电子云的壳层概率径向分布图，氢原子 s、p、d 原子轨道和电子云的角度分布图。
3. 了解屏蔽效应和钻穿效应对多电子原子能级的影响。
4. 掌握核外电子的排布及原子结构与元素周期系的关系。
5. 了解元素某些性质的周期性变化规律。

至今已被发现的化学元素有 118 种，自然界的万物是由元素所组成，性质各异。各种物质在性质上的差异是由组成物质的元素原子结构不同所决定。在化学反应中，原子核是不变的(除核化学反应外)，因此要了解物质的性质及其变化，必须首先要了解原子结构内部的知识，特别是要了解核外电子的运动状态。

本章将讨论近代量子力学建立的原子结构模型，解释核外电子的运动状态，了解元素性质周期性变化规律与元素原子的电子层结构的内在联系，揭示元素性质周期变化的本质。

第一节　核外电子运动的特征

原子由带正电的**原子核**(atomic nucleus)和带负电的电子组成。原子的直径约为 10^{-10}m，原子核的直径约为 10^{-16}～10^{-14}m。电子的直径约为 10^{-15}m，质量为 9.1×10^{-31}kg，这说明原子中绝大部分空间是空的。电子这样的微观粒子在原子这样小的空间内做接近光速的高速运动(速度约为 2.18×10^{6}m·s^{-1})，与宏观物体的运动不同，不能用经典力学来描述。电子的运动和光一样，具有量子化特性和波粒二象性。

一、量子化特性

20 世纪初，量子化理论的提出，对原子结构的认识是个飞跃。1900 年，德国物理学家**普朗克**(M. Planck)根据实验提出了**量子化理论：【物质辐射能的吸收或发射是不连续的，是以最小能量单位量子的整数倍做跳跃式的增或减，这种过程叫作能量的量子化】**。量子的能量 E 和频率 ν 的关系是：

$$E=h\nu$$

式中，h 为普朗克常数，$h=6.626\times10^{-34}\text{J}\cdot\text{s}$。

1905 年，**爱因斯坦**（A. Einstein）在普朗克量子论的基础上，提出了光子学说：光由光子组成，光的吸收或发射也不是连续的，只能以光能的最小单位光子的整数倍进行。

原子核外电子的能量具有量子化特性，它的研究首先是从氢原子光谱开始的。

（一）氢原子光谱

将白光(如太阳光)通过棱镜，就能观察到红、橙、黄、绿、青、蓝、紫的光谱，其颜色逐渐过渡，就像雨后天空中出现的彩虹一样，这样的光谱叫连续光谱。

【原子光谱都是具有自己特征的不连续光谱，即线状光谱，具有量子化特性】。原子光谱中，最简单的光谱是氢原子线状光谱（图 6-1、图 6-2）。

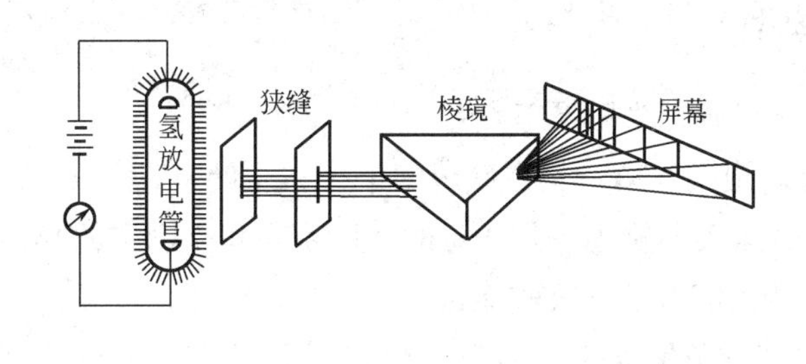

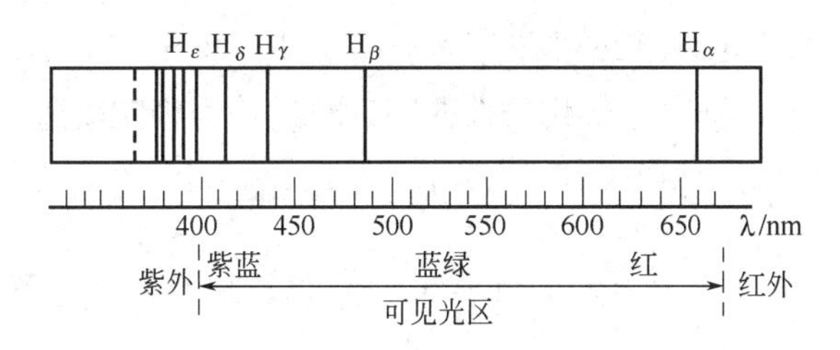

图 6-1　氢原子光谱的产生示意图

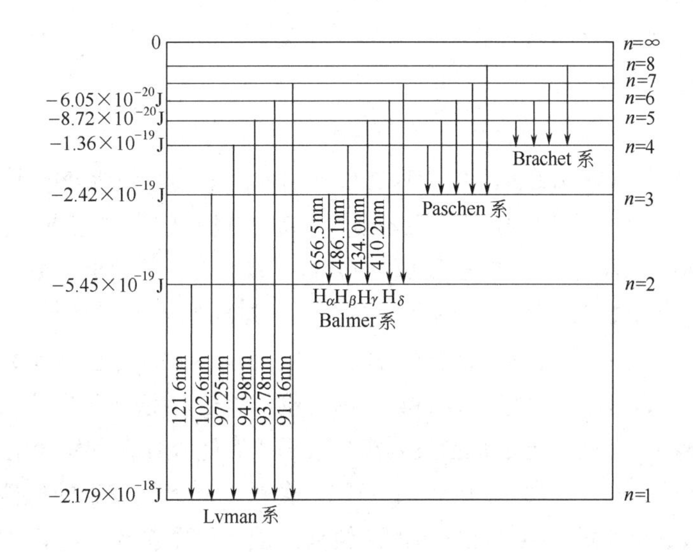

图 6-2　氢原子结构能级示意图

在氢原子光谱中，可见光区内有五根明显的主要谱线，分别为 H_α、H_β、H_γ、H_δ、H_ε，叫作氢原子的特征线状光谱。可以看出，从 H_α 到 H_ε 谱线间的距离越来越短，其频率具有一定的

规律性。**氢原子光谱证明了:【原子中电子运动的能量是不连续的，具有量子化特性】**。

1913 年瑞典物理学家**里德堡**(Rydberg)通过测定氢原子光谱后提出计算氢原子光谱谱线频率的公式：

$$\nu=R\cdot\left(\frac{1}{n_1^2}-\frac{1}{n_2^2}\right)$$

式中，ν 为谱线频率(s^{-1})，R 为里德堡常数，$R=3.289\times10^{15}\ s^{-1}$，$n_1=2$，$n_2$ **为>2 的正整数**。

为了解释氢原子光谱的规律性，1913 年，年轻的丹麦物理学家玻尔（N. Bohr)，在普朗克量子论、爱因斯坦光子学说和卢瑟福“天体行星模型”的基础上，大胆地提出了原子结构的假设，成功地解释了氢原子线状光谱产生的原因和规律性，从而建立了玻尔原子模型。

（二）玻尔原子模型

玻尔原子结构的假设可归结为以下三点：

1. 核外电子在固定轨道上运动，具有确定的半径和能量。

在原子中，电子绕核运动的轨迹不是任意的，而是在具有确定的半径、确定的能量的**固定轨道**(orbit)上运动，且不放出能量也不吸收能量。

2. 固定轨道必须符合量子化条件。

原子中电子绕核运动的固定轨道必须符合量子化条件，即 $n=1$，2，3，4 …的正整数，n 称为**量子数**(quantum number)。符合量子化条件的固定轨道称为**稳定轨道**，其能量关系应符合：

$$E=-\frac{13.6}{n^2}\ \text{eV}\quad 或\ E=-\frac{2.179\times10^{-18}}{n^2}\ \text{J} \tag{6-1}$$

式（6-1）中，2.179×10^{-18}J 为 Rydberg 常量，借助氢原子能量关系式可定出氢原子各能级的能量：

当 $n=1$ 则 $E_1=-2.179\times10^{-18}$ J

$n=2$ 则 $E_2=-5.45\times10^{-19}$ J

$n=3$ 则 $E_3=-2.42\times10^{-19}$ J

$n=4$ 则 $E_4=-1.36\times10^{-19}$ J

…… ……

n 越大，则电子在离核越远的轨道上运动，其能量也越大。电子运动所处的不连续能量状态称为**能级**(energy level)。当 $n\to\infty$时，则电子将脱离原子核的电场引力，能量$E\to0$。

3. 电子处于激发态时不稳定，可跃迁到离核较近能级较低的轨道上，会放出能量。

原子中的电子尽可能处在离核最近的稳定轨道上，这时原子能量最低。能量最低的稳定轨道，称为**基态**(ground state)。氢原子处于基态时，电子在 $n=1$ 的轨道上运动，其能量最低，为 2.179×10^{-18}J(或 13.6ev)，其半径为 52.9pm，称为玻尔半径，用符号“a_0”表示。

当原子从外界获得能量时，电子被激发到离核较远的高能级(E_2)的轨道上去，此时电子处于**激发态**（excited state)，处于激发态的电子不稳定，会跃迁到离核较近的低能级（E_1）轨道上，这时就会以光子形式放出能量，高、低能级的两轨道能量差和释放出的光子频率符合下列公式：

$$h\nu=E_2-E_1 \tag{6-2}$$

$$\nu=\frac{E_2-E_1}{h}$$

$$\Delta E=h\nu\qquad \Delta E=E_2-E_1$$

$$\lambda=\frac{c}{\nu} \tag{6-3}$$

式中，h 为普朗克常数，$c=2.998\times10^{8}\text{m}\cdot\text{s}^{-1}$。应用里德堡公式或玻尔假设所提出的原子模型和式(6-2)、式(6-3) 可以解释氢原子光谱产生的原因。

例如：当电子分别从 $n=3$、4、5、6、7 较高能级的轨道跃迁到 $n=2$ 较低能级的轨道时，分别计算出它们在可见光区的波长，为：656.3nm、486.1nm、434.1nm、410.2nm、397.0nm，依次观察到红色 H_α、蓝绿色 H_β、蓝色 H_γ、紫色 H_δ、紫色 H_ε 五根谱线，即 Balmer 线系。如图 6-2 所示。当电子从其他能级轨道跃迁到 $n=1$ 能级轨道时，因波长短，得到紫外光区的谱线。当电子从其他较高能级跃迁到 $n\geqslant3$ 能级轨道时，因波长长，得到红外光区的谱线，其计算值与光谱实验测得的值非常吻合。

其他类氢离子(即单电子离子，如 He^{+}、Li^{2+}、Be^{3+} 等)的光谱均可用玻尔原子模型加以解释。

玻尔原子模型理论成功之处可归结为以下几点：①说明了激发态原子发光的原因，能级间跃迁的频率条件。②较好地解释了氢原子光谱和类氢离子光谱的规律性。③首次提出电子运动状态具有不连续性、稳定轨道能级的量子化特性，提出量子数 n 重要概念。

玻尔原子模型理论的缺陷之处是：用经典力学推出电子有固定轨道限制了电子的运动；不能解释氢原子光谱的精细结构，如每一根谱线实际上是由几条更精细的谱线组成。也不能解释多电子原子、分子或固体的光谱，如谱线的强度、宽度、偏振等。缺陷原因是把只适用于宏观世界的牛顿经典力学搬进了微观世界，没有完全摆脱卢瑟福的“天体行星模型”的束缚，这种电子在固定轨道上绕核运动的观点是和实验事实相违背的，它没有反映电子运动的另一重要特性，即波粒二象性。

尽管玻尔原子模型理论有不足之处，但它为运用光谱现象研究原子内部结构提供了理论基础，使原子结构理论的发展进入了一个新的阶段。

二、波粒二象性

爱因斯坦的光子学说表明，光具有波动性，又具有粒子性，被称为光的**波粒二象性**(dual wave-particle nature)。如光在空间传播的有关现象：波长、频率、干涉、衍射等，主要表现出光的波动性。光与实物接触进行能量交换时所具有的有关现象：质量、速度、能量、动量等，主要表现出光的粒子性。那么像电子这样具有粒子性(如质量、速度、能量等)的实物微粒是否也像光一样，具有波动性和粒子性双重性质呢？

(一) 德布罗意预言

1924 年，法国年青的物理学家**德布罗意**(L. de Broglie)在从事量子论研究时，受光的波粒二象性的启发，提出：**【实物微粒都具有波粒二象性】**。并预言：像电子等具有质量 m(粒子性)，运动速度 υ(粒子性)的实物微粒，与其相应的波长 λ(波动性)的关系式为：

$$\lambda=\frac{h}{p}=\frac{h}{m\upsilon}$$

此关系式称为德布罗意物质波公式，它把电子的波动性和粒子性通过普朗克常数联系起来了，并且定量化了。

电子的质量约为 9.1×10^{-31}kg，运动速率约为 $1.0\times10^{6}\text{m}\cdot\text{s}^{-1}$，通过上式可求得其波长为

0.73nm，这与其直径（约为 10^{-6}nm）相比，显示出明显的波动特征。

德布罗意预言三年后被电子衍射实验证实是正确的。

（二）电子衍射实验

1927 年，**戴维逊**(C. J. Davisson)和**革尔麦**(L. H. Germer)在纽约贝尔实验室，用高能电子束轰击一块镍金属晶体样品时，得到了与 X 射线图像相似的衍射照片（图 6-3）。电子衍射的照片显示出一系列明暗相间的衍射环纹，而且从衍射图样上求出的电子波的波长和从德布罗意预言的计算式计算出的结果完全一致。

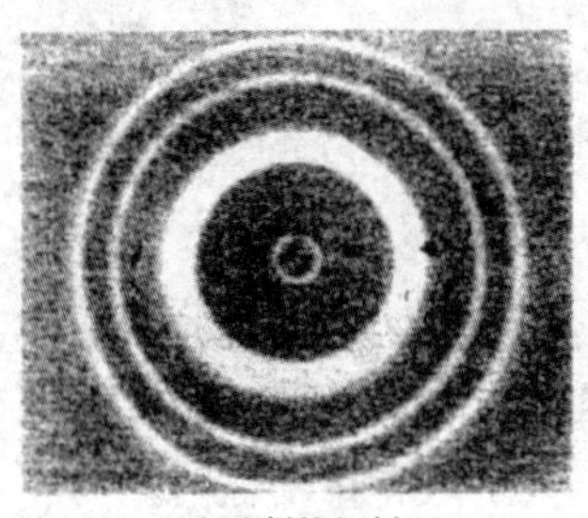

(a) X射线衍射图

(b) 电子衍射图

图 6-3　X 射线衍射、电子衍射示意图

【电子衍射实验证明了电子运动与光一样具有波动性】。

波粒二象性是所有微观粒子运动的一个重要特性。根据德布罗意物质波公式，宏观物体质量很大，且波长又很短，与其本身大小相比基本上测不到其波动性。

电子衍射实验得到的波动图像表明，电子运动具有波动性的表现，并不是说存在某个实在的物理量的波动，而是表示电子微粒在空间分布的概率。

电子运动具有波动性是微观系统的特征性质。正因为运动着的电子伴生着波，所以电子能够长期稳定地绕着原子核运动，如果把电子仅仅看成一个粒子，而忽略其波动性，那么就会得出核外电子会落入原子核内的荒谬结果。

（三）海森堡测不准关系

对于宏观物体可以在不同的时间内同时准确地测出它们的运动速度和所在位置。

量子力学认为，像电子等微观粒子，由于具有波粒二象性，因此不可能同时准确测定电子的运动速度和空间位置。

1927 年，德国物理学家**海森堡**(W. Heisenberg)提出了量子力学中的一个重要关系——**测不准关系**(uncertainty principle)，其数学关系式为

$$\Delta x \cdot \Delta p_x \geqslant \frac{h}{4\pi} \tag{6-4}$$

式(6-4)中，x 为微观粒子在空间某一方向的位置坐标；Δx 为确定粒子位置时的不准量；Δp_x 为确定粒子动量时的不准量；h 为普朗克常数。

测不准关系式说明，如果微观粒子位置测得越准(Δx 越小)，则其动量测得越不准（Δp_x 越大），反之亦然。

测不准关系说明了不能把微观粒子等同于宏观物体用经典力学处理，否定了玻尔的原子模型。根据量子力学理论，对像电子这样高速运动的微观粒子，不可能在固定轨道中运动，其运动

状态只能用统计的方法，做出概率性的描述。

第二节　核外电子运动状态的描述——量子力学原子模型

一、薛定谔方程

根据量子力学理论，像电子等微观粒子运动状态的描述不能通过给出它的位置、速度等物理量来求得，只能采用统计的方法，做出概率分布的描述。

1926 年，奥地利物理学家**薛定谔**(E. Schrodinger)根据电子具有波粒二象性和对德布罗意物质波的理解，提出了著名的描述微观粒子运动的波动方程，即薛定谔方程。

$$\frac{\partial^2\psi}{\partial x^2}+\frac{\partial^2\psi}{\partial y^2}+\frac{\partial^2\psi}{\partial z^2}=-\frac{8\pi^2 m}{h^2}(E-V)\psi$$

式中，ψ 为波函数，是电子空间坐标 x、y、z 的函数；E 为总能量(势能＋动能)；V 为势能(原子核对电子的吸引能)；m 为电子的质量；h 为普朗克常数。

薛定谔方程把电子波动性 ψ 和粒子性 m、E、V 联系在一起，比较全面、真实地反映了核外电子的运动状态。薛定谔方程是一个二阶偏微分方程，解这个方程需要较深的数学知识，本节只介绍解薛定谔方程得到的一些重要结论，重点讨论波函数 ψ、ψ^2 及其相关空间图像的含义。

解薛定谔方程可以得到一系列的数学解，但不是所有的解都是合理的，为了得到合理的解，要求一些物理量必须符合一定的条件，为此引入取分立值的三个量子数 n、l、m。

二、波函数和原子轨道

在解薛定谔方程时，为使波函数的图形更加直观，需将三维直角坐标转换为球极坐标，如图 6-4 所示。

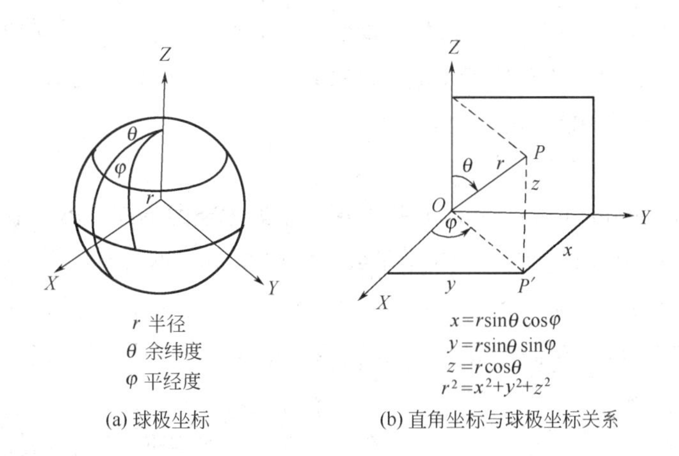

图 6-4　直角坐标转化为球极坐标示意图

在图 6-4 中，r 为 P 点到坐标原点 O（球心）的距离；θ 为 OP 线与 Z 轴正向的夹角；φ 为 OP 在 XY 平面上的投影 OP' 与 X 轴正向的夹角。

球坐标中三个变量 r、θ、φ 表示空间位置，ψ 是三个变量 r、θ、φ 的函数，记为 $\psi_{n,l,m}$（r，θ，φ）。解薛定谔方程，就是解出对应一组 n、l、m 的波函数 $\psi_{n,l,m}$(r，θ，φ)及其相应的能量 $E_{n,l}$。

【波函数 $\psi_{n,l,m}$ 是量子力学中所代表的某个电子概率的波动，不是一个具体的数值，而是用空间坐标(r，θ，φ)来描述概率波的数学函数式，每一个电子的概率波都可用波函数来描述，$\psi_{n,l,m}$ 称为原子轨道(atomic orbital)**】**。但它与宏观物体的运动轨道和玻尔假设的固定轨道的概念是不同的。

除了以上三个量子数外，根据实验，为了描述电子自旋运动的特征，又引入了一个自旋量子数 s_i，下面分别讨论这四个量子数。

三、四个量子数

1. 主量子数（n）

【主量子数（principal quantum number）**用来描述核外电子出现概率最大区域离核的平均距离，是决定电子运动能量高低的主要因素】**。

原子中，主量子数 n 相同的电子，可认为在同一区域内运动，区域又称**电子层**。n 值只能取 1，2，3 …等正整数，分别为第一电子层，第二电子层，第三电子层…，并用相应的电子层符号表示为 K，L，M，N，O，P，Q…**【单电子原子中电子的能量只由主量子数 n 决定】**。

n 值越大，电子离核的平均距离就越远，所处的状态能级越高，则电子运动的能量 E 越高。

2. 角量子数（l）

角量子数(azimuthal quantum number)的引入是由于电子绕核运动时，还具有一定的角动量，角动量的绝对值和角量子数 l 的关系式为：

$$|L|=\frac{h}{2\pi}\sqrt{l(l+1)} \tag{6-5}$$

【角量子数 l 用来描述原子轨道的形状，反映空间不同角度电子出现的概率】。

l 的取值受主量子数 n 的限约，当主量子数 n 确定时，l 可取 $l=0$，1，2，3…（$n-1$），包括零和小于 n 的正整数，共可取 n 个值，并用相应的轨道符号表示。如 $n=4$ 时，$l=0$，1，2，3，轨道符号分别为 s，p，d，f。不同的 l 值对应的电子运动的轨道形状是不同的。s 轨道形状为球形对称，p 轨道形状为哑铃形，d 轨道形状为花瓣形，f 轨道形状更复杂。**【多电子原子中电子的能量除了与主量子数 n 有关外，也与角量子数 l 有关】**。当 n、l 取值相同时，则电子的能量相同。当 n 相同、l 不同时，电子的能量随 l 值增大而增大。

3. 磁量子数（m）

【磁量子数(magnetic quantum number)**描述原子轨道在空间不同角度的取向】**。

m 的取值，受角量子数 l 的限约，当角量子数 l 确定时，$m=0$，±1，±2，…，$\pm l$，只能取小于或等于 l 的整数，共可取 $2l+1$ 个值。对于 n 和 l 相同、m 不同的轨道，尽管原子轨道有不同角度的取向，但轨道的能量相同，称为**等价轨道**(equivalent orbital)或**简并轨道**(degenerate orbital)。m 与 l 的关系为：

当 $l=0$ s 轨道 $m=0$ 一种取向，无方向性。

$l=1$ p 轨道 $m=+1$，0，-1 三种取向，为三个等价轨道。

$l=2$ d 轨道 $m=+2$，$+1$，0，-1，-2 五种取向，为五个等价轨道。

$l=3$　f 轨道　$m=+3,+2,+1,0,-1,-2,-3$　　七种取向，为七个等价轨道。

每一个原子轨道是指 n、l、m 组合一定时的波函数 $\psi_{n,l,m}$，代表原子轨道的能量、在空间的形状和取向。用 n 和 l 表示的各原子轨道，能量不同，称为**能级**。例如：$n=1$，$l=0$，$m=0$ 时，记为 $\psi_{1,0,0}$或 ψ_{1s}，为 1s 轨道，称为 1s 能级；$n=2$，$l=1$，$m=0$ 时，记为 $\psi_{2,1,0}$或 ψ_{2p_z}，为 2p_z 轨道，称为 2p_z能级等。

当三个量子数的各自数值确定时，波函数 $\psi_{n,l,m}$ 函数值即确定，该原子轨道的形状、空间伸展方向、离核远近及能量也随之确定。

4. 自旋量子数（s_i）

自旋量子数(spin quantun number)是解释氢原子光谱具有精细结构(每一根谱线是由二根靠得很近的谱线组成)引入的，认为原子中的电子除绕核做高速运动外，还绕自己的轴作自旋运动。电子的自旋运动用自旋量子数 s_i 表示。**【自旋量子数只能取两个值，即 $s_i=+1/2$ 和 $s_i=-1/2$，表明电子在每个原子轨道中的运动可有自旋相反的两种运动状态】**。通常用↑和↓表示，即顺时针自旋和逆时针自旋。

综上所述，每一个原子轨道由三个量子数 n、l、m 确定，每一个电子可用四个量子数来描述它的运动状态。

四个量子数的取值是相互限约的，核外电子运动的状态数受主量子数 n 值限约。**【在同一原子中，不能有四个量子数完全相同的两个电子存在，称为泡里不相容原理】**。因此，各电子层最多可容纳 $2n^2$ 个电子。表 6-1 列出了各电子层中电子最多可容纳的运动状态数。

表 6-1　核外电子运动的状态数

n	l（取值：$l<n$）	轨道符号（能级）	m（取值：$m\leqslant l$）	轨道数	电子层轨道数 n^2	最多可容纳的运动状态数（电子数）($2n^2$)
1	0	1s	0	1	1	2
2	0	2s	0	1	4	8
	1	2p	+1，0，−1，	3		
3	0	3s	0	1	9	18
	1	3p	+1，0，−1	3		
	2	3d	+2，+1，0，−1，−2	5		
4	0	4s	0	1	16	32
	1	4p	+1，0，−1	3		
	2	4d	+2，+1，0，−1，−2	5		
	3	4f	+3，+2，+1，0，−1，−2，−3	7		

四、概率密度和电子云

前已叙述，波函数 $\psi_{n,l,m}$是量子力学中描述某个电子概率波的数学函数式，它的图像反映了核外电子在空间的概率分布。由于核外电子运动具有波粒二象性，所以波函数表示的概率波与水

波、声波等机械波是不同的，它没有明确的物理意义，在量子力学中波函数的物理意义是通过$|\psi|^2$体现的，**【$|\psi|^2$代表核外空间某处电子出现的概率密度**（probability density），**即指离核半径为 r 的某处单位微体积 $d\tau$ 中电子出现的概率】**。因此有以下关系：

概率＝概率密度·体积

概率密度＝概率/体积

【电子云(electron cloud)是$|\psi|^2$在空间分布的图像。用统计方法以小黑点分布的疏密形象化地描述电子在核外出现概率密度的相对大小】。图 6-5 为氢原子 1s 电子云示意图，图 6-6 为氢原子 1s 电子概率密度与离核半径(r) 的关系。

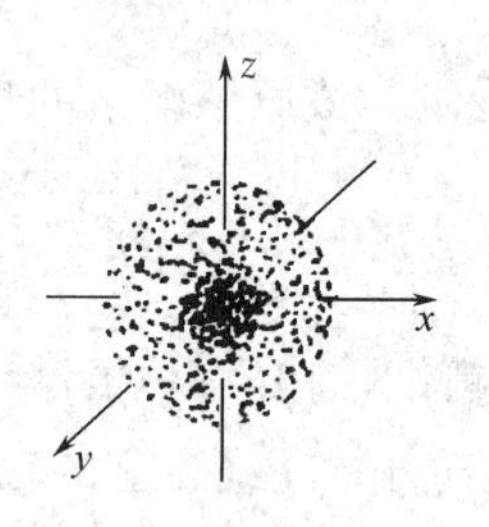

图 6-5 用小黑点表示的氢原子 1s 电子云空间形状示意图

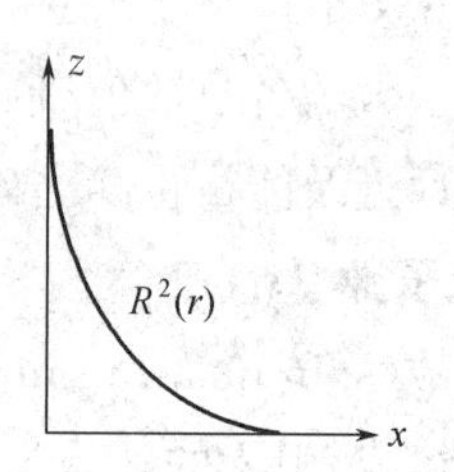

图 6-6 氢原子 1s 电子概率密度与离核半径的关系

从图 6-5 和图 6-6 中可以看出，氢原子 1s 电子云是球形对称的。r 越小，离核越近，$|\psi|^2$越大，小黑点越密，表示电子在该处的概率密度越大。r 越大，离核越远，$|\psi|^2$越小，小黑点越稀，电子在该处的概率密度越小。因此电子的运动具有明显的统计性。

为了形象地表示电子云的形状，常用等概率密度剖面界面图来表示。在图中通常将电子出现概率密度相等的点连接成曲面(图 6-7)。1s 电子的等概率密度面是一系列的同心球面，再用数值在球面上标出概率密度的相对大小，以曲面内电子云出现的概率达 95%作为界面，界面外的区域，电子出现的概率已经极小了，可以忽略不计。再将黑点除去来表示电子云的形状，这样的图像即为剖面界面图(图 6-8)。s 电子云的界面是一个球面。图 6-9 列出了氢原子 s、p、d 电子各种状态电子云界面示意图。

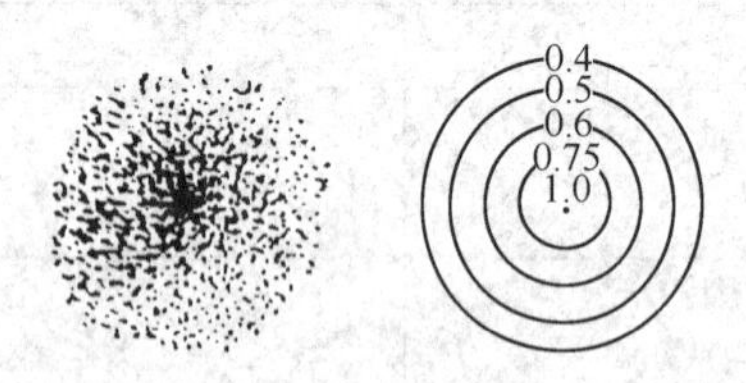

图 6-7 氢原子 1s 电子云等概率密度面

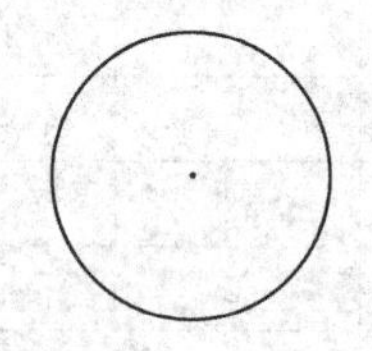

图 6-8 氢原子 1s 电子云剖面界面图

五、波函数和电子云的空间图形

为了便于讨论原子在化学反应中的行为，用复杂的波函数很难表达清楚，通常采用作图的方法。通过数学处理，将波函数分解成随角向变化和随径向变化两个函数的乘积：

$$\psi_{n,l,m}(r,\theta,\varphi)=R_{n,l}(r)\cdot Y_{l,m}(\theta,\varphi) \qquad (6\text{-}6)$$

径向部分　　角向部分

式(6-6)中，$R_{n,l}(r)$称为波函数 $\psi_{n,l,m}$的**径向部分**(redial part of wave function)，$Y_{l,m}(\theta,\varphi)$称为波函数 $\psi_{n,l,m}$的**角向部分**(angular part of wave function)。

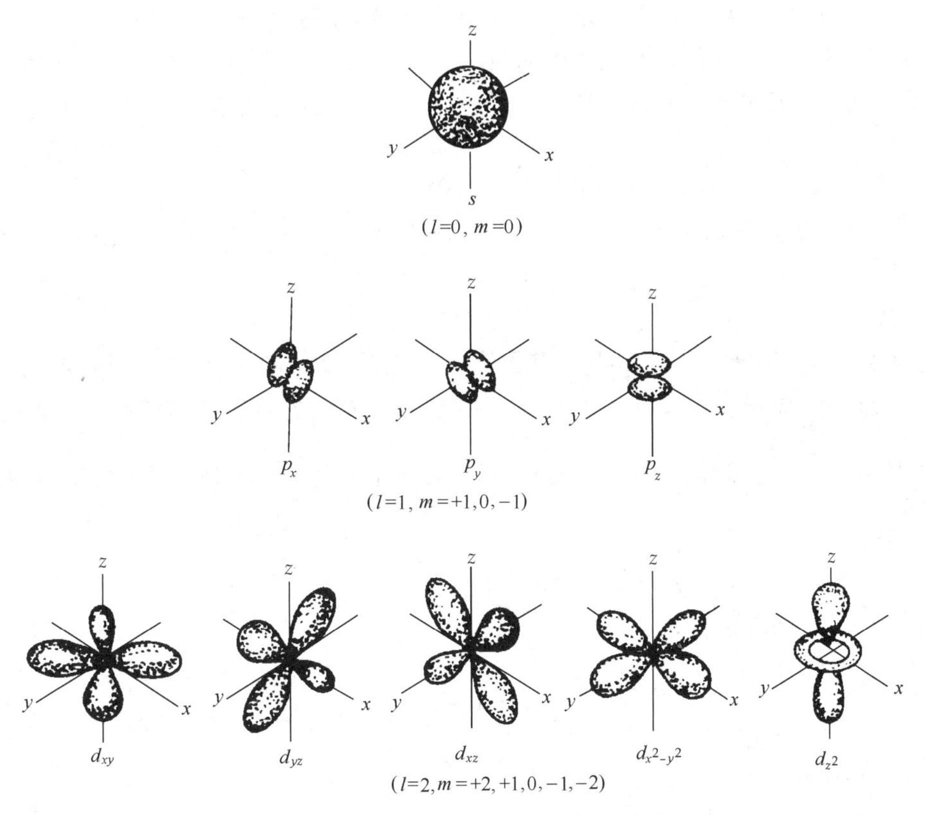

图 6-9　氢原子 s、p、d 电子各种状态电子云界面示意图

表 6-2 列出了氢原子的若干波函数。

表 6-2　氢原子若干波函数（a_0＝玻尔半径）

轨道	ψ (r, θ, φ)	R (r)	Y (θ, φ)
1s	$\sqrt{\frac{1}{\pi a_0^3}}e^{-r/a_0}$	$2\sqrt{\frac{1}{a_0^3}}e^{-r/a_0}$	$\sqrt{\frac{1}{4\pi}}$
2s	$\frac{1}{4}\sqrt{\frac{1}{2\pi a_0^3}}\left(2-\frac{r}{a_0}\right)e^{-r/2a_0}$	$\sqrt{\frac{1}{8a_0^3}}\left(2-\frac{r}{a_0}\right)e^{-r/2a_0}$	$\sqrt{\frac{1}{4\pi}}$
$2p_z$	$\frac{1}{4}\sqrt{\frac{1}{2\pi a_0^3}}\left(\frac{r}{a_0}\right)e^{-r/2a_0}\cos\theta$		$\sqrt{\frac{3}{4\pi}}\cos\theta$
$2p_x$	$\frac{1}{4}\sqrt{\frac{1}{2\pi a_0^3}}\left(\frac{r}{a_0}\right)e^{-r/2a_0}\sin\theta\cos\theta$	$\sqrt{\frac{1}{24a_0^3}}\left(\frac{r}{a_0}\right)e^{-r/2a_0}$	$\sqrt{\frac{3}{4\pi}}\sin\theta\cos\varphi$
$2p_y$	$\frac{1}{4}\sqrt{\frac{1}{2\pi a_0^3}}\left(\frac{r}{a_0}\right)e^{-r/2a_0}\sin\theta\sin\varphi$		$\sqrt{\frac{3}{4\pi}}\sin\theta\sin\varphi$

例如，氢原子基态波函数可分为以下两部分：

$$\psi_{1s}=\sqrt{\frac{1}{\pi a_0^3}}e^{-\frac{r}{a_0}}=R_{1s}\cdot Y_s=2\sqrt{\frac{1}{a_0^3}}e^{-\frac{r}{a_0}}\cdot\sqrt{\frac{1}{4\pi}}$$

分别对径向部分和角向部分的变化规律以球坐标作图，可画出 $\psi_{n,l,m}$（原子轨道）和电子云（$\psi^2_{n,l,m}$形象化描述）的形状及方向，这样的图形既简单又直观。

（一）原子轨道角度分布图

波函数或原子轨道的角向部分 $Y_{l,m}(\theta,\varphi)$ 函数式可由解薛定谔方程求得，也可从有关手册中

查得。若以原子核为坐标原点，引出方向为(θ,φ)的直线，连接所有这些线段的端点，在空间可形成一个曲面。这样的图形称为Y的球坐标图，并称它为原子轨道角度分布图，记为$Y_{l,m}$。

例如，由表 6-2 可知，氢原子 1s 原子轨道的角向部分函数式Y_{1s}为

$$Y_{1s}=\sqrt{\frac{1}{4\pi}}$$

Y_{1s}只是一个常数，与θ、φ角度无关。画出的氢原子 1s 原子轨道角度分布图是一个球曲面，半径为$\sqrt{\frac{1}{4\pi}}$。

【原子轨道的角向部分$Y_{l,m}(\theta,\varphi)$只与量子数l、m有关，而与主量子数n、离核半径r无关】。

因此，所有的 s 原子轨道(如 2s，3s，4s 等)的角度分布图与 1s 原子轨道相同，都是一个半径为$\sqrt{\frac{1}{4\pi}}$的球面。p、d、f系列原子轨道也一样。故在原子轨道角度分布图中常不标明轨道符号前的主量子数。

【例 6-1】 画出 $2p_z$ 原子轨道角度分布图。

解：由表 6-2 可知氢原子Y_{p_z}为

$$Y_{p_z}=\sqrt{\frac{3}{4\pi}}\cos\theta$$

或

$$Y_{p_z}=K\cdot\cos\theta$$

式中，K 值为$\left(\frac{3}{4\pi}\right)^{1/2}$，是常数，它不会影响图形的形状。$Y_{p_z}$值随$\theta$角的大小而改变，若以球坐标按$Y_{p_z}$-$\theta$作图，可得两个相切于原点的球面，即为$p_z$原子轨道角度分布图，见图 6-10。一些随$\theta$角度而变化的$Y_{p_z}$值见表 6-3。

表 6-3 氢原子 p_z 随θ角度变化的Y_{p_z}和$Y_{p_z}^2$值

θ	0°	15°	30°	45°	60°	90°	120°	135°	150°	165°	180°
$Y_{p_z}=\cos\theta$	1.00	0.97	0.87	0.71	0.50	0.00	−0.50	−0.71	−0.87	−0.97	−1.00
$Y_{p_z}^2=\cos^2\theta$	1.00	0.94	0.75	0.50	0.25	0.00	0.25	0.50	0.75	0.93	1.00

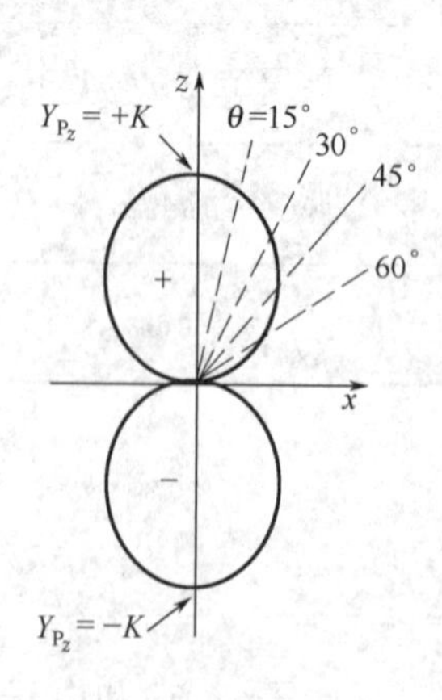

图 6-10 p_z 原子轨道角度分布剖面图

p_z原子轨道角度分布图的画法如下：

利用表 6-3 中列出的数据，可以在 xz 平面内画出如图6-10一、四象限所示的曲线。将曲线绕 z 轴旋转一周(360°)，可以得到“哑铃型”立体曲面。图中球面上每点至原点的距离，代表在该角度上Y_{p_z}数值的大小，正、负号表示波函数角度部分Y_{p_z}在这些角度上为正值或负值。整个球面表示Y_{p_z}随θ角变化的规律。由于在z轴上θ角为 0°，$\cos\theta=1$，所以Y_{p_z}在沿z轴的方向出现极大值，该曲面图称为p_z原子轨道角度分布图，记为Y_{p_z}，通常以其剖面图表示。用以上同样的方法，可以画出 s、p、d 各种轨道的角度分布剖面图，如图 6-11 所示。

从图 6-11 中看到：3 个p轨道角度分布剖面图的形状相同，只是空间取向不同。当p轨道角度分布图沿z轴的方向出现极大值，记为Y_{p_z}；当p轨道角度分布图沿y轴的方向出现极大值，记为Y_{p_y}；当p轨道角度分布图沿x轴的方向出现极大值记为Y_{p_x}。

5 个 d 轨道的角度分布剖面图中：$Y_{d_{z^2}}$ 中的 Y 极大值在沿 z 轴的方向上；$Y_{d_{x^2-y^2}}$ 中的 Y 极大值在沿 x、y 轴的方向上；另 3 个 $Y_{d_{xy}}$、$Y_{d_{xz}}$、$Y_{d_{yz}}$ 角度分布剖面图中，$Y_{d_{xy}}$ 中的 Y 的极大值沿 x 和 y 两个轴间 45°夹角的方向上；$Y_{d_{xz}}$ 中的 Y 的极大值沿 x 和 z 两个轴间 45°夹角的方向上；$Y_{d_{yz}}$ 中的 Y 的极大值沿 y 和 z 两个轴间 45°夹角的方向上。除 $Y_{d_{z^2}}$ 外，其他 4 个轨道的角度分布图的形状相同，只是空间取向不同。

原子轨道的角度分布图不是原子轨道的实际形状，但它在化学键的形成过程中有非常重要的意义。

（二）电子云角度分布图

如果我们将分解的薛定谔方程式(6-6)两边平方，则得到

$$\psi^2_{n,l,m}(r,\theta,\varphi)=R^2_{n,l}(r)\cdot Y^2_{l,m}(\theta,\varphi)$$

电子云　　径向部分　角向部分

【电子云角度分布图是波函数或原子轨道角向部分 $Y^2_{l,m}(\theta,\varphi)$ 随 θ、φ 角变化关系的图形，它与主量子数 n、离核半径 r 无关】。这种图形反映了电子出现在核外各个方向概率密度的分布规律，其画法过程与波函数或原子轨道角度分布图一样，先将该原子轨道的角向分布 $Y_{l,m}(\theta,\varphi)$ 的计算式两边平方。

例，p_z 原子轨道的角向部分是　　$Y_{p_z}=K\cdot\cos\theta$

p_z 电子云的角向部分是　　$Y^2_{p_z}=K^2\cdot\cos^2\theta$

将 $Y^2_{p_z}$ 值(表 6-3)随 θ 角度变化作图，得到的图形称为电子云的角度分布图，记为 $Y^2_{p_z}$。用相同的方法，可以画出 s、p、d 各种电子云的角度分布图（图 6-12），它表示随 θ 和 φ 角度变化时，半径相同的各点，概率密度相同。

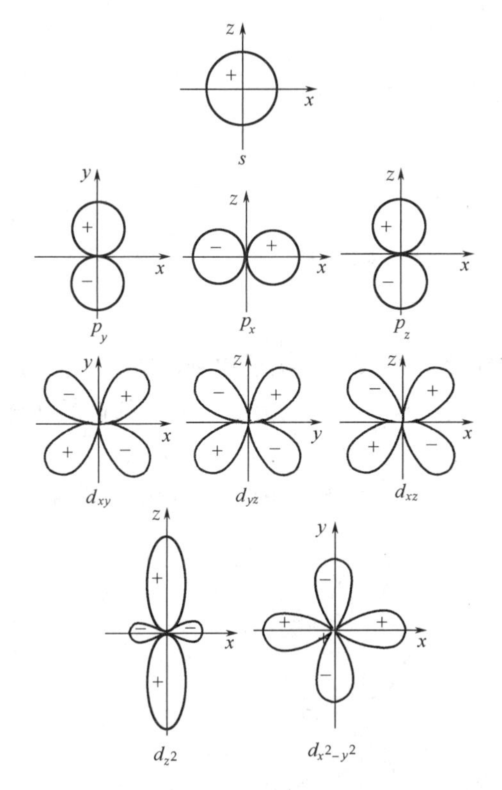

图 6-11　s、p、d 各种原子轨道的角度分布剖面图

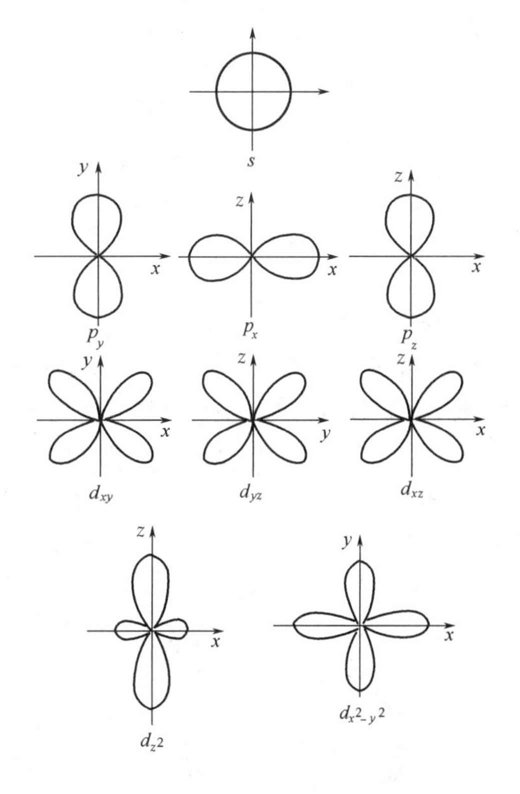

图 6-12　s、p、d 各种电子云角度分布剖面图

从图 6-12 可以看出：电子云角度分布图的形状与原子轨道角度分布图相似。但 s、p、d 原子轨道角度分布图要“胖”些，且有“+”、“−”值。而 p、d 电子云角度分布图稍“瘦”（Y^2 值更小）些，且都是“+”值（Y^2 都取正值），没有“−”值。

要注意，把电子云角度分布图当作电子云的实际图形是错误的，因为电子云角度分布图只能反映电子在空间不同角度所出现的概率密度，并不反映电子出现概率密度随离核半径 r 的变化。

（三）电子云的径向部分分布图

【电子云的径向部分 $R^2_{n,l}(r)$，表示概率密度随离核半径 r 的变化，它与磁量子数 m 及角度 θ、φ 无关】。电子云的径向部分有多种图示表示，教学中常用的是电子概率密度径向分布图和壳层概率径向分布图，是从两个不同层面来反映电子云的状态。

1. 电子概率密度径向分布图

【若以 $R^2(r)$ 对 r 作图，就能得到电子的概率密度随半径 r 的变化图，称为电子概率密度径向分布图】。图 6-13 列出了常用的几种氢原子电子的 $R^2(r)$图，它表示任何角度方向上的电子概率密度随半径 r 的变化，若与电子云角度分布图结合起来即为电子云的空间形状（图6-17）。

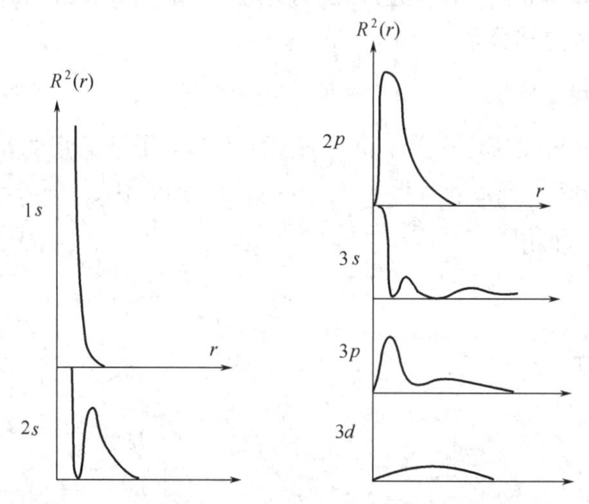

图 6-13　氢原子 s、p、d 几种电子概率密度径向分布图

2. 壳层概率径向分布图

【壳层概率是指离核半径为 r、厚度为 dr 的薄层球壳体积（dτ）中电子出现的概率，用符号 r^2R^2 或 $D(r)$表示】。壳层概率是概率密度的一种表现形式，从另一侧面反映了电子的运动状态，理论上可以导出。现以最简单的球形对称的 ns 电子云为例。

设想把 ns 电子云通过中心分割成具有不同半径 r 的薄层球壳(同心圆)，如果我们考虑一个离核距离为 r，厚度为 dr 的薄层球壳，如图 6-14 所示。

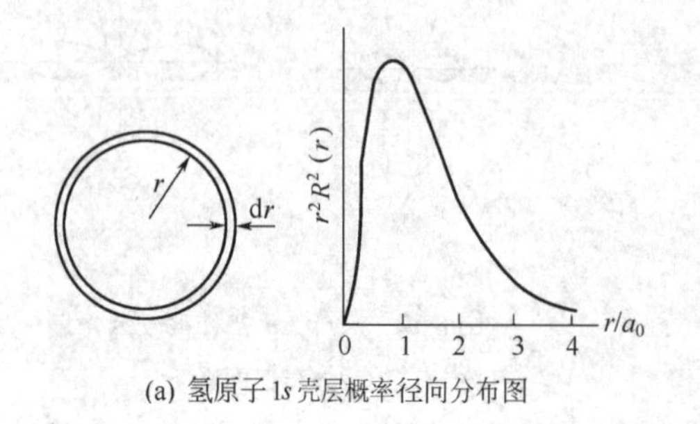

(a) 氢原子 1s 壳层概率径向分布图

(b) 氢原子 1s 壳层概率径向分布合成示意图

图 6-14　氢原子 1s 电子云径向分布函数图

因为，半径为 r 的球面面积为 $4\pi r^2$

所以，厚度为 $\mathrm{d}r$ 的薄层球壳的体积为 $4\pi r^2 \cdot \mathrm{d}r$

则该薄层球壳中电子出现的概率即壳层概率为

$$\text{壳层概率}=\text{概率密度}\times\text{壳层体积}=\psi_{ns}^2 \cdot 4\pi r^2 \cdot \mathrm{d}r \tag{6-7}$$

因
$$\psi_{ns}=R_{n,0}(r)\cdot Y_{0,0}(\theta,\varphi)=R_{n,0}\cdot\left(\frac{1}{4\pi}\right)^{1/2} \tag{6-8}$$

两边平方
$$\psi_{ns}^2=R_{n,0}^2(r)\cdot Y_{0,0}^2(\theta,\varphi)=R_{n,0}^2\cdot\frac{1}{4\pi} \tag{6-9}$$

将式（6-9）代入式（6-7），得

$$\text{壳层概率}=R_{n,0}^2\cdot\frac{1}{4\pi}\cdot 4\pi r^2\cdot\mathrm{d}r$$
$$=r^2R_{n,0}^2\cdot\mathrm{d}r \qquad (r^2R_{n,0}^2=\psi_{ns}^2\cdot 4\pi r^2)$$

因 $\mathrm{d}r$ 很薄，故壳层概率可看作为薄层球面上电子出现的概率，用 r^2R^2 表示。

【若以 $r^2R^2(r)$ 对 r 作图，就可以得到氢原子 s、p、d 各电子的壳层概率随 r 的变化图，称为壳层概率径向分布图】。如图 6-15 所示。

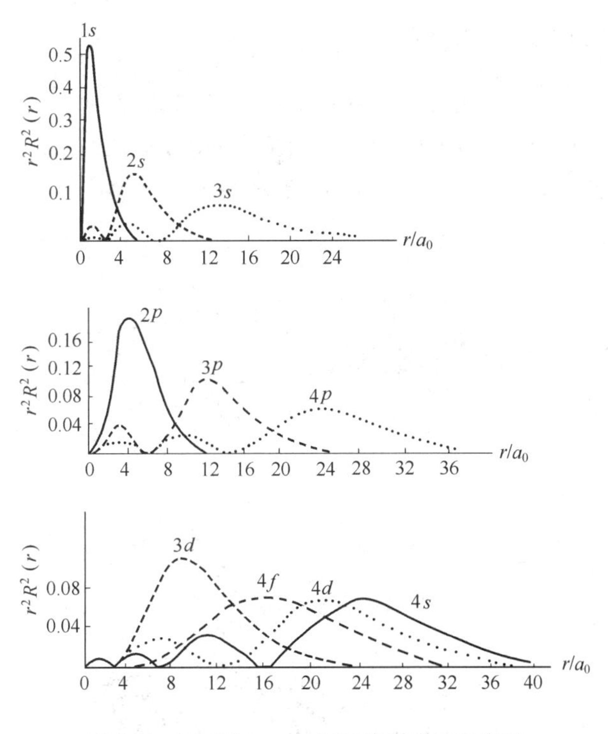

图 6-15　氢原子 s、p、d 壳层概率径向分布图

从图 6-14(a)看出，氢原子 1s 电子云最大壳层概率半径在 a_0 处。而电子离核越近概率密度越大，这两者并不矛盾。因为薄层球壳的体积随半径的减小而缩小，概率密度随半径的减小而增大，这两个趋势正好相反，在 a_0 处会出现一个极大值。

r^2R^2 的数值越大，表示电子在该球壳中出现的概率越大，壳层概率径向分布图反映了电子在球壳中出现的概率离核远近的关系。

从图 6-15 中可以看到：

① 氢原子 1s 电子云在离核半径为 52.9pm 处薄层球壳内出现的概率最大。最大壳层概率半

径恰好与玻尔半径 $a_0=52.9\text{pm}(n=1)$ 吻合。

② 主量子数 n 相同、角量子数 l 不同时，曲线有 $(n-l)$ 个峰。如 ns 电子有 n 个峰，np 电子有 $(n-1)$ 峰，nd 电子有 $(n-2)$ 个峰，nf 电子有 $(n-3)$ 个峰。如 $4s$ 有 4 个峰，$4p$ 有 3 个峰，$4d$ 有 2 个峰，而 $4f$ 只有一个峰，峰数的不同将会影响多电子原子的轨道能级。

③ n 相同的轨道可视为一电子层，核外电子的分布可视作分层的。主量子数 n 相同，它们都有一个离核平均距离即半径相近的壳层概率最大的主峰，这些主峰离核距离近远的顺序是 $1s$、$2s2p$、$3s3p3d$、…因此从壳层概率径向分布图看出，核外电子的分布可视作分层的。

④"钻穿"现象引起能级错位。主量子数 n 相同时，ns 比 np 多一个离核较近的峰（图 6-16），np 比 nd 多一个离核较近的峰，nd 又比 nf 多一个离核较近的峰。而且，这些近核的峰都伸入到 $(n-1)$ 各锋的内部，这种现象叫"钻穿"，钻穿能力 $ns>np>nd>nf$。从图 6-15 中还可看到 $4s$ 离核最近的一个小峰竟钻穿到 $3d$ 主峰之内。由钻穿现象引起的效应可解释多电子原子中的能级错位的原因。

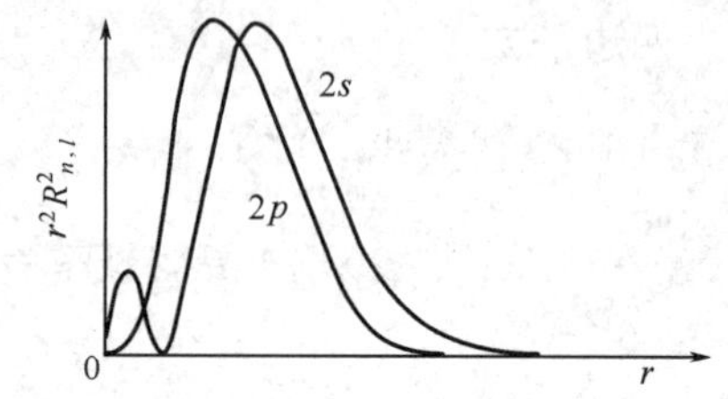

图 6-16　2s 与 2p 壳层概率径向分布图钻穿能力

（四）电子云的空间形状（阅读）

$$\psi^2_{n,l,m}(r,\theta,\varphi)=R^2_{n,l}(r)\cdot Y^2_{l,m}(\theta,\varphi)$$

电子云的空间形状是由电子云的电子概率密度径向部分 $R^2_{n,l}(r)$ 和角度部分 $Y^2_{l,m}(\theta,\varphi)$ 两者结合在一起用小黑点图来描述的。图 6-17 为常见的几种氢原子用小黑点图表示的电子云空间形状示意图。

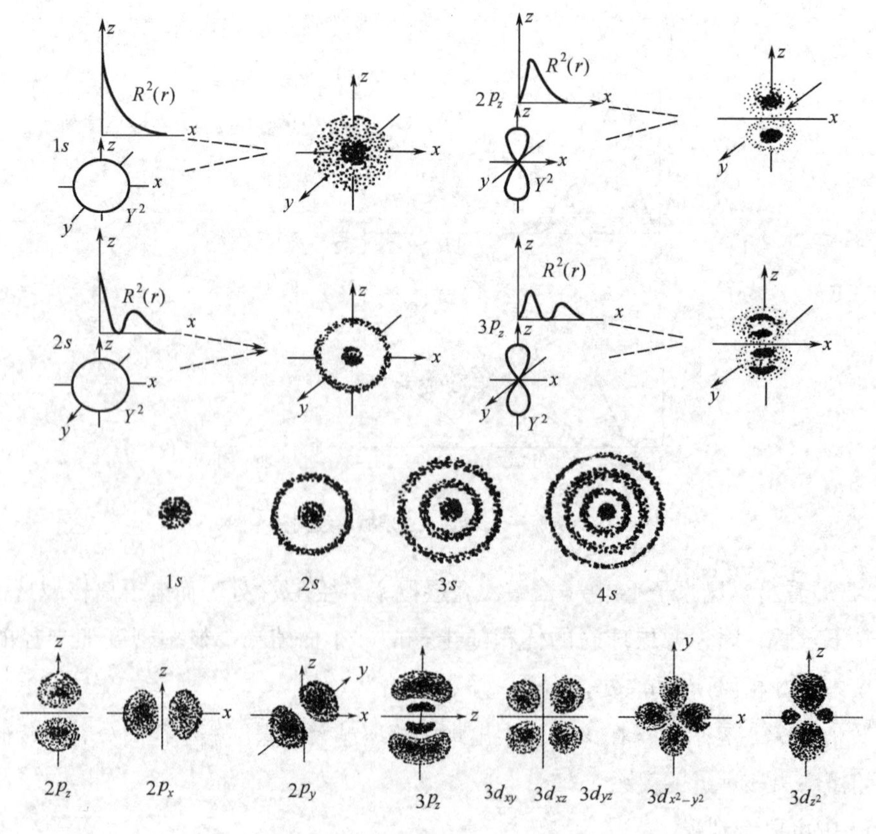

图 6-17　用小黑点表示的氢原子 s、p、d 电子云空间形状示意图

第三节　多电子原子结构和元素周期系

近代量子力学原子模型发展使人们完全摆脱了玻尔原子模型固定轨道的束缚，使我们更清楚地了解了原子结构内部核外电子运动的状态。尽管目前发现的 118 种元素中除了氢原子外都是**多电子原子**(multielectron atoms)，但四个量子数、能级、波函数 ψ（原子轨道）、电子云及相关的函数图等重要概念对讨论多电子原子结构和能级及性质规律性的变化等具有指导意义。

一、多电子原子的原子轨道能级

单电子原子轨道的能量只由主量子数 n 决定，与角量子数 l 无关。

$$E_n=-\frac{2.179\times10^{-18}Z^2}{n^2}\text{ J}\tag{6-10}$$

对于多电子原子，电子的能量不仅要考虑原子核对其的吸引，还应考虑各轨道之间的电子的排斥作用。因此多电子原子的原子轨道能级比单电子原子要复杂得多，光谱实验结果证实了这一点。

（一）鲍林原子轨道近似能级图

美国化学家**鲍林**(L. Pauling)根据光谱实验的结果，总结出多电子原子中电子填充各原子轨道能级顺序，如图 6-18 所示。

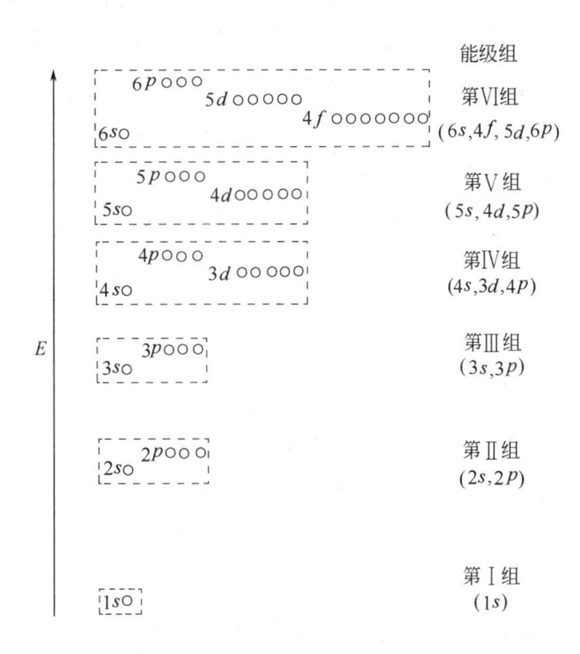

图 6-18　鲍林原子轨道近似能级图

在图 6-18 中：

(1) 每个虚线方框为一能级组，表明该能级组中各能级的能量相近或能级差别较小。不同的能级组之间能量差别较大。目前分为七个能级组，并按照能量从低到高的顺序从下往上排列。

(2) 每个能级组中，每一个小圆圈表示一个原子轨道，将 3 个等价 p 轨道、5 个等价 d 轨

道、7个等价 f 轨道…排成一行，表示在该能级组中它们的能量相等。除第一能级组外，其他能级组中，原子轨道的能级也有差别，以小圆圈的高低表示。

(3) 除了第一、第二、第三能级组外，其他能级组有能级错位的现象，如第四能级组中 $E_{4s}<E_{3d}$ 等。这种【**能级错位的现象称“能级交错”**(energy level overlap)】。

以上原子轨道能级高低变化的情况，可用“屏蔽效应”和“钻穿效应”来加以解释。

1. 屏蔽效应

在多电子原子中，每个电子不仅受原子核的吸引，还要受到其他电子的排斥，使核对该电子的吸引力降低。由于核外电子运动具有波粒二象性，不可能准确测定它们的排斥力，通常采用近似处理的方法：【**将其他电子对某一电子排斥的作用归结为是他们抵消了一部分核电荷，使有效核电荷**(effective nuclear charge)**降低，削弱了核电荷对该电子的吸引作用，这种抵消一部分核电荷的作用称为屏蔽效应**(screening effect)】。

若有效核电荷用符号 Z^* 表示，核电荷用符号用 Z 表示，被抵消的核电荷数用符号 σ 表示，则它们有以下的关系：

$$Z^*=Z-\sigma \tag{6-11}$$

式中，σ 为**屏蔽常数**(screening constant)，它与主量子数 n 和角量子数 l 有关。对于多电子原子中的一个电子，其能量的计算式为：

$$E_n=-\frac{2.179\times10^{-18}(Z-\sigma)^2}{n^2}\ \mathrm{J} \tag{6-12}$$

从式(6-12)可以看出，如果屏蔽常数 σ 愈大，屏蔽效应就愈大，则电子受到的有效核电荷 Z^* 减少，电子的能量就升高。显然，如果能计算原子中其他电子对某个电子的屏蔽常数 σ，就可求得该电子的近似能量。以此方法，即可求得多电子原子中各轨道能级的近似能量。屏蔽常数的计算，可用斯莱脱(J. C. Slater)提出的经验公式，本课程不作要求。

通常认为，内层电子对外层电子屏蔽效应大，同层电子屏蔽效应小，外层电子的径向分布图在离核附近尽管也有小峰出现，但因其屏蔽作用很小，可视其对内层电子不产生屏蔽效应。

2. 钻穿效应

根据壳层概率径向分布图，由于角量子数 l 不同，出现的峰数不同，会有钻穿现象，电子钻得离核距离越近，在原子核附近电子出现的概率越大，可更多地避免其余电子的屏蔽，核对其吸引力增加越大，其能级能量降低得越多。这种【**由于角量子数 l 不同，壳层概率径向分布不同而引起的能级能量的变化称为钻穿效应** (drill through effect)】。

在多电子原子中，原子轨道的能级能量变化用屏蔽效应和钻穿效应能得到满意的解释。多电子原子的原子轨道能级能量的变化可归纳为以下三种：

(1) 主量子数 n 相同、角量子数 l 不同时，能级能量随角量子数 l 的增大而升高。

当主量子数 n 相同时，角量子数 l 越小的，峰越多，钻得就越深，离核就越近，受核的吸引力就越强。由于钻穿能力 $ns>np>nd>nf$，所以核对电子的吸引能力 $ns>np>nd>nf$。或 l 增大，轨道离核较远，受同层其他电子的屏蔽效应就大，能级升高，核对该轨道上的电子吸引力相应减弱。如：$E_{4s}<E_{4p}<E_{4d}<E_{4f}$。

(2) 主量子数 n 不同、角量子数 l 相同时，能级能量随主量子数 n 的增大而升高。

n 不同、l 相同的能级，n 越大，轨道离核越远，外层电子受内层的屏蔽效应也越大，能级越高，核对该轨道上的电子吸引力就越弱。如：$E_{1s}<E_{2s}<E_{3s}<E_{4s}$。

（3）主量子数 n 不同、角量子数 l 不同的能级，可能出现“能级交错”现象。

如：$E_{4s}<E_{3d}$；$E_{5s}<E_{4d}$；$E_{6s}<E_{4f}<E_{5d}$等。

这种情况可用钻穿效应加以解释。例如 $E_{4s}<E_{3d}$，从壳层概率径向分布图可以看出，4s 离核最近的小峰，钻得很深，核对它的吸引力增强，使轨道能级降低的作用超过了主量子数增大使轨道能级升高的作用，故 $E_{4s}<E_{3d}$，使能级发生错位。

要注意的是，鲍林的原子轨道能级图是他假设所有不同元素原子的能级高低次序完全一样提出的，所以是近似能级图，它解释不清原子轨道能级交错现象，更不能反映多电子原子轨道能级与原子序数的变化关系。科顿原子轨道能级图能说明这些问题。

（二）科顿原子轨道能级图（阅读）

科顿(F. A. Cotton)的原子轨道能级图(图 6-19)，是在量子力学理论和光谱实验的基础上总结出来的，该图较好地反映了各轨道能级顺序与原子序数的关系。

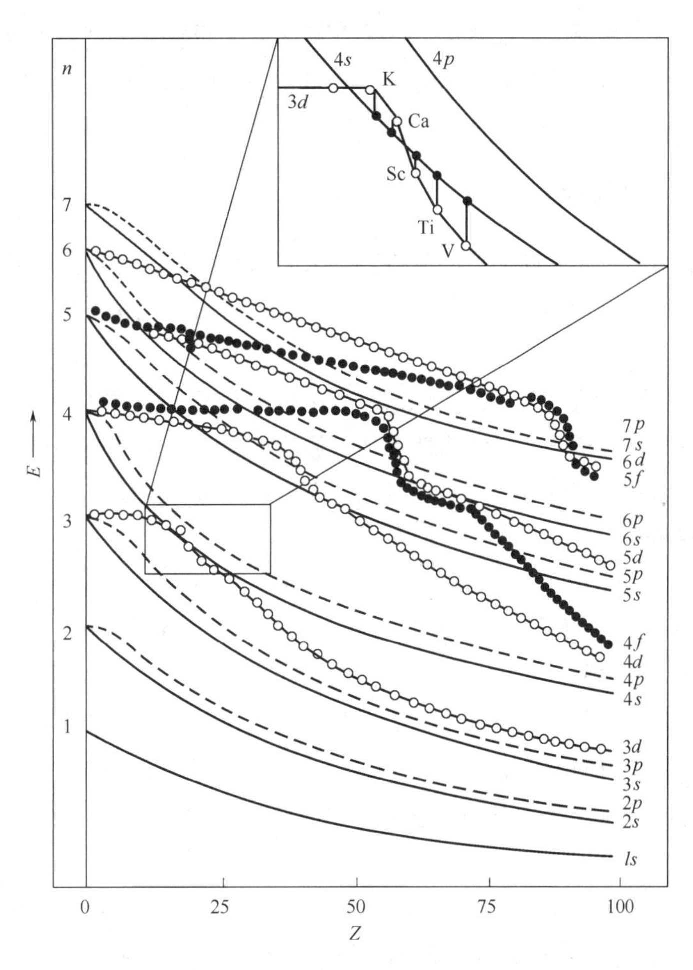

图 6-19　科顿原子轨道能级图

从图 6-19 中可以看到：

（1）单电子原子如$_1$H，轨道能级只由主量子数 n 来决定。

（2）多电子原子，如$_3$Li、$_{19}$K 等轨道的能量则是由主量子数 n 和角量子数 l 决定。

（3）对于 ns、np 轨道的能级随原子序数的增加而降低的坡度较为正常。而 nd、nf 降低的过程就很特殊，由于原子轨道能级降低的坡度不同，出现了能级交错的现象。

以 $3d$ 和 $4s$ 能级曲线为例

当原子序数	$Z=1\sim14$	$E_{4s}>E_{3d}$	正常
	$Z=15\sim20$	$E_{4s}<E_{3d}$	能级交错
	$Z\geqslant21$	$E_{4s}>E_{3d}$	正常

例如：${}_{19}$K，电子结构为 $1s^2 2s^2 2p^6 3s^2 3p^6 3d^0 4s^1$，由于 $3d$ 轨道上没有电子，核对 $4s$ 轨道上的电子吸引力大，故 $E_{4s}<E_{3d}$。又如${}_{26}$Fe，电子结构为 $1s^2 2s^2 2p^6 3s^2 3p^6 3d^6 4s^2$，由于内层 $3d$ 轨道上有电子，对外层 $4s$ 轨道上的电子有屏蔽作用，故 $E_{4s}>E_{3d}$。又原子序数 $Z=31\sim57$ 时 $E_{6s}<E_{4f}<E_{5d}$。

以上这些能级交错现象很好地反映在科顿原子轨道能级图中，为了近似地解释这种现象，才提出了屏蔽效应和钻穿效应。

二、基态原子的电子层结构

本教材采用鲍林原子轨道近似能级图，因它在解决原子核外电子排布时方便有效，更重要的是可以根据近似能级图，写出**元素周期表**(periodic table of the elements)中绝大多数**基态原子的电子层结构**(atomic electron structure)，因此它被广泛用于化学教学中。

（一）核外电子排布原则

根据光谱实验结果和对元素周期律的分析，绝大多数元素的原子，其核外电子排布应遵循以下三个原则：

1. 能量最低原理

【电子在原子轨道填充的顺序，应先从最低能级 $1s$ 轨道开始，依次往能级高的轨道上填充，以使原子处于能量最低的稳定状态，称为能量最低原理（lowest energy principle)**】**。

多电子原子在基态时，核外电子总是尽可能分布到能量最低的轨道。

2. 泡里不相容原理

1925 年奥地利科学家**泡里**(W. Pauli)在光谱实验现象的基础上，提出了一个后来被实验所证实的一个假设，即：**【在一个原子中不可能存在四个量子数完全相同的两个电子，称为泡里不相容原理**(exclusion principle)**】**。

按照泡里不相容原理，每一个原子轨道包括两种运动状态，即最多能容纳二个电子，这两个电子的运动状态自旋量子数的取值分别为 $s_i=+1/2$ 和 $s_i=-1/2$，或用“⥮”表示，即一个为顺时针自旋，另一个为逆时针自旋。因每个电子层中原子轨道的总数为 n^2 个，固可推算出各电子层中电子的最大容量为 $2n^2$ 个（表 6-1)。

3. 洪特规则

1925 年，德国科学家**洪特**(F. Hund)根据大量光谱实验数据，总结出，**【在 n 和 l 相同的等价轨道中，电子尽可能分占各等价轨道，且自旋方向相同，称为洪特规则**(Hund's rule)**，也称为等价轨道原理】**。量子力学计算证实，在等价轨道中按洪特规则分布，自旋方向相同的单电子越多，能量就越低，体系就越稳定。

洪特规则的特例：**【在等价轨道中电子排布全充满、半充满和全空状态时，体系能量最低最稳定】**。

全充满　p^6，d^{10}，f^{14}　　半充满　p^3，d^5，f^7　　全空　p^0，d^0，f^0

（二）原子的电子层结构式

原子的电子层结构式主要是根据核外电子排布三原则和光谱实验的结果书写的，有时也用电子轨道式来表示。

按照鲍林原子轨道近似能级图，电子填充各能级轨道的先后顺序为：

【1*s*　2*s*2*p*　3*s*3*p*　4*s*3*d*4*p*　5*s*4*d*5*p*　6*s*4*f*5*d*6*p*　7*s*5*f*6*d*7*p* …】

【例 6-2】 写出原子序数为 8、18 的元素原子的符号及电子层结构式和电子轨道式。

解：根据核外电子排布原则

元素原子的符号	电子层结构式	电子轨道式
$_{8}O$	$1s^2 2s^2 2p^4$	(⇅) 1s　(⇅) 2s　(⇅)(↑)(↑) 2p
$_{18}Ar$	$1s^2 2s^2 2p^6 3s^2 3p^6$	(⇅) 1s　(⇅) 2s　(⇅)(⇅)(⇅) 2p　(⇅) 3s　(⇅)(⇅)(⇅) 3p

【例 6-3】 写出 Cu 原子和 Cu^{2+} 离子的电子层结构式。并分别画出它们的价电子层电子轨道式。

解：根据核外电子排布原则

$_{29}Cu$ 电子层结构式为：$1s^2 2s^2 2p^6 3s^2 3p^6 4s^1 3d^{10}$（不是 $3d^9 4s^2$），d 轨道全充满状态体系稳定。

当电子排布完后，体系的能量就会发生变化。如 Cu 原子次外层 $3d$ 轨道上填充电子后，就会对最外层 $4s$ 上的电子有屏蔽效应，使 $4s$ 轨道上的电子能量升高，所以此时 $E_{3d} < E_{4s}$。而电子的失去和得到都是从能量高的最外层开始的，所以要将相同主量子数排在一起进行调整，调整后的电子排布可清晰地反映各轨道能量顺序，同时便于写出它们的离子电子层结构。为避免电子层结构式过长，可将前面与稀有气体元素电子层结构相同的部分以相应的稀有气体元素符号来表示，并用［　］括起来，称为**原子实体**。有时也可省略原子实体，写成价电子层结构式。**价电子**是填充在最高能级组轨道中的电子。价电子所在的电子层称为**价电子层**，通常是指参与化学反应的电子层。

$_{29}Cu$ 电子层结构式调整后为：$1s^2 2s^2 2p^6 3s^2 3p^6 3d^{10} 4s^1$　　$[Ar]3d^{10} 4s^1$

价电子层电子轨道式：(⇅)(⇅)(⇅)(⇅)(⇅) 3d　(↑) 4s　，或 $3d^{10} 4s^1$

Cu^{2+}（失去二个电子）电子层结构式：$1s^2 2s^2 2p^6 3s^2 3p^6 3d^9$

价电子层电子轨道式：(⇅)(⇅)(⇅)(⇅)(↑) 3d，或 $3d^9$

同理，$_{24}Cr$ 的电子层结构为 $[Ar]3d^5 4s^1$ 而不是 $[Ar]3d^4 4s^2$，这是因为半充满的 d^5 体系非常稳定。原子序数为 9 的 F 原子，电子层结构为 $1s^2 2s^2 2p^5$，其 F^- 离子电子层结构为 $1s^2 2s^2 2p^6$，只需在最外层加一个电子即可。

三、原子的电子层结构和元素周期系

（一）原子的电子层结构

根据核外电子排布的三原则和光谱实验的结果，可以得到周期系中各元素原子的电子层结

构，见表6-4。

表6-4 各元素原子的电子层结构

周期	原子序数	元素符号	元素名称	电子层结构																	
				K	L		M			N				O				P			Q
				1s	2s	2p	3s	3p	3d	4s	4p	4d	4f	5s	5p	5d	5f	6s	6p	6d	7s
1	1	H	氢	1																	
	2	He	氦	2																	
2	3	Li	锂	2	1																
	4	Be	铍	2	2																
	5	B	硼	2	2	1															
	6	C	碳	2	2	2															
	7	N	氮	2	2	3															
	8	O	氧	2	2	4															
	9	F	氟	2	2	5															
	10	Ne	氖	2	2	6															
3	11	Na	钠	2	2	6	1														
	12	Mg	镁	2	2	6	2														
	13	Al	铝	2	2	6	2	1													
	14	Si	硅	2	2	6	2	2													
	15	P	磷	2	2	6	2	3													
	16	S	硫	2	2	6	2	4													
	17	Cl	氯	2	2	6	2	5													
	18	Ar	氩	2	2	6	2	6													
4	19	K	钾	2	2	6	2	6		1											
	20	Ca	钙	2	2	6	2	6		2											
	21	Sc	钪	2	2	6	2	6	1	2											
	22	Ti	钛	2	2	6	2	6	2	2											
	23	V	钒	2	2	6	2	6	3	2											
	24	Cr	铬	2	2	6	2	6	5	1											
	25	Mn	锰	2	2	6	2	6	5	2											
	26	Fe	铁	2	2	6	2	6	6	2											
	27	Co	钴	2	2	6	2	6	7	2											
	28	Ni	镍	2	2	6	2	6	8	2											
	29	Cu	铜	2	2	6	2	6	10	1											
	30	Zn	锌	2	2	6	2	6	10	2											
	31	Ga	镓	2	2	6	2	6	10	2	1										
	32	Ge	锗	2	2	6	2	6	10	2	2										
	33	As	砷	2	2	6	2	6	10	2	3										
	34	Se	硒	2	2	6	2	6	10	2	4										
	35	Br	溴	2	2	6	2	6	10	2	5										
	36	Kr	氪	2	2	6	2	6	10	2	6										

续表

周期	原子序数	元素符号	元素名称	电子层结构																	
				K	L		M			N				O				P			Q
				1*s*	2*s*	2*p*	3*s*	3*p*	3*d*	4*s*	4*p*	4*d*	4*f*	5*s*	5*p*	5*d*	5*f*	6*s*	6*p*	6*d*	7*s*
5	37	Rb	铷	2	2	6	2	6	10	2	6			1							
	38	Sr	锶	2	2	6	2	6	10	2	6			2							
	39	Y	钇	2	2	6	2	6	10	2	6	1		2							
	40	Zr	锆	2	2	6	2	6	10	2	6	2		2							
	41	Nb	铌	2	2	6	2	6	10	2	6	4		1							
	42	Mo	钼	2	2	6	2	6	10	2	6	5		1							
	43	Tc	锝	2	2	6	2	6	10	2	6	5		2							
	44	Ru	钌	2	2	6	2	6	10	2	6	7		1							
	45	Rh	铑	2	2	6	2	6	10	2	6	8		1							
	46	Pd	钯	2	2	6	2	6	10	2	6	10									
	47	Ag	银	2	2	6	2	6	10	2	6	10		1							
	48	Cd	镉	2	2	6	2	6	10	2	6	10		2							
	49	In	铟	2	2	6	2	6	10	2	6	10		2	1						
	50	Sn	锡	2	2	6	2	6	10	2	6	10		2	2						
	51	Sb	锑	2	2	6	2	6	10	2	6	10		2	3						
	52	Te	碲	2	2	6	2	6	10	2	6	10		2	4						
	53	I	碘	2	2	6	2	6	10	2	6	10		2	5						
	54	Xe	氙	2	2	6	2	6	10	2	6	10		2	6						
6	55	Cs	铯	2	2	6	2	6	10	2	6	10		2	6			1			
	56	Ba	钡	2	2	6	2	6	10	2	6	10		2	6			2			
	57	La	镧	2	2	6	2	6	10	2	6	10		2	6	1		2			
	58	Ce	铈	2	2	6	2	6	10	2	6	10	1	2	6	1		2			
	59	Pr	镨	2	2	6	2	6	10	2	6	10	3	2	6			2			
	60	Nd	钕	2	2	6	2	6	10	2	6	10	4	2	6			2			
	61	Pm	钷	2	2	6	2	6	10	2	6	10	5	2	6			2			
	62	Sm	钐	2	2	6	2	6	10	2	6	10	6	2	6			2			
	63	Eu	铕	2	2	6	2	6	10	2	6	10	7	2	6			2			
	64	Gd	钆	2	2	6	2	6	10	2	6	10	7	2	6	1		2			
	65	Tb	铽	2	2	6	2	6	10	2	6	10	9	2	6			2			
	66	Dy	镝	2	2	6	2	6	10	2	6	10	10	2	6			2			
	67	Ho	钬	2	2	6	2	6	10	2	6	10	11	2	6			2			
	68	Er	铒	2	2	6	2	6	10	2	6	10	12	2	6			2			
	69	Tm	铥	2	2	6	2	6	10	2	6	10	13	2	6			2			
	70	Yb	镱	2	2	6	2	6	10	2	6	10	14	2	6			2			
	71	Lu	镥	2	2	6	2	6	10	2	6	10	14	2	6	1		2			
	72	Hf	铪	2	2	6	2	6	10	2	6	10	14	2	6	2		2			
	73	Ta	钽	2	2	6	2	6	10	2	6	10	14	2	6	3		2			
	74	W	钨	2	2	6	2	6	10	2	6	10	14	2	6	4		2			
	75	Re	铼	2	2	6	2	6	10	2	6	10	14	2	6	5		2			
	76	Os	锇	2	2	6	2	6	10	2	6	10	14	2	6	6		2			
	77	Ir	铱	2	2	6	2	6	10	2	6	10	14	2	6	7		2			
	78	Pt	铂	2	2	6	2	6	10	2	6	10	14	2	6	9		1			
	79	Au	金	2	2	6	2	6	10	2	6	10	14	2	6	10		1			
	80	Hg	汞	2	2	6	2	6	10	2	6	10	14	2	6	10		2			
	81	Tl	铊	2	2	6	2	6	10	2	6	10	14	2	6	10		2	1		
	82	Pb	铅	2	2	6	2	6	10	2	6	10	14	2	6	10		2	2		
	83	Bi	铋	2	2	6	2	6	10	2	6	10	14	2	6	10		2	3		
	84	Po	钋	2	2	6	2	6	10	2	6	10	14	2	6	10		2	4		
	85	At	砹	2	2	6	2	6	10	2	6	10	14	2	6	10		2	5		
	86	Rn	氡	2	2	6	2	6	10	2	6	10	14	2	6	10		2	6		

续表

周期	原子序数	元素符号	元素名称	电子层结构																	
				K	L		M			N				O				P			Q
				1*s*	2*s*	2*p*	3*s*	3*p*	3*d*	4*s*	4*p*	4*d*	4*f*	5*s*	5*p*	5*d*	5*f*	6*s*	6*p*	6*d*	7*s*
	87	Fr	钫	2	2	6	2	6	10	2	6	10	14	2	6	10		2	6		1
	88	Ra	镭	2	2	6	2	6	10	2	6	10	14	2	6	10		2	6		2
	89	Ac	锕	2	2	6	2	6	10	2	6	10	14	2	6	10		2	6	1	2
	90	Th	钍	2	2	6	2	6	10	2	6	10	14	2	6	10		2	6	2	2
	91	Pa	镤	2	2	6	2	6	10	2	6	10	14	2	6	10	2	2	6	1	2
	92	U	铀	2	2	6	2	6	10	2	6	10	14	2	6	10	3	2	6	1	2
	93	Np	镎	2	2	6	2	6	10	2	6	10	14	2	6	10	4	2	6	1	2
	94	Pu	钚	2	2	6	2	6	10	2	6	10	14	2	6	10	6	2	6		2
	95	Am	镅	2	2	6	2	6	10	2	6	10	14	2	6	10	7	2	6		2
	96	Cm	锔	2	2	6	2	6	10	2	6	10	14	2	6	10	7	2	6	1	2
	97	Bk	锫	2	2	6	2	6	10	2	6	10	14	2	6	10	9	2	6		2
7	98	Cf	锎	2	2	6	2	6	10	2	6	10	14	2	6	10	10	2	6		2
	99	Es	锿	2	2	6	2	6	10	2	6	10	14	2	6	10	11	2	6		2
	100	Fm	镄	2	2	6	2	6	10	2	6	10	14	2	6	10	12	2	6		2
	101	Md	钔	2	2	6	2	6	10	2	6	10	14	2	6	10	13	2	6		2
	102	No	锘	2	2	6	2	6	10	2	6	10	14	2	6	10	14	2	6		2
	103	Lr	铹	2	2	6	2	6	10	2	6	10	14	2	6	10	14	2	6	1	2
	104	Rf	𬬻	2	2	6	2	6	10	2	6	10	14	2	6	10	14	2	6	2	2
	105	Db	𬭊	2	2	6	2	6	10	2	6	10	14	2	6	10	14	2	6	3	2
	106	Sg	𬭳	2	2	6	2	6	10	2	6	10	14	2	6	10	14	2	6	4	2
	107	Bh	𬭛	2	2	6	2	6	10	2	6	10	14	2	6	10	14	2	6	5	2
	108	Hs	𬭶	2	2	6	2	6	10	2	6	10	14	2	6	10	14	2	6	6	2
	109	Mt	鿏	2	2	6	2	6	10	2	6	10	14	2	6	10	14	2	6	7	2

注：单框中的是 *d* 区、*ds* 区元素，双框中的是 *f* 区元素（见后文）。

要注意的是核外电子排布的三原则，对绝大多数原子是适用的。随着核外电子的数目逐渐增多，电子间的相互作用增强，核外电子的排布就越显复杂。对某些元素，如第五周期，尤其是第 6 周期镧系元素和第 7 周期锕系的某些元素，光谱实验测定的结果常出现“例外”的情况。如：

	元素	按三原则排布	实际
第五周期	铌$_{41}$Nb	[Kr] $4d^3 5s^2$	[Kr] $4d^4 5s^1$
	钌$_{44}$Ru	[Kr] $4d^6 5s^2$	[Kr] $4d^7 5s^1$
第六周期	钆$_{64}$Gd	[Xe] $4f^8 6s^2$	[Xe] $4f^7 5d^1 6s^2$

因此，对某些元素原子的电子排布，还应该尊重实验事实，加以确定。

（二）原子的电子层结构与周期的划分

为什么元素性质会有周期性的变化呢？人们发现，随着原子序数(核电荷)的增加，不断有新的电子层出现，并且最外层的电子的填充始终是从 ns^1 开始到 ns^2np^6 结束(除第一周期外)，即都是从碱金属开始到稀有气体结束，重复出现。由于最外电子层的结构决定了元素的化学性质，因此就出现了元素性质呈现周期性变化。同时表明，元素性质呈现周期性的变化规律(周期律)是由于原子的电子层结构呈现周期性所造成的。

原子的电子层结构、能级组的划分、周期的划分有以下的关系，如表 6-5 所示。

表 6-5　周期数与能级组数和最大电子容量关系

能级组	$1s$	$2s2p$	$3s3p$	$4s3d4p$	$5s4d5p$	$6s4f5d6p$	$7s5f6d7p$
能级组数	1	2	3	4	5	6	7
周期数	1	2	3	4	5	6	7
电子层数（最外层主量子数）	1	2	3	4	5	6	7
元素数目	2	8	8	18	18	32	32
最大电子容量	2	8	8	18	18	32	32

即　　　　　　　　　　　　**【周期数＝能级组数＝电子层数】**

由能级组和周期的关系可知，能级组的划分是导致周期表中各元素能划分为周期的本质原因。

（三）原子的电子层结构与族的划分

按长周期表(见附页)，族的划分是把元素分为 16 个族，排成 18 个纵行，其中

8 个主族(A 族)：ⅠA～ⅧA(0 族)　　　　ⅧA 族为稀有气体元素

8 个副族(B 族)：ⅠB～ⅧB（Ⅷ族）　　　ⅧB 族占了三个纵行

【族数＝价电子层上电子数（通常为参与反应的电子）＝最高氧化值】

ⅧB 族只有 Ru 和 Os 元素的氧化值可达＋8，ⅠB 族有例外。

价电子层为参与反应的电子层，主族的价电子层为 $nsnp$，副族的价电子层为 $(n-1)dns$。族数与**价层电子构型**(electron configuration)的关系见表 6-6。

表 6-6　族数与价层电子构型的关系

族数	价电子层	价层电子构型	实例		
			价电子层上电子数	属	最高氧化值
ⅠA	外层	ns^1	$2s^1,3s^1$	ⅠA	+1
ⅡA	外层	ns^2	$2s^2,3s^2$	ⅡA	+2
ⅢA～ⅧA	外层	$ns^2np^{1\sim6}$	$3s^23p^1,3s^23p^4$	ⅢA，ⅥA	+3，+6
ⅠB	次外层+外层	$(n-1)d^{10}ns^1$	$4d^{10}5s^1$	ⅠB	+1，有例外
ⅡB	次外层+外层	$(n-1)d^{10}ns^2$	$3d^{10}4s^2$	ⅡB	+2
ⅢB～ⅦB	次外层+外层	$(n-1)d^{1\sim5}ns^{1\sim2}$	$3d^14s^2,3d^54s^2$	ⅢB，ⅦB	+3，+7
ⅧB 较复杂	次外层+外层	$(n-1)d^{6\sim9}ns^{1\sim2}$，电子数 8～10 个（除 Pd：$4d^{10}$外）	$3d^64s^2$ $3d^74s^2$ $5d^94s^1$	ⅧB	只有 Ru，Os 可达+8

要特别注意，ⅠB、ⅡB 族与ⅠA、ⅡA 族的主要区别在于：ⅠB、ⅡB 族次外层 d 轨道上电子是全满的，而ⅠA、ⅡA 族从第四周期开始元素才出现次外层 d 轨道，且还未填充电子。

同一族的元素价电子层构型相似，故它们的化学性质十分相似。

（四）原子的电子层结构与元素的分区

根据各元素原子的核外电子排布以及价电子层构型的特点，可将**【长式周期表中的元素分为五个区】**。如图 6-20 所示。

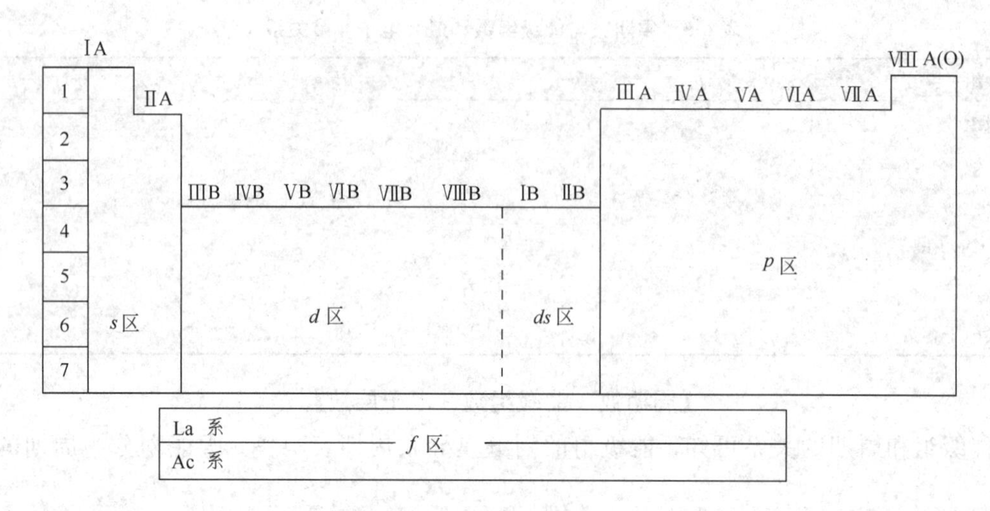

图 6-20 周期表中元素分区

(1) *s 区元素* 最后一个电子填充在 s 轨道上的元素属 s 区元素。

包括ⅠA 族和ⅡA 族元素，价层电子构型为 $ns^{1\sim2}$，ⅠA 族元素称为碱金属元素，ⅡA族元素称为碱土金属元素，它们都是活泼金属。

(2) *p 区元素* 最后一个电子填充在 p 轨道上的元素属 p 区元素。

包括ⅢA～ⅧA 族(0 族)元素，价层电子构型为 $ns^2np^{1\sim6}$。分别称为硼族元素(ⅢA)、碳族元素(ⅣA)、氮族元素(ⅤA)、氧族元素(ⅥA)、卤族元素(ⅦA)和稀有气体元素（ⅧA 或 0 族，亦称惰性气体元素)，大部分为非金属元素。

(3) *d 区元素* 最后一个电子填充在 d 轨道上的元素属 d 区元素。

包括ⅢB～ⅧB 族元素，ⅢB～ⅦB 族价层电子构型为 $(n-1)d^{1\sim5}ns^{1\sim2}$，ⅧB 族价层电子构型为 $(n-1)d^{6\sim9}ns^{1\sim2}$。它位于周期表中的中间位置。通常 d 区元素又称过渡元素，其含义是指从 s 区的金属元素向 p 区非金属元素过渡，也有的指从 d 轨道不完全的电子填充到完全填充的过渡。d 区元素都是金属元素。

(4) *ds 区元素* 最后一个电子填充在 d 轨道上或 s 轨道上，且 d 轨道达全满状态的元素称 ds 区元素。包括ⅠB 族和ⅡB 族元素，ⅠB 族称为铜分族元素，价层电子构型为 $(n-1)d^{10}ns^1$。ⅡB 族称为锌分族元素，价层电子构型为 $(n-1)d^{10}ns^2$。它们紧靠 d 区元素，特点是次外层 d 轨道能级上的电子排布是全满的。ds 区元素均为金属。有些教科书将 ds 区元素和 d 区元素统称为过渡元素。

(5) *f 区元素* 最后一个电子填充在 f 轨道上的元素称为 f 区元素，其电子构型是 $(n-2)f^{1\sim14}(n-1)d^{0\sim2}ns^2$。包括镧系元素(57～71 号元素)和锕系元素(89～103 号元素)。由于外层和次外层上的电子数几乎相同，只是倒数第三层 f 轨道上电子数不同，所以每系各元素的化学性质极为相似。

下面通过一个例子来运用和熟悉以上所学的知识。

【例 6-4】 已知某元素的原子序数是 47，试写出该元素的价层电子构型，指出该元素位于周期表中哪个周期？哪一族？哪一区？并写出该元素的名称和化学符号。

答：原子序数为 47 的元素，电子层结构式为：$1s^22s^22p^63s^23p^64s^23d^{10}4p^65s^14d^{10}$

调整后为：$1s^22s^22p^63s^23p^63d^{10}4s^24p^64d^{10}5s^1$

根据周期数＝能级组数、族数＝价层电子数，第 5 能级组为 $5s4d5p$，调整后为 $4d5s5p$。所以该元素价层电子构型为 $(n-1)d^{10}ns^1$。属于第 5 周期，ⅠB 族元素，位于 ds 区，元素名称为银，化学符号为 Ag。

第四节 元素某些性质的周期性（自学）

元素的化学性质很大程度上取决于价电子数。在同一族中，不同元素虽然电子层数不相同，然而都有相同数目的价电子数，因此同一族元素性质非常相似。由于元素的电子层结构呈现周期性，因此与电子层结构有关的元素的某些性质如原子半径、电离势、电子亲和势、电负性等也显现出明显的周期性。

一、原子半径

从量子力学理论观点考虑，电子云没有明确的界限，因此严格来讲，原子半径有不确定的含义，也就是说要给出一个准确的原子半径是不可能的。原子半径是假设原子为球形，借助相邻原子的核间距根据实验测定和间接计算方法求得的。原子半径常用的有三种，即共价半径、范德华半径和金属半径，可用于不同的情况下。

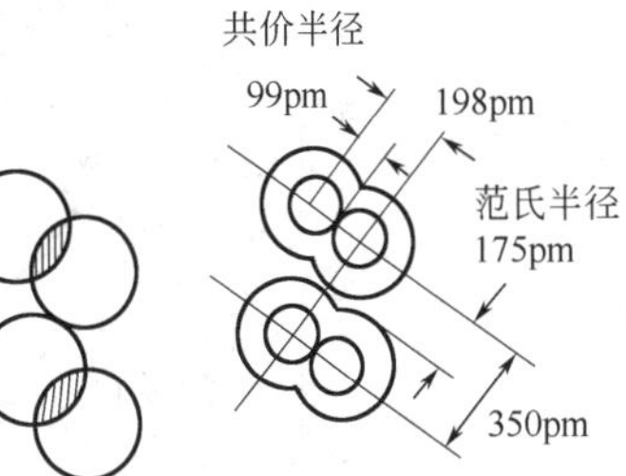

图 6-21 氯的共价半径和范德华半径

（1）共价半径

【同种元素的两个原子以共价单键结合时（如 H_2、Cl_2 等），**它们核间距离的一半称为原子的共价半径】**。如图 6-21 所示。

给出的如果是以共价双键或共价三键结合的共价半径，必须要加以注明。

（2）范德华半径

【在分子晶体中，相邻分子间两个相邻的非成键原子的核间距离的一半称为范德华半径，也称为分子接触半径】。如图 6-21 所示。

（3）金属半径

将金属晶体看成是由球状的金属原子堆积而成，则：**【在金属晶体中，相邻的两个接触原子的核间距离的一半称该原子的金属半径】**。

通常情况下，范德华半径都比较大，而金属半径比共价半径大一些。在比较元素的某些性质时，原子半径取值应用同一套数据。

在讨论原子半径在周期系中的变化时，采用的是共价半径。而稀有气体（ⅧA 族元素）通常为单原子分子，只能用范德华半径。表 6-7 列出了周期系中各元素的原子半径。图 6-22 为原子半径在周期系中变化示意图。

原子半径的大小与原子的核外电子层数和有效核电荷有关。

表 6-7 元素的原子半径（单位：pm）

ⅠA	ⅡA	ⅢB	ⅣB	ⅤB	ⅥB	ⅦB	Ⅷ	ⅠB	ⅡB	ⅢA	ⅣA	ⅤA	ⅥA	ⅦA	ⅧA
H															He
37															122
Li	Be									B	C	N	O	F	Ne
152	111									88	77	70	66	64	160
Na	Mg									Al	Si	P	S	Cl	Ar
186	160									143	117	110	104	99	191

续表

ⅠA	ⅡA	ⅢB	ⅣB	ⅤB	ⅥB	ⅦB	Ⅷ			ⅠB	ⅡB	ⅢA	ⅣA	ⅤA	ⅥA	ⅦA	ⅧA
K	Ca	Sc	Ti	V	Cr	Mn	Fe	Co	Ni	Cu	Zn	Ga	Ge	As	Se	Br	Kr
227	197	161	145	132	125	124	124	125	125	128	133	122	122	121	117	114	198
Rb	Sr	Y	Zr	Nb	Mo	Tc	Ru	Rh	Pd	Ag	Cd	In	Sn	Sb	Te	I	Xe
248	215	181	160	143	136	136	133	135	138	144	149	163	141	141	137	133	217
Cs	Ba		Hf	Ta	W	Re	Os	Ir	Pt	Au	Hg	Tl	Pb	Bi	Po		
265	217		159	143	137	137	134	136	136	144	160	170	175	155	153		
镧系元素																	
La	Ce	Pr	Nd	Pm	Sm	Eu	Gd	Tb	Dy	Ho	Er	Tm	Yb	Lu			
188	183	183	182	181	180	204	180	178	177	177	176	175	194	173			

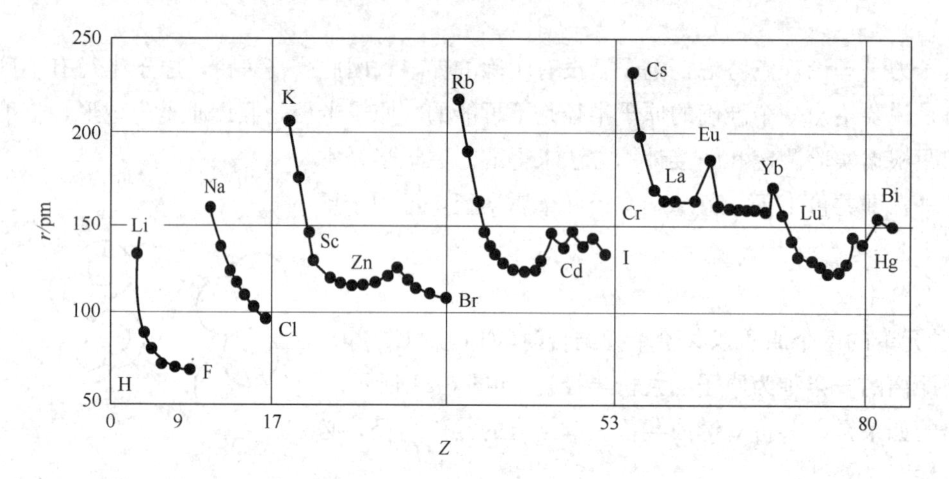

图 6-22　原子半径周期性变化示意图

（一）同一周期元素原子半径的变化

短周期：是指周期表中第 1、2、3 周期的元素。在同一短周期中，从左到右由于增加的电子同在外层，电子层数不变，而原子的有效核电荷逐渐增大，对核外电子的吸引力逐渐增强，故原子半径依次变小。而最后一个稀有气体的原子半径突然增大，这是由于稀有气体的原子半径采用范德华半径所致。

长周期：在同一长周期中，从左到右，原子半径的变化总体趋势与短周期相似，也是依次变小的。但过渡元素的变化不太规律。由于所增加的电子填充在次外层的 d 轨道上，对外层电子的屏蔽效应增大，原子的有效核电荷有所降低，对核外电子的吸引力有所下降。但核电荷的增加还是占主导的，所以，过渡元素的原子半径依次变小的幅度很缓慢，但电子填充至 d^{10} 全满的稳定状态时，对外层电子的屏蔽效应更强，故原子半径有所变大。如：第四周期过渡元素

Co	Ni	Cu	Zn
		$3d^{10}4s^1$	$3d^{10}4s^2$
125pm	125pm	128pm	133pm

（二）同一族元素原子半径的变化

主族元素：从上至下，电子层逐渐增加所起的作用大于有效核电荷增加的作用，所以原子半径逐渐增大。

副族元素：从上至下原子半径的变化趋势总体上与主族元素相似，但原子半径增大不很明显。主

要原因是内过渡元素的**镧系收缩**(lanthanide contraction)现象如：

第五周期	锆 Zr　160pm	铌 Nb　143pm	钼 Mo　136pm
第六周期（镧系收缩）	铪 Hf　159pm	钽 Ta　143pm	钨 W　137pm

内过渡元素新增加的电子填充在$(n-2)f$轨道上，使有效核电荷增加得更缓慢，原子半径变小幅度更小，使得上下两元素的原子半径非常接近，性质相似，分离困难。

二、电离势

原子若失去电子成为正离子，需要克服原子核对电子的吸引力而消耗一定的能量。

【元素的一个气态原子在基态时失去一个电子成为气态的正一价离子时所消耗的能量，称为该元素的第一电离势(First ionizaton energy)**】**。常用符号“I_1”表示，单位为kJ•mol^{-1}。

若从气态的正一价离子再失去一个电子成为气态的正二价离子时，所消耗的能量就称为第二电离势I_2，依此类推，分别称I_3、I_4…通常情况下$I_1<I_2<I_3<I_4$…这是因为，气态正离子的价数越高，核外电子数越少，且离子的半径也越小，外层电子受有效核电荷作用就越大，故失去电子越困难，所消耗的能量就越大。一般高于正三价的气态离子很少存在。

例如：

$H(g)-e^- \rightarrow H^+(g)$　　　　$I_1=1312$kJ•mol^{-1}

$Li(g)-e^- \rightarrow Li^+(g)$　　　　$I_1=520$kJ•mol^{-1}

$Li^+(g)-e^- \rightarrow Li^{2+}(g)$　　　　$I_2=7298$ kJ•mol^{-1}

$Li^{2+}(g)-e^- \rightarrow Li^{3+}(g)$　　　　$I_3=11815$kJ•mol^{-1}

电离势的大小可表示原子失去电子的倾向，可说明元素的金属性。如电离势越小表示原子失去电子所消耗能量越少，就越易失去电子，则该元素在气态时金属性就越强。

元素的电离势可以从元素的发射光谱实验测得。通常情况下，常使用的是第一电离势。元素的电离势在周期表中呈现明显的周期性变化。表6-8列出了周期系中各元素的第一电离势数据。图6-23为元素的第一电离势周期性变化示意图。

元素的第一电离势I_1的大小与原子的核外电子层数和原子半径及有效核电荷有关。

表6-8　元素的第一电离势（kJ•mol^{-1}）

ⅠA	ⅡA	ⅢB	ⅣB	ⅤB	ⅥB	ⅦB		ⅧB		ⅠB	ⅡB	ⅢA	ⅣA	ⅤA	ⅥA	ⅦA	ⅧA
H																	He
1312																	2372
Li	Be											B	C	N	O	F	Ne
520	900											801	1086	1402	1314	1681	2081
Na	Mg											Al	Si	P	S	Cl	Ar
496	738											578	787	1012	1000	1251	1521
K	Ca	Sc	Ti	V	Cr	Mn	Fe	Co	Ni	Cu	Zn	Ga	Ge	As	Se	Br	Kr
419	590	631	658	650	653	717	759	758	737	746	906	579	762	944	941	1140	1351
Rb	Sr	Y	Zr	Nb	Mo	Tc	Ru	Rh	Pd	Ag	Cd	In	Sn	Sb	Te	I	Xe
403	550	616	660	664	685	702	711	720	805	731	868	558	709	832	869	1008	1170
Cs	Ba	La	Hf	Ta	W	Re	Os	Ir	Pt	Au	Hg	Tl	Pb	Bi	Po	At	Rn
376	503	538	654	761	770	760	840	880	870	890	1007	589	716	703	812	912	1037

La	Ce	Pr	Nd	Pm	Eu	Gd	Tb	Dy	Ho	Er	Tm	Yb	Lu
538	528	523	530	536	547	592	564	572	581	589	597	603	524

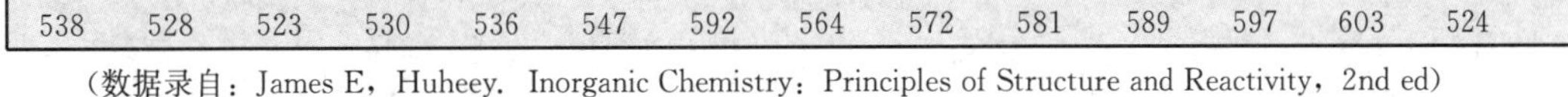
（数据录自：James E，Huheey. Inorganic Chemistry：Principles of Structure and Reactivity，2nd ed）

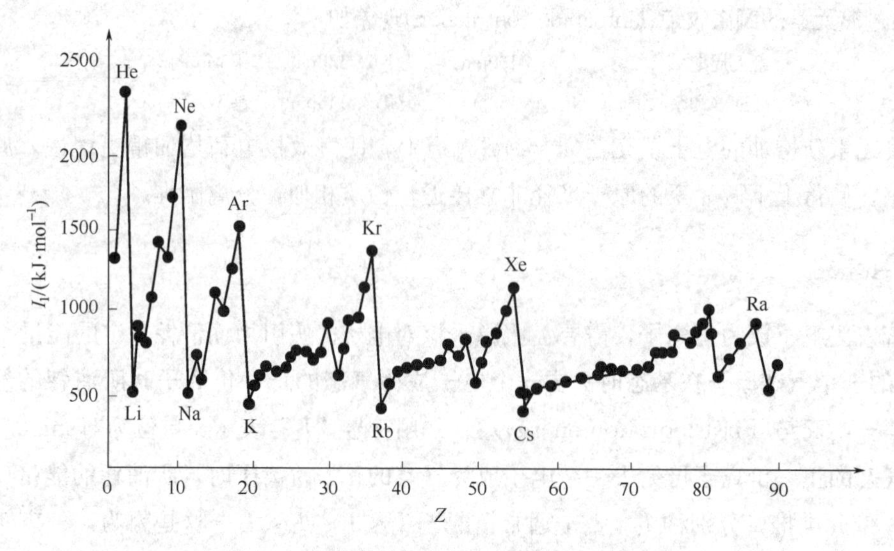

图 6-23 元素的第一电离势周期性变化示意图

（一）同一周期元素电离势的变化

短周期：同一短周期的元素具有相同的核外电子层数，从左到右，有效核电荷逐渐增大，原子半径逐渐减小，则核对外层电子的吸引力逐渐增强，所以元素第一电离势 I_1 总的趋势是逐渐增大的，失去电子的趋势逐渐减弱，故非金属性逐渐增强。但也有些例外情况，如第二周期：

元素	Li	Be	B	C	N	O	F	Ne
I_1(kJ·mol^{-1})	520	900	801	1086	1402	1314	1681	2081
		$1s^2 2s^2$			$1s^2 2s^2 2p^3$			

Be 和 N 元素的 I_1 突然增大，而后又减小，这主要是外层处于全充满或半充满的稳定状态，难失去电子，故 I_1 增大。这种现象也存在于其他周期中。

长周期：同一周期，从左到右，第一电离势 I_1 总体趋势也是逐渐增大的，到ⅡB 族时增大幅度大，进入 p 区元素时第一电离势 I_1 又突然减小，而后又增大，这与它们的电子层结构有关。这是由于过渡元素新增加的电子填充到次外层 $(n-1)d$ 轨道，原子半径变小的趋势减弱，核对外层电子吸引力增大所致。到了ⅡB 族 $(n-1)d^{10}ns^2$ 全满的稳定状态，电子更不易失去，故第一电离势增大明显。进入 p 区ⅢA 族元素，由于电子填在最外层，尽管原子半径有所变小，因 p 轨道上只有一个电子且不稳定易失去，故第一电离势减小明显，而后随原子半径减小而增大。

每一周期末的稀有气体元素的第一电离势都很大，这是由于它们都具有稳定的 8 电子结构所致。

（二）同一族元素电离势的变化

主族元素：同一主族元素从上至下，核外电子层逐渐增多，原子半径变大的趋势大于有效核电荷增大的趋势，故第一电离势 I_1 逐渐减小，元素的金属性依次增强。

副族元素：同一副族元素从上至下，第一电离势的变化幅度较小且不规则，主要原因是新增加电子填充在次外层 $(n-1)d$ 轨道，外层 ns 轨道电子数相近，以及镧系收缩所造成的。

三、电子亲和势

与原子失去电子需消耗一定的能量正好相反，电子亲和势是指原子获得电子所放出的能量。

【元素的一个气态原子在基态时获得一个电子成为气态的负一价离子所放出的能量，称为该元素的第一电子亲和势（First electron affinity）**】**。与此类推，也可得到第二、第三电子亲和势。第一电子亲和势用符号“E_1”表示，单位为 $kJ \cdot mol^{-1}$，如：

$$Cl(g) + e^- \rightarrow Cl^-(g) \qquad E_1 = +348.7\ kJ \cdot mol^{-1}$$

大多数元素的第一电子亲和势都是正值(放出能量)，也有的元素为负值(吸收能量)。这说明这种元素的原子获得电子成为负离子比较困难，如：

$$O(g) + e^- \rightarrow O^-(g) \qquad E_1 = +141\ kJ \cdot mol^{-1}$$

$$O^-(g) + e^- \rightarrow O^{2-}(g) \qquad E_2 = -780\ kJ \cdot mol^{-1}$$

这是因为，负离子获得电子是一个强制过程，很困难，需消耗很大能量。

元素的电子亲和势数据目前还不完整，表 6-9 列出了一些元素的电子亲和势。

电子亲和势的大小也与核外电子层数、原子半径、有效核电荷数有关。元素的电子亲和势也可衡量元素的非金属性，电子亲和势的值越小，说明元素的原子获得电子形成负离子的趋势越小，所以非金属性越弱。

(一) 同一周期元素第一电子亲和势的变化

由于数据不完整，以主族元素作一比较。

同一周期，从左到右元素的第一电子亲和势 E_1 总体趋势是增大的。由于核外电子层未增加，随着有效核电荷的增加，原子半径变小，失去电子的倾向减弱而获得电子的倾向增大，故元素的第一电子电子亲和势增大，非金属性增强。但也有反常的现象，这与它们的电子层结构有关。如碱土金属元素(ns^2)、ⅤA 族元素(ns^2np^3) 以及稀有气体元素 (ns^2np^6)，它们都具有半满、全满的稳定结构，因此获得电子很困难，需要消耗能量，所以一般都为负值，或比相邻的元素要小，获得电子倾向降低。

(二) 同一族元素第一电子亲和势的变化

同一族元素，从上至下，由于核外电子层的增加趋势大于有效核电荷的增加趋势。故原子半径依次变大，电子亲和势总体来说逐渐减小，获得电子的能力依次减弱，非金属性减弱。

同一主族元素第一电子亲和势也有反常现象。如第二周期ⅥA 族元素氧和Ⅶ族元素氟要比第三周期同一族的硫元素和氯元素要小，这是因为氧原子和氟原子的原子半径为同一族中最小，电子云密度大，因此当获得电子时电子间的相互排斥力大，放出的能量小，不易形成负离子，而硫和氯原子它们的原子半径要比同一族的氧原子和氟原子要大，获得电子时电子间的相互排斥力小，放出能量大，更易形成负离子。

四、元素的电负性

1923 年，鲍林首先提出：**【在分子中，元素原子吸引成键电子的能力叫作元素的电负性**(electronegativity)**】**。用符号“X_p”表示，并指定氟的电负性为 4.0，根据热化学的方法可求出其他元素的相对电负性，故元素的电负性没有单位。元素的电负性数值见表 6-10，元素的电负性周期性变化见图 6-24。

1934 年**密立根**(R. S. Mulliken)综合考虑了元素的电离势和电子亲和势，提出了元素的电负性新的计算方法。

$$X_M = \frac{1}{2} \cdot (I + E)$$

表 6-9　元素的电子亲和势($kJ \cdot mol^{-1}$)

H															He
72.9															(−21)
Li	Be									B	C	N	O	F	Ne
59.8	(−240)									23	122	−58 −800 * −1290 * *	141 −780 *	322	(−29)
Na	Mg									Al	Si	P	S	Cl	Ar
52.9	(−230)									44	120	74	200.4 −590 *	348.7	(−35)
K	Ca	Ti	V	Cr	Fe	Co	Ni	Cu	Zn	Ga	Ge	As	Se	Br	Kr
48.4	(−156)	(37.7)	(90.4)	63	(56.2)	(90.3)	(123.1)	123	(−87)	36	116	77	195 −420 *	324.5	(−39)
Rb				Mo					Cd	In	Sn	Sb	Te	I	Xe
46.9				96					(−58)	34	121	101	190.1	295	(−40)
Cs	Pa	Ta		W	Re	Pt	Au			Tl	Pb	Bi	Po	Ar	Rn
45.5	(−52)	80		50	15	205.3	222.7			50	100	100	(180)	(270)	(−40)
Fr															
44.0															

注：未加括号的数据为实验值，加括号的数据为理论值，未带 * 的数据为第一电子亲合势，带 * 、 * * 者分别为第二、第三电子亲合势。

(数据录自：James E，Huheey. Inorganic Chemistry：Principles of Structure and Reactivity，2nd ed)

表 6-10 元素的电负性

H																H	He
2.2																2.2	
2.20																2.20	3.2
Li	Be											B	C	N	O	F	Ne
0.98	1.57											2.04	2.55	3.04	3.44	3.98	
0.97	1.47											2.01	2.50	3.07	3.50	4.10	5.1
Na	Mg											Al	Si	P	S	Cl	Ar
0.93	1.31											1.61	1.90	2.19	2.58	3.16	
1.01	1.23											1.47	1.74	2.06	2.44	2.83	3.3
K	Ca	Sc	Ti	V	Cr	Mn	Fe	Co	Ni	Cu	Zn	Ga	Ge	As	Se	Br	Kr
0.82	1.00	1.36	1.54	1.63	1.66（Ⅱ）	1.55	1.83（Ⅱ） 1.96（Ⅲ）	1.88（Ⅱ）	1.91（Ⅱ）	1.9（Ⅰ） 2.0（Ⅱ）	1.65	1.81	2.01	2.18	2.55	2.96	2.9
0.91	1.04	1.20	1.32	1.45	1.56	1.6	1.64	1.70	1.75	1.75	1.66	1.82	2.02	2.20	2.48	2.74	3.1
Rb	Sr	Y	Zr	Nb	Mo 2.16（Ⅱ）	Te	Ru	Rh	Pd	Ag	Cd	In	Sn	Sb	Te	I	Xe
0.82	0.95	1.22	1.33	1.6	2.24（Ⅳ） 2.35（Ⅵ）	1.9	2.2	2.28	2.20	1.93	1.69	1.78	1.8（Ⅱ） 1.96（Ⅳ）	2.05	2.1	2.66	2.6
0.89	099	1.1	1.22	1.23	1.30	1.36	1.42	1.45	1.35	1.42	1.46	1.49	1.72	1.82	2.01	2.21	2.4
Cs	Ba	La	Hf	Ta	W	Re	Os	Ir	Pt	Au	Hg	Tl	Pb	Bi	Po	At	Rn
0.79	0.89	1.10～1.27	1.3	1.5	2.36	1.9	2.2	2.20	2.28	2.54	2.00	1.62（Ⅰ） 2.04（Ⅲ）	1.87（Ⅱ） 2.33（Ⅳ）	2.02	2.0	2.2	
0.86	0.97	1.08～1.14	1.23	1.33	1.40	1.46	1.52	1.55	1.44	1.42	1.44	1.44	1.55	1.67	1.76	1.90	

注：第一行数据是鲍林的电负性，第二行数据是阿莱-罗周的电负性数据。

（数据录自：James E，Huheey. Inorganic Chemistry：Principles of Structure and Reactivity，2nd ed）

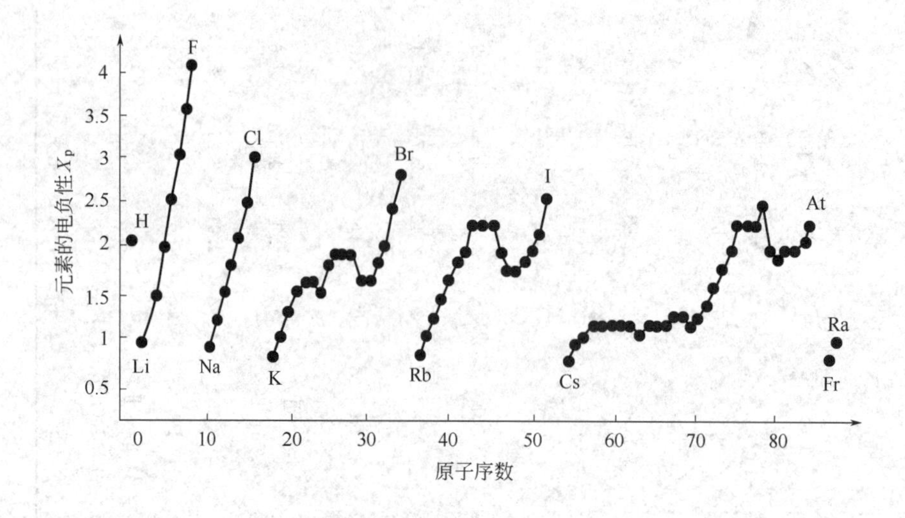

图 6-24　元素的电负性周期性变化示意图

这样计算求得的电负性数值为绝对的电负性。密立根的电负性(X_M)由于没有完整的电子亲和势数据，应用上受到限制。

1957 年**阿莱**(A. L. Allred)和**罗周**(E. G. Rochow)根据原子核对电子的静电引力，也提出了计算元素的电负性的公式：

$$X_{A,R}=(0.359Z^{*}/r^{2})+0.744$$

并得到了一套与鲍林的元素的电负性数值相吻合的数据。

元素的电负性是衡量分子中元素原子吸引电子能力的一种标度。尽管目前有各种不同的电负性标度，数据不尽不同，但在周期系中呈现出周期性变化的规律是一致的。电负性可以综合衡量各种元素的金属性和非金属性。本课程采用的是鲍林电负性标度，它简便、实用。

(一) 同一周期元素的电负性的变化

短周期：同一周期，从左到右，元素的电负性逐渐增大，原子吸引电子的能力趋强，元素的非金属性逐渐增强。在所有元素中氟的电负性最大，是非金属性最强的元素。

长周期：同一周期，从左到右，元素的电负性总体趋势逐渐增大，非金属性趋强。但过渡元素变化趋势不是很有规律，这与电子层结构有关，如电子填充次外层 d 轨道，使原子半径变化趋弱；电子结构处于$(n-1)d^{5}ns^{1\sim2}$和$(n-1)d^{10}ns^{1\sim2}$半满和全满的稳定状态等。

(二) 同一族元素的电负性的变化

主族元素：从上至下，元素的电负性逐渐减小，原子吸引电子的能力趋弱，相反，失电子的能力趋强，故非金属性依次减弱，金属性依次增强。在所有非放射性元素中铯的电负性最小，是金属性最强的非放射性元素。

副族元素：从上至下，元素的电负性没有明显的变化规律，这还是与过渡元素的电子层结构有关。而且第三过渡元素(第六周期)与同族的第二过渡元素(第5周期) 除ⅠB族和ⅡB族元素外，元素的电负性非常接近，这仍然是由于镧系收缩的影响所致。

通常情况下，金属元素的电负性在 2.0 以下，非金属元素的电负性在 2.0 以上，但它们没有严格的界限。

元素的电离势、电子亲和势和电负性在衡量元素的金属性和非金属性强弱时结果大致相同。

但由于元素的电负性的大小是表示分子中元素原子吸引电子的能力大小，所以它能方便地定性反映元素的某些性质，如金属性与非金属性、氧化还原性、估计化合物中化学键的类型、键的极性等，故它在化学领域中被广泛地运用。

微量元素与人体健康

微量元素是人体多种酶的活性中心或激活剂。体内微量元素水平影响着人体的生长发育、繁殖、遗传、生化反应、能量转化、新陈代谢等重要生理功能。铁是人体血红蛋白和肌红蛋白的组成部分，同时参与细胞色素氧化酶、过氧化氢酶等的合成，人体缺铁会导致缺铁性贫血、电子传递和氧化还原等代谢紊乱。锰不仅可激活100多种酶，还是精氨酸酶、辅氨酸酶、丙酮酸羧化酶等活性中心的组成成分。锌是人体内200多种酶、DNA和RNA的重要组成成分，锌缺乏会使酶的活性下降，从而影响人体许多系统的正常功能。微量元素对维持人体健康有不可替代的作用，微量元素与生物体的关系研究已成为现代生物医学中一个极富活力的研究领域。

小　结

本章通过玻尔原子模型，叙述了有关原子结构理论的某些背景和发展过程；讲述了原子的近代量子力学模型的基础；波函数的含义，原子轨道，四个量子数、电子云的概念，介绍了原子的电子层结构，并用它解释了元素某些化学性质和物理性质周期性变化的原因。现小结如下：

1. 核外电子运动状态的特征

主要是两点：①量子化特性；②波粒二象性。电子波是一种概率波，具有统计性特征。

2. 波函数 ψ 和原子轨道

波函数 ψ（又称为原子轨道）：由三个量子数(n, l, m)确定，是描述原子中单电子运动状态的数学表达式，它的图像与空间范围内电子出现的概率分布密切相关，不是固定的运动轨道。

3. 概率密度 $|\psi|^2$ 和电子云

概率密度 $|\psi|^2$：是指核外某处单位微体积中电子出现的概率。

电子云：是概率密度 $|\psi|^2$ 分布的形象化图示，是用统计方法来描述电子出现概率密度的大小。

4. 原子轨道角度分布图

原子轨道可化解为以下数学表达式：

$$\psi_{n,l,m}(r,\theta,\varphi)=R_{n,l}(r)\cdot Y_{l,m}(\theta,\varphi)$$

如果将 $Y_{l,m}(\theta、\varphi)$随 θ、φ 角度变化作图，得到的图像为 Y 的球坐标图，称为原子轨道角度分布图。如 s 轨道是球型对称的，只有一种取向。p 轨道是哑铃型的，有三种取向。d 轨道是花瓣型的，有5种取向。原子轨道角度分布图胖些，并有“+”和“−”值，是根据 Y 的函数计算而来的，不是指带“+”电或“−”电，在讨论原子轨道形成化学键时非常有用。

5. 电子云角度分布图

若将 $Y^2_{l,m}(\theta,\varphi)$随 θ、φ 角度变化作图，得到的图像为 Y^2 的球坐标图，称为电子云角度分布

图。其在空间的形状和取向与其原子轨道角度分布图相似，但要瘦些，均为“+”值。

6. 电子概率密度径向分布图

若以$R^2(r)$对r作图，就能得到电子的概率密度随半径r的变化图，称为电子概率密度径向分布图。

7. 电子云的实际图形

如果将径向部分$R^2_{n,l}(r)$与电子云的角度部分$Y^2_{l,m}(\theta,\varphi)$两者结合起来考虑，得到的图像即为电子云的实际图像。

8. 壳层概率径向分布图

壳层概率$r^2R^2(r)$随半径r的变化作图，可得到氢原子s、p、d各电子云电子的壳层概率随半径r的变化图，称为壳层概率径向分布图。该图可说明：

(1) 氢原子1s电子最大壳层概率半径为52.9pm，恰好等于玻尔半径(a_0)。

(2) 核外电子可看作是分层的。

(3)“钻穿”现象。

9. 屏蔽效应与钻穿效应

屏蔽效应：是指将其他电子对某一选定电子的排斥作用，归结为有效核电荷的降低，削弱了核电荷对该电子的吸引力，这种作用称为屏蔽效应。有效核电荷$Z^*=Z-\sigma$，外层电子对内层电子可以认为不产生屏蔽效应。

钻穿效应：是指由于壳层概率径向分布的不同而引起的轨道能级的变化，称为钻穿效应。钻穿能力：$ns>np>nd>nf$。

10. 四个量子数

主量子数n：表示原子轨道离核的远近，是决定多电子原子轨道能量的主要因素。n越大，轨道能量越高。n又称电子层，每一个电子层最多容纳电子数为$2n^2$。

角量子数l：决定原子轨道的形状，也是决定多电子原子轨道能量的次要因素。

取值　n一定时，$l=0$，1，2，3，4，…，$(n-1)$，共可取n个值。数值上：$l<n$

轨道符号　　　　　s　p　d　f　g…

当n、l取值相同时，则电子的能量相同。

磁量子数m：决定原子轨道的空间伸展方向。

取值　l一定时，$m=0$，±1，±2，±3，…，$\pm l$。数值上：$|m|\leq l$

自旋量子数s_i：描述电子的自旋运动状态，取值$s_i=+1/2$、$s_i=-1/2$，可以用“⥮”表示。

量子数取值相互限约。每一个电子的运动状态都可以用四个量子数来描述。在同一原子中不存在四个量子数完全相同的两个电子，称为泡里不相容原理。

11. 核外电子排布的三原则

绝大多数元素的基态原子核外电子排布可采用鲍林原子轨道近似能级图。电子排布依次顺序是：

$$1s\quad 2s2p\quad 3s3p\quad 4s3d4p\quad 5s4d5p\quad 6s4f5d6p\quad 7s5f6d7p\cdots$$

电子排布三原则：①能量最低原理；②泡里不相容原理；③洪特规则。特例：p、d、f轨道处于全空、半满、全满状态，体系稳定。

12. 原子轨道的能级

由n和l表示的各原子轨道，其能量不同，称为能级。如1s能级、2p能级、3d能级等。

氢原子及类氢离子(单电子)，其轨道能量的高低只由主量子数 n 决定。

多电子原子的轨道能量高低是由主量子数 n 和角量子数 l 共同决定。当 n、l 取值相等时，原子轨道的能量基本相等，称等价(或简并)轨道，如 p 有 3 个等价轨道，d 有 5 个等价轨道，f 有 7 个等价轨道等。

13. 原子的电子层结构与周期、族、区的划分

元素原子的最外层电子结构呈现周期性变化是导致元素性质呈现周期性变化的本质原因。

周期数＝能级组数，因此可以确定每一周期最多可容纳的元素数目。

族数＝价层电子数＝最高氧化值（ⅧB 族，只有 Ru、Os 可达＋8，ⅠB 族有例外）。

周期表中的元素分为 16 个族，其中 8 个主族，8 个副族。

最后一个电子所填充的轨道是导致区的划分的本质原因。

周期表中的元素可分为 5 个区，它们是 s 区、p 区、d 区、ds 区和 f 区。

区	包括的族	价层电子构型
s 区	ⅠA、ⅡA 族	$ns^{1\sim2}$
p 区	ⅢA～ⅧA 族	$ns^2np^{1\sim6}$
d 区	ⅢB～ⅧB 族	$(n-1)d^{1\sim9}\ ns^{1\sim2}$
ds 区	ⅠB、ⅡB 族	$(n-1)d^{10}\ ns^{1\sim2}$
f 区	镧系、锕系元素	$(n-2)f^{1-14}(n-1)d^{0\sim2}ns^2$

主族元素包括 s 区、p 区元素。副族元素包括 d 区、ds 区和 f 区元素。

14. 原子半径、电离势、电子亲和势、电负性等元素性质呈现周期性变化

原子半径、电离势、电子亲和势、电负性等元素性质呈现周期性变化，是原子的电子层结构周期性变化所导致，它们可衡量原子得失电子的能力，可说明周期表中元素金属性和非金属性的递变规律。

思考题

1. 核外电子的运动有何特征？应采用什么方法描述核外电子的运动状态？

2. 玻尔原子模型理论的缺陷之处是什么？

3. 量子力学原子模型是如何描述核外电子运动状态的？

4. 根据原子的电子层结构，周期表中的元素可分为几个周期？几个区？几个族？分别写出每个区的价电子构型。

习　题

1. 氢原子光谱实验和电子的衍射实验证明了什么？

2. 当氢原子的一个电子从第二能级跃迁至第一能级时，发射出光子的波长是 121.6nm，试计算：

（1）氢原子中电子的第二能级与第一能级的能量差？

（2）氢原子中电子的第三能级与第二能级的能量差？

3. 在量子力学原子模型理论中波函数 ψ 和 $|\psi|^2$ 的含义是什么？

4. 下列说法是否正确？并说明原因。

(1) 波函数描述核外电子在固定轨道中的运动状态。

(2) 自旋量子数只能取两个值，即 $s_i=+1/2$ 和 $s_i=-1/2$，表明有自旋相反的两个轨道。

(3) 多电子原子轨道的能量由 n、l 确定。

(4) 在多电子原子中，当主量子数为 4 时，共有 $4s$、$4p$、$4d$、$4f$ 四个能级。

(5) 在多电子原子中，当角量子数为 2 时，有 5 种取向，且能量不同。

(6) 每个原子轨道最多只能容纳两个电子，且自旋方向相反。

5. 每个电子的运动状态可用四个量子数来描述，指出下列哪一个电子运动状态是合理的？哪一个电子运动状态是不合理的？为什么？

(1) $n=2$　$l=1$　$m=1$　$s_i=+1/2$

(2) $n=3$　$l=3$　$m=0$　$s_i=-1/2$

(3) $n=3$　$l=2$　$m=-2$　$s_i=+1/2$

(4) $n=4$　$l=3$　$m=4$　$s_i=+1/2$

(5) $n=2$　$l=1$　$m=0$　$s_i=-2$

6. 写出下列各组中缺损的量子数。

(1) $n=4$　$l=$______　$m=2$　$s_i=-1/2$

(2) $n=$______　$l=4$　$m=4$　$s_i=+1/2$

(3) $n=3$　$l=2$　$m=$______　$s_i=-1/2$

(4) $n=4$　$l=3$　$m=2$　$s_i=$______

(5) $n=1$　$l=$______　$m=$______　$s_i=$______

7. 将下列各轨道按能级由高到低的顺序（小题号代替）用大于号排列，能量相同的用等号排在一起。

(1) $n=3$　$l=2$　$m=1$　$s_i=+1/2$

(2) $n=2$　$l=1$　$m=1$　$s_i=-1/2$

(3) $n=3$　$l=1$　$m=-1$　$s_i=-1/2$

(4) $n=2$　$l=0$　$m=0$　$s_i=-1/2$

(5) $n=3$　$l=2$　$m=-2$　$s_i=+1/2$

(6) $n=2$　$l=1$　$m=0$　$s_i=-1/2$

8. 当主量子数 $n=3$ 时，共有几个能级？每个能级分别有几个轨道？该电子层最多可容纳多少个电子？

9. 何为屏蔽效应？何为钻穿效应？并用该两个效应解释为何钾原子的 $E_{3d}>E_{4s}$？而铬原子的 $E_{3d}<E_{4s}$？

10. 分别画出氢原子 s、p、d 各原子轨道的角度分布剖面图和电子云的角度分布剖面图，并指出这些图形的主要区别是什么？

11. 何谓壳层概率径向分布图？该图能说明什么？分别在坐标图中画出下列分布图（每一小题画在同一坐标图中）。

(1) $1s$、$2s$、$3s$ 的壳层概率径向分布图。

(2) $2p$、$3p$、$4p$ 的壳层概率径向分布图。

(3) $3d$、$4s$、$4d$、$4f$ 的壳层概率径向分布图。

12. 何谓电子云？

13. $\psi^2_{n,l,m}$（r，θ，φ）的空间图像表示什么含义？它是由哪两部分结合而成？每部分的含义是什么？

14. 写出下列各族元素的价电子层构型。

（1）ⅠA族　　（2）ⅠB族

（3）ⅦB族　　（4）ⅥA族

（5）ⅦA族

15. 写出下列元素的原子的电子层结构和价电子层结构及其离子的电子层结构。

（1）S和S^{2-}　　（2）Fe和Fe^{3+}

（3）Cu和Cu^{2+}　　（4）F和F^-

16. 根据下列元素的价电子层结构，分别指出它们属于第几周期？第几族？最高氧化值是多少？

（1）$2s^2$　（2）$2s^2 2p^3$　（3）$3s^2 3p^2$　（4）$3d^5 4s^1$　（5）$5d^{10} 6s^2$

17. 根据表中要求填表。

原子序数	电子层结构（长式）	周期	族	区	金属或非金属
16					
20					
25					
48					
53					

18. 说明周期表中同一周期和同一族中，原子半径变化的趋势？并解释为何铜原子的原子半径比镍原子的要大？

19. 下列各对元素中，第一电离势大小哪些是正确的？哪些是错误的？

（1）C<N　　（2）Li<Be　　（3）Be<B

（4）O<F　　（5）Cu>Zn　　（6）S>P

20. 下列各对元素中，电负性大小哪些是正确的？哪些是错误的？

（1）Mg>Ca　　（2）P>Cl　　（3）O>N

（4）Co>Ni　　（5）Cu>Zn　　（6）Br>F

第七章

化学键与分子结构

扫一扫，查阅本章数字资源，含PPT、音视频、图片等

【学习要求】

1. 掌握共价键理论的基本要点，共价键的特征和类型。
2. 掌握杂化轨道理论的基本要点和杂化类型，应用杂化轨道理论解释多原子分子的几何构型。
3. 了解分子轨道理论的基本要点，解释第二周期同核双原子分子的磁性和稳定性。
4. 熟悉键的极性和分子的极性，分子间作用力及氢键形成的条件、特点和对物质物理性质的影响。

分子结构通常包括下列基本内容：①分子的构型，即分子中原子的空间排布，键长、键角和几何形状；②分子中原子间的强烈的相互吸引作用，即化学键。化学键可分为离子键、共价键和金属键等基本类型，本教材主要介绍离子键和共价键。

此外，在分子之间还普遍存在着一种较弱的相互作用力，从而使分子聚集成液体或固体。这种分子之间的较弱相互作用力称为分子间作用力或范德华力。除分子间作用力外，在某些含氢化合物的分子间或分子内还可形成氢键。

第一节　离子键

一、离子键的形成

1916 年 W. Kossel 提出离子键的概念，他认为离子键是由原子得失电子后，生成的阴、阳离子之间靠**静电引力**而形成的化学键。

在离子键的模型中，可以近似地将阴、阳离子视为球形电荷。这样根据库仑定律，两种带有相反电荷（q^+ 和 q^-）的离子间的静电引力 F 与离子电荷的乘积成正比，与离子电荷中心间的距离（d）的平方成反比，即

$$F=\frac{q^+ \cdot q^-}{d^2}$$

可见，离子的电荷越大，离子电荷中心间的距离 d 越小，离子间的引力越强。

在一定条件下，当电负性较小的活泼金属元素的原子与电负性较大的活泼非金属元素的原子相互接近时，活泼金属原子失去最外层电子，形成具有稳定电子层结构的带正电荷的阳离子；而活泼非金属原子得到电子，形成具有稳定电子层结构的带负电荷的阴离子。阴、阳离子之间靠静电引力相互吸引，当它们充分接近时，离子的原子核之间及电子之间的排斥作用也增大，当它们

之间的相互吸引作用和排斥作用达到平衡时，系统的能量降到最低。**【这种由阴、阳离子的静电作用而形成的化学键叫离子键**（ionic bond)**】**。

以 NaCl 为例，离子键形成的过程可简单表示如下：

$$\left.\begin{array}{l} n\mathrm{Na}(3s^1)\xrightarrow{-ne^-}n\mathrm{Na}^+(2s^2 2p^6) \\ n\mathrm{Cl}(3s^2 3p^5)\xrightarrow{+ne^-}n\mathrm{Cl}^-(3s^2 3p^6) \end{array}\right\} \longrightarrow n\mathrm{Na}^+\mathrm{Cl}^-$$

【由离子键形成的化合物叫作离子型化合物（ionic compound)**】**。

二、离子键的特征

【离子键的特征是没有饱和性、没有方向性】。离子的电荷是球形对称分布的，它在空间各个方向上的静电作用是相同的，阴、阳离子可以在空间任何方向与电荷相反的离子相互吸引，所以离子键是没有方向性的。只要空间允许(俗话说“挤得下”)，每个阴离子或阳离子均可以结合更多的相反电荷的离子，并不受离子本身所带电荷的限制，因此离子键也没有饱和性。

在离子晶体中，每一个阴、阳离子周围排列的相反电荷离子的数目都是固定的。例如，在 NaCl 晶体中，每个 Na^+ 离子周围有 6 个 Cl^- 离子，每个 Cl^- 离子周围也有 6 个 Na^+ 离子；在 CsCl 晶体中，每个 Cs^+ 离子周围有 8 个 Cl^- 离子，每个 Cl^- 离子周围也有 8 个 Cs^+ 离子。

三、离子的特征（阅读）

1. 离子半径

离子半径(ionic radius)是离子的重要特征之一，与原子一样，单个离子也不存在明确的界面。所谓离子半径，是指离子在晶体中的接触半径。根据离子晶体中相邻的阴、阳离子的核间距测出的，并假定阴、阳离子的核间距为阴、阳离子的半径之和。可利用 X 射线衍射法测定阴、阳离子的平均核间距，若知道了阴离子的半径，就可推出阳离子的半径。表 7-1 列出了一些常见离子的离子半径。

离子半径的变化具有如下规律：

(1) 同一周期中主族元素随着族数递增，正离子的电荷数增大，离子半径依次减小。例如

$$r(Na^+)>r(Mg^{2+})>r(Al^{3+})$$

(2) 在周期表各主族元素中，由于自上而下电子层数依次增多，所以具有相同电荷数的同族离子的半径依次增大。例如

$$r(Li^+)<r(Na^+)<r(K^+)<r(Rb^+)<r(Cs^+)$$

$$r(F^-)<r(Cl^-)<r(Br^-)<r(I^-)$$

(3) 若同一种元素能形成几种不同电荷的阳离子时，则高价离子的半径小于低价离子的半径。例如

$$r(Fe^{3+})(64pm)<r(Fe^{2+})(76pm)$$

表 7-1　一些常见离子的离子半径（r/pm）

离子	半径/pm	离　子	半径/pm	离　子	半径/pm
Li^+	60	Cr^{3+}	64	Hg^{2+}	110
Na^+	95	Mn^{2+}	80	Al^{3+}	50
K^+	133	Fe^{2+}	76	Sn^{2+}	102
Rb^+	148	Fe^{3+}	64	Sn^{4+}	71

续表

离子	半径/pm	离 子	半径/pm	离 子	半径/pm
Cs^+	169	Co^{2+}	74	Pb^{2+}	120
Be^{2+}	31	Ni^{2+}	72	O^{2-}	140
Mg^{2+}	65	Cu^+	96	S^{2-}	184
Ca^{2+}	99	Cu^{2+}	72	F^-	136
Sr^{2+}	113	Ag^+	126	Cl^-	181
Ba^{2+}	135	Zn^{2+}	74	Br^-	196
Ti^{4+}	68	Cd^{2+}	97	I^-	216

(4) 阴离子的半径较大，约为130～250pm，阳离子的半径较小，约为10～170pm。

离子半径对离子键强度有较大的影响，一般说来，当离子电荷相同时，离子半径越小，离子间的引力越大，离子键的强度也越大，要拆开它们所需的能量就越大，离子化合物的熔、沸点也越高。

2. 离子电荷

由离子键的形成过程可知，阳离子的电荷就是相应原子(或原子团)失去的电子数；阴离子的电荷就是相应原子(或原子团)得到的电子数。

离子电荷(ionic charge)也是影响离子键强度的重要因素。离子电荷越多，对相反电荷的离子的吸引力越强，形成的离子化合物的熔点也越高。例如，大多数碱土金属离子 M^{2+} 的盐类的熔点比碱金属离子 M^+ 的盐类高。

3. 离子的电子层构型

原子形成离子时，所失去或者得到的电子数和原子的电子层结构有关。一般是原子得或失电子之后，使离子的电子层达到较稳定的结构，就是使亚层充满的电子层构型。

简单阴离子(如 Cl^-、F^-、S^{2-} 等)的外层电子层构型为 ns^2np^6 的 8 个电子的稀有气体结构。但是，简单的阳离子的电子层构型比较复杂，有以下几种：

(1) 2 电子层构型：外层为 $1s^2$ 排布，如 Li^+、Be^{2+} 等。

(2) 8 电子层构型：外层为 ns^2np^6 排布，如 Na^+、Ca^{2+} 等。

(3) 18 电子层构型：外层为 $ns^2np^6nd^{10}$ 排布，如 Ag^+、Zn^{2+} 等。

(4) 18+2 电子层构型：次外层有 18 个电子，最外层有 2 个电子，即 $(n-1)s^2(n-1)p^6(n-1)d^{10}ns^2$，如 Sn^{2+}、Pb^{2+} 等。

(5) 9～17 电子层构型：属于不规则电子层构型，最外层有 9～17 个电子，即 $ns^2np^6nd^{1\sim9}$，如 Fe^{2+}、Cr^{3+} 等。

离子的外层电子层构型对于离子之间的相互作用有影响，从而使键的性质有所改变。例如 Na^+ 和 Cu^+ 的电荷相同，离子半径几乎相等，但 NaCl 易溶于水，而 CuCl 难溶于水。显然，这是由于 Na^+ 和 Cu^+ 具有不同的电子层构型所造成的，这将在“离子的极化”中讨论。

四、离子晶体（阅读）

离子型化合物主要是以晶体状态出现，**【由阳离子与阴离子通过离子键结合而成的晶体称为离子晶体】**。

在离子晶体中，组成晶体的阴、阳离子在空间呈现有规则的排列，而且隔一定距离重复出现，有明显的周期性，这种排列情况在结晶学上称为结晶格子，简称为**晶格**(lattice)，晶格上的点称为结点。为了研究晶格的特征，在晶体中切割出一个能代表晶格一切特征的最小部分，称为晶胞。**【晶胞是晶体中最小的重复单位】**。根据晶胞的特征，可以划分成七个晶系（表 7-2）、十四种晶格（图 7-1）。

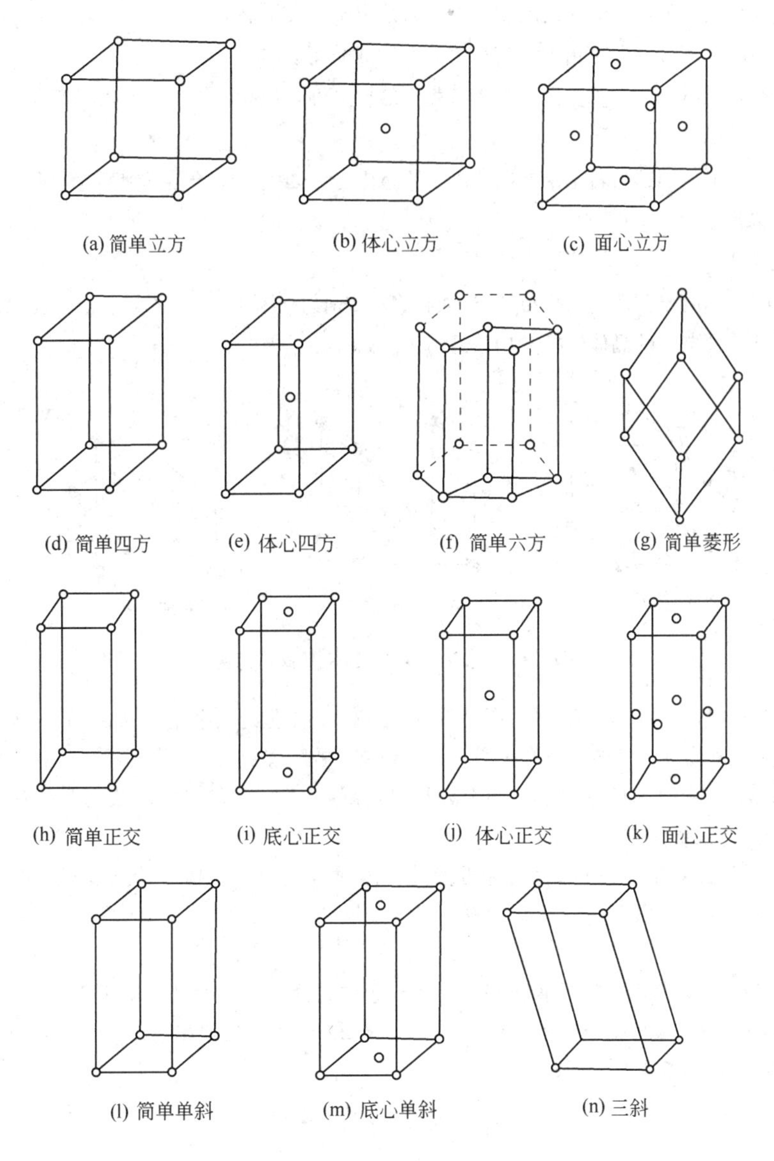

图 7-1　十四种晶格

表 7-2　七种晶系

晶　系	边　长	夹　角	晶体实例
立方晶系	$a=b=c$	$\alpha=\beta=\gamma=90°$	NaCl，ZnS
三方晶系	$a=b=c$	$\alpha=\beta=\gamma\neq90°$	Al_2O_3，Bi
四方晶系	$a=b\neq c$	$\alpha=\beta=\gamma=90°$	SnO_2，Sn
六方晶系	$a=b\neq c$	$\alpha=\beta=90°$，$\gamma=120°$	AgI，SiO_2（石英）
正交晶系	$a\neq b\neq c$	$\alpha=\beta=\gamma=90°$	$HgCl_2$，$BaCO_3$
单斜晶系	$a\neq b\neq c$	$\alpha=\gamma=90°$，$\beta\neq90°$	$KClO_3$，$Na_2B_4O_7$
三斜晶系	$a\neq b\neq c$	$\alpha\neq\beta\neq\gamma\neq90°$	$CuSO_4\cdot5H_2O$

1. 离子晶体的特性

在离子晶体中，结点间的作用力是静电吸引力，即阴、阳离子是通过离子键结合在一起的，由于阴、阳离子间的静电作用力较强，所以离子晶体一般具有较高的熔点、沸点和硬度。

离子的电荷越高，半径越小，静电作用力越强，熔点也就越高。

离子晶体的硬度较大，但比较脆，延展性较差。这是由于在离子晶体中，阴、阳离子交替地规则排列，当晶体受到冲击力时，各层离子位置发生错动，使吸引力大大减弱而易破碎。

离子晶体不论在熔融状态或在水溶液中都具有优良的导电性，但在固体状态，由于离子被限制在晶格的一定位置上振动，因此几乎不导电。

在离子晶体中，每个离子都被若干个异电荷离子所包围着，因此在离子晶体中不存在单个分子，可以认为整个晶体就是一个巨型分子。

2. 离子晶体的类型

离子晶体中，阴、阳离子在空间的排布情况不同，离子晶体的空间结构也不同。对于简单的 AB 型离子化合物来说，主要有以下三种典型的晶体结构类型，见图 7-2 所示：

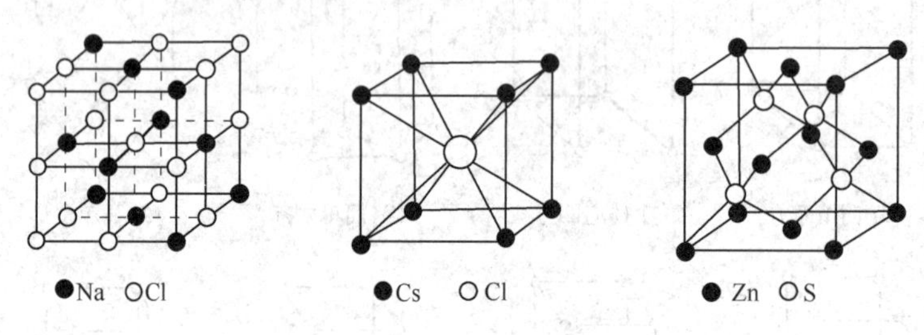

图 7-2　NaCl、CsCl、ZnS 晶体示意图

(1) CsCl 型晶体　晶胞形状是正立方体(属简单立方晶格)，晶胞的大小完全由一个边长来确定，组成晶体的质点(离子)被分布在正立方体的八个顶点和中心上，每个离子的配位数为 8。

(2) NaCl 型晶体　它是 AB 型离子化合物中最常见的晶体构型。它的晶胞形状也是立方体（属立方面心晶格)，阴、阳离子的配位数都为 6。

(3) 立方 ZnS 型(闪锌矿型)　它的晶胞形状也是立方体(属立方面心晶格)，但质点的分布更复杂些。阴、阳离子的配位数都为 4。

3. 晶格能

【晶格能(crystal energy)是指：在标准状态下，使一摩尔的离子晶体变为气态阳离子和气态阴离子时所吸收的能量】。以符号 u 表示。如 NaBr 的晶格能 $u=740\ \mathrm{kJ\cdot mol^{-1}}$，CaO 的晶格能 $u=3513\ \mathrm{kJ\cdot mol^{-1}}$。

根据能量守恒定律，晶格能可由下式求出

$$u=-\Delta_f H^{\ominus}+S+\frac{1}{2}D+I-E$$

式中，S 为升华能；D 为离解能；I 为电离势；E 为电子亲合势；$\Delta_f H^{\ominus}$ 为物质的生成热。

晶格能越大，则破坏离子晶体时所需消耗的能量越多，离子晶体越稳定。晶格能大的晶体一般有较高的熔点和较大的硬度。如表 7-3 和表 7-4 所示。

表 7-3　晶格能和离子晶体的熔点

晶体	NaI	NaBr	NaCl	NaF	CaO	MgO
晶格能/（$\mathrm{kJ\cdot mol^{-1}}$）	692	740	780	920	3513	3889
熔点/℃	660	747	801	996	2570	2852

表 7-4　晶格能和离子晶体的硬度

晶体	BeO	MgO	CaO	SrO	BaO
晶格能/（$\mathrm{kJ\cdot mol^{-1}}$）	4521	3889	3513	3310	3152
莫氏硬度	9.0	6.5	4.5	3.5	3.3

第二节　共价键理论

离子键理论可以很好地说明离子型化合物的形成，却无法说明两个相同的原子或电负性相差不大的原子之间的成键问题。1916 年，美国的化学家**路易斯**(Lewis)提出了经典的共价键理论，认为这类原子之间是通过共用电子对结合成键的。经典的共价键理论初步揭示了共价键与离子键的区别，但是无法阐明共价键的本质。它不能解释为什么两个带负电荷的电子不互相排斥，反而配对使两个原子结合在一起；1927 年**海特勒**(Heitler)和**伦敦**(London)用量子力学处理 H_2 结构，才从理论上初步阐明了共价键的本质。1931 年，**鲍林**(Pauling)提出了杂化轨道理论，进一步发展了价键理论；1932 年，**洪特**(Hund)和**密里根**(Mulliken)又提出了分子轨道理论(molecular orbital theory)，进一步指出，成键电子可以在整个分子的区域内运动。

一、价键理论

(一) 共价键的形成

Heitler 和 London 由量子力学处理两个 H 原子形成 H_2 分子的过程，得到 H_2 分子的能量与原子核间距离的关系曲线，如图 7-3 所示：

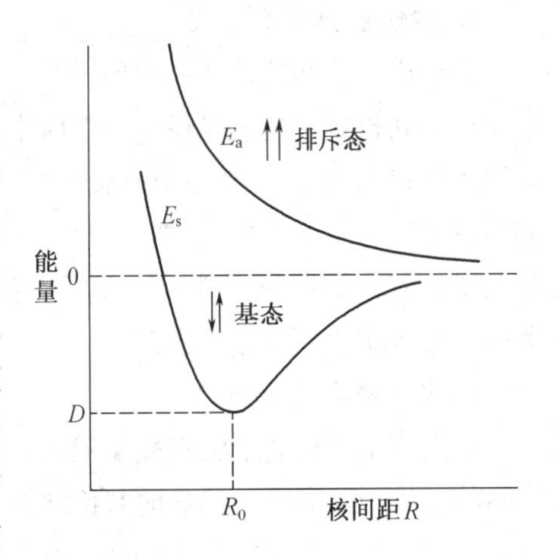

图 7-3　H_2 分子形成过程中能量随核间距的变化示意图

由图可知，当两个 H 原子从远处互相接近时，出现两种情况：如果两个 H 原子的 1*s* 电子自旋方向相反，随两原子的核间距离 R 的减小，体系能量 E_s 逐渐降低，当核间距 $R=R_0$ 时，能量降到最低值 D，两核间电子云密度较为密集，说明两个氢原子之间是相互吸引的；如果两个 H 原子的 1*s* 电子自旋方向相同，随着核间距 R 的减小，体系能量 E_a 随核间距 R 的减小一直升高，意味着两个氢原子趋向分离而不能键合。由此可知，自旋方向相反的两个 H 原子以核间距 R_0 相结合，可以形成稳定的 H_2 分子，这一状态称为氢分子的基态，此时体系的能量低于两个未结合时 H 原子的能量。相反，如果两个 H 原子的 1*s* 电子自旋方向相同，则体系的能量随 R 的减小而增大，1*s* 电子在核间的概率密度很小，这意味着两个氢原子趋向分离而不能键合。因此根据量子力学的基本原理，氢分子的基态之所以能成键，是由于两个氢原子的 1*s* 原子轨道互相重叠时，φ_{1s} 都是正值，相加后使两个核间的电子云密度有所增加。在两核间出现的电子云密度较大的区域，一方面降低了两核间的正电排斥，另一方面增大了两个核对电子云密度较大区域的吸引，有利于体系势能的降低和形成稳定的化学键。**【这种由原子间电子云密度大的区域对两核的吸引所形成的化学键称为共价键**（covalent bond)**】**。见图 7-4。

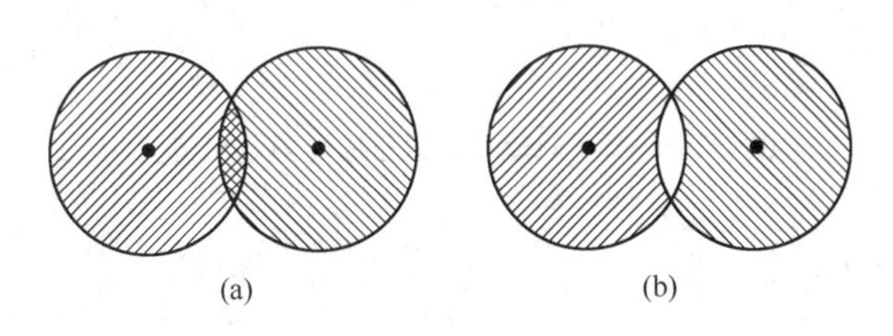

图 7-4　H_2 分子的两种状态

(a) 电子自旋方向相反，两核间电子云密度大，形成稳定的化学键

(b) 电子自旋方向相同，两核间电子云密度为零，不能形成化学键

总之，价键理论继承了 lewis 共享电子对的概念，又在量子力学理论的基础上，指出共价键的本质是由于原子轨道重叠，原子核间电子概率密度大吸引原子核而成键。

（二）价键理论的基本要点

1. 两个原子相互接近时，自旋方向相反的未成对电子可以配对形成共价键。

2. 电子配对时原子轨道重叠得越多，所形成的共价键就越牢固，放出的能量就越多，形成的化学键就越稳定。例如形成一个C—C键放出346kJ·mol^{-1}的能量，形成H—F键时放出570 kJ·mol^{-1}的能量。

（三）共价键的特征

1. 共价键具有饱和性

共价键的饱和性是指一个原子含有几个未成对的单电子，就能与几个自旋相反的单电子配对形成几个共价键。也就是说，一个原子所形成的共价键的数目不是任意的，一般受单电子数目的制约。如果A原子和B原子各有1个、2个或3个成单电子，且自旋相反，则可以互相配对，形成共价单键、双键或叁键(如H—H、O═O、N≡N)。如果A原子有2个单电子，B原子有1个单电子，若自旋相反，则1个A原子能与2个B原子结合生成AB_2型分子，如2个H原子和1个O原子结合生成H_2O分子。

2. 共价键具有方向性

根据原子轨道的最大重叠原理，共价键的形成将沿着原子轨道最大重叠的方向进行，这样两核间的电子云越密集，形成的共价键就越牢固，这就是共价键的方向性。除s轨道呈球形对称无方向性外，p、d、f轨道在空间都有一定的伸展方向。在形成共价键时，s轨道与s轨道在任何方向上都能达到最大程度的重叠，而p、d、f轨道只有沿着一定的方向才能发生最大程度的重叠。例如，当H原子的$1s$轨道与F原子的$2p_x$轨道发生重叠形成HF分子时，H原子的$1s$轨道必须沿着x轴才能与F原子的含有单电子的$2p_x$轨道发生最大程度的重叠，形成稳定的共价键(图7-5a)；而沿其他方向的重叠，则原子轨道不能重叠(图7-5b)或重叠很少(图7-5c)，因而不能成键或成键不稳定。

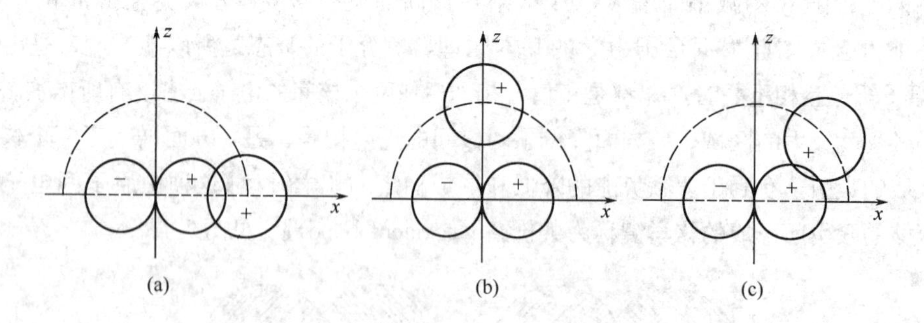

图7-5 H原子轨道和F原子轨道重叠示意图

（四）共价键的类型

按原子轨道重叠方式的不同，可以将共价键分成σ键和π键两种类型。

1. σ键

【原子轨道沿键轴(两原子间连线)方向以“头碰头”的方式发生轨道重叠，轨道重叠部分是沿着键轴呈圆柱形分布的，这种键称为σ键(σ-bond)，**形成σ键的电子叫作σ电子】**。形成σ键时，原子轨道的重叠部分对于键轴呈圆柱形对称，沿键轴方向旋转任意角度，轨道的形状和符号

均不改变。由于形成σ键时，成键原子轨道沿键轴方向达到了最大程度的重叠，所以σ键的键能大，稳定性高。以x轴为键轴，则s-s、p_x-s、p_x-p_x可以重叠形成σ键，如图7-6所示。

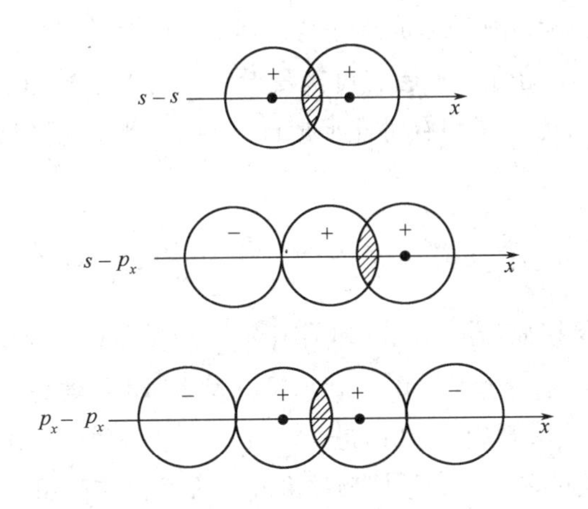

图7-6　σ键示意图

2. π键

【**原子轨道以“肩并肩”方式发生轨道重叠，**如p_z-p_z、p_y-p_y。**轨道重叠部分对通过一个键轴的平面具有镜面反对称性，这种键称为π键，形成π键的电子叫作π电子**】。如图7-7所示。

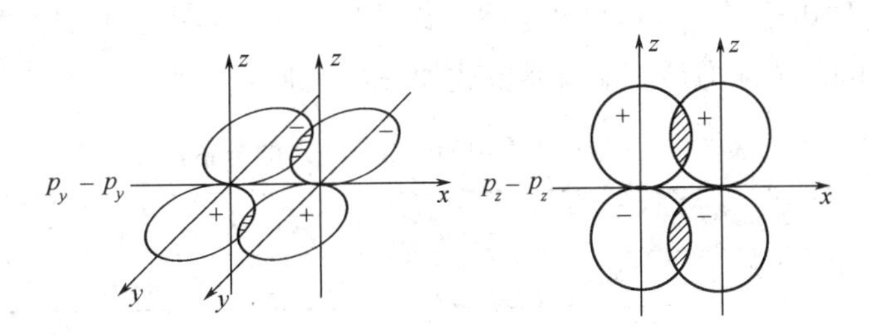

图7-7　π键示意图

一般说来，π键的重叠程度小于σ键，因此π键的键能也小于σ键，π键的稳定性也小于σ键，π键电子的能量较高，易活动，是化学反应的积极参与者。

两个原子间形成共价单键时，通常是σ键；形成共价双键或叁键时，其中有一个σ键，其余的是π键。

例如N原子有3个单电子（$2p_x^1 2p_y^1 2p_z^1$），两个N原子形成N_2分子时，p_x-p_x键形成σ键，而p_y-p_y、p_z-p_z键形成两个互相垂直的π键，如图7-8所示。

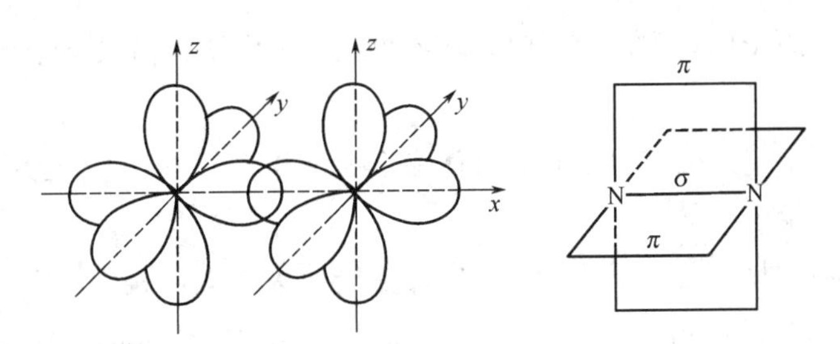

图7-8　N_2分子中的化学键

（五）共价配键（配位键）

前面所讨论的共价键的共用电子对都是由成键的两个原子分别提供一个电子组成的。此外还

有一类共价键，其共用电子对不是由成键的两个原子分别提供，而是由其中一个原子单方面提供的，【**凡共用电子对由一个原子单方面提供为两个原子共用而形成的共价键称为共价配键，或配位键**(coordination bond)】。配位键的形成条件是：其中的一个原子的价电子层有孤电子对(即未共用的电子对)，另一个原子的价电子层有可接受孤电子对的空轨道。只要具备条件，分子内、分子间、离子间以及分子与离子间均有可能形成配位键。(配位键理论本教材将在第八章详细介绍)

二、价层电子对互斥理论（自学）

1940年英国科学家**西奇维克**(Sidgwick)和美国科学家**鲍威尔**(Powell)提出了**价层电子对互斥理论**(valence-shell electron pair repulsion theory)，**简称 VSEPR 理论**，20世纪60年代加拿大科学家**吉莱斯皮**(Gillespie)和**尼霍姆**(Nyholm)进一步发展了这一理论。该理论不需要原子轨道的概念，而且在解释、判断和预见多原子分子构型的准确性方面比较简单和直观。

（一）价层电子对互斥理论的基本要点

1. 分子或离子的空间构型取决于中心原子周围的价层电子对数，中心原子的价层电子对是指σ键电子对和未参与成键的孤对电子。

2. 中心原子的价层电子对之间尽可能远离，以使斥力最小，并由此决定了分子的空间构型。价电子层中电子对间的静电斥力最小的排布方式如表7-5所示。

表7-5 静电斥力最小的价层电子对的排布方式

价层电子对数	2	3	4	5	6
电子对排布方式	直线形	平面三角形	四面体	三角双锥	八面体

3. 价层电子对之间的斥力与价层电子对的类型有关，价层电子对之间静电斥力大小顺序为：孤对电子-孤对电子 ＞ 孤对电子-成键电子对 ＞ 成键电子对-成键电子对。

（二）判断共价分子结构的一般规律

1. 首先确定中心原子的价层电子对数，中心原子的价层电子对数由下式确定：

$$\text{价层电子对数}=\frac{\text{中心原子的价电子数}+\text{配位原子提供的电子数}}{2}$$

在一般的共价键中：

(1) 氢原子和卤素原子作为配位原子时，均各提供1个电子；卤素原子作为分子的中心原子时，提供7个价电子。

(2) 氧原子和硫原子作为配位原子时，可认为不提供共用电子，当作为中心原子时，则可认为它们提供所有的6个价电子。

(3) 若所讨论的物种是一个离子的话，则应加上或减去与电荷相应的电子数，例如NH_4^+离子中的中心原子N的价层电子对数为 $(5+4-1)/2=4$；SO_4^{2-}离子中的中心原子S的价电子对数为 $(6+2)/2=4$。

2. 根据中心原子价层电子对数，从表7-5中找出相应的电子对排布，这种排布方式可使电子对之间静电斥力最小。

3. 画出结构图，把配位原子排布在中心原子周围，每一对电子连接1个配位原子，剩下的未结合的电子对是孤对电子对。根据孤对电子、成键电子对之间相互排斥力的大小，确定排斥力最小的稳定结构。

（三）价层电子对互斥理论的应用实例

1. 在 CH_4 分子中，中心原子 C 有 4 个价电子，4 个 H 原子提供 4 个电子。因此中心原子 C 原子价层电子总数为 8，即有 4 对电子。由表 7-5 可知，C 原子的价层电子对排布为正四面体。由于价层电子对全部是成键电子对，因此 CH_4 分子的空间构型为正四面体。

2. 在 BrO_3^- 离子中，中心原子 Br 有 7 个价电子，O 原子不提供电子，再加上得到的 1 个电子，价层电子总数为 8，价层电子对为 4。由表 7-5 可知，Br 原子的价层电子对的排布为正四面体，正四面体的 3 个顶角被 3 个 O 原子占据，余下的一个顶角被孤对电子占据，这种排布只有一种形式，因此 BrO_3^- 离子为三角锥形。

3. 在 PCl_5 分子中，中心原子 P 有 5 个价电子，5 个 Cl 原子各提供 1 个电子，中心原子共有 5 个价层电子对，价层电子对的空间排布为三角双锥。

4. 在 ClF_3 分子中，Cl 的价层电子对数为 5，电子对空间构型为三角双锥，但成键电子对和孤对电子对的相对位置可能有三种不同的排布方式，如图 7-9。

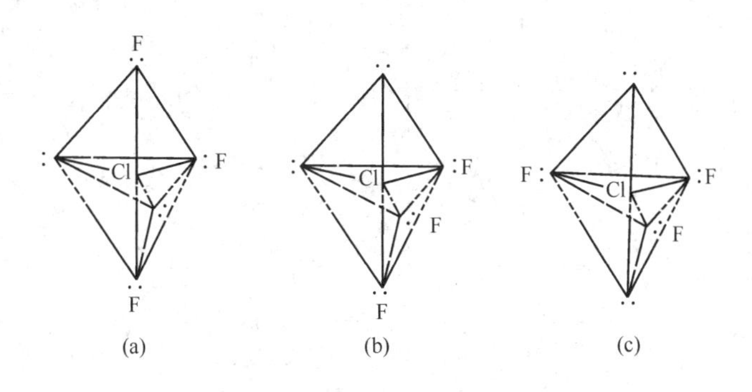

图 7-9　ClF_3 的三种可能空间构型

电子对与中心原子之间有三种不同的夹角 90°、120°、180°，其中 90°夹角的排斥力最大。见表 7-6。

表 7-6　ClF_3 分子可能的构型分析

ClF_3 可能的空间结构	处于 90°夹角位置的机会		
	孤对电子间	孤对电子-成键电子对间	成键电子对间
(a)	0	4	2
(b)	1	3	2
(c)	0	6	0

综合分析，以（a）结构最稳定，所以 ClF_3 分子近似于 T 型结构。

利用价层电子对互斥理论，可以预测大多数主族元素的原子所形成的共价化合物分子或离子的空间构型。中心原子的价层电子对排布与分子的空间构型的关系如表 7-7 所示。

表 7-7 中心原子排布和构型关系

价层电子对数	价层电子对排布	成键电子对数	孤对电子数	分子类型	电子对的排布方式	分子构型	实例
2	直线形	2	0	AB_2		直线形	$HgCl_2$
3	平面三角形	3	0	AB_3		平面三角形	BF_3
		2	1	AB_2		角形（V 型）	$PbCl_2$
4	四面体	4	0	AB_4		正四面体	CH_4
		3	1	AB_3		三角锥体	NH_3
		2	2	AB_2		角形（V 型）	H_2O
5	三角双锥	5	0	AB_5		三角双锥	PCl_5
		4	1	AB_4		变形四面体	SF_4
		3	2	AB_3		T 形	ClF_3
		2	3	AB_2		直线形	I_3^-
6	八面体	6	0	AB_6		正八面体	SF_6

续表

价层电子对数	价层电子对排布	成键电子对数	孤对电子数	分子类型	电子对的排布方式	分子构型	实 例
6	八面体	5	1	AB_5		四方锥形	IF_5
		4	2	AB_4		平面正方形	ICl_4^-

三、杂化轨道理论

价层电子对互斥理论可以预测多原子分子的空间构型，而且该理论直观简单，但是它不能很好地说明键的形成。价键理论成功地阐明了共价键的本质和特性，但是在解释多原子分子的空间构型方面却遇到了一些困难。Pauling 在价键理论的基础上，提出了**杂化轨道理论**（hybrid orbital theory)，进一步补充和发展了价键理论，并且成功地解释了多原子分子的空间构型。

（一）杂化轨道理论的基本要点

杂化轨道理论认为：【**原子在形成分子时，由于原子间相互作用的影响，同一原子中若干不同类型能量相近的原子轨道混合起来，重新组合成一组新轨道，这种重新组合的过程称为杂化**(hybridation)，**所形成的新的原子轨道称为杂化轨道**（hybrid orbit)】。

其基本要点如下：

1. 只有能量相近的原子轨道才能进行杂化。杂化只有在形成分子的过程中才会发生，而孤立的原子是不发生杂化的。常见的杂化方式有 *ns-np* 杂化，*ns-np-nd* 杂化和（$n-1$）*d-ns-np* 杂化。

2. 杂化轨道成键时，要满足化学键间最小排斥原理。键与键间排斥力的大小决定于键的方向，即决定于杂化轨道间的夹角，故杂化轨道的类型与分子的空间构型有关。

3. 杂化轨道的成键能力比原来未杂化的轨道的成键能力强，形成的化学键的键能大。因为杂化后原子轨道的形状发生变化，电子云分布集中在某一方向上，比未杂化的 *s*、*p*、*d* 轨道的电子云分布更为集中，重叠程度增大，成键能力增强，如图 7-10 所示。

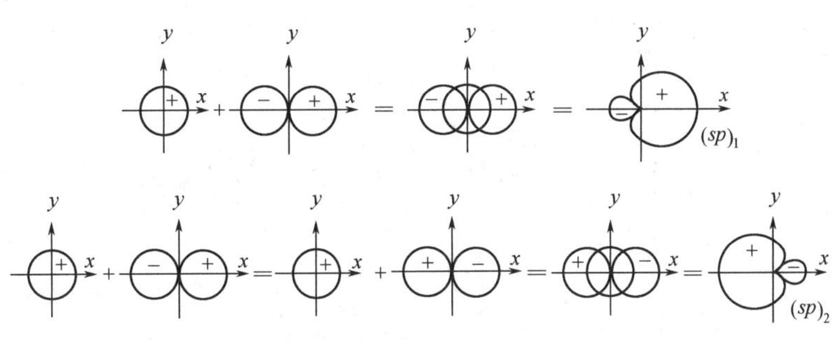

图 7-10 *sp* 杂化轨道形成示意图

4. *n* 个原子轨道杂化形成 *n* 个杂化轨道，杂化轨道的数目等于参加杂化的原子轨道的总数。

（二）杂化轨道的类型

根据原子轨道种类和数目的不同，可以组成不同类型的杂化轨道，通常分为等性杂化和不等性杂化。

1. 等性杂化

【完全由一组具有未成对电子的原子轨道或者是空轨道参与杂化而形成的简并杂化轨道的过程称为等性杂化】。例如下面所提到的 sp^3、sp^2 和 sp 等性杂化。

（1）sp^3 杂化　同一个原子内由一个 ns 轨道和三个 np 轨道参与的杂化称为 sp^3 杂化，所形成的四个杂化轨道称为 sp^3 杂化轨道。sp^3 杂化轨道的特点是每个杂化轨道中含有1/4的 s 成分和3/4 的 p 成分，杂化轨道间的夹角为 109°28′，空间构型为四面体形。

气态 CH_4 分子中的 C 原子属于 sp^3 杂化。基态 C 原子的最外层电子构型是 $2s^22p^2$，在 H 原子的影响下，C 原子的一个 $2s$ 电子激发进入一个 $2p_x$ 轨道中，使 C 原子取得 $2s^12p_x^12p_y^12p_z^1$ 的结构，即

2s　2p　—激发→　2s　2p

其一个 $2s$ 轨道和三个 $2p$ 轨道进行 sp^3 杂化，形成四个能量相等的 sp^3 杂化轨道，每个 sp^3 杂化轨道中有一个未成对电子，它们分别与四个 H 原子的含有未成对电子的 $1s$ 轨道重叠形成四个 σ 键，由于 C 原子的四个 sp^3 杂化轨道间的夹角为 109°28′，所以生成的 CH_4 分子的空间构型为正四面体形，如图 7-11 所示。

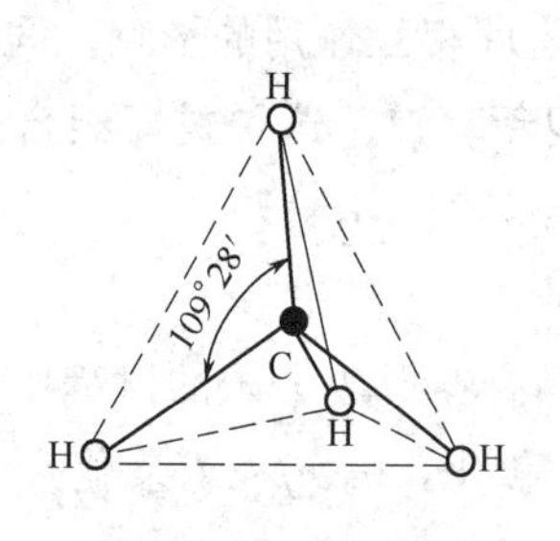

图 7-11　CH_4 分子构型

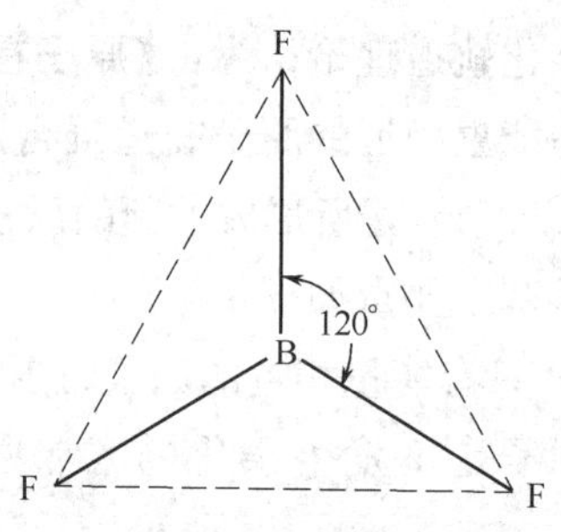

图 7-12　BF_3 分子空间构型

（2）sp^2 杂化　同一个原子内由一个 ns 轨道和两个 np 轨道参与的杂化称为 sp^2 杂化，所形成的三个杂化轨道称为 sp^2 杂化轨道。每个 sp^2 杂化轨道中含有 1/3 的 s 轨道成分和 2/3 的 p 轨道成分，杂化轨道间的夹角为 120°，空间构型呈平面正三角形。

例如气态 BF_3 分子中 B 原子属于 sp^2 杂化，基态 B 原子最外层电子构型是 $2s^22p^1$，在 F 原子的影响下，B 原子的一个 $2s$ 电子激发进入一个空的 $2p$ 轨道中，使 B 原子取得了 $2s^12p_x^12p_y^1$ 的结构，即

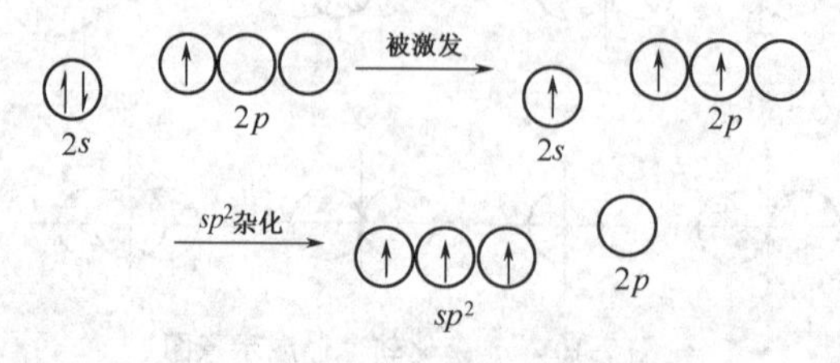

其一个 $2s$ 轨道和两个 $2p$ 轨道进行 sp^2 杂化，形成三个能量相等的 sp^2 杂化轨道，每个 sp^2 杂化轨道中含有一个未成对电子，它们分别与三个 F 原子含有未成对电子的 $3p$ 轨道重叠形成三

个 σ 键，夹角为 120°，BF_3 的分子空间构型为平面三角形。如图7-12所示。

（3）*sp* 杂化　同一个原子内由一个 *ns* 轨道和一个 *np* 轨道参与的杂化称为 *sp* 杂化，所形成的轨道称为 *sp* 杂化轨道。每一个 *sp* 杂化轨道中含有 1/2 的 *s* 轨道成分和 1/2 的 *p* 轨道成分，两个杂化轨道间的夹角为 180°，空间构型呈直线形。

例如气态 $BeCl_2$ 分子结构，Be 原子的电子结构是 $1s^2 2s^2$，在 Cl 原子的影响下，Be 原子的一个 2*s* 电子可以激发进入一个空的 2*p* 轨道中，使 Be 原子取得 $2s^1 2p_x^1$ 的结构，其一个 2*s* 轨道和一个 2*p* 轨道进行 *sp* 杂化，形成二个 *sp* 杂化轨道，每个杂化轨道中有一个未成对电子。Be 原子用两个 *sp* 杂化轨道分别与两个 Cl 原子含有未成对电子的 3*p* 轨道进行重叠，形成两个 σ 键，键的夹角为 180°，分子的空间构型为直线形。

（4）其他类型的杂化

表 7-8　其他几种类型的杂化

类　型	轨道数目	形　状	实　例
sp	2	直线	$HgCl_2$、$BeCl_2$
sp^2	3	三角平面	BF_3
sp^3	4	四面体	CCl_4
dsp^2	4	平面正方	$[CuCl_4]^{2-}$
sp^3d（或 dsp^3）	5	三角双锥	PCl_5
sp^3d^2（或 d^2sp^3）	6	八面体	SF_6

2. 不等性杂化—— NH_3 分子和 H_2O 分子的结构

凡是**【由于杂化轨道中有不参加成键的孤对电子对的存在，杂化后所得到的一组杂化轨道并不完全简并，这种杂化过程称为不等性杂化】**，例如 NH_3 分子和 H_2O 分子中的 N 原子和 O 原子分别采取 sp^3 不等性杂化。

NH_3 分子中基态 N 原子的最外层电子构型是 $2s^2 2p_x^1 2p_y^1 2p_z^1$，在 H 原子影响下，N 原子的一个 2*s* 轨道和三个 2*p* 轨道进行 sp^3 不等性杂化，形成四个 sp^3 杂化轨道。其中三个 sp^3 杂化轨道中各有一个未成对电子，另一个 sp^3 杂化轨道为一对孤对电子所占据。N 原子用三个各含一个未成对电子的 sp^3 杂化轨道分别与三个 H 原子的 1*s* 轨道重叠，形成三个N—H 键。由于孤对电子的电子云密集在 N 原子的周围，对三个 N－H 键的电子云有较大的排斥作用，使 N－H 键之间的夹角被压缩到 107°18′，因此 NH_3 分子的空间构型为三角锥形，如图 7-13 所示。

H_2O 分子中基态 O 原子的最外层电子构型为 $2s^2 2p^4$，在 H 原子的影响下，O 原子采取 sp^3 不等性杂化，形成四个 sp^3 杂化轨道。其中两个杂化轨道中各有一个未成对电子，另外两个杂化轨道分别为孤对电子所占据。O 原子用两个各含有一个未成对电子的 sp^3 杂化轨道分别与两个 H 原子的 1*s* 轨道重叠，形成两个 O—H 键。由于两对孤对电子对两个 O—H 键的成键电子有更大的排斥作用，使 O—H 键之间的夹角被压缩到 104°45′，因此水分子的空间构型为角形，如图 7-14 所示。

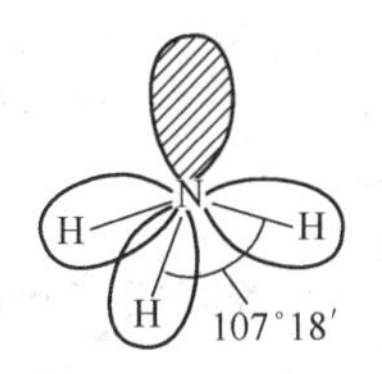

图 7-13　NH_3 分子的结构

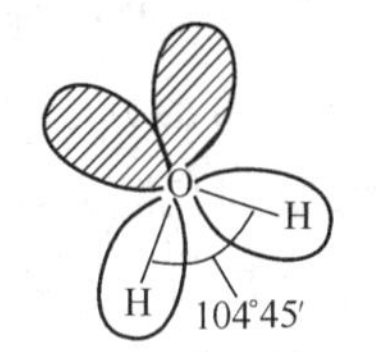

图 7-14　H_2O 分子的结构

四、分子轨道理论

价键理论和杂化轨道理论较好地说明了共价键的本质和形成，并能解释分子的空间构型，使分子的几何形状和化学键更加直观，容易理解。但是价键理论有局限性，它无法解释：①H_2^+单电子键的存在；②O_2的顺磁性；③有大π键的某些分子的结构等问题。为了弥补价键理论存在的不足，1932年，美国化学家Mulliken和德国化学家Hund提出了分子轨道理论。

分子轨道理论把分子作为一个整体来处理，将分子中的电子看作是在分子中所有原子核及其他电子所形成的势场中运动，比较全面地反映了分子中电子的运动状态，分子整体的性质得到较好的说明。该理论近十几年来发展很快，在共价键理论中占有非常重要的地位。

（一）分子轨道的概念

通过原子结构与周期系一章的学习，知道原子中的电子是处于原子核及其他电子所形成的势场中运动的，可以用ψ_{1s}、ψ_{2s}、ψ_{2p}…等波函数来表示这些电子的空间运动状态，这些空间运动状态俗称原子轨道。

分子轨道理论指出，在多原子分子中，电子不再属于某个原子，也不局限于两个相邻原子之间，而是在整个分子的范围内运动。分子中电子的空间运动状态也可以用波函数ψ来描述，即把**【分子中电子的空间运动状态叫分子轨道**(Molecular orbit)**，简称MO】**。每一个波函数ψ都有相对应的能量和形状，ψ^2为分子中的电子在空间出现的概率密度。分子轨道与原子轨道的不同之处，主要是分子轨道是多中心(多原子核)的，而原子轨道是一个中心(单原子核)的。

（二）分子轨道理论的基本要点

1. 作为一种近似处理，可以认为 分子轨道是由**原子轨道线性组合**（linearly combination of atomic orbital，简称LCAO）而成，组合成的分子轨道的数目等于参与组合的原子轨道的数目。

在组合形成的分子轨道中，比组合前原子轨道能量低的轨道称为成键分子轨道，用ψ表示；比组合前原子轨道能量高的轨道称为反键分子轨道，用ψ^*表示。

例如两个氢原子的1s原子轨道ψ_A与ψ_B线性组合，可产生两个分子轨道：

$$\psi_{\sigma 1s}=C_1(\psi_A+\psi_B)$$

$$\psi_{\sigma 1s}^*=C_2(\psi_A-\psi_B)$$

式中，C_1、C_2为常数，$\psi_{\sigma 1s}$为成键分子轨道，它是由两个原子轨道同号重叠（波函数相加）而成，波函数同号表示它们所代表的电子波同相，组合时两个波相互叠加，得到强度更大的波。两个原子核间电子概率密度增大，体系能量降低，因此成键分子轨道能量较原子轨道能量低。$\psi_{\sigma 1s}^*$为反键分子轨道，它是由异号原子轨道重叠(波函数相减)而成，波函数异号表示它们代表的电子波相位不同，相互结合时由于干涉作用，有一部分相互抵消，核间电子概率密度减小，体系能量升高不利于成键，因此反键分子轨道能量高于原子轨道能量。

2. 为了有效地组合成分子轨道，参与组合的原子轨道必须满足以下三条原则，即对称性匹配原则、能量近似原则和最大重叠原则。

(1) 对称性匹配原则　对称性相同的原子轨道才能组合成分子轨道。原子轨道均具有一定的对称性，例如s轨道是球形对称，p轨道对中心是反对称(即原子轨道角度分布的波函数符号一半是正，一半是负)，d轨道有中心对称和对坐标轴或某个平面对称。为了有效组合成分子轨道，

要求参加组合的原子轨道对称性相同(匹配)，对称性不相同的原子轨道不能组合成分子轨道。所谓对称性相同，可以理解为两个原子轨道以两个原子核为轴(指定为 x 轴)旋转 180°时，原子轨道角度分布的正、负号都发生改变或都不发生改变，即为原子轨道对称性相同(匹配)；若一个正、负号变了，另一个不变即为对称性不相同(不匹配)。图7-15(a)、(c)为两个原子轨道的对称性不匹配；而图 7-15(b)、(d)、(e)为两个原子轨道的对称性匹配。

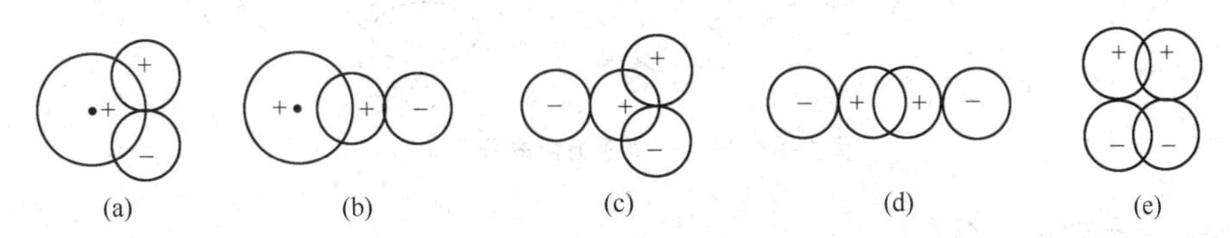

图 7-15　原子轨道对称性示意图

(2) 能量近似原则　两个对称性相同的原子轨道能否组合成分子轨道，还要看这两个原子轨道能量是否接近。只有能量接近的两个对称性匹配的原子轨道才能有效地组合成分子轨道，而且原子轨道的能量越接近越好，这就叫能量近似原则。在同核双原子分子中，当然 $1s$-$1s$、$2s$-$2s$、$2p$-$2p$ 能有效地组合成分子轨道，而能量近似原则对于异核的双原子分子或多原子分子来说，能否有效地组合成分子轨道尤为重要。

例如 H、F 原子有关原子轨道的能量分别为：

$$E_{1s}(\mathrm{H})=-1.8\times10^{-18}(\mathrm{J})$$

$$E_{1s}(\mathrm{F})=-1.12\times10^{-16}(\mathrm{J})$$

$$E_{2s}(\mathrm{F})=-6.43\times10^{-18}(\mathrm{J})$$

$$E_{2p}(\mathrm{F})=-2.98\times10^{-18}(\mathrm{J})$$

由于 H 原子的 $1s$ 轨道与 F 原子的 $2p$ 轨道能量接近，所以在形成 HF 分子时，这两条轨道能组合成分子轨道。

(3) 轨道最大重叠原则　当能量相同（或相近）、对称性匹配的两个原子轨道组合成分子轨道时，应尽可能使原子轨道重叠程度最大，以使成键分子轨道的能量尽可能降低，组合成的分子轨道越稳定，这就叫最大重叠原则。

由此可见，在由原子轨道组成分子轨道的三原则中，对称性原则是首要的，它决定原子轨道能否组成分子轨道的问题，而能量近似原则和最大重叠原则只是决定组合的效率问题。

3. 电子在分子轨道上的排布将遵从能量最低原理、Pauli 不相容原理和 Hund 规则等三原则，即得分子的基态电子结构。

4. 每个分子轨道都有相应的能量和图像，分子的能量 E 等于分子中电子能量的总和，而电子的能量即为被它们所占据的分子轨道的能量。

5. 根据原子轨道的重叠方式和形成的分子轨道的对称性不同，可将分子轨道分为 σ 分子轨道和 π 分子轨道。按分子轨道的能量大小，可以排出分子轨道的近似能级图。

(三) 分子轨道的形成和类型

分子轨道的形状可以通过原子轨道的重叠，分别近似地描述。

1. *ns*-*ns* 原子轨道的组合

两个原子的能量相等或相近的 ns 轨道沿连接两个原子核的轴线进行线性组合可得到两个 σ 分子轨道，若原子轨道同号重叠（波函数相加）则得到能量比 ns 原子轨道能量低的成键分子轨

道，用符号 σ_{ns} 表示；若原子轨道异号重叠（波函数相减）则得到能量比 *ns* 原子轨道能量高的反键分子轨道，用 σ_{ns}^* 表示，如图 7-16 所示。

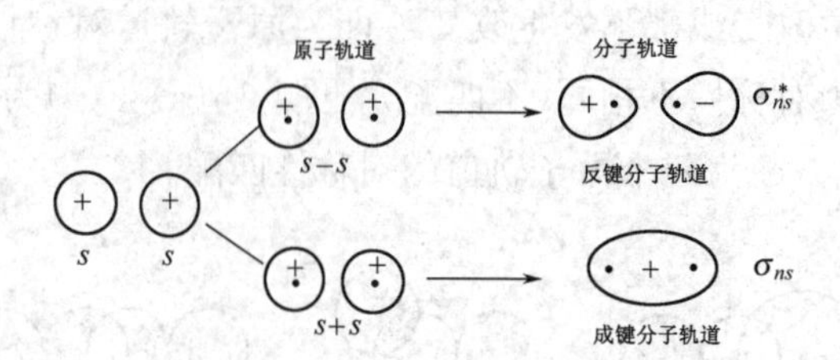

图 7-16 s 原子轨道组合成分子轨道

2. ns-np_x原子轨道的组合

当一个原子的 *ns* 轨道与另一个原子的能量相近的 *np* 轨道沿键轴重叠时，由于 *s* 轨道只与 p_x 轨道对称性匹配，则可以组合成两条分子轨道，成键分子轨道 σ_{sp} 和反键分子轨道 σ_{sp}^*，如图 7-17 所示。

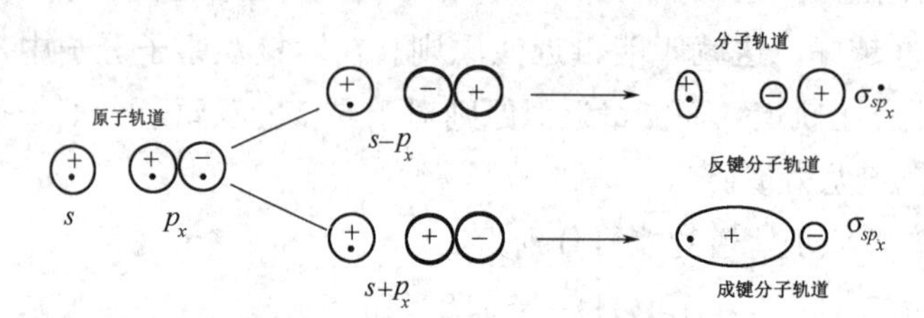

图 7-17 s-p_x 组合成分子轨道

3. np-np 原子轨道的组合

【当 2 个原子的能量相等或相近的 np 轨道组合成分子轨道时，可以有“头碰头”和“肩并肩”两种组合方式】。每个原子的 *np* 轨道共有 3 条，即 np_x、np_y、np_z，它们在空间的分布是互相垂直的。**【两个原子的 np_x 轨道沿连接两个原子核的轴线（x 轴）以“头碰头”的方式进行线性组合，可以得到两个 σ 分子轨道，成键分子轨道 σ_{np_x} 和反键分子轨道 $\sigma_{np_x}^*$】**。如图 7-18 所示。

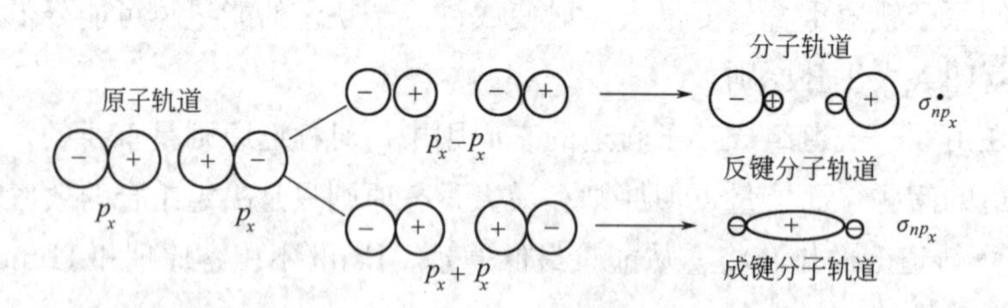

图 7-18 p_x-p_x 组合成分子轨道

两个原子的 np_y 轨道和 np_z 轨道沿轴方向重叠，以“肩并肩”的方式组合成两个 π 分子轨道，成键分子轨道 π_{np_y} 与 π_{np_z} 和反键分子轨道 $\pi_{np_y}^*$ 与 $\pi_{np_z}^*$，这两组轨道的组合情况相同，仅空间取向互成 90°角，形状相同，能量相等，互为简并轨道，如图 7-19 所示。

由以上讨论可知，分布在成键 σ 分子轨道上的电子称为成键 σ 电子，分布在反键 σ 分子轨道上的电子称为反键 σ 电子，分布在 π 分子轨道上的电子称为 π 电子。成键电子使分子的稳定性增大，而反键电子使分子的稳定性减小。

分子轨道的重叠方式还有 *p-d*、*d-d* 重叠，这类重叠一般出现在过渡金属化合物和一些含氧酸中，将在相应章节中介绍。

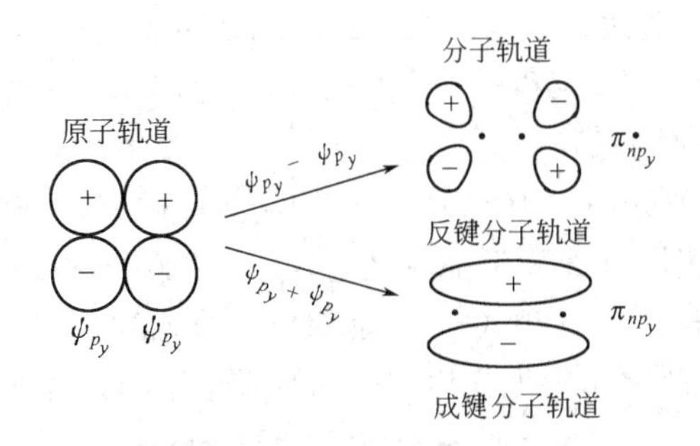

图 7-19 p_y-p_y 组合成分子轨道

(四) 第二周期同核双原子分子的分子轨道能级图

每种分子的每个分子轨道都有确定的能量，不同种分子的分子轨道能量是不同的。由于分子轨道能量理论计算很复杂，目前主要借助分子光谱实验来确定。

图 7-20 是第二周期同核双原子分子的分子轨道能级图。

第二周期同核双原子分子的分子轨道能级顺序有两种情况，下面分别讨论。

1. O_2 和 F_2 的分子轨道能级图

对同核双原子分子，当组成原子的 $2s$ 和 $2p$ 轨道能量相差较大(一般认为大于 15ev 或 2.4×10^{-19}J)，如 O 的 $2p$ 轨道能量与 $2s$ 轨道能量之差为 2.64×10^{-18}J，F 的 $2p$ 轨道能量与 $2s$ 轨道能量之差为 3.45×10^{-18}J，原子轨道组合成分子轨道时，只发生 s-s、p-p 重叠，不会发生 $2s$ 和 $2p_x$ 轨道之间的相互作用。分子轨道的能级顺序如图7-20(a)所示，O_2 和 F_2 的分子轨道则是按该能级顺序排列的。即：

$$(\sigma_{1s})(\sigma_{1s}^*)(\sigma_{2s})(\sigma_{2s}^*)(\sigma_{2p_x})(\pi_{2p_y}\pi_{2p_z})(\pi_{2p_y}^*\pi_{2p_z}^*)(\sigma_{2p_x}^*)$$

括号内的分子轨道为能量相同的简并轨道。

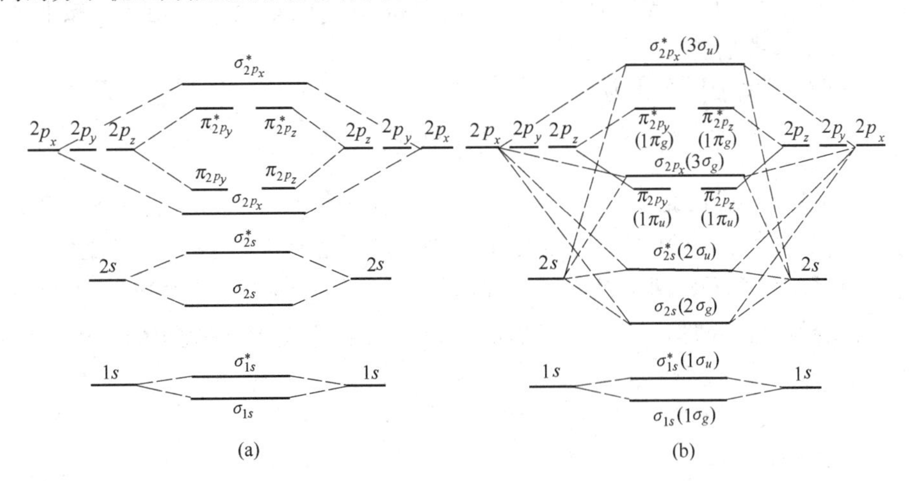

图 7-20 同核双原子分子的分子轨道能级图

2. B_2-N_2 的分子轨道能级图

对同核双原子分子来说，若组成原子的 $2s$ 和 $2p$ 轨道能级相差较小(一般认为 10ev 左右或 1.6×10^{-18}J 左右)，不仅会发生 s-s、p-p 重叠，还必须考虑 $2s$ 和 $2p_x$ 轨道之间的相互作用，以致造成 σ_{2p_x} 能级高于 π_{2p_y}、π_{2p_z} 能级的错位现象。(此时，由两个 $2s$ 和 $2p_x$ 轨道组合成的对称性相同的分子轨道 σ_{2s} 和 σ_{2p_x} 以及 σ_{2s}^* 和 $\sigma_{2p_x}^*$ 进一步组合，形成新的分子轨道。此时各个分子轨道已不是单纯的 $2s$-$2s$ 和 $2p_x$-$2p_x$ 原子轨道的组合，因此用 σ_{2s} 和 σ_{2p_x} 等符号表示已不妥，改用 $1\sigma_g$、$1\sigma_u$ 等符号表示，其中 g 代表中心对称，u 代表中心反对称。对于同核双原子分子轨道，可取核间连线的中心作为对称中心，在对称中心两边 ψ 符号相同时称

为中心对称或 g 对称；在对称中心两边 ψ 符号相反时，称为中心反对称或 u 对称。由分子轨道图形可以看出，σ 成键轨道都是 g 对称的，σ 反键轨道为 u 对称；π 成键轨道为 u 对称，π 反键轨道为 g 对称）。为便于理解，重新组合后形成的分子轨道能级高低次序可写为：

$$(\sigma_{1s})(\sigma_{1s}^*)(\sigma_{2s})(\sigma_{2s}^*)(\pi_{2p_y}\pi_{2p_z})(\sigma_{2p_x})(\pi_{2p_y}^*\pi_{2p_z}^*)(\sigma_{2p_x}^*)$$

如 N、C、B 的 $2p$ 轨道能量与 $2s$ 轨道能量之差分别为 2.03×10^{-18}J、8.4×10^{-19}J、8.0×10^{-19}J。N_2、C_2、B_2 等分子轨道是按图 7-20（b）的能级顺序排列的。

图 7-20 轨道能级的高低顺序是根据光谱实验的结果绘制的，各轨道能级数据见表 7-9。

表 7-9　氮和氧的分子轨道数据

能量（$\times10^{-18}$J）轨道 / 分子	原子轨道		分子轨道					
	$2s$	$2p$	σ_{2s}	σ_{2s}^*	σ_{2pz}	π_{2p}	π_{2p}^*	σ_{2pz}^*
N^2	−4.10	−2.07	−5.69	−3.00	−2.50	−2.74	1.12	4.91
O_2	−5.19	−2.55	−7.19	−4.79	−3.21	−3.07	−2.32	

* N_2 分子轨道能级数据取自 Proc. Roy. Soc. B172，327（1969）；O_2 分子轨道能级数据取自 W. L. Jorgenson The Orga-nic Chemist's Book of Orbitals 88（1973）。

下面通过几个具体的实例说明分子轨道理论的应用。

（1）H_2 的结构　H_2 是最简单的同核双原子分子，两个氢原子靠近时，两个 $1s$ **原子轨道**(AO)**可以相互重叠**形成 σ 成键和反键分子轨道(MO)。根据能量最低原理，2 个自旋方式不同的电子将先填入能量较低的 σ_{1s} 成键分子轨道，体系能量降低，形成一个 σ 键，H_2 分子轨道电子排布式可表示为$[(\sigma_{1s})^2]$，如图 7-21 所示。

（2）H_2^+ 的结构　由于 H_2^+ 分子离子中唯一的一个电子根据能量最低原理进入成键 σ 分子轨道，体系能量降低，所以 H_2^+ 可以稳定存在，且形成一个单电子 σ 键，其键能为 255.48kJ. mol^{-1}，H_2^+ 分子离子的电子排布式可表示为$[(\sigma_{1s})^1]$。

（3）N_2 分子的结构　每个氮原子有 7 个电子，N_2 分子中共有 14 个电子，按照能量最低原理和 Pauli 不相容原理排布进入分子轨道。

氮分子的分子轨道电子排布式为：

$$N_2:[(\sigma_{1s})^2(\sigma_{1s}^*)^2(\sigma_{2s})^2(\sigma_{2s}^*)^2(\pi_{2py})^2(\pi_{2pz})^2(\sigma_{2px})^2]$$

其中对成键有主要贡献的是$(\pi_{2py})^2$ $(\pi_{2pz})^2$ 和$(\sigma_{2px})^2$ 三对电子，相当于形成两个 π 键和一个 σ 键。由于氮分子中存在三键(N≡N)，键级为 3，所以 N_2 分子具有特殊的稳定性。

（4）O_2 的结构　氧分子由两个氧原子组成，每个氧原子核外有 8 个电子，在氧分子中共有 16 个电子，根据能量最低原理，Hund 规则和 Pauli 不相容原理得到氧分子的分子轨道能级图，如图 7-22 所示。

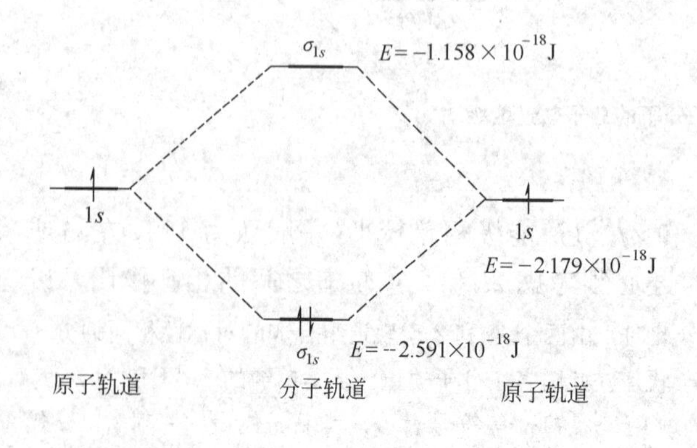

图 7-21　氢的原子轨道与分子轨道

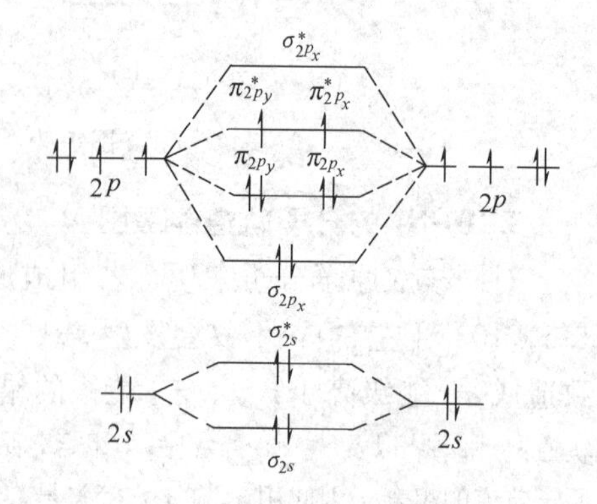

图 7-22　O_2 分子的分子轨道能级图

O_2 分子的分子轨道电子排布式为：

$$O_2:[(\sigma_{1s})^2(\sigma_{1s}^*)^2(\sigma_{2s})^2(\sigma_{2s}^*)^2(\sigma_{2p_x})^2(\pi_{2p_y})^2(\pi_{2p_z})^2(\pi_{2p_y}^*)^1(\pi_{2p_z}^*)^1]$$

在 O_2 的分子轨道中，成键的 $(\sigma_{2s})^2$ 和反键的 $(\sigma_{2s}^*)^2$ 对成键的贡献互相抵消，实际对成键有贡献的是 $(\sigma_{2p_x})^2$，构成 O_2 分子中的一个 σ 键；$(\pi_{2p_y})^2(\pi_{2p_y}^*)^1$ 构成一个三电子 π 键；$(\pi_{2p_z})^2(\pi_{2p_z}^*)^1$ 构成另一个三电子 π 键。所以氧分子的结构式可表示为：

O ∴∴ O　　或　　:O——O:（上下各一个三电子 π 键框 [· · ·]）

氧分子中存在一个 σ 键和两个三电子 π 键，每个三电子 π 键的键能只有单键的一半，两个三电子 π 键的键能相当于一个单键，这与 O_2 分子具有双键键能是一致的。因此可以预期 O_2 分子中的键没有 N_2 分子的键那样牢固。实验事实也证明，断裂 O_2 分子中的化学键所需的能量(即 O_2 分子的离解能：497.9kJ·mol^{-1})要小于断裂 N_2 分子中的化学键所需的能量(N_2 分子的离解能：948.9kJ·mol^{-1})。

O_2 分子的分子轨道能级图清楚地表明，O_2 分子中存在两个自旋相同的成单电子，所以 O_2 具有顺磁性，这已为实验所证明(物质的磁性主要是电子的自旋引起的，通常顺磁性物质中含有单电子，而反磁性物质的电子都已成对)。O_2 分子具有顺磁性，这是电子配对理论无法解释的，但是用分子轨道理论处理 O_2 分子结构时，则是很自然得出的结论。

以上介绍的几种共价键理论从不同角度说明了共价键的形成原理，不同的理论各有优势和不足，互为补充。因此，应搞清这些理论的特点和联系，在解释共价键的本质、形成、分子构型和磁性等问题时，要善于根据具体情况运用理论，具体问题具体分析，以对问题做出正确、合理的解释。

第三节　键参数

共价键的性质可以用量子力学计算进行定量的讨论，也可以通过表征键性质的某些物理量来定性或半定量地描述。如用键级和键能表征键的强弱，用键长和键角描述分子的空间构型等，我们把这些【**表征化学键性质的物理量统称为键参数**（Bond Parameter)】。

一、键级

在分子轨道理论中提出了**键级**（bond order）的概念，其定义式为：

$$\text{键级}=\frac{\text{成键轨道中的电子总数}-\text{反键轨道中的电子总数}}{2}$$

键级实际上是净的成键电子对数，一对成键电子构成一个共价键，所以键级一般等于键的数目。例如，He_2、H_2、O_2、N_2 的键级分别为 0、1、2、3，与组成分子的原子系统相比，成键轨道中电子数目越多，分子体系的能量降低得越多，分子越稳定，所以键级越大，键越牢固；反之，反键轨道中电子数目的增多则削弱了分子的稳定性；键级为零，意味着原子间不能形成稳定分子。

因此，由上述分析可知，下列分子稳定性大小排列的次序为

$$N_2 > O_2 > H_2 > He_2$$

二、键能

原子间形成的共价键的强度可以用键断裂时所需的能量大小来衡量。**【在双原子分子中，于100kPa和298.15K下，将1mol气态分子断裂成理想气态原子所需要的能量叫作键的离解能**（$kJ\cdot mol^{-1}$），离解能用D表示】。即：

$$AB(g) \longrightarrow A(g)+B(g) \qquad D_{(A-B)}$$

多原子分子，要断裂其中的键成为单个原子，需要多次离解，因此离解能不等于键能，多次离解能的平均值才等于键能。

例如：

$$CH_4(g)=CH_3(g)+H(g) \qquad D_1=435.34 kJ\cdot mol^{-1}$$
$$CH_3(g)=CH_2(g)+H(g) \qquad D_2=460.46 kJ\cdot mol^{-1}$$
$$CH_2(g)=CH(g)+H(g) \qquad D_3=426.97 kJ\cdot mol^{-1}$$
$$CH(g)=C(g)+H(g) \qquad D_4=439.07 kJ\cdot mol^{-1}$$

CH_4 分子中虽然有四个等价的C—H键，但先后拆开它们所需的能量是不同的。**【所谓键能**(bond energy)**通常是指在100kPa和298.15K下将1mol气态分子拆开成气态原子时，每个键所需能量的平均值，键能用 *E* 表示】**。显然对双原子分子来说，键能等于离解能，例如，298.15K时，H_2 的键能 $E_{(H-H)}=D_{(H-H)}=436 kJ\cdot mol^{-1}$；而对于多原子分子来说，键能和离解能是不同的。例如 CH_4 分子中C—H键的键能应是四个C—H键离解能的平均值：

$$E_{(C-H)}=(D_1+D_2+D_3+D_4)/4=D_{总}/4=1761.84/4=440.46 kJ\cdot mol^{-1}$$

键能通常通过热化学方法或光谱化学实验测定离解能得到，表7-10列出了一些键的键能。

表7-10　一些共价键的键能和键长

共价键	键长 l/pm	键能 E/$kJ\cdot mol^{-1}$	共价键	键长 l/pm	键能 E/$kJ\cdot mol^{-1}$
H—H	74	436	C—C	154	346
H—F	92	570	C=C	134	602
H—Cl	127	432	C≡C	120	835
H—Br	141	366	N—N	145	159
H—I	161	298	N≡N	110	946
F—F	141	159	C—H	109	414
Cl—Cl	199	243	N—H	101	389
Br—Br	228	193	O—H	96	464
I—I	267	151	S—H	134	368

三、键长

【分子中两个成键的原子核之间的平均距离称为键长(bond length)**】**。在理论上用量子力学近似方法可以算出键长，但是由于分子结构的复杂性，键长往往是通过光谱或衍射等实验方法测定的。例如，C—C键的键长为154pm，H—H间的键长为74pm。

同一种键在不同的分子中的键长差别很小，基本上是个常数。表7-10列出一些化学键的键长数据。

一般说来，键长越长，键能就越小，键的强度就越弱。单键、双键及叁键的键长依次缩短，键能依次增大，但双键、叁键的键长与单键的相比并非两倍、三倍的关系。

四、键角

【分子中相邻两个键之间的夹角叫键角（bond angle）**】**。

键角通常通过光谱等实验技术测定，键角与键长都是表征分子空间构型的重要参数。

图 7-23 给出了一些分子的键长、键角和几何形状。

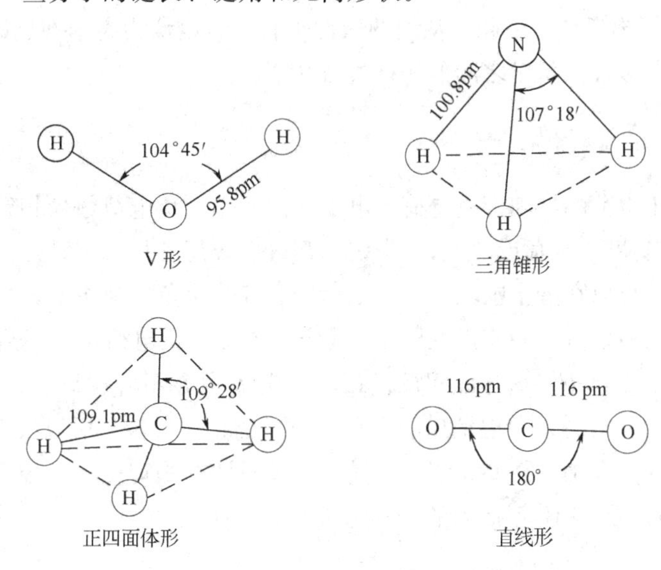

图 7-23　H_2O、NH_3、CH_4、CO_2 分子的键长、键角和几何构型

第四节　键的极性与分子的极性

一、键的极性

根据成键原子电负性的不同，可将共价键分成极性共价键和非极性共价键。

同种元素的两个原子形成共价键时，由于它们的电负性相同，共用电子将均匀地出现在两核之间，即原子轨道相互重叠形成的电子云密度最大区域恰好在两原子之间，所以电荷的分布是对称的，原子核的正电荷中心和电子云的负电荷中心正好重合，这种键称为**非极性键**。例如，H_2、O_2、N_2、Cl_2 等非金属单质分子和巨分子单质如金刚石、晶态硼、晶态硅中的共价键都是非极性键。

如果两个不同元素的原子形成共价键时，由于成键原子电负性的不同，则共用电子对将会偏向于电负性大的原子一方，即原子轨道重叠形成的电子云密度最大区域靠近电负性大的原子一边，造成电荷分布(电子云分布)不对称。电负性大的原子一端显负电，电负性小的原子一端显正电。即在键的两端出现了电的正极和负极，这样形成的键具有极性，这样的共价键称为**极性键**。例如在 HBr 中共用电子对偏向于电负性较大的 Br 原子一方形成极性共价键，其中氢为正极，溴为负极。

可以用键矩 μ 来衡量共价键极性的大小，键矩 μ 的定义式为：

$$\mu=q\times d$$

式中，q 是正、负两极的电量，d 为正、负两极的距离。

键矩是矢量，其方向是从正极到负极。μ 的单位是“德拜”，以 D(Debye) 表示，1D＝3.33

$\times 10^{-30}$ C·m。一个电子所带的电荷为 1.602×10^{-19} 库仑(C)，而正、负两极的距离 d 相当于原子之间距离，其数量级为 10^{-10} 米(m)，因此键矩 μ 的数量级在 10^{-30} C·m 范围。

在极性共价键中，成键原子的电负性差越大，键矩就越大，键的极性也越大。当两个原子的电负性相差很大时，可以认为电子对完全转移到电负性大的原子上，使其成为阴离子，另一方成为阳离子，此时共价键转变成离子键。例如 Na 原子和 Cl 原子的电负性分别是 0.93 和 3.16，差值是 2.23，结果形成了离子键。因此，从键的极性来看，可以认为离子键是最强的极性键，极性共价键是由离子键到非极性共价键之间的一种过渡状态。

二、分子的极性和偶极矩

每个分子都有带正电荷的核和带负电荷的电子，由于正、负电荷数量相等，整个分子是电中性的。但是对每一种电荷(正电荷或负电荷)来说，都可以设想各集中于某点上，就像对物体的质量取中心(重心)那样，可以在分子中取一个正电荷中心和一个负电荷中心，根据正、负电荷中心是否重合，将分子分为极性分子和非极性分子。**【分子中正、负电荷中心重合于一点的分子叫非极性分子**（non-polar molecules）；**与此相反，正、负电荷中心不互相重合的分子叫作极性分子**(polar molecules)**】**。分子的正、负电荷中心又称为分子的正、负极，所以极性分子又叫偶极子。

为了衡量分子极性的大小，需要介绍一个描述分子极性的物理量——**分子的偶极矩**。偶极矩的概念是**德拜**（Debye）在 1912 年提出的，其定义式为：

$$\mu=q\times d$$

式中，q 为电荷中心上的电量，d 为分子中正、负极之间的距离，也叫偶极长。分子的偶极矩也是矢量，其方向和单位与键矩相同。分子的偶极矩与分子中各化学键键矩的关系是：

分子的偶极矩＝分子中化学键键矩的矢量和

利用分子的偶极矩，可以判断分子的极性。显然，某种分子如果经实验测知其偶极矩为零，则为非极性分子。偶极矩越大，分子的极性也越大。

对双原子分子来说，分子的极性与键的极性是一致的。例如同核双原子分子 O_2、N_2 等属于非极性分子，而异核双原子分子 HCl、CO 等分子都是极性分子。

复杂的多原子分子的极性则不仅与键的极性有关，还与分子的空间构型有关。若组成原子相同，键无极性，μ=0，分子为非极性分子，如 P_4、S_8 等；若键有极性，而分子的空间结构使各极性键键矩的矢量和为零，则分子的偶极矩 μ=0，分子无极性；若键有极性，分子的几何构型又不能使各极性键键矩的矢量和为零，分子的偶极矩不等于零，分子有极性。其关系见表 7-11。

表 7-11 某些分子的偶极矩

分子	$\mu(\times10^{30})$, (C·m)	分子	$\mu(\times10^{30})$, (C·m)
H_2	0	H_2O	6.17
N_2	0	HCl	3.44
CO_2	0	HBr	2.64
CS_2	0	HI	1.27
H_2S	3.67	CO	0.40
SO_2	5.34	HCN	7.00

表中 SO_2 和 CS_2 分子中，虽然都有极性键（SO_2 中有 S＝O 键，CS_2 中有C＝S键），但因为 CS_2 分子具有直线形结构，两个 C＝S 极性键键矩的矢量和等于零，即键的极性相互抵消，分子

的偶极矩为零，所以 CS_2 是一个非极性分子。相反，SO_2 分子具有角形结构，两个 S═O 极性键键矩的矢量和不等于零，分子的偶极矩不为零，因而 SO_2 是一个极性分子。

第五节　分子间的作用力与氢键

一、分子间的作用力

化学键(离子键、共价键)是分子中相邻原子之间的较强烈的相互作用力，除了这种相邻原子之间较强的作用之外，在分子与分子之间还存在着一种较弱的作用力。气体分子能凝聚成液体和固体，主要就靠分子之间的这种作用。因为**范德华**(Van der Waals)第一个提出这种相互作用，通常就将分子间的作用力叫作范德华力。分子间作用力与化学键(键能约为 100～800 $kJ \cdot mol^{-1}$)相比很弱，即使在固体中它也只有化学键强度的百分之一到十分之一。然而，分子间作用力是决定物质的熔点、沸点和溶解度等物理性质的一个重要因素。

分子间作用力按产生的原因和特点可分成三个部分：取向力、诱导力和色散力。

1. 取向力

极性分子的正、负电荷中心不重合，分子中存在固有偶极。当两个极性分子相互靠近时，同极相斥，异极相吸，在空间的运动循着一定的方向产生相对的转动，分子转动的过程叫取向。在已取向的分子之间，由于静电引力而互相吸引。**【将由于极性分子的固有偶极(永久偶极)的取向而产生的静电作用力称为取向力**(orientation force)**】**。如图 7-24 所示。

取向力的本质是静电作用，显然，分子的偶极矩越大，取向力就越大。

2. 诱导力

当极性分子与非极性分子充分接近时，在极性分子固有偶极的影响下，非极性分子原来重合在一点的正、负电荷中心发生相对的位移，这种在外电场影响下分子的正、负电荷中心发生位移的现象叫分子的极化，由此而产生的偶极叫诱导偶极。**【诱导偶极同极性分子的固有偶极间的作用力叫作诱导力** (induction force)**】**。如图 7-25 所示。

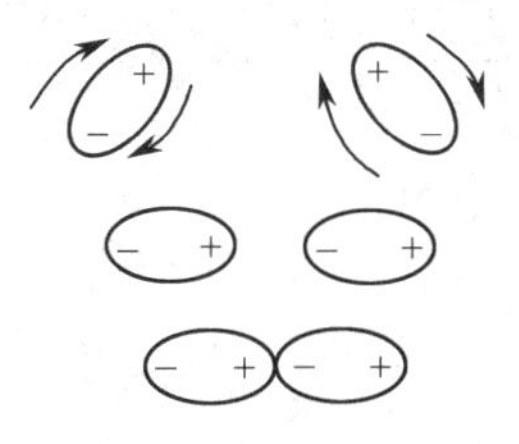

图 7-24　取向力的产生

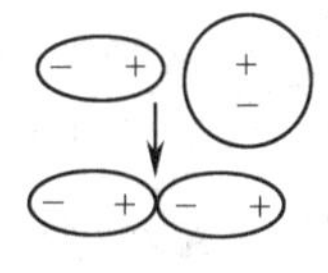

图 7-25　诱导力的产生

同样，在极性分子和极性分子之间，除了取向力外，由于极性分子的相互影响，每个极性分子也会发生变形，产生诱导偶极，其结果是使极性分子的偶极矩增大，从而使分子之间出现了除取向力外的额外吸引力——诱导力。对于极性分子与极性分子之间的作用来说，它是一种附加的取向力。诱导力也会出现在离子和离子以及离子和分子之间(离子极化)。

3. 色散力

非极性分子中无偶极，似乎不存在什么静电作用。但实际情况表明，非极性分子之间也有相互作用。如常温下，Br_2 是液体，I_2 是固态，F_2 是气态；在低温下，Cl_2、N_2、O_2 甚至稀有气体也能液化。这些物质能维持某种集聚状态，说明在非极性分子之间也存在着一种相互作用力。另外，对于极性分子来说，按前两种力计算出的分子间作用力与实验值相比要小得多，说明分子中

还存在第三种力，这个力叫色散力(其理论公式与光的色散公式类似而得名)。

在非极性分子中，从宏观上看，分子的正、负电荷中心是重合在一起的，电子云是对称分布的。但电荷的这种对称分布只是一段时间的统计平均值，由于组成分子的电子和原子核总是处于不断运动之中的，在某一瞬间，可能会出现正、负电荷中心不重合，瞬间的正、负电荷中心不重合而产生的偶极叫瞬时偶极。这种瞬时偶极也会诱导邻近的分子产生瞬时偶极，于是两个分子相互靠瞬时偶极吸引在一起。**【这种由于存在“瞬时偶极”而产生的相互作用力称为色散力(dispersion force)】**。如图 7-26 所示。

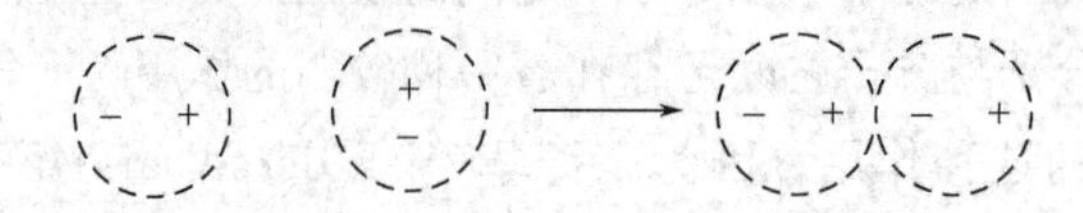

图 7-26 色散力的产生

由于色散力包含瞬间诱导极化作用，因此色散力的大小主要与相互作用分子的变形性有关。一般说来，分子体积越大，其变形性也就越大，分子间的色散力就越大，即色散力和相互作用分子的变形性成正比。

由于在极性分子中也会产生瞬时偶极，因此，不仅非极性分子之间存在色散力，而且非极性分子和极性分子之间及极性分子之间也存在色散力。

综上所述，分子间的范德华力具有如下的特点：

(1) 不同分子分子间作用力的组成不同　极性分子与极性分子之间的作用力是由取向力、诱导力和色散力三部分组成的；极性分子与非极性分子之间只有诱导力和色散力；非极性分子之间仅存在色散力。

由此可见，色散力是普遍存在的。只有当分子间的极性很大时，取向力才比较显著，而诱导力通常很小。三种力的相对大小一般为：色散力 ≫ 取向力 ＞ 诱导力。见表 7-12。

表 7-12 分子间作用力的组成

分子	$E_{取向}$ (kJ·mol^{-1})	$E_{诱导}$ (kJ·mol^{-1})	$E_{色散}$ (kJ·mol^{-1})	$E_{总}$ (kJ·mol^{-1})
Ar	0.000	0.000	8.49	8.49
CO	0.003	0.008	8.74	8.75
HI	0.025	0.113	25.8	25.9
HBr	0.686	0.502	21.9	23.1
HCl	3.30	1.00	16.8	21.1
NH_3	13.3	1.55	14.9	29.8
H_2O	36.3	1.92	8.99	47.2

(2) 分子间作用力与化学键不同

分子间作用力是短程力，它作用的范围很小，一般是 300～500pm；

分子间作用力既无饱和性，又无方向性；

分子间作用能约比化学键键能小 1 至 2 个数量级。

分子间作用力主要影响物质的物理性质，化学键则主要影响物质的化学性质。一般说来，结构相似的同系列物质相对分子质量越大，分子变形性就越大，分子间作用力越强，物质的熔点、沸点也就越高。

二、氢键

结构相似的同系列物质的熔点、沸点一般随着分子质量的增大而升高。但在氢化物中 NH_3、H_2O、HF 的熔点、沸点明显高于同族的其他氢化物，原因是这些分子之间除有分子间作用力外，还有氢键存在。

1. 氢键的形成

氢原子核外只有一个电子，当氢原子同电负性大、半径又很小的原子(氟、氧或氮等）形成共价型氢化物时，由于二者电负性相差甚大，共用电子对强烈地偏向于电负性大的原子一边，而使氢原子几乎变成了“裸核”。“裸核”的体积很小，又没有内层电子，不被其他原子的电子所排斥，还可以和另一个电负性大且含有孤对电子的原子产生强烈的静电吸引，**【这种产生在氢原子与电负性大的且含有孤对电子的原子之间的静电吸引力就叫氢键**(hydrogen bonds)**】**。例如，液态 H_2O 分子中的 H 原子可以和另一个 H_2O 分子中的 O 原子互相吸引形成氢键(图 7-27 中以虚线表示)；在冰的晶体结构中也存在着氢键，其中小球代表氢原子，大球代表氧原子，实线代表 H—O 化学键，虚线代表氢键（图 7-28)。

氢键通常可用通式 X—H…Y 表示，X 和 Y 代表 F、O、N 等电负性大、原子半径较小，且含孤对电子的非金属元素的原子。

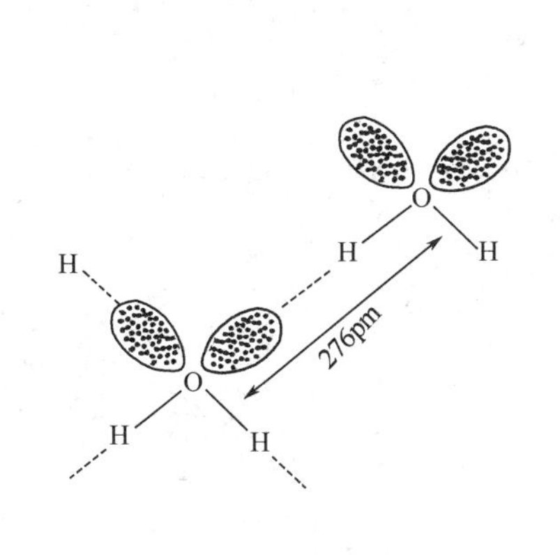

图 7-27　水分子间的氢键

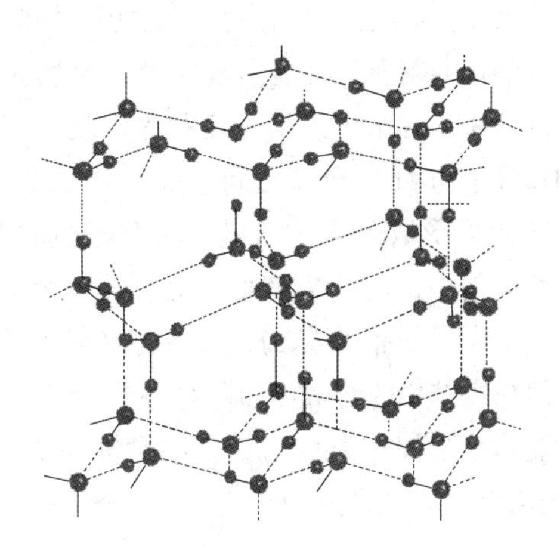
图 7-28　冰的晶体结构

2. 氢键的特点

氢键具有方向性和饱和性。

氢键的方向性是指 Y 原子与 X—H 形成氢键时，为减少 X 与 Y 原子电子云之间的斥力，应使氢键的方向与 X—H 键的键轴在同一方向，即使 X—H…Y 在同一直线上，X 原子与 Y 原子之间的距离最远，两原子之间的斥力最小。

氢键的饱和性是指一个 X—H 分子只能与一个 Y 原子形成氢键，当 X—H 分子与一个 Y 原子形成氢键 X—H…Y 后，如果再有一个 Y 原子接近时，则这个原子受到X—H…Y 上的 X、Y 原子的排斥力远大于氢原子对它的吸引力，使 X—H…Y 中的 H 原子不可能再与第二个 Y 原子形成氢键。

3. 氢键的类型

氢键可分为分子内氢键和分子间氢键两种类型。

一个分子的 X—H 键与另一个分子中的 Y 原子形成的氢键 X—H…Y 称为分子间氢键（如

H_2O、NH_3 中的氢键)；一个分子的 X—H 键与该分子内的 Y 原子形成的氢键 X—H…Y 称为分子内氢键。如邻羟基苯甲醛分子和硝酸分子存在的分子内氢键：

分子内氢键不可能与共价键成一直线，往往在分子内形成较稳定的多原子环状结构，化合物的熔、沸点较低，由此可以理解为什么硝酸是低沸点酸(沸点是83℃)。另外，在苯酚的邻位上有—OH、—COOH、—NO_2、—CHO 等，都可以形成分子内氢键。与此不同，分子间氢键的形成，使分子之间产生了较大的吸引力，因此化合物的熔点、沸点升高。硫酸中的氢形成分子间的氢键，将很多 SO_4^{2-} 结合起来，致使硫酸成为高沸点的酸。

4. 氢键对化合物性质的影响

物质的许多理化性质都要受到氢键的影响，如熔点、沸点、溶解度、黏度等。形成分子间氢键时，会使化合物的熔、沸点显著升高，这是由于要使液体汽化或使固体熔化，不仅要破坏分子间的范德华力，还必须给予额外的能量去破坏分子间的氢键。如图 7-29 所示。

若溶剂与溶质之间能形成氢键，则溶解度增大。如 NH_3、HF 在水中的溶解度很大，就是因为 NH_3 或 HF 分子与 H_2O 分子之间形成了分子间氢键。溶质分子如果形成分子内氢键，则分子的极性降低，在极性溶剂中的溶解度降低，而在非极性溶剂中的溶解度增大。如邻-硝基酚在水中溶解度比对-硝基酚小，但它在苯中的溶解度却比对-硝基酚大。

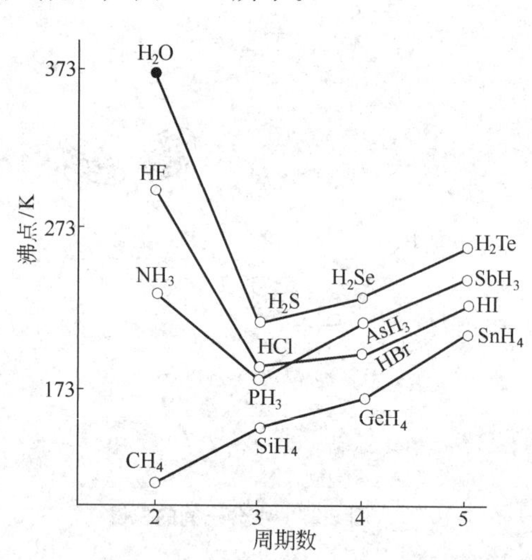

图 7-29 氢化物的沸点与氢键的关系

液体分子间若形成氢键，则黏度增大。例如甘油的黏度很大，就是因为$C_3H_5(OH)_3$分子间有氢键的缘故。

氢键在生命过程中具有非常重要的意义，与生命现象密切相关的蛋白质和核酸分子中都含有氢键，氢键在决定蛋白质和核酸分子的结构和功能方面起着极为重要的作用。在这些分子中，一旦氢键被破坏，分子的空间结构就要改变，生物活性就会丧失。

第六节 离子的极化（阅读）

一、离子极化的定义

离子间除了静电引力外，诱导力起着很重要的作用，因为阳离子具有多余的正电荷，一般半径较小，它对相邻的阴离子会起诱导作用，这种作用通常称为离子的极化作用；阴离子一般半径较大，在被诱导过程中能产生临时的诱导偶极。我们将【**离子在外电场影响下，正、负电荷中心**

不重合，产生诱导偶极的现象叫离子的极化】。

每个离子作为带电粒子均具有二重性：一方面某离子本身带电，它会在其周围产生电场，对另一个离子产生极化作用，使该离子发生电子云的变形；另一方面，在另一个离子的极化作用下，某离子本身也可以被极化产生变形，所以每种离子均具有变形性和极化作用两重性能。对于阳离子来说，极化作用应占主要地位，而对阴离子来说，变形性占主要地位。当阴、阳离子相互靠近时，将发生相互极化和相互变形，这种结果将导致相应的化合物在结构和性质上发生相应的变化。

综上，在离子极化过程中，离子的极化性和变形性是互为矛盾的，但又相互依存。极化是变形的原因，变形是极化的结果，有极化就有变形。离子极化过程是阳离子的极化与阴离子的变形之间的对立和统一。在考虑极化作用时，阳离子的极化力是离子极化作用的主要矛盾；在考虑变形性时，阴离子变形性是离子极化作用的主要矛盾。这也符合辩证法中矛盾对立和统一的规律。

二、离子的极化作用

【某离子使异号离子极化而变形的作用称为该离子的极化作用】。离子极化作用的强弱取决于离子电荷、离子半径和离子的电子层构型。

1. 当离子的电子层构型相同时，阳离子半径越小，电荷越多，极化作用越强。例如：

$$Al^{3+} > Mg^{2+} > Na^{+}$$

2. 当离子的电子层构型相同时，阴离子半径越小，电荷越多，其极化作用就越强。例如：

$$F^{-} > Cl^{-}, S^{2-} > Cl^{-}$$

3. 电荷和半径相近时，极化作用与电子层构型有关，而且影响很大。极化作用的强弱次序是：

(18＋2) 和 18 电子层构型离子＞ (9～17) 电子层构型离子＞8 电子层构型离子

(Ag^{+}、Pb^{2+}，Zn^{2+}、Hg^{2+})　　(${Fe}^{2+}$、Mn^{2+})　　(Mg^{2+}、Ca^{2+})

这是因为 18 电子层构型的离子，其最外电子层中的 d 电子对原子核有较小的屏蔽作用的缘故，即离子的极化作用随其外层 d 电子数增多而增大。

三、离子的变形性

【离子受外电场影响发生变形，产生诱导偶极的现象叫离子的变形性】。

影响离子变形性的主要因素如下：

1. 阳离子电荷越小，半径越大，变形性越大。
2. 阴离子电荷越多，半径越大，变形性越大。例如：

$$F^{-} < Cl^{-} < Br^{-} < I^{-}$$

3. 电荷和半径相近时，变形性与离子的电子层构型有关，变形性大小顺序是：

(18＋2) 和 18 电子层构型离子 ＞(9～17) 电子层构型离子 ＞ 8 电子层构型离子

变形性通常也用极化率来衡量。

综上所述，极化作用最强的是电荷高、半径小和具有 18 电子层构型或(18＋2)电子层构型的阳离子；最容易变形的是体积大的阴离子和具有 18 电子层构型或 (18＋2) 电子层构型的低电荷阳离子；而具有 18 电子层构型或 (18＋2) 电子层构型的阳离子无论极化作用还是变形性均较强。

四、离子的相互极化作用（或附加极化作用）

虽然阳离子和阴离子都有极化作用和变形性两方面的性能，但阴离子的极化作用一般不显著，阳离子的变形性又较小，因此在讨论阴、阳离子间的相互极化时，往往着重的是阳离子的极化作用及阴离子的变形性。但是当阳离子的电子层构型为非稀有气体构型时，阳离子也容易变形，此时要考虑阳离子和阴离子之间的相互极化作用。阴、阳离子相互极化的结果，导致彼此的变形性增大，产生诱导偶极矩加大，从而进一步加强了它们的极化能力，这种加强的极化作用称为附加极化作用。离子的外层电子构型对附加极化作用的大小有很重要的影响，一般是最外层含有 d 电子的阳离子容易变形而产生附加极化作用，而且所含 d 电子数越多，这种附加极化作用越大，因此也会影响到由离子间引力所决定的许多化合物的性质。

五、离子极化对键型和化合物性质的影响

1. 离子极化对键型的影响

当阳离子和阴离子相互结合形成离子晶体时，如果相互间无极化作用，则形成的化学键应是纯粹的离子键。但实际上阴、阳离子之间将发生程度不同的相互极化作用，这种相互极化作用将导致电子云发生变形，即阴离子的电子云向阳离子方向移动，同时阳离子的电子云向阴离子方向移动，也就是说，阴、阳离子的电子云发生了重叠。相互极化作用越强，电子云重叠的程度也越大，则键的极性将减弱。从而使化学键从离子键过渡到共价键，如图 7-30 所示。

由于离子极化使键型发生转变，因此对化合物的性质也产生了很大的影响。

2. 离子极化对化合物的熔点、沸点的影响

离子化合物有较高的熔、沸点，而共价化合物的熔、沸点则较低。例如，NaCl 与 $AlCl_3$ 相比，NaCl 是典型的离子晶体，熔点、沸点都较高，而 $AlCl_3$ 却表现出典型的共价化合物的特征：熔、沸点较低，易升华，导电性能差等。这是因为 Na^+ 和 Al^{3+} 虽均为 8 电子层构型，但 Al^{3+} 电荷高于 Na^+，极化能力强于 Na^+，使 $AlCl_3$ 的键具有共价键的性质；再如氯化铍和氯化镁，虽然都是二价阳离子，但 Be^{2+} 的半径较小，因此 Be^{2+} 的极化能力较强，使 Cl^- 发生比较显著的变形，故氯化铍的熔点低，为 683K，而氯化镁的熔点是 983K。

3. 离子极化对无机化合物溶解度的影响

离子化合物在水溶液中，其中任何一种离子都同时受到水分子和带相反电荷粒子的吸引（极化作用），使阴、阳离子很容易互相分离。离子型化合物极化能力弱，易受水分子的吸引，一般易溶于水；而离子极化作用较强，离子的电子云相互重叠，阴、阳离子相互靠近，使键的极性减小的共价型化合物则难溶于水。例如，AgF、AgCl、AgBr、AgI 随着由离子键向共价键键型的过渡，其溶解度依次降低。又如，外层含有 d 电子的离子，它们可以被变形性大的阴离子所极化而产生相互极化作用，所以这些离子的硫化物都是不溶于水的，含有 d 电子数越多越容易被极化，其硫化物溶解度越小。

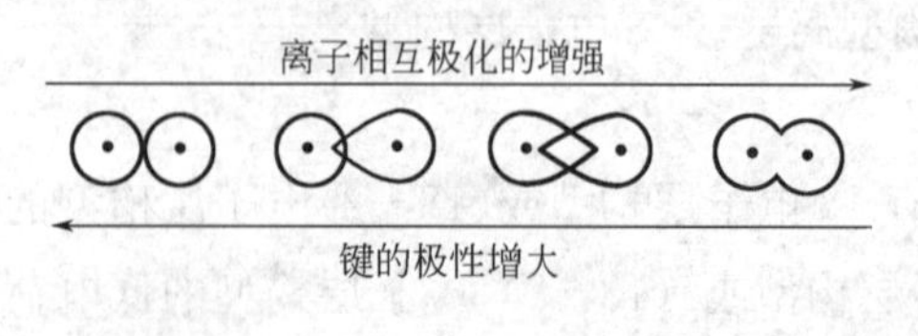

图 7-30　离子极化对键型的影响

4. 离子极化对无机化合物颜色的影响

当离子的外层电子受到可见光（波长 400～600nm）的激发从基态跃迁到激发态时，吸收了一定波长的可见光，其余波长的光被反射（固体）或透过（液体），这样就呈现出颜色。基态与激发态的能量差越小，呈现的颜色越深。离子极化作用的结果使离子的外层电子能级改

变，基态和激发态的能量差变小，在吸收部分可见光后而使化合物的颜色变深。例如，K_2CrO_4溶液呈黄色，而Ag_2CrO_4的溶液呈砖红色，就是因为Ag^+的极化作用强的结果；再如，S^{2-}变形性比O^{2-}大，因此硫化物颜色比氧化物深。而且副族离子的硫化物一般都有颜色，而主族金属硫化物一般都无颜色，这是因为主族金属离子的极化作用都比较弱。

5. 离子极化对化合物稳定性的影响

随着离子极化作用的加强，阴离子的电子云变形，强烈地向阳离子靠近，有可能使阳离子的价电子失而复得，又恢复成原子或单质，导致该化合物分解。例如，AgF、AgCl、AgBr、AgI的热稳定性依次降低。又如，碳酸或碳酸盐的热分解反应可视为：

$$M[\,O \mid C(=O)O\,] \longrightarrow MO + CO_2\uparrow$$

随着M^{2+}与CO_3^{2-}间的相互极化作用增强，CO_3^{2-}中的O^{2-}更偏向M^{2+}，可能造成M^{2+}与O^{2-}结合形成MO，从而分解出CO_2。因此M^{2+}与CO_3^{2-}极化作用越强，相应的碳酸盐分解温度越低。一些常见的碳酸盐的分解温度见表7-13所示。

表7-13　某些碳酸盐分解温度

名称	分解温度/K	名称	分解温度/K
Li_2CO_3	1543	$BaCO_3$	1639
Na_2CO_3	>2000	$CuCO_3$	473
K_2CO_3	更高	$ZnCO_3$	569
$BeCO_3$	373	Ag_2CO_3	491
$MgCO_3$	813	$PbCO_3$	588
$CaCO_3$	1170	$MnCO_3$	600
$SrCO_3$	1462	$NaHCO_3$	540

离子极化学说在无机化学中有多方面的应用，它是离子键理论的重要补充。但是在应用这个观点时，要注意它的局限性，毕竟在无机化合物中，离子型的化合物只是其中的一部分。

六、化学键的离子性

由离子极化理论的学习可知，离子键和共价键虽有本质的区别，但却无严格的界限。离子键中由于离子的相互极化，使阴、阳离子的电子云互相重叠而产生共价键的成分。共价键中由于元素电负性的不同共用电子对向电负性大的原子一边偏移产生极性，从而使共价键具有离子键的成分。鲍林(Pauling)提出用单键离子性的百分数来表示键的离子性和共价性的相对大小。例如，CsF是典型的离子键，经现代实验证实，Cs—F键具有92%的离子性。键的离子性百分数大小由成键两原子电负性差值(ΔX)决定，两元素电负性差值越大，它们之间键的离子性也就越大。AB型化合物单键离子性百分数和元素电负性差值ΔX之间的关系见表7-14。

鲍林提出，将键的离子性百分数定为50%，$\Delta X=1.7$，作为判断离子键和共价键的相对标准。

若$\Delta X>1.7$，则可认为原子间的化学键主要是离子键，该物质是离子型化合物；若$\Delta X<1.7$，则可认为两原子之间的化学键主要是共价键，该物质是共价化合物。

表 7-14 元素电负性差值与键离子性百分数的关系

电负性差值	离子性/%	电负性差值	离子性/%
0.2	1	1.8	55
0.4	4	2.0	63
0.6	9	2.2	70
0.8	15	2.4	76
1.0	22	2.6	82
1.2	30	2.8	86
1.4	39	3.0	89
1.6	47	3.2	92

例如，AgF 中 $\Delta X=2.05$，查表得离子键占 63%，因此 AgF 是一个离子化合物。AgI 中 $\Delta X=0.73$，键的离子性占近 15%，由此可见，AgI 已经是个共价化合物。但要注意例外的情况，因为单用电负性差来判断化学键的键型并不总是可靠的，原因在于影响化学键极性的因素比较复杂。

蛋白质中的共价键及人工牛胰岛素的合成

蛋白质的四级结构均与共价键密切相关：第一级结构多肽链中的主要连接键是肽键；二级结构多肽链上的主链有规则的折叠方式，靠氢键维持；三级结构主要靠氨基酸侧链之间的疏水作用力、氢键、范德华力和静电作用来维持；四级结构主要靠次级键（非共价键）维持。胰岛素的 A、B 两个肽链就是由四个半胱氨酸的巯基形成两个二硫键连接起来的。我国科学家 1965 年首次合成人工牛胰岛素的关键的一步就是发现天然胰岛素 A、B 链经 S^- 磺酸化后，不仅能分离纯化得到稳定产物，而且容易进行 A、B 链的重组，并得到有 5%～10% 的胰岛素活性产物。人工牛胰岛素的合成，使我国科研人员在认识生命、探索生命奥秘的征途上迈出了重要的一步。

小　结

1. 化学键的概念

分子和晶体中相邻原子之间强烈的相互吸引作用。

本章中涉及的键类型是离子键和共价键。

离子键是指参加成键的两个原子由于电子的得失而变成阴阳离子，是靠静电引力结合起来的化学键，其特点是没有饱和性和方向性。

共价键是指参加成键的原子由于成键电子的原子轨道重叠形成的化学键，其特点是有饱和性和方向性。

2. 共价键的分类

按键的极性分成极性共价键和非极性共价键。

按原子轨道重叠部分的对称性分成：σ 键和 π 键。

σ 键的特点是原子轨道沿键轴（两原子间连线）方向以“头碰头”的方式发生轨道重叠，轨道重叠部分是沿着键轴呈圆柱形对称分布的。

π 键的特点是原子轨道以“肩并肩”方式发生轨道重叠，轨道重叠部分对通过一个键轴的平面具有镜面反对称性。

3. 价层电子对互斥理论

价层电子对互斥理论可以解释、判断和预见多原子分子的空间构型，该理论比较简单和直观。中心原子价层电子数与配位原子的价电子数之和的一半就是中心原子的价层电子对数，中心原子的价层电子对之间尽可能远离，以使斥力最小，并由此决定了分子的空间构型。

4. 杂化轨道理论

中心原子轨道的杂化方式用于判断多原子分子的空间几何构型，常见原子轨道杂化类型有等性 sp、sp^2、sp^3 杂化和不等性杂化，杂化轨道的成键能力比原来未杂化的轨道的成键能力强，这是因为杂化后原子轨道的形状发生变化，电子云分布集中在某一方向上，原子轨道的重叠程度大，形成的化学键稳定。杂化轨道类型决定分子的几何构型。

5. 分子轨道理论

分子轨道是由原子轨道的线性组合形成的，有几条原子轨道参加组合就生成几条分子轨道，其中一半成键，一半反键。原子轨道有效组合成分子轨道的三原则是对称性匹配原则、能量近似原则、电子云最大重叠原则。

电子填入分子轨道时，遵循原子轨道排布的三原则，即能量最低原理、洪特规则和泡里不相容原理。

6. 键参数

键长、键角、键级、键能的概念是衡量化学键性质重要的参数。

7. 分子间作用力与氢键

分子间力包括取向力、诱导力和色散力，其作用能小于化学键，没有饱和性和方向性。

氢键有饱和性和方向性，与分子间力相同，主要影响物质的物理性质，如溶解度、存在状态、熔点、沸点、颜色等。

思考题

1. 结合 F_2 的形成，说明共价键形成的条件；共价键为什么有饱和性？

2. 写出 F_2 分子的分子轨道电子排布式；F_2 分子的成键作用靠的是哪个轨道上的电子？

3. PCl_3 的空间构型是三角锥形，键角略小于 109°28′，$SiCl_4$ 是四面体形，键角 109°28′，试用杂化轨道理论加以说明。

4. 在酒精的水溶液中，分子间存在哪些作用力？

习　题

1. 下列离子分别属于何种电子构型？

Be^{2+}　Fe^{3+}　Cr^{3+}　Fe^{2+}　Hg^{2+}　Ag^{+}　Zn^{2+}

Bi^{3+}　Sn^{4+}　Pb^{2+}　Ti^{3+}　Li^{+}　S^{2-}　Br^{-}

2. 利用价层电子对互斥理论推断下列分子或离子的构型。

BeF_2　BF_3　H_2O　NH_3　CO_2　SO_2　CO_3^{2-}

ClO_4^-　NO_2^-　BrO_3^-　ClO_2^-　ClO^-　NH_4^+

3. 说明下列各分子中碳原子所采取的杂化方式，指出分子中有几个 π 键？

C_2H_2　C_2H_4　CH_3OH　CH_2O　$CHCl_3$　CO_2

4. 试用分子轨道电子排布式写出下列各分子或离子的结构，并指出这些分子或离子的磁性和键级。

O_2　O_2^-　O_2^+　N_2　O_2^{2-}　N_2^+

5. 试判断下列各对物质中哪个熔点较高，并说明原因。

Na_2SO_4 和 K_2SO_4；　NaCl 和 MgO；　MgO 和 BaO；　CaF_2 和 $CaCl_2$

6. 用分子轨道理论解释：

(1) B_2 为顺磁性物质。

(2) He_2 分子不存在。

7. 判断下列分子中键角大小的变化规律，并说明原因。

PF_3　PCl_3　PBr_3　PI_3

8. 指出下列分子是极性分子还是非极性分子，为什么？

CCl_4　$CHCl_3$　BCl_3　NCl_3　H_2S　CS_2　$HgCl_2$　$PbCl_2$　SO_2　$SiCl_4$

9. 根据电负性差值判断下列各对化合物中键的极性大小：

(1) ZnO 和 ZnS　　(2) NH_3 和 NF_3

(3) H_2O 和 OF_2　　(4) BCl_3 和 $InCl_3$

10. 试分析下列各对物质之间存在何种分子间力？

(1) C_6H_6 和 CCl_4　　(2) He 和 H_2O

(3) CO_2 气体　　(4) HBr 气体

(5) 氯水中 Cl_2 与 H_2O　　(6) CH_3OH 和 H_2O

11. 指出下列说法是否正确，说明原因。

(1) 任何原子轨道都能有效地组合成分子轨道。

(2) 凡是中心原子采用 sp^3 杂化轨道成键的分子，其空间构型必定是四面体。

(3) 非极性分子中一定不含极性键。

(4) 直线型分子一定是非极性分子。

(5) 氮分子之间只存在色散力。

12. 指出下列化合物中是否存在氢键以及氢键的类型。

(1) NH_3　(2) HF　(3) CH_3F

(4) HNO_3　(5) H_2SO_4　(6) H_2O

13. 试比较下面两组化合物中阳离子极化能力的大小。

(1) $ZnCl_2$，$FeCl_2$，$CaCl_2$，KCl

(2) $SiCl_4$，$AlCl_3$，$MgCl_2$，NaCl

14. 试比较下面两组化合物中阴离子变形性的大小。

(1) KF，KCl，KBr，KI

(2) Na_2O，Na_2S，NaF

15. 举例说明离子键与共价键的区别、σ 键和 π 键的区别。

16. 说明分子间力和氢键、离解能和键能的区别。

17. 说明杂化轨道理论的基本要点。

18. 说明分子轨道的理论要点。

19. 键长值 O_2 为 12.1pm，O_2^+ 为 11.2pm，N_2 为 10.9pm，N_2^+ 为 11.2pm，试用 MO 法解释为什么 O_2^+ 键长比 O_2 短，而 N_2^+ 键长比 N_2 长。

20. 试用离子极化的观点，解释下列现象：

（1）AgF 易溶于水，AgCl、AgBr、AgI 难溶于水，且溶解度依次减小。

（2）AgCl、AgBr、AgI 的颜色依次加深。

第八章

配位化合物

扫一扫，查阅本章数字资源，含PPT、音视频、图片等

【学习要求】

1. 掌握配合物的基本概念、组成、命名及螯合物的结构特点与特性，配合平衡、稳定常数及不稳定常数的概念及基本计算。

2. 熟悉配合物价键理论及内轨、外轨、稳定性的判定，配合平衡与酸碱平衡，沉淀-溶解平衡和氧化还原平衡的关系及简单计算。

3. 了解晶体场理论基本内容、影响配合物稳定性因素、软硬酸碱原则及配合物的取代反应、配合物的惰性与“活动性”。

4. 了解配合物在化学、医学、生命科学中的应用。

配位化合物(coordination compound)简称配合物，是一类数量巨大、存在和应用非常广泛的化合物。国外文献中最早记载的配合物是普鲁士蓝。它是 1704 年普鲁士人**狄斯巴赫**(Diesbach)在染料作坊中制得的一种蓝色染料。但一般认为对配合物的了解和研究是自 1798 年法国化学家**塔索尔特**(Tassaert)偶然发现开始的，他在 Co^{2+} 溶液中加入过量氨水后，结果发现溶液中出现了橙黄色的结晶，后经分析得知其组成为 $CoCl_3 \cdot 6NH_3$。此后，又陆续发现了 $CoCl_3 \cdot 5NH_3$、$CoCl_3 \cdot 5NH_3 \cdot H_2O$、$CoCl_3 \cdot 4NH_3$ 等许多这类化合物。为什么这些稳定、能独立存在的简单化合物会进一步结合成新的更复杂的化合物，当时的化合价理论不能作出解释。直到 1893 年瑞士化学家**维尔纳**(Werner)在总结了前人大量工作的基础上，提出配位理论，结束了当时有关配合物的混乱状况。鉴于维尔纳对配合物结构和某些性质令人信服的解释，他获得了 1913 年诺贝尔化学奖。

近五十多年来，由于元素分离技术、配位催化、功能配合物、生物无机化学等方面的实际需要的推动，配位化合物的研究获得了迅速的发展，取得了许多令人瞩目的成果，形成了一门称为**配位化学**(coordination chemistry)的分支学科，成为现代无机化学中最重要的领域之一。

第一节　配位化合物的基本概念

一、配位化合物的定义

将氨水加到 $CuSO_4$ 溶液中，首先生成蓝色的 $Cu_2(OH)_2SO_4$ 沉淀，继续加氨水，蓝色沉淀溶解，溶液变为澄清的深蓝色，蒸发浓缩该溶液，可析出深蓝色的晶体。该晶体的组成为 $[Cu(NH_3)_4]SO_4$，研究发现，深蓝色是由 $[Cu(NH_3)_4]^{2+}$ 离子引起的，在该晶体及其溶液中都

存在大量的 $[Cu(NH_3)_4]^{2+}$ 离子。**【我们将$[Cu(NH_3)_4]^{2+}$这种由较简单的离子或分子结合形成的较复杂的离子称为配离子**(complex ion)，**含有配离子的化合物统称配合物】**。此外，类似的较复杂的分子，如 $[PtCl_2(NH_3)_2]$，同样称为配合物。$[Cu(NH_3)_4]^{2+}$、$[PtCl_2(NH_3)_2]$ 等这类较复杂的离子或分子又称配位个体。配位个体、配离子和配合物在概念上虽有所不同，但实际上主要讨论配合物的特征部分(配位个体)，有时对三者不严加区别。

配合物具有一些共同的特点：一方面，在晶体或溶液中存在具有一定组成和特性的配位个体。例如，$[Cu(NH_3)_4]SO_4$的晶体及其溶液中都存在大量深蓝色的$[Cu(NH_3)_4]^{2+}$离子，若在其溶液中加入稀 NaOH，没有$Cu(OH)_2$沉淀生成，即$[Cu(NH_3)_4]^{2+}$离子表现出与Cu^{2+}离子不同的性质。配位个体具有一定的稳定性，多数既能存在于晶体中，也能存在于溶液中。例如，将$[Cu(NH_3)_4]SO_4$晶体溶于水，它几乎完全解离为$[Cu(NH_3)_4]^{2+}$和SO_4^{2-}：

$$[Cu(NH_3)_4]SO_4 \longrightarrow [Cu(NH_3)_4]^{2+} + SO_4^{2-}$$

而$[Cu(NH_3)_4]^{2+}$解离出的Cu^{2+}和NH_3却很少。另一方面，配位个体中一定数目的较简单的离子或分子都是按一定的空间构型以**配位键**(coordinate bond)和金属离子结合起来的。例如，6 个NH_3分子结合在Co^{3+}离子的周围，形成八面体形配离子$[Co(NH_3)_6]^{3+}$，Co^{3+}位于配离子的中心；而$[FeCl_4]^-$离子为四面体形，Fe^{3+}处于中心。上述NH_3分子、Cl^-离子都具有孤对电子，它们以配位键和金属离子结合。

综上所述，**【由一个或多个具有空轨道的金属离子（或原子）与若干中性分子或阴离子以配位键结合形成的具有一定空间构型的稳定的复杂结构单元称为配合单元，含有配合单元的化合物称为配合物】**。

应注意，金属阳离子在水溶液中都是以水分子为配体的配离子形式存在的，只是作为配体的水分子的数目不尽相同而已，如$[Fe(H_2O)_6]^{3+}$、$[Cu(H_2O)_4]^{2+}$等，简称水合离子。为简洁起见，水合离子的配位水分子一般略去不写，如$[Fe(H_2O)_6]^{3+}$、$[Cu(H_2O)_4]^{2+}$通常写为简单离子Fe^{3+}、Cu^{2+}的形式。

此外，还有一类化合物被称为**复盐**(double salt)，如 $KCl \cdot MgCl_2 \cdot 6H_2O$(光卤石)、$KAl(SO_4)_2 \cdot 12H_2O$(明矾)、$(NH_4)_2SO_4 \cdot FeSO_4 \cdot 6H_2O$(摩尔盐) 等。它们溶于水所解离出的离子与组成它们的简单盐分别溶于水时所解离出的离子相同，例如，明矾在水中解离为K^+、Al^{3+}、SO_4^{2-} 等。

二、配位化合物的组成

配合物的特征部分——配位个体可以是带正电荷或负电荷的离子(即配离子)，也可以是中性分子(本身就是配合物)。配位个体又称为配合物的内界，其余部分则称为配合物的外界。用化学式表示配合物的组成时，通常将内界写在方括号内，若有外界则写在方括号外，如$[Cu(NH_3)_4]SO_4$、$K_2[HgI_4]$、$Cs[Rh(SO_4)_2(H_2O)_4]$、$[CoCl_3(NH_3)_3]$等。以$[Cu(NH_3)_4]SO_4$为例，将配合物的各组成部分和有关概念示意如下：

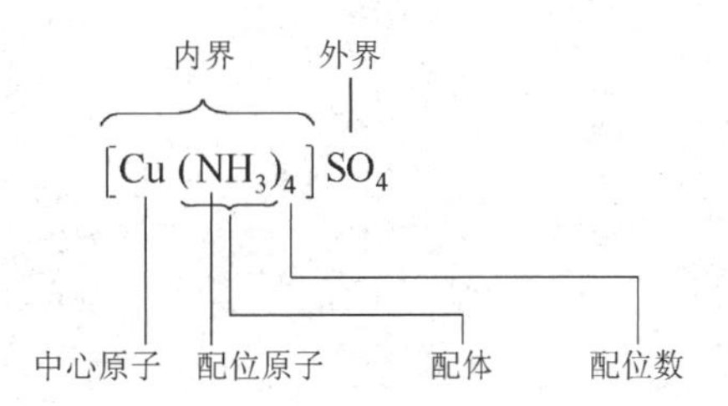

(一) 中心原子

【中心原子(central atom)**又称配合物的形成体】**。大多数元素的原子或离子都可作为配合物的中心原子，但它们形成配合物的能力有很大差别。常见的中心原子是一些过渡元素如铁、钴、镍、铜、锌、银、铂、金、汞等的离子或原子，它们具有 $(n-1)d$、ns、np、nd 等空的价电子层轨道，形成配合物的能力强，如 $K_4[Fe(CN)_6]$中的 Fe^{2+} 和$[Co(NH_3)_6]Cl_3$ 中的 Co^{3+}，以及 $Fe(CO)_5$ 中的 Fe 原子等。一些具有高氧化值的非金属元素的原子也能作中心原子，如 $Na[BF_4]$中的 B(氧化值为+3)，$K_2[SiF_6]$中的 Si(氧化值为+4)和 $NH_4[PF_6]$中的 P(氧化值为+5)。此外，还有少数中心原子的氧化值为负值，如$H[Co(CO)_4]$中的 Co 氧化值为-1。

(二) 配体与配位原子

配体(ligand)又称配位体。一些常见的配体如 F^-、CN^-、NH_3是可以给出孤对电子的离子或分子。**【配体中直接和中心原子键合的原子称为配位原子】**。如$[Co(NH_3)_6]Cl_3$ 中配体 NH_3 分子中的 N 原子。配位原子主要是一些分布在周期表中右上角的非金属元素的原子，如 N、O、S、X(F、Cl、Br、I)、C 等。此外，负氢离子(H^-)也可以作为配体与ⅢA 族的硼、铝等形成配合物，如 $Na[BH_4]$、$Li[AlH_4]$。**【只含有一个配位原子的配体称为单齿配体**(monodentate ligand)**】**。如 Cl^-、NH_3、H_2O。**【能提供二个或二个以上配位原子的配体称为多齿配体**(polydentate ligand)**】**。如 $H_2N-CH_2-CH_2-NH_2$ 叫作双齿配体，$H_2N-CH_2-CH_2-NH-CH_2-CH_2-NH_2$ 被称为三齿配体，余类推。大多数多齿配体为有机配体，其配位原子以 O、N、S 最为常见。

应注意，配体可能配位的原子的数目并不一定等于实际配位的原子的数目。例如，2,3-二巯基丙醇 $HSCH_2-CHSH-CH_2OH$(三齿配体，S，S，O)与 Hg^{2+} 结合时，每个配体提供 2 个 S 原子与 Hg^{2+} 键合，它实际起双齿配体的作用。又如，亚硝酸根 ONO^-(配位原子为 O)与硝基 NO_2^-(配位原子为 N)，硫氰酸根 SCN^-(配位原子为 S)与异硫氰酸根 NCS^-(配位原子为 N)，它们实际起单齿配体的作用，这种配体称为**两可配体**。表 8-1 中列出了一些常见的配体及其常见的配位齿数。

配合物内界中的配体可以只有一种，也可以有二种或二种以上，如$[Cu(NH_3)_4]^{2+}$、$[HgI_4]^{2-}$、$[Cr(NCS)_4(NH_3)_2]^-$、$[CoCl_2(NH_3)_3H_2O]^+$等。

表 8-1 一些常见的配体

名 称	缩写符号	化 学 式	常见的配位齿数
氨		NH_3	1
氨基		NH_2^-	1
硝基		NO_2^-	1
异氰根		NC^-	1
异硫氰酸根		NCS^-	1
甲胺		CH_3NH_2	1
吡啶	py	(吡啶环结构式，N)	1
羟胺		NH_2OH	1
水		H_2O	1
氢氧根		OH^-	1
亚硝酸根		ONO^-	1

续表

名　称	缩写符号	化　学　式	常见的配位齿数
硫酸根		SO_4^{2-}	1、2
乙酸根		CH_3COO^-	1
甲醇		CH_3OH	1
硫代硫酸根		$S_2O_3^{2-}$	1
硫氰酸根		SCN^-	1
硫离子		S^{2-}	1
卤素离子		F^-、Cl^-、Br^-、I^-	1
氰根		CN^-	1
硫脲	tu	$SC(NH_2)_2$	1
乙二胺	en	$H_2N—CH_2—CH_2—NH_2$	2
1,10-二氮菲	phen		2
草酸根	ox	$^-OOC\text{-}COO^-$	2、1
乙酰丙酮根	acac	$CH_3—C(=O)—CH=C(O^-)—CH_3$	2
氨基乙酸根	gly	$H_2N—CH_2—COO^-$	2
乙二胺四乙酸根	edta	$(^-OOC—CH_2)_2N—CH_2—CH_2—N(CH_2—COO^-)_2$	6

（三）配位数

【配位数(coordination number)是指直接和中心原子键合的配位原子的数目，它是中心原子的重要特征】。如果中心原子只和单齿配体结合，配位数等于配体的数目。例如，$[Ag(NH_3)_2]^+$中 Ag^+ 的配位数为 2；$[PtCl_2(NH_3)_2]$中 Pt^{2+} 的配位数为 4；$[FeF_6]^{3-}$ 中 Fe^{3+} 的配位数为 6；$[CoCl_2(NH_3)_3H_2O]^+$ 中 Co^{3+} 的配位数为 6。但如果配合物中含有多齿配体，配位数不等于配体的数目。例如，$[Cu(en)_2]^{2+}$ 中配体的数目为 2，由于乙二胺为双齿配体，故 Cu^{2+} 离子的配位数为 4；$[CoCl_2(en)_2]Cl$ 中 Co^{3+} 离子的配位数为 6，配体的数目为 4。显然，配位数不一定等于配体的数目。

中心原子的配位数较常见的有 2、4、6 等，最常见的是 4 和 6。与元素的氧化值相似，中心原子的配位数通常可在一定范围内变化。例如，Zn^{2+} 的配位数通常为 4，但它与乙二胺四乙酸根结合时就可达 6。配位数的多少取决于中心原子和配体的性质以及形成配合物时的条件，简述如下：

一般来说，中心原子的电荷数越高，越有利于形成配位数较大的配合物。不同电荷的金属离子和配体(主要是单齿配体)形成配合物时常见的配位数见表 8-2。对于配体来说，电荷数越低，配体之间的排斥力越小，通常越有利于形成配位数较大的配合物。例如，$[Co(H_2O)_6]^{2+}$ 和 $[CoCl_4]^{2-}$，$[Co(CN)_6]^{4-}$(配位数为 6)和$[Co(SO_4)_2]^{2-}$(配位数为 4)。

表 8-2　金属离子的电荷及其常见的配位数

金属离子的电荷	常见的配位数	实　例
+1	2	$[Ag(NH_3)_2]^+$、$[CuCl_2]^-$、$[AuCl_2]^-$
+2	4(6)*	$[ZnCl_4]^{2-}$、$[Ni(NH_3)_4]^{2+}$、$[PtCl_2(NH_3)_2]$、$[Fe(CN)_6]^{4-}$
+3	6(4)	$[Co(NH_3)_6]^{3+}$、$[Fe(CN)_6]^{3-}$、$[CrCl_2(H_2O)_4]^+$、$[FeCl_4]^-$
+4	6(8)	$[PtCl_6]^{2-}$

* 较不常见的加括号。

中心原子的体积越大，配体的体积越小，越有利于形成高配位数的配合物。例如，$[AlF_6]^{3-}$和$[AlCl_4]^-$（离子半径$F^-<Cl^-$）。配体一定时，中心原子的体积较大，配位数一般较大。例如，Al^{3+}离子的半径大于B^{3+}离子的半径，它们的氟配合物分别为$[AlF_6]^{3-}$和$[BF_4]^-$。但由于影响因素较复杂，不乏例外。

配合物形成时的条件，特别是浓度和温度，也会影响配位数。一般来说，配体的浓度越大，温度越低，越有利于形成配位数较大的配合物。

（四）配离子的电荷

【配离子的电荷是中心原子和配体两者电荷的代数和】。例如，$[Ag(NH_3)_2]Cl$中配离子的电荷数为：$(+1)+2\times0=+1$；$Na_3[AlF_6]$中配离子的电荷数为：$(+3)+6\times(-1)=-3$。另一方面，可根据外界离子的电荷推算配离子的电荷数，并推知中心原子的氧化值。例如，$K_4[Fe(CN)_6]$中配离子的电荷为-4，则中心原子为Fe^{2+}；$K_3[Fe(CN)_6]$中配离子的电荷为-3，中心原子为Fe^{3+}；$H_2[PtCl_6]$中配离子的电荷为-2，中心原子为Pt^{4+}；$[PtCl(NH_3)_3]Cl$中配离子的电荷数为$+1$，中心原子为Pt^{2+}。此外，若配位个体为电中性的配合物，可根据配体的电荷数推知中心原子的氧化值。例如，$[CoCl_3(NH_3)_3]$的中心原子为Co^{3+}；$[PtCl_2(en)]$的中心原子为Pt^{2+}。

三、配位化合物的命名

这里仅以较简单的配合物为例，介绍配合物命名的主要原则。

（一）配体的名称

大部分配体的名称与其原来的名称相同，见表8-1。但有某些例外。例如：

化学式	阴离子名	配体名	化学式	阴离子名	配体名
F^-	氟离子(氟根)	氟	S^{2-}	硫离子(硫根)	硫
Cl^-	氯离子(氯根)	氯	OH^-	氢氧根	羟
Br^-	溴离子(溴根)	溴	CN^-	氰根	氰
I^-	碘离子(碘根)	碘	H^-	负氢离子	氢

（二）内界的命名

1. 按下列顺序列出内界中各部分 配体个数(以倍数词头二、三、四等数字表示)→配体名称(不同配体名称之间以中圆点“•”分开)→合(表示键合)→中心原子名称(用元素名称)→中心原子氧化值(用带括号的罗马数字Ⅰ、Ⅱ等表示)。

2. 当配合物中有多种配体时，命名时配体的顺序主要有下列规则：

(1) 若内界中既有无机配体又有有机配体，则无机配体在前，有机配体在后；

(2) 在无机配体和有机配体中，阴离子在前，中性分子在后；

(3) 同类配体，按配位原子元素符号的英文字母顺序排列(如F^-和OH^-，F^-在前，OH^-在后；NH_3和H_2O，NH_3在前，H_2O在后)。

（三）配合物的命名

配合物只有内界时，按内界的命名方法；配合物既有内界又有外界时，除内界外，其命名原则与简单无机化合物的命名原则相同。下面举例说明。

化学式	名　称
$[Cu(NH_3)_4]^{2+}$	四氨合铜(Ⅱ)离子
$[Fe(CN)_6]^{4-}$	六氰合铁(Ⅱ)酸根离子
$[CoCl_3(NH_3)_3]$	三氯·三氨合钴(Ⅲ)
$[PtNH_2NO_2(NH_3)_2]$	氨基·硝基·二氨合铂(Ⅱ)
$[PtBrClNH_3(py)]$	溴·氯·氨·吡啶合铂(Ⅱ)
$H_2[PtCl_6]$	六氯合铂(Ⅳ)酸
$[Ag(NH_3)_2]OH$	氢氧化二氨合银(Ⅰ)
$[PtNO_2NH_3NH_2OH(py)]Cl$	氯化硝基·氨·羟胺·吡啶合铂(Ⅱ)
$[Co(NH_3)_6]Cl_3$	三氯化六氨合钴(Ⅲ)
$[Cu(NH_3)_4]SO_4$	硫酸四氨合铜(Ⅱ)
$[Co(en)_3]_2(SO_4)_3$	硫酸三乙二胺合钴(Ⅲ)
$K_4[Fe(CN)_6]$	六氰合铁(Ⅱ)酸钾
$Na_3[Ag(S_2O_3)_2]$	二硫代硫酸根合银(Ⅰ)酸钠
$NH_4[Cr(NCS)_4(NH_3)_2]$	四异硫氰酸根·二氨合铬(Ⅲ)酸铵
$K[Au(OH)_4]$	四羟合金(Ⅲ)酸钾

由于各种原因，有些配合物还沿用习惯名称，如 $K_4[Fe(CN)_6]$称亚铁氰化钾或黄血盐。对于复杂配合物，直接给出化学式往往比按复杂的规则给出的名称更简明。

四、配位化合物的类型

按中心原子的数目、配体的种类，可将常见的配合物大致分为以下几种类型：

(一) 简单配位化合物

【由一个中心原子和若干个单齿配体所形成的配合物称为简单配位化合物】。例如，$[Cu(NH_3)_4]SO_4$、$[Ag(NH_3)_2]Cl$、$H[FeCl_4]$等。这些配合物中只含一种配体，又称单一配体配合物。$[Cr(NCS)_4(NH_3)_2]^-$、$[CoCl_2(NH_3)_3H_2O]^+$、$[CoCl_3(NH_3)_3]$等含有不同种类的配体，又称混合配体配合物。简单配合物中没有由中心原子和配体结合所形成的环状结构。

(二) 螯合物

【螯合物(chelate)又称内配合物，是由一个中心原子和多齿配体结合而成的具有环状结构的配合物】。在螯合物中，多齿配体通过二个或二个以上配位原子与中心原子键合，像螃蟹的螯钳住中心原子，形成一个或多个包括中心原子在内的环。例如，Cu^{2+}和乙二胺形成的螯合物具有 2 个包括 Cu^{2+}在内的五原子环：

二乙二胺合铜(Ⅱ)离子

形成螯合物的多齿配体称为**螯合剂**(chelating agent)。中心原子和配体的数目之比称为配合比。如$[Cu(en)_2]^{2+}$的配合比为1∶2。应注意，$[Cu(en)_2]^{2+}$中Cu^{2+}的配位数为4，配体的数目为2。

乙二胺四乙酸，简称EDTA，可简写为H_4edta或H_4Y，是一种广泛应用的螯合剂。EDTA在水中的溶解度小，也难溶于乙醇、丙酮等有机溶剂，所以常用其较易溶于水的二钠盐Na_2H_2Y。EDTA的分子结构及其金属离子螯合物的结构分别表示为

乙二胺四乙酸

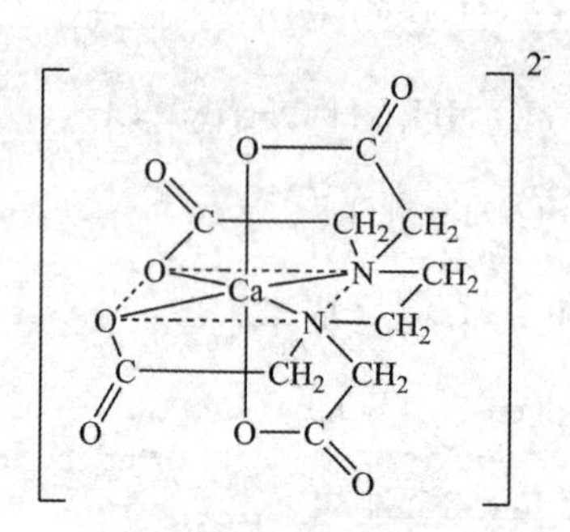

乙二胺四乙酸根合钙(Ⅱ)离子

EDTA形成螯合物时，配合比通常为1∶1，如$[CaY]^{2-}$、$[CuY]^{2-}$、$[ZnY]^{2-}$、$[FeY]^{-}$等；中心原子的配位数一般为6(2个N，4个O)，螯合物含有5个五原子环，按中心原子和配位原子的空间关系，螯合物为八面体构型；形成的螯合物稳定性大，且多数易溶于水。

事实表明，大多数稳定的螯合物含有五原子或六原子环。因此，作为螯合剂一般应具备下列条件：每个分子或离子中含有二个或二个以上的配位原子，通常是O、N、S等；配位原子间应间隔二个或三个其他原子。这样才能形成稳定的五或六原子环。例如，$NH_2—NH_2$（联氨）分子虽有两个配位原子N，但彼此没有间隔其他原子，若与金属结合只能形成三原子环，这种结构张力大、不稳定，故不能形成稳定的螯合物。

（三）多核配合物

【含有二个或二个以上中心原子的配合物称为多核配合物】。中心原子数为2时，称为双核配合物；中心原子数为3，称为三核配合物，余类推。多核配合物一般指各中心原子间通过配体连接的配合物。在中心原子间起“搭桥”作用的配体称为桥联原子或桥联基团，简称桥基。可作桥基的配体很多，如OH^-、NH_2^-、Cl^-等，它们可以给出二对或二对以上孤对电子，与一个以上中心原子键合而起“搭桥”作用。如

中的Cl^-、OH^-。实际上最常遇到的重要的多核配合物是以OH^-为桥基的多核羟合配合物，它们可以在金属离子水解过程中形成。

第二节　配位化合物的化学键理论

配合物的化学键理论是研究中心原子和配体之间结合力的本性，用以阐明配合物的配位数、空间构型、磁性、吸收光谱、热力学和动力学性质等。目前，配合物的化学键理论主要有价键理论、晶体场理论和分子轨道理论，本节仅介绍前两种理论。

一、配位化合物的价键理论

配合物的价键理论是由鲍林将杂化轨道理论应用于研究配合物而形成的，它曾广泛用于讨论配合物的结构、性质等。这一理论能够解释并预言一部分事实，且说明问题比较简明，至今仍在一定范围内应用。

（一）价键理论的基本要点

1. 中心原子和配体之间通过配位键结合形成配合物。只有中心原子提供空轨道来接受配体提供的电子对，才能形成配位键。

2. 形成配合物时，中心原子提供的空轨道必发生杂化（等性杂化），形成一组数目相同、具有一定空间伸展方向的杂化轨道，它们分别和配体的孤对电子占据的轨道在一定方向上重叠而形成配位键，从而形成具有一定配位数和空间构型的配合物。

（二）外轨型和内轨型配合物

中心原子提供哪些空轨道杂化，这与中心原子的电子构型、配体中配位原子的电负性等有关。对于过渡金属离子，按其用于杂化的空轨道所处的电子层，可将配合物分为内轨型和外轨型两种类型。

1. 外轨型配合物

【只用外层空轨道（如 *nsnpnd*）杂化的中心原子和配体结合所形成的配合物称为外轨型配合物（outer orbital complex）】。一般来说，中心原子和配位原子的电负性相差越大，形成外轨型配合物的倾向越大。例如，F^-、H_2O 作配体时，常形成外轨型配合物。但有些配体如 NH_3、Cl^- 既可形成外轨型配合物，又可形成内轨型配合物，视中心原子的性质而定。外轨型配合物中，中心原子的价层 d 电子受到配体的影响较小而保持原有的电子构型。例如，在$[Fe(H_2O)_6]^{2+}$中，Fe^{2+}原有的电子构型不变，它仅用外层空轨道（1 个 4s 轨道、3 个 4p 轨道、2 个 4d 轨道）杂化，形成 6 个 sp^3d^2 杂化轨道来接受 6 个 H_2O 中 O 原子提供的孤对电子，从而形成 6 个配位键，配位数为 6，如图 8-1 所示（虚框内杂化轨道中的黑点表示配体 H_2O 提供的电子对）。

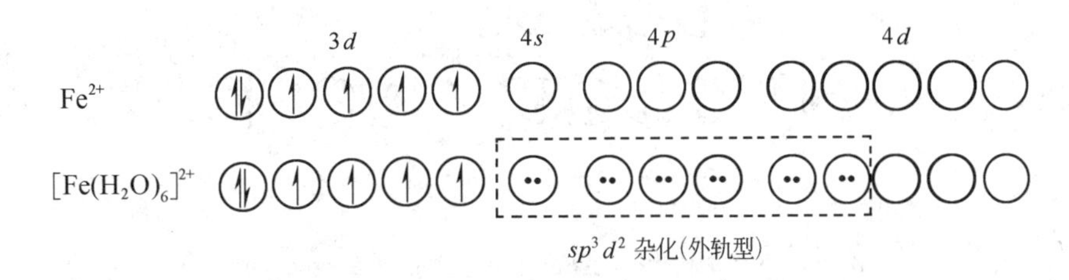

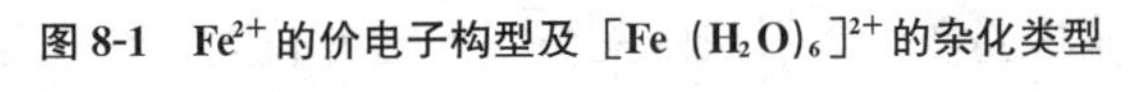
图 8-1　Fe^{2+} 的价电子构型及 $[Fe(H_2O)_6]^{2+}$ 的杂化类型

又如，在$[NiCl_4]^{2-}$中，Ni^{2+}仅用外层空轨道(1个4s轨道和3个4p轨道）杂化，形成4个sp^3杂化轨道来接受Cl^-提供的孤对电子，形成4个配位键，配位数为4，如图8-2所示(虚框内杂化轨道中的黑点表示配体Cl^-提供的电子对)。

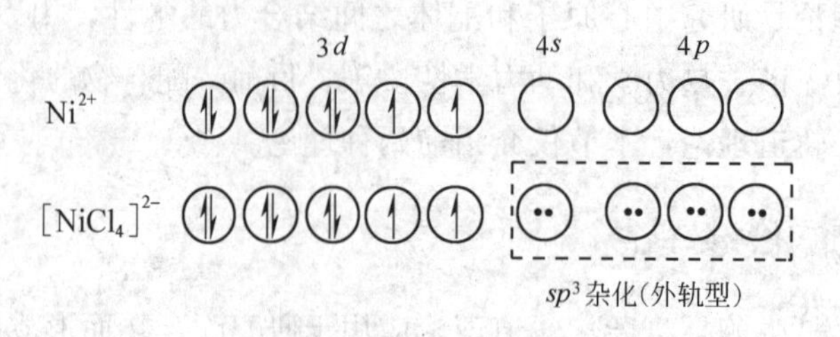

图8-2　Ni^{2+}的价电子构型及$[NiCl_4]^{2-}$的杂化类型

2. 内轨型配合物

【提供内层空轨道$(n-1)d$与外层空轨道(如$nsnp$)杂化的中心原子和配体结合所形成的配合物称为内轨型配合物(inner orbital complex)**】**。一般来说，中心原子和配位原子的电负性相差较小时，倾向于形成内轨型配合物。如CN^-作配体时，常形成内轨型配合物。内轨型配合物中，中心原子的电子构型受到配体的影响较大，$(n-1)d$轨道的未成对电子可被激发成对，空出内层的$(n-1)d$轨道参与杂化。例如，$[Fe(CN)_6]^{4-}$中的Fe^{2+}受CN^-的影响，原来分占5个3d轨道的6个价电子被“挤进”3个3d轨道中，空出的2个3d轨道与1个4s轨道、3个4p轨道杂化，形成6个d^2sp^3杂化轨道。故$[Fe(CN)_6]^{4-}$为内轨型，配位数为6，如图8-3所示(虚框内杂化轨道中的黑点表示配体CN^-提供的电子对)。

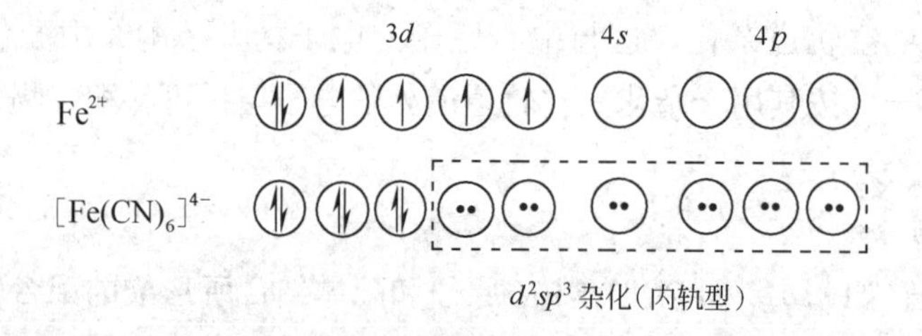

图8-3　Fe^{2+}的价电子构型及$[Fe(CN)_6]^{4-}$的杂化类型

又如，$[Ni(CN)_4]^{2-}$中的Ni^{2+}受CN^-的影响，原来分占5个3d轨道的8个价电子被“挤进”4个3d轨道中，空出的1个3d轨道与1个4s轨道、2个4p轨道杂化，形成4个dsp^2杂化轨道。所以$[Ni(CN)_4]^{2-}$为内轨型，配位数为4，如图8-4所示(虚框内杂化轨道中的黑点表示配体CN^-提供的电子对)。

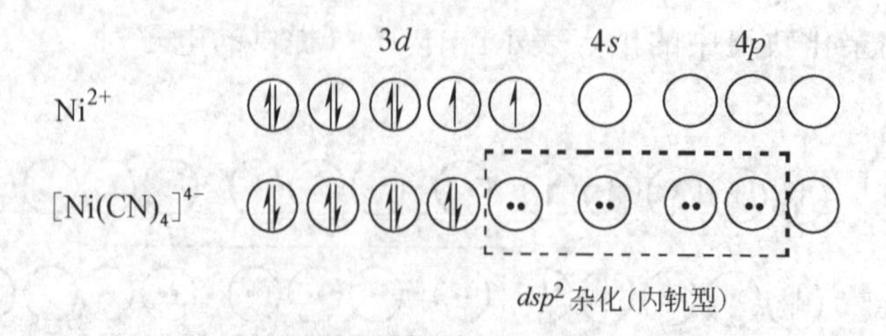

图8-4　Ni^{2+}的价电子构型及$[Ni(CN)_4]^{2-}$的杂化类型

由于内层$(n-1)d$轨道能量较低，形成的配位键的键能较大，在扣除未成对电子被激发成对所需能量之后，形成的内轨型配合物的总键能往往大于相应的外轨型配合物。因此，内轨型配合

物一般比外轨型配合物稳定。例如，$[Fe(CN)_6]^{4-}$和$[Fe(CN)_6]^{3-}$在水中的解离程度很小，加入其他配体也很难取代CN^-，而$[Fe(H_2O)_6]^{3+}$和$[FeF_6]^{3-}$较易发生配体取代反应。

如何判断中心原子和配体形成的配合物是内轨型还是外轨型呢？由于形成外轨型配合物时，中心原子的未成对电子数不变，而形成内轨型配合物时，中心原子的未成对电子数往往会减少，所以通常可由测磁性来判断。第一过渡元素配合物的磁矩(μ)可按$\mu=\sqrt{n(n+2)}$(B. M.)计算。式中n是分子中未成对电子数，B. M. 是磁矩的单位，称为玻尔磁子。现将一些过渡元素配合物的磁矩、未成对电子数、杂化类型等列于表 8-3 中。

表 8-3　一些过渡元素配合物的磁矩及其类型的关系

配离子	实测磁矩/B. M.	计算磁矩/B. M.	未成对电子数	杂化类型	内、外轨型
$[Fe(CN)_6]^{3-}$	2.3	1.73	1	d^2sp^3	内轨型
$[Ni(NH_3)_4]^{2+}$	3.2	2.82	2	sp^3	外轨型
$[Co(NH_3)_6]^{2+}$	3.88	3.87	3	sp^3d^2	外轨型
$[Fe(H_2O)_6]^{2+}$	5.5	4.90	4	sp^3d^2	外轨型
$[Fe(H_2O)_6]^{3+}$	5.88	5.92	5	sp^3d^2	外轨型
$[Fe(CN)_6]^{4-}$	0	0	0	d^2sp^3	内轨型
$[Co(NH_3)_6]^{3+}$	0	0	0	d^2sp^3	内轨型
$[Ni(CN)_4]^{2-}$	0	0	0	dsp^2	内轨型

（三）配离子的空间结构

配体围绕中心原子按一定的空间位置分布，这种分布称为配离子（或配位个体）的空间结构或空间构型。配位数一定时，配体的空间分布遵守一些基本的规律，如尽可能减小相互排斥、对称分布等。配位数不同，配离子的空间结构不同；即使配位数相同，由于中心原子和配体的种类以及相互作用的情况不同，配离子的空间结构也可能不同，如$[ZnCl_4]^{2-}$为四面体形、$[PtCl_4]^{2-}$为平面四边形等。目前，已有较多的实验方法，如 X 射线分析、紫外-可见光谱、红外光谱、旋光光度法、顺磁共振等，可以确定配合物的空间结构。

价键理论认为，配离子的配位数、空间结构等与中心原子的杂化轨道类型有关，即中心原子杂化轨道的数目等于配位数，杂化轨道的空间伸展方向应和配离子的空间结构一致。现将配离子(配位个体)的一些常见的空间结构、配位数和中心原子杂化轨道的类型列于表8-4中。

表 8-4　配位个体常见的空间结构和中心原子杂化类型

配位数	空间构型	模型	杂化类型	实例
2	直线形		sp	$[Ag(CN)_2]^-$、$[Cu(NH_3)_2]^+$
3	平面三角		sp^2	$[CuCl_3]^{2-}$
4	四面体		sp^3	$[Zn(CN)_4]^{2-}$、$[FeCl_4]^-$

续表

配位数	空间构型	模型	杂化类型	实例
	平面四边形		dsp^2	$[Ni(CN)_4]^{2-}$、$[PtCl_4]^{2-}$
5	三角双锥		dsp^3	$[Fe(CO)_5]$
	四角锥		d^4s	$[TiF_5]^-$
6	八面体		d^2sp^3 或 sp^3d^2	$[Fe(CN)_6]^{4-}$、$[Co(NH_3)_6]^{3+}$ $[FeF_6]^{3-}$、$[Co(NH_3)_6]^{2+}$

注：上表模型中"○"代表中心原子，"●"代表配位原子，"—"代表配位键，"---"代表空间结构轮廓线。

配位数大于 6 的配合物比较少见，通常是第二和第三过渡元素（包括镧系和锕系元素）的配合物，其中心原子的半径较大，氧化值一般不小于＋3，空间结构比较复杂。

（四）配离子的几何异构（阅读）

配离子的组成相同而结构不同的现象称为配离子的异构现象。配离子的异构现象丰富多彩，这里仅简要介绍几何异构现象。**【配离子（或配位个体）的组成相同而配体的空间位置分布不同所产生的异构现象称为几何异构现象，相应的异构体称为几何异构体】**。典型的例子是维尔纳的工作。简述如下：

在 $CoCl_2$ 溶液中加入 NH_3 和 NH_4Cl 的混合溶液，用氧化剂将 Co^{2+} 氧化成 Co^{3+}，加入盐酸，在不同反应条件下可得到 4 种化合物，组成和颜色分别为：$CoCl_3 \cdot 6NH_3$（黄）、$CoCl_3 \cdot 5NH_3$（紫红）、$CoCl_3 \cdot 4NH_3$（绿）、$CoCl_3 \cdot 4NH_3$（紫）。通过一系列实验，维尔纳证明了组成不同的黄、紫红两种配合物中分别存在$[Co(NH_3)_6]^{3+}$和$[CoCl(NH_3)_5]^+$。而组成相同的绿、紫两种配合物中都存在$[CoCl_2(NH_3)_4]^+$，为了解开这一谜团，他提出了配合物的立体结构理论，认为这 4 种配离子都具有八面体结构，后两种虽组成相同，但 NH_3 和 Cl^- 的空间关系不同，示意如下：

顺-二氯·四氨合钴（Ⅲ）离子（紫）　　反-二氯·四氨合钴（Ⅲ）离子（绿）

于是，人们就按 Cl^- 在空间排列的不同，将这两种配离子分别称为顺式（两个 Cl^- 处于邻位）和反式（两个 Cl^- 处于对位）。这是一种常见的几何异构现象，称为顺反异构。

从上述讨论可知，价键理论概念明确、简单直观，能在一定程度上说明中心原子和配体是怎样结合的(形成配位键)、中心原子的配位数(等于杂化轨道的数目)、配离子的空间结构(决定于中心原子的杂化类型)，以及某些配离子的稳定性(内轨型大于外轨型)和磁性。但价键理论有一定的局限性，它只是定性理论，不能定量或半定量地说明配合物的性质；只能说明配合物的基态性质，对激发态却无能为力，故对于许多过渡元素配离子具有的颜色无法说明。此外，对于价电子构型为 $3d^9$ 的 Cu^{2+} 能形成平面四边形的 $[Cu(H_2O)_4]^{2+}$、$[CuCl_4]^{2-}$ 等配离子，它不能给出合理的解释等。价键理论没有充分考虑配体对中心原子的影响。实际上，配合物中的配体对中心原子的 d 电子影响很大，不仅影响电子云的分布，也影响 d 轨道能量的变化，而这种变化与配合物的性质密切相关。

二、配位化合物的晶体场理论（阅读）

皮塞(Bethe)在 1929 年首先对处在晶体中的金属离子做了量子力学的处理而提出**晶体场理论**(crystal field theory，缩写为 CFT)。但直到 20 世纪 50 年代初，人们发现用晶体场理论能很好地解释过渡金属配合物的光谱以后，它才作为配合物的化学键理论得到应用。

（一）晶体场理论的基本要点

1. 中心原子(金属阳离子)和配体(阴离子或极性分子)之间通过静电作用结合形成配合物。
2. 配体形成的负电场(称晶体场)对金属离子产生静电引力的同时，还会对金属离子的 d 轨道产生斥力，使原来简并的 5 个 d 轨道的能量不再相同，即发生能级分裂。分裂的方式取决于晶体场的对称性。
3. 由于金属离子 d 轨道的能级分裂，电子优先填充在能级较低的轨道上，一般会引起配合物的总能量比 d 轨道未分裂时降低，从而增加配合物的稳定性。

晶体场理论是一种静电理论，它把配合物中中心原子与配体的相互作用看作类似于离子晶体中阴阳离子间的相互作用。这种相互作用只是静电吸引和排斥，不形成共价键。虽然模型简单，却可得出一些有意义的结果。下面主要讨论在配体负电场中过渡金属离子 d 轨道的能级分裂及其对配合物性质的影响。

（二）中心原子 *d* 轨道的能级分裂

1. 八面体场中的能级分裂

先假设金属离子处于一个球壳内的中心，球壳上均匀分布着 6 个配体的总电荷，金属离子的 5 个 d 轨道受到球壳上负电荷的斥力完全均等，故能量比原来自由离子的 d 轨道高，但并不发生能级分裂，将这种静电场称为球形场。但在八面体配合物中，6 个配体分别处于八面体的 6 个顶点，形成的静电场是非球形对称的，称为八面体场。八面体场中金属离子的 5 个 d 轨道受到的斥力是不均等的。可在直角坐标中表示配体与金属离子 5 个 d 轨道的相对空间关系，如图 8-5 所示(设金属离子处于坐标的原点)。

可见，沿坐标轴方向伸展的 $d_{x^2-y^2}$ 和 d_{z^2} 轨道正好与配体相“撞”，受到配体电场的强烈排斥而能量升高较多。由于两者在八面体场中实际上是等价的，所以 $d_{x^2-y^2}$ 和 d_{z^2} 轨道具有相同的能量，形成一组二重简并的轨道，晶体场理论以 d_γ 表示。夹在坐标轴之间的 d_{xy}、d_{xz} 和 d_{yz} 轨道受到的排斥较小，能量升高较少。由于三者对于配体有相同的空间分布，故能量相同，形成一组三重简并的轨道，晶体场理论以 d_ε 表示。这样金属离子原来简并的 5 个 d 轨道在八面体场中分裂

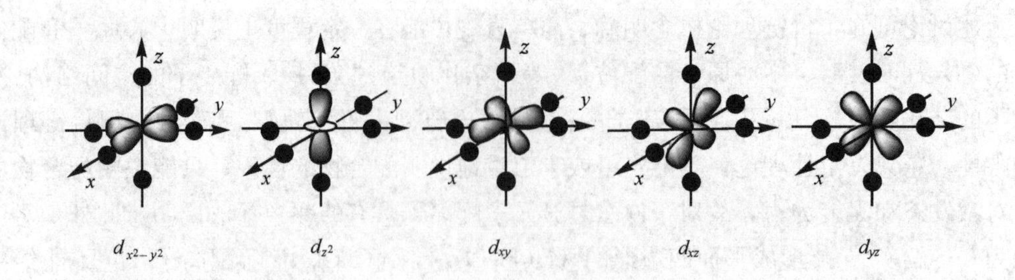

图 8-5　八面体场中 6 个配体（以●表示）与金属离子 5 个 d 轨道的相对空间关系

成二组轨道，如图 8-6 所示。

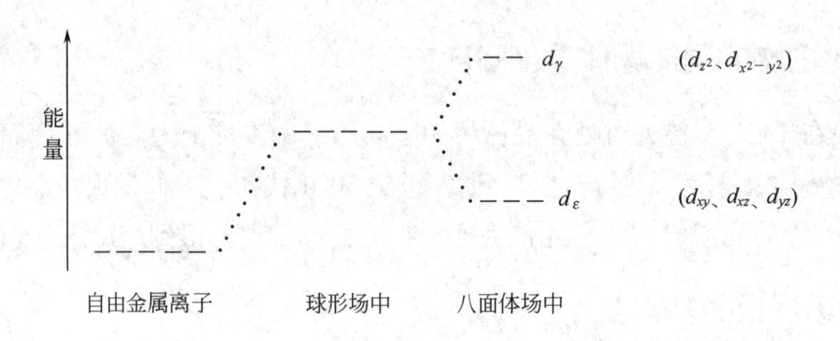

图 8-6　d 轨道在八面体场中的能级分裂

需要强调的是，因配体静电场的影响，配合物中金属离子的 5 个 d 轨道的能级相对于自由金属离子都是升高的，只是有的升高较多(如上述 $d_{x^2-y^2}$ 和 d_{z^2})，而有的升高较少(如上述 d_{xy}、d_{xz} 和 d_{yz})；引入球形场的概念主要是为了便于讨论和简化有关计算，实际上球形场中 d 轨道的能级就是配合物中 5 个分裂的 d 轨道能级的平均值。

2. 四面体场中的能级分裂

若金属离子处于带有 4 个配体总电荷的球形场中，原来自由离子的 5 个 d 轨道能量也会升高，不发生能级分裂。但四面体场也是非球形对称的。将中心原子置于立方体的中心，直角坐标系的 x、y、z 轴分别指向立方体的面心，4 个配体分别处于立方体 8 个顶点中相互错开的 4 个顶点位置，这样就构成了四面体场，如图 8-7 所示。

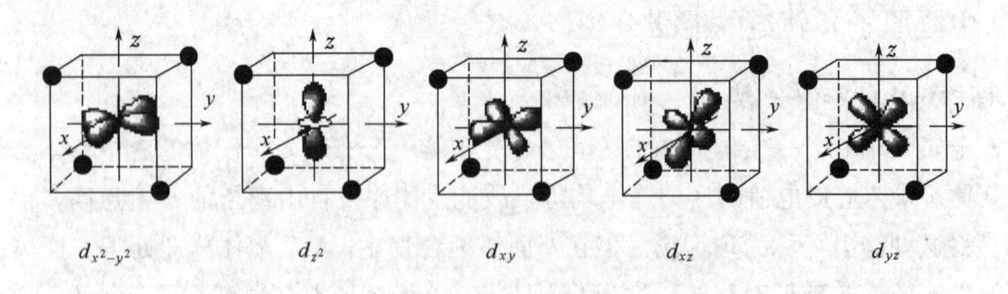

图 8-7　四面体场中 4 个配体（以●表示）与金属离子 5 个 d 轨道的相对空间关系

金属离子的 $d_{x^2-y^2}$ 和 d_{z^2} 轨道分别指向立方体的面心，而 d_{xy}、d_{xz} 和 d_{yz} 轨道分别指向立方体各边的中心。显然，在四面体场中配体不是直接对着任何一个 d 轨道。d_{xy}、d_{xz} 和 d_{yz} 轨道相对更靠近配体，受到的斥力较大，能量升高较多，形成一组三重简并的轨道，晶体场理论以 d_ε 表示。$d_{x^2-y^2}$ 和 d_{z^2} 轨道离配体相对较远，受到的排斥较小，能量升高较少，形成一组二重简并的轨道，晶体场理论以 d_γ 表示。这样金属离子原来简并的 5 个 d 轨道在四面体场中分裂成二组轨道，如图 8-8 所示。

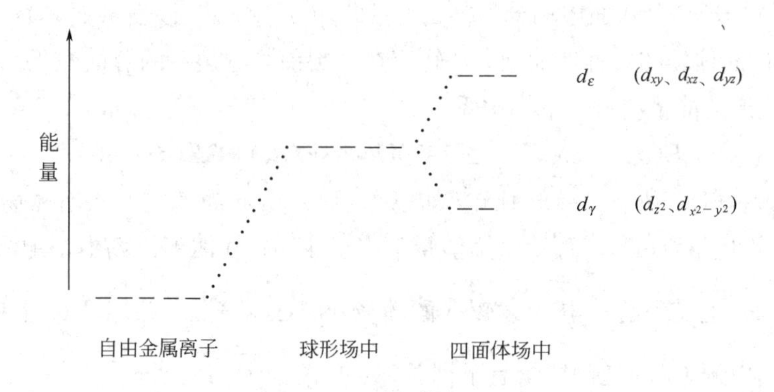

图 8-8 *d* 轨道在四面体场中的能级分裂

3. 平面四边形场中的能级分裂

平面四边形配合物中 d 轨道的能级分裂可从八面体场出发加以讨论。当八面体配合物中位于 z 轴上的 2 个配体同时外移时，八面体变形成为拉长八面体，最后配体完全失去时就变成平面四边形配合物。在这变化过程中，d_{z^2}、d_{xz} 和 d_{yz} 轨道受到配体的排斥变小，能量降低。同时，在 xy 平面上的配体会趋近金属离子，引起 $d_{x^2-y^2}$、d_{xy} 轨道能量的升高。这样 d 轨道在平面四边形场中分裂成四组轨道，参见图 8-9。

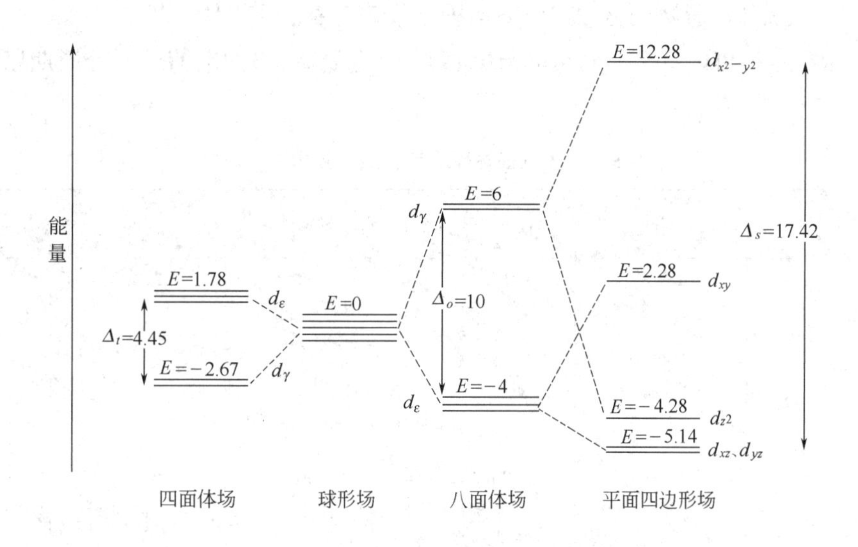

图 8-9 在不同晶体场中 *d* 轨道能级和分裂能的相对值/Dq

（图中 Δ_t、Δ_o 和 Δ_s 分别表示四面体场、八面体场和平面四边形场的分裂能）

（三）晶体场分裂能

1. 分裂能的定义

分裂能是一个重要的参数，可用来衡量配体场的强弱，并决定体系的能量、配合物的磁性和稳定性。在晶体场理论中，**【将 d 轨道分裂后的最高能级和最低能级之间的能量差称为晶体场分裂能**(crystal field splitting energy)，**以符号 Δ 表示】**。Δ 值可由量子力学理论计算，但通常是从配合物的光谱实验得出。因此，Δ 值通常以光谱能量单位 cm^{-1}(波数)表示(波数定义为波长的倒数；能量单位的换算关系为：$1kJ \cdot mol^{-1} = 83.60cm^{-1}$)。

2. 影响分裂能的因素

(1) 分裂能与晶体场对称性的关系　根据晶体场理论可以计算分裂后各 d 轨道的相对能量。

为方便起见，晶体场理论令八面体场分裂能Δ_o＝10Dq(下标“o”代表八面体)，并设球形场能量$E_{球形场}$＝0Dq，无论晶体场的对称性如何，d轨道在分裂前与分裂后的总能量保持不变。因此，在八面体场中，d轨道的能量应符合下列关系：

$$E(d_\gamma)-E(d_\varepsilon)=\Delta_o=10\text{Dq}\quad 2E(d_\gamma)+3E(d_\varepsilon)=0$$

由此可求得$E(d_\gamma)=6\text{Dq}$，$E(d_\varepsilon)=-4\text{Dq}$，即以$E_{球形场}$＝0Dq为基准，八面体场中$d$轨道分裂的结果是$d_\gamma$轨道能量上升了6Dq，而$d_\varepsilon$轨道能量下降了4Dq。在四面体场中，配体不是直接对着任何一个d轨道，d轨道受到的静电斥力较八面体场小，$\Delta_t=\frac{4}{9}\Delta_o=4.45\text{Dq}$(下标“$t$”代表四面体)。因此，四面体场中$d$轨道的能量有下列关系：

$$E(d_\varepsilon)-E(d_\gamma)=\Delta_t=4.45\text{Dq}\quad 2E(d_\gamma)+3E(d_\varepsilon)=0$$

由此可求得$E(d_\gamma)=-2.67\text{Dq}$，$E(d_\varepsilon)=1.78\text{Dq}$。

图8-9中列出了八面体场、四面体场和平面四边形场中各d轨道的能级和分裂能的相对数值(以Dq表示)。晶体场理论同样能处理其他各种对称性的晶体场，这里不再进一步讨论。

一般来说，配合物的空间构型与分裂能的关系为：

$$\Delta_{平面四边形}>\Delta_{八面体}>\Delta_{四面体}$$

(2) 分裂能与中心原子和配体的关系　分裂能随中心原子和配体种类不同而异。现将从光谱实验测得的一些八面体配合物的Δ_o或10Dq值列于表8-5中。

从表8-5中的数据可以看出，分裂能与中心原子(金属离子)的电荷、所处周期以及配体的性质有关。一般有下列规律：

表8-5　一些八面体配合物的Δ_o或10Dq/cm^{-1}

Δ_o 配体 / 金属离子	$6Cl^-$	$6H_2O$	$6NH_3$	3en	$6CN^-$
Cr^{3+}	13700	17400	21500	21900	26600
Cr^{2+}		13900			
Mn^{2+}	7500	8500		10100	～30000
Fe^{3+}		14300			35000
Fe^{2+}		10400			32800
Co^{3+}		20700	22900	23200	34800
Co^{2+}		9300	10100	11000	
Ni^{2+}		8500			
Mo^{3+}	19200				
Rh^{3+}	20400	27000	34000	34600	45500
Ir^{3+}	27600		40000	41200	
Pt^{4+}	29000				

① 配体相同时，同种金属的离子电荷越高，Δ值一般越大。例如，$[Fe(H_2O)_6]^{3+}$和$[Fe(H_2O)_6]^{2+}$的Δ_o分别为14300cm^{-1}和10400cm^{-1}。这是由于随着金属离子电荷的增加，配体会更靠近金属离子，从而对d轨道产生较大的影响。

② 配体和金属离子的电荷相同时，同族金属离子的Δ值自上而下增大。第二过渡系金属离子比第一过渡系金属离子的Δ增大约40%～50%；第三过渡系金属离子又比第二过渡系金属离子的Δ增大约20%～25%。例如，$[Co(NH_3)_6]^{3+}$、$[Rh(NH_3)_6]^{3+}$和$[Ir(NH_3)_6]^{3+}$的Δ_o分别为22900cm^{-1}、34000cm^{-1}和40000cm^{-1}。这是由于后两系列过渡金属离子的半径较大，d轨道离原

子核较远，较容易受到配体电场的影响，故 Δ 值较大。

③ 金属离子相同时，可将配体按照 Δ_o 值的大小排列为：

$I^- < Br^- < S^{2-} < Cl^- \approx \underline{S}CN^- < F^- < \underline{O}C(NH_2)_2 < OH^- \approx \underline{O}NO^- < C_2O_4^{2-} < H_2O < \underline{N}CS^- <$ $EDTA < py \approx NH_3 < en < phen \approx \underline{N}O_2^- < CN^- \approx \underline{C}O$

下面划线的为与金属离子配位的原子。这个顺序称为**光谱化学序**(spectrochemical series)，它是从光谱实验总结得出的，主要适用于第一过渡系金属离子。通常将形成配合物时 Δ 值大的配体(如 NO_2^-、CN^-)称为强场配体，而将 Δ 值小的配体(如 I^-、Br^-)称为弱场配体。由光谱化学序可以看出，几种常见配位原子相对应的 Δ_o 值大致为：卤素＜氧＜氮＜碳。

(四) 晶体场中 *d* 电子的排布与成对能

配合物中金属离子的 5 个 *d* 轨道在配体的影响下发生能级分裂，电子在分裂的 *d* 轨道中的排布与分裂能和成对能的相对大小有关。

【当中心离子的一个轨道中已有一个电子占据时，要使第二个电子进入同一轨道并与第一个电子成对，必须克服电子间的相互排斥作用，所需消耗的能量称为成对能】。以符号 E_P 表示。金属离子的种类、电荷不同，其 E_P 不同。E_P 可从光谱实验得出，见表 8-6。一般来说，d^5 组态的金属离子有较大的 E_P 值，电子不易成对；d^6 组态的金属离子 E_P 值较小，电子较易成对。

表 8-6 一些过渡金属离子($d^{4\sim7}$)的成对能

金属离子	Cr^{2+}	Mn^{2+}	Fe^{3+}	Fe^{2+}	Co^{3+}	Co^{2+}
d^n	d^4	d^5	d^5	d^6	d^6	d^7
E_P/cm^{-1}	23500	25500	30000	17600	21000	22500

在八面体场中，当金属离子的 *d* 电子数为 $d^{1\sim3}$ 和 $d^{8\sim10}$ 时，无论什么配体或 E_P 与 Δ_o 的相对大小如何，*d* 电子的排布都只有 1 种，电子总是首先按洪特规则填入能量较低的 d_ε 轨道，再填入能量较高的 d_γ 轨道。但对于 $d^{4\sim7}$，则有 2 种可能的排布：如果 $E_P > \Delta_o$，即配体场较弱时，电子成对所需的能量(E_P)大于电子从 d_ε 轨道进入 d_γ 轨道所需的能量(Δ_o)，电子将不在 d_ε 轨道成对而是进入空的 d_γ 轨道，尽可能保持较多的未成对电子。这种**【未成对电子数较多的 *d* 电子构型称为高自旋，相应的配合物称为高自旋配合物】**。若 $E_P < \Delta_o$，即配体场较强时，电子成对所需的能量(E_P)小于电子从 d_ε 轨道进入 d_γ 轨道所需的能量(Δ_o)，电子将首先填满 d_ε 轨道，再将剩余的电子填入 d_γ 轨道，未成对电子数较少。这种**【未成对电子数较少的 *d* 电子构型称为低自旋，相应的配合物称为低自旋配合物】**。现将上述讨论列在表 8-7 中。

四面体场的分裂能 Δ_t 较小，约为八面体场的一半($\Delta_t = \frac{4}{9}\Delta_o$)，常常不易超过 E_P，因此，已知的四面体配合物都是高自旋的。

表 8-7 八面体配合物中中心原子的 *d* 电子构型

d^n	弱场($E_P > \Delta_o$)					强场($E_P < \Delta_o$)				
	d_ε			d_r		d_ε			d_r	
d^1	↿					↿				
d^2	↿	↿				↿	↿			
d^3	↿	↿	↿			↿	↿	↿		

续表

d^n	弱场($E_P > \Delta_o$)					强场($E_P < \Delta_o$)				
	d_ε			d_r		d_ε			d_r	
* d^4	↑	↑	↑	↑		↑↓	↑	↑		
* d^5	↑	↑	↑	↑	↑	↑↓	↑↓	↑		
* d^6	↑↓	↑	↑	↑	↑	↑↓	↑↓	↑↓		
* d^7	↑↓	↑↓	↑	↑	↑	↑↓	↑↓	↑↓	↑	
d^8	↑↓	↑↓	↑↓	↑	↑	↑↓	↑↓	↑↓	↑	↑
d^9	↑↓	↑↓	↑↓	↑↓	↑	↑↓	↑↓	↑↓	↑↓	↑
d^{10}	↑↓	↑↓	↑↓	↑↓	↑↓	↑↓	↑↓	↑↓	↑↓	↑↓

* 因配体场强不同，d 电子有高自旋和低自旋 2 种状态。

(五) 晶体场稳定化能

电子在分裂的 d 轨道填充有两种情况：①若五个分裂的 d 轨道都填满电子或全空，则 d 轨道分裂前后的总能量没有变化；②若 d 轨道填有电子但未满，因电子会更多地填入低能量轨道，使得 d 轨道分裂后能量降低，配合物变得更稳定。这种【**因 d 电子从分裂前的 d 轨道进入分裂后的 d 轨道所产生的体系总能量下降值称为晶体场稳定化能**（crystal field stabilization energy, CFSE)】。用符号 E_C 表示。E_C 的大小与分裂能 Δ（晶体场的强弱）、d 电子数及其排布、配离子的空间构型等因素有关。E_C 的绝对值越大，表示体系能量降低的越多，配合物越稳定。根据分裂后各轨道的相对能量和进入其中的电子数，就可计算出配合物的晶体场稳定化能。计算公式如下：

$$E_C = n_\varepsilon E\ (d_\varepsilon) + n_\gamma E\ (d_\gamma) + (n_2 - n_1)\ E_P$$

式中，n_ε、n_γ 分别为 d_ε、d_γ 能级上的电子数，n_1 为分裂前 d 轨道上的电子对数，n_2 为分裂后 d 轨道上的电子对数。

在八面体场中，d 电子数为 $d^{1\sim3}$ 和 $d^{8\sim10}$ 的金属离子，如 Ti^{3+}(d^1)、V^{3+}(d^2)、Cr^{3+}(d^3)、Ni^{2+}(d^8)、Cu^{2+}(d^9)、Zn^{2+}(d^{10})，无论处于弱场($E_P > \Delta_o$)或强场($E_P < \Delta_o$)，d 电子的排布都只有 1 种。因此，它们在八面体弱场与强场中的 E_C 相同。例如：

V^{3+}(d^2)　弱场或强场　$E_C = 2 \times (-4Dq) = -8Dq$

Ni^{2+}(d^8)　弱场或强场　$E_C = 6 \times (-4Dq) + 2 \times 6Dq = -12Dq$

但是，d 电子数为 $d^{4\sim7}$ 的金属离子，如 Cr^{2+}(d^4)、Mn^{2+}(d^5)、Fe^{2+}(d^6)、Co^{2+}(d^7)，随配体场强不同，d 电子有高自旋和低自旋 2 种状态。它们在八面体弱场中的成对电子数与球形场相同，故计算 E_C 时不考虑 E_P 的影响；但在八面体强场中的成对电子数大于球形场中的成对电子数，计算 E_C 时则应考虑 E_P 的影响(八面体场与球形场中成对电子数的比较可参见图 8-10)。例如：

Cr^{2+}(d^4)　弱场(高自旋)　$E_C = 3 \times (-4Dq) + 1 \times 6Dq = -6Dq$

强场(低自旋)　$E_C = 4 \times (-4Dq) + E_P = -16Dq + E_P$

Fe^{2+}(d^6)　弱场(高自旋)　$E_C = 4 \times (-4Dq) + 2 \times 6Dq = -4Dq$

强场(低自旋)　$E_C = 6 \times (-4Dq) + 2E_P = -24Dq + 2E_P$

在四面体场中，d 电子数为 $d^{1\sim10}$ 的金属离子都是高自旋的，且在四面体场中的成对电子数与球形场中相同(参见图 8-11)，故计算 E_C 时也不考虑 E_P 的影响。例如：

d^2(高自旋)　　$E_C=2\times(-2.67Dq)=-5.34Dq$

d^6(高自旋)　　$E_C=3\times(-2.67Dq)+3\times1.78Dq=-2.67Dq$

图 8-10　*d* 电子在球形场和八面体场中的电子构型

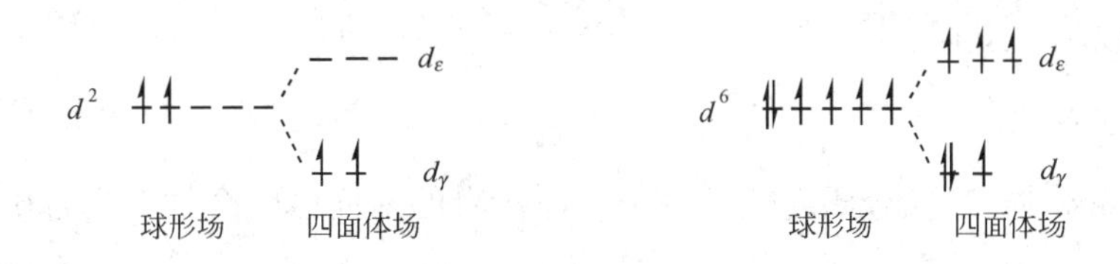

图 8-11　*d* 电子在球形场和四面体场中的电子构型

现将八面体场和四面体场中 *d* 电子数为 $d^{0\sim10}$ 的 E_C(以 Dq 和 E_P 表示)列于表 8-8 中。对于平面四边形场中的 E_C，可利用图 8-9 中的数据来计算。

表 8-8　八面体场和四面体场中的 E_C

d^n	八面体场				四面体场	
	弱场（$E_p>\Delta_o$）		强场（$E_p<\Delta_o$）			
	电子构型	E_C/Dq	电子构型	E_C/Dq	电子构型	E_C/Dq
d^0	$d_\varepsilon^0d_\gamma^0$	0	$d_\varepsilon^0d_\gamma^0$	0	$d_\gamma^0d_\varepsilon^0$	0
d^1	$d_\varepsilon^1d_\gamma^0$	−4	$d_\varepsilon^1d_\gamma^0$	−4	$d_\gamma^1d_\varepsilon^0$	−2.67
d^2	$d_\varepsilon^2d_\gamma^0$	−8	$d_\varepsilon^2d_\gamma^0$	−8	$d_\gamma^2d_\varepsilon^0$	−5.34
d^3	$d_\varepsilon^3d_\gamma^0$	−12	$d_\varepsilon^3d_\gamma^0$	−12	$d_\gamma^2d_\varepsilon^1$	−3.56
* d^4	$d_\varepsilon^3d_\gamma^1$	−6	$d_\varepsilon^4d_\gamma^0$	$-16+E_P$	$d_\gamma^2d_\varepsilon^2$	−1.78
* d^5	$d_\varepsilon^3d_\gamma^2$	0	$d_\varepsilon^5d_\gamma^0$	$-20+2E_P$	$d_\gamma^2d_\varepsilon^3$	0
* d^6	$d_\varepsilon^4d_\gamma^2$	−4	$d_\varepsilon^6d_\gamma^0$	$-24+2E_P$	$d_\gamma^3d_\varepsilon^3$	−2.67
* d^7	$d_\varepsilon^5d_\gamma^2$	−8	$d_\varepsilon^6d_\gamma^1$	$-18+E_P$	$d_\gamma^4d_\varepsilon^3$	−5.34
d^8	$d_\varepsilon^6d_\gamma^2$	−12	$d_\varepsilon^6d_\gamma^2$	−12	$d_\gamma^4d_\varepsilon^4$	−3.56
d^9	$d_\varepsilon^6d_\gamma^3$	−6	$d_\varepsilon^6d_\gamma^3$	−6	$d_\gamma^4d_\varepsilon^5$	−1.78
d^{10}	$d_\varepsilon^6d_\gamma^4$	0	$d_\varepsilon^6d_\gamma^4$	0	$d_\gamma^4d_\varepsilon^6$	0

注： * 因八面体强场中 $d^{4\sim7}$ 的成对电子数与球形场中不同，故计算 E_C 时应考虑成对能 E_P 的影响。表中数据忽略了晶体场中 E_P 与球形场中 E_P 的差异。

由表 8-8 可知，在八面体弱场和四面体场中，具有 d^0、d^5 和 d^{10} 构型的 E_C 均等于零，并且从 $d^0\sim d^5\sim d^{10}$ 的 E_C 呈现明显的规律性变化，近似为“双峰”形。在八面体弱场中，以 d^3 和 d^8 的 E_C 为最大，而在四面体场中，以 d^2 和 d^7 的 E_C 为最大。对于同一 d^n 构型，四面体场的 E_C 比八面体弱场

的小。只要获得具体的八面体配合物、四面体配合物的分裂能和成对能的数据，以及 d 电子构型，代入表 8-8 中，就可得出它们的 E_C 值。例如，由光谱实验测得八面体配离子$[Ti(H_2O)_6]^{3+}$（$d_\varepsilon^1 d_\gamma^0$ 构型）的分裂能 $\Delta_o=10Dq=20300cm^{-1}$，则$[Ti(H_2O)_6]^{3+}$的 $E_C=1\times(-4Dq)=1\times[-(4/10)\Delta_o]=-(4/10)\times20300(cm^{-1})=-8120cm^{-1}$。按 $1kJ\cdot mol^{-1}=83.60cm^{-1}$ 换算，$E_C=-8120(cm^{-1})/83.60(cm^{-1}\cdot kJ^{-1})=-97.13kJ\cdot mol^{-1}$。可见轨道分裂造成 $97.13kJ\cdot mol^{-1}$ 的能量降低，使体系更稳定。

第一过渡系金属（M^{2+}、M^{3+}）配合物的 E_C 值为100～200 $kJ\cdot mol^{-1}$，接近许多共价单键的键能。因此，E_C 是影响配合物性质的重要因素之一。但需注意，E_C 仅占配合物总结合能的一小部分（约 5%），仅考虑 E_C 常不能合理地说明配合物的性质，还需考虑其他因素。例如，Fe^{3+}（d^5）形成的高自旋配合物的 E_C 为零，不能理解为这种配合物没有稳定性。此外，具有相同的空间构型、场强和 d 电子构型的配合物，都具有相同的以 Dq 和 E_P 表示的 E_C，但具体的 E_C 值随中心原子和配体的种类不同而异。因此，只根据配合物的 E_C 有几个 Dq 而直接比较它们的稳定性，常会得出错误的结论。

（六）晶体场理论的应用

1. 配合物的磁性

测量配合物的磁性可证实金属离子 d 电子数为 $d^{4\sim7}$ 的八面体配合物有高自旋和低自旋之分。高、低自旋状态的未成对电子数不同，磁矩相差较大，未成对电子 n 可按近似关系 $\mu=\sqrt{n(n+2)}$（B. M.）来确定。晶体场理论按分裂能 Δ 与成对能 E_P 的相对大小来推测：$E_P>\Delta$ 时，高自旋；$E_P<\Delta$ 时，低自旋。表 8-9 中列出了一些金属离子（$d^{4\sim7}$）八面体配合物的 Δ_o 和 E_P 以及磁性测定结果。由表可见，晶体场理论的推测结果与磁性测定结果一致。

表 8-9　一些八面体配合物的自旋状态

d^n	金属离子	配体	E_P（cm^{-1}）	Δ_o（cm^{-1}）	自旋状态	
					理论推测	磁性测定
d^4	Cr^{2+}	$6H_2O$	23500	13900	高自旋（$E_P>\Delta_o$）	高自旋（$n=4$）
d^5	Mn^{2+}	$6H_2O$	25500	8500	高自旋（$E_P>\Delta_o$）	高自旋（$n=5$）
d^5	Fe^{3+}	$6H_2O$	30000	14300	高自旋（$E_P>\Delta_o$）	高自旋（$n=5$）
d^6	Fe^{2+}	$6H_2O$	17600	10400	高自旋（$E_P>\Delta_o$）	高自旋（$n=4$）
d^6	Fe^{2+}	$6CN^-$	17600	32800	低自旋（$E_P<\Delta_o$）	低自旋（$n=0$）
d^6	Co^{3+}	$6F^-$	21000	13000	高自旋（$E_P>\Delta_o$）	高自旋（$n=4$）
d^6	Co^{3+}	$6NH_3$	21000	22900	低自旋（$E_P<\Delta_o$）	低自旋（$n=0$）
d^7	Co^{2+}	$6H_2O$	22500	9300	高自旋（$E_P>\Delta_o$）	高自旋（$n=3$）

注：表中 n 为金属离子的未成对电子数。

由于第二、第三系列过渡金属配合物的 Δ 值较大，它们几乎都是低自旋的，而第一系列过渡金属既能形成低自旋配合物，又能形成高自旋配合物。四面体配合物都是高自旋的。

2. 配离子的空间结构

在过渡金属的配离子中，配位数为 6 的八面体配离子最常见。因为这种构型的配离子的配体数目较多，总结合能较大，且晶体场稳定化能也较大。但是，有些八面体配离子并非正八面体，而是变形八面体，如$[Cu(H_2O)_6]^{2+}$、$[Cu(NH_3)_4(H_2O)_2]^{2+}$离子（经常以$[Cu(H_2O)_4]^{2+}$、

$[Cu(NH_3)_4]^{2+}$表示）是拉长的八面体。在$[Cu(NH_3)_4(H_2O)_2]^{2+}$中，$Cu^{2+}$与 4 个 NH_3 处于同一平面且相距较近，而 2 个 H_2O 处于八面体相对的两顶点且相距较远。这种现象可用**姜-泰勒**（Jahn-Teller）效应来说明。

姜-泰勒效应指出：中心原子 d 电子云分布不对称的非线性分子中，如果基态时有几个简并态，则分子构型必然会发生某种畸变，以降低简并度而稳定其中某一状态。例如，形成八面体配离子时，若金属离子为 d^{10} 构型，d 电子云呈球形对称分布。若为 d^9 时，电子云分布就不对称了，这时可有两种简并状态的 d 电子排布方式：$(d_\varepsilon)^6(d_{x^2-y^2})^1(d_{z^2})^2$ 和$(d_\varepsilon)^6(d_{x^2-y^2})^2(d_{z^2})^1$。如果采用前一种排布方式，在 xy 平面上的 4 个配体受到的排斥比 z 轴上的 2 个配体更小，使 xy 平面上的 4 个键缩短，而在 z 轴上的 2 个键伸长，形成拉长八面体。相反，采用后一种排布方式，则会形成压缩八面体。实验表明，多数为拉长八面体。畸变还使原来简并的 d_ε 和 d_γ 轨道进一步分裂。如在拉长八面体中，d_γ 轨道分裂为 $d_{x^2-y^2}$(高)和 d_{z^2}(低)两个能级，而 d_ε 轨道分裂为 d_{xy}(高)和 d_{xz}、d_{yz}(低)两个能级。d 电子填充这些分裂的轨道后会获得额外的稳定化能(但比 E_C 小得多)。

某些八面体配离子，由于姜-泰勒效应而形成拉长八面体。如果这种变形很显著，在 z 轴上的配体外移很远，就得到平面四边形配离子。d^8 构型的金属离子和强场配体结合时，有利于形成平面四边形配离子。这时 8 个 d 电子占据能量较低的 4 个轨道(d_{xz}、d_{yz}、d_{z^2}、d_{xy}，见图 8-9)，而能级较高的 $d_{x^2-y^2}$ 轨道空着，形成低自旋的配离子。配体场越强，$d_{x^2-y^2}$ 能级升高越多，因为它空着，对能量并无影响，而 4 个已占据轨道能级相应地降低较多(重心不变原理)，配离子更稳定。典型的低自旋平面四边形配离子有$[Ni(CN)_4]^{2-}$、$[PdCl_4]^{2-}$、$[Pt(NH_3)_4]^{2+}$等。

多数配位数为 4 的配合物为四面体构型。除 d^0、d^5(弱场)、d^{10}电子构型外，八面体的 E_C 都比四面体的大，但在四面体构型中，配体间的相互排斥作用较小。因此，在合适的条件下才能形成四面体构型的配离子。例如，$[Zn(NH_3)_4]^{2+}(d^{10})$、$[FeCl_4]^-(d^5)$、$CrO_4^{2-}(d^0)$、$[CoCl_4]^{2-}(d^7)$等都是四面体构型。

3. 配合物的颜色

d 电子数为 d^1～d^9 的过渡金属离子的配合物一般是有颜色的。如各种金属离子的水合离子：$[Ti(H_2O)_6]^{3+}$(紫红,d^1)、$[V(H_2O)_6]^{3+}$(绿,d^2)、$[Cr(H_2O)_6]^{3+}$(紫,d^3)、$[Cr(H_2O)_6]^{2+}$(天蓝,d^4)、$[Mn(H_2O)_6]^{2+}$(肉红，d^5)、$[Fe(H_2O)_6]^{2+}$(淡绿,d^6)、$[Co(H_2O)_6]^{2+}$(粉红,d^7)、$[Ni(H_2O)_6]^{2+}$(绿,d^8)、$[Cu(H_2O)_4]^{2+}$(蓝,d^9)等。配体不同时，配合物的颜色也会不同。如：$[Co(NH_3)_6]^{3+}$(黄,d^6)、$[CoCl(NH_3)_5]^{2+}$(紫红,d^6)、$[Co(CN)_6]^{3-}$(无色,d^6)、$[CrCl(H_2O)_5]^{2+}$(灰绿,d^3)、$[CrCl_2(H_2O)_4]^+$(深绿,d^3)、$[Cu(NH_3)_4]^{2+}$(深蓝,d^9)、$[CuCl_4]^{2-}$(黄,d^9)等。为什么各种配合物会呈现不同的颜色呢?

配合物显色的基本原因都是吸收了某些波长的光而呈现被吸收光的补色。图 8-12 是实用的圆形补色图，该图中某种颜色被吸收了，相对于它的颜色，即它的补色就会显现。配合物吸收光的原因有多种，其中之一是 d-d 跃迁。配合物中过渡金属离子分裂的 d 轨道没有填满电子时，在吸收某些波长的光后，电子可从较低能级的 d 轨道跃迁到较高能级的 d 轨道，这种跃迁称为 d-d 跃迁。d-d 跃迁吸收光的能量一般在 10000～30000cm^{-1}(1000～333nm)范围，而可见光(750～400nm)正好在此范围。例如，$[Ti(H_2O)_6]^{3+}$的可见吸收光谱中有一个宽吸收峰（见图 8-13)，从黄色到蓝色都存在强烈吸收(最大吸收峰位于 20300cm^{-1}处)，最少吸收的是红区和紫区，故显紫红色(被吸收光的补色)。晶体场理论认为，这是由 d-d 跃迁产生的，故 $\Delta_o = 10Dq = E(d_\gamma) - E(d_\varepsilon) = 20300cm^{-1}$。配合物不同，分裂能不同，因此由 d-d 跃迁产生的颜色也会不同。

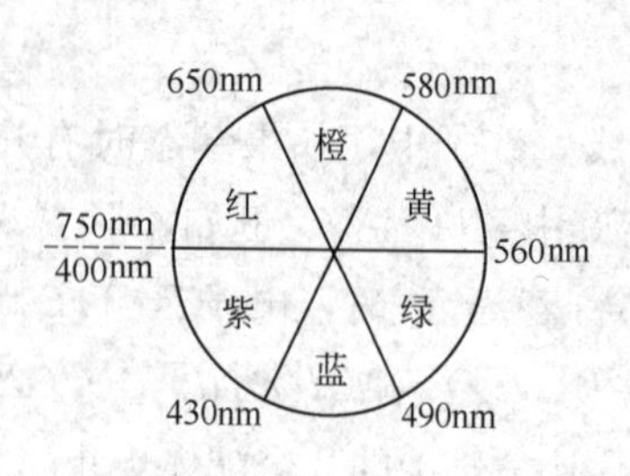

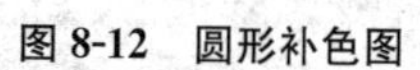
图 8-12　圆形补色图

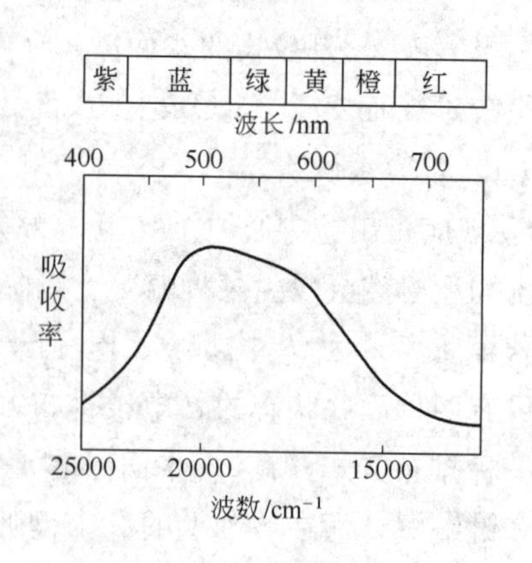

图 8-13　$[Ti(H_2O)_6]^{3+}$ 的吸收光谱

晶体场理论提出了 d 轨道的能级分裂和稳定化能等概念，能较好地解释配合物的磁性、颜色（吸收光谱）等。然而晶体场理论存在明显的缺陷，它把金属离子和配体之间的作用完全归结为静电作用，因而无法解释由金属离子和配体之间的共价作用所产生的一些实验现象。例如，对于光谱化学序，若只考虑静电作用，阴离子配体应有较大的影响，但实际上许多阴离子的场强比一些分子弱，如 OH^- 的场强比 H_2O 的弱。近代实验表明，金属和配体之间存在轨道的重叠作用。这是晶体场理论无法解释的。

任何一种科学理论都是在实践探索中不断完善发展的，人类总是在发展的过程中不断地寻找和应用新思维、新技术、新办法去解决新矛盾、新问题。基于晶体场理论的发展及分子轨道理论在配合物结构中的应用而形成的配位场理论、配合物分子轨道理论能更好地说明配合物的结构与性质，但由于其模型和计算过于繁杂，本教材不作介绍。

第三节　配位化合物的稳定性

本节主要讨论配合物的热力学稳定性，即配合物在水溶液中的解离情况。然后简要介绍中心原子和配体的性质对配合物稳定性的影响，在此基础上用软硬酸碱规则来说明中心原子和配体之间的关系及其对稳定性的影响。

一、配位化合物的稳定常数

（一）稳定常数和不稳定常数

各种配离子的稳定性相差很大。有的配离子只有在大量配体存在下才能稳定存在，如难溶的 AgCl 可在浓盐酸中形成$[AgCl_2]^-$而溶解，但加水稀释后，又沉淀出 AgCl。而有的配离子在水溶液中很稳定，如$[Fe(CN)_6]^{3-}$，其水溶液中难于检出 CN^-，加浓碱也不产生难溶的$Fe(OH)_3$沉淀。如何衡量配合物的稳定性呢?

在 $CuSO_4$ 溶液中加入过量的氨水，会生成$[Cu(NH_3)_4]^{2+}$离子。若在此溶液中加入稀 NaOH 溶液，没有 $Cu(OH)_2$沉淀生成，但加入 Na_2S时则有黑色沉淀(CuS)生成。这表明溶液中存在一定量的 Cu^{2+} 离子，即 Cu^{2+} 并没有被完全结合成$[Cu(NH_3)_4]^{2+}$。按化学平衡的观点，Cu^{2+} 与 NH_3 生成$[Cu(NH_3)_4]^{2+}$的反应具有一定程度的可逆性，即$[Cu(NH_3)_4]^{2+}$的生成反应与解离反应最后会达到平衡。因此，将配合物或配离子在溶液中存在的生成与解离的平衡称为配合平衡。

如$[Cu(NH_3)_4]^{2+}$的配合平衡：

$$Cu^{2+}+4NH_3 \rightleftharpoons [Cu(NH_3)_4]^{2+}$$

【配离子的总生成反应的平衡常数称为稳定常数(stability constant)，**用$K^{\ominus}_{稳}$表示】**。如上述$[Cu(NH_3)_4]^{2+}$的稳定常数表达简写式为：

$$K^{\ominus}_{稳}=\frac{c_{eq}[Cu(NH_3)_4^{2+}]}{c_{eq}(Cu^{2+})\cdot[c_{eq}(NH_3)]^4}$$

显然，稳定常数可以衡量配合物的稳定性。稳定常数越大，表明配离子生成的趋势越大，而解离的趋势越小，即在溶液中越稳定。一些常见配离子的稳定常数见表8-10。

除稳定常数外，还可以用不稳定常数来表示配离子在溶液中的稳定性。配离子的总解离反应的平衡常数称为**不稳定常数**(instability constant)，用$K^{\ominus}_{不稳}$表示。如

$$[Cu(NH_3)_4]^{2+} \rightleftharpoons Cu^{2+}+4NH_3$$

$$K^{\ominus}_{不稳}=\frac{c_{eq}(Cu^{2+})\cdot[c_{eq}(NH_3)]^4}{c_{eq}[Cu(NH_3)_4^{2+}]}$$

显然，$K^{\ominus}_{稳}$和$K^{\ominus}_{不稳}$互为倒数，即$K^{\ominus}_{稳}=\frac{1}{K^{\ominus}_{不稳}}$。

表8-10 一些常见配离子的稳定常数$K^{\ominus}_{稳}$（293～298K）

配离子	$K^{\ominus}_{稳}$	配离子	$K^{\ominus}_{稳}$	配离子	$K^{\ominus}_{稳}$
$[Ag(CN)_2]^-$	1.3×10^{21}	$[Co(NH_3)_6]^{2+}$	1.3×10^5	$[Hg(CN)_4]^{2-}$	2.5×10^{41}
$[Ag(NH_3)_2]^+$	1.1×10^7	$[Co(NH_3)_6]^{3+}$	1.6×10^{35}	$[HgI_4]^{2-}$	6.8×10^{29}
$[Ag(SCN)_2]^-$	3.7×10^7	$[Co(NCS)_4]^{2-}$	1.0×10^3	$[Hg(NH_3)_4]^{2+}$	1.9×10^{19}
$[Ag(S_2O_3)_2]^{3-}$	2.9×10^{13}	$[Cu(NH_3)_2]^+$	7.2×10^{10}	$[Ni(CN)_4]^{2-}$	2.0×10^{31}
$[Al(C_2O_4)_3]^{3-}$	2.0×10^{16}	$[Cu(NH_3)_4]^{2+}$	2.1×10^{13}	$[Ni(NH_3)_4]^{2+}$	9.1×10^7
$[AlF_6]^{3-}$	6.9×10^{19}	$[Fe(CN)_6]^{4-}$	1.0×10^{35}	$[Zn(CN)_4]^{2-}$	5.0×10^{16}
$[Cd(CN)_4]^{2-}$	6.0×10^{18}	$[Fe(CN)_6]^{3-}$	1.0×10^{42}	$[Zn(OH)_4]^{2-}$	4.6×10^{17}
$[CdCl_4]^{2-}$	6.3×10^2	$[Fe(C_2O_4)_3]^{3-}$	1.6×10^{20}	$[Zn(NH_3)_4]^{2+}$	2.9×10^9
$[Cd(NH_3)_4]^{2+}$	1.3×10^7	$[Fe(NCS)_2]^+$	2.3×10^3		
$[Cd(SCN)_4]^{2-}$	4.0×10^3	$[HgCl_4]^{2-}$	1.2×10^{15}		

应当注意，配离子类型相同时，稳定常数越大，配离子越稳定。如$[Ag(NH_3)_2]^+$、$[Ag(S_2O_3)_2]^{3-}$和$[Ag(CN)_2]^-$是同类型的(1∶2型)，稳定常数依次增大，它们的稳定性也依次增大，可参见例8-1。如果配离子类型不同，只能通过计算结果来比较它们的稳定性。

【例8-1】 分别计算：(1)在$0.1mol\cdot L^{-1}[Ag(NH_3)_2]^+$溶液中含有$0.1\ mol\cdot L^{-1}$的氨水时和(2)在$0.1\ mol\cdot L^{-1}[Ag(S_2O_3)_2]^{3-}$溶液中含有$0.1mol\cdot L^{-1}$的$S_2O_3^{2-}$离子时，溶液中$Ag^+$离子的浓度。

解 (1) 设在$[Ag(NH_3)_2]^+$和氨水的混合溶液中，$c_{eq}(Ag^+)=x$，则

$$Ag^+ \quad + \quad 2NH_3 \rightleftharpoons [Ag(NH_3)_2]^+$$

相对平衡浓度 $\qquad x \qquad 0.1+2x \qquad 0.1-x$

有大量氨水存在时，$[Ag(NH_3)_2]^+$的解离受到抑制，可设$0.1+2x\approx0.1$，$0.1-x\approx0.1$。

故

$$K^{\ominus}_{稳}=\frac{c_{eq}[Ag(NH_3)_2^+]}{c_{eq}(Ag^+)\cdot[c_{eq}(NH_3)]^2}$$

$$=\frac{0.1}{x\cdot(0.1)^2}=1.1\times10^7$$

解得 $c_{eq}(Ag^+)=x=9.1\times10^{-7}mol\cdot L^{-1}$

(2) 设在 $[Ag(S_2O_3)_2]^{3-}$ 和 $S_2O_3^{2-}$ 的混合溶液中，$c_{eq}(Ag^+)=y$，与上述（1）的计算相似，则

$$Ag^+ \quad + \quad 2S_2O_3^{2-} \rightleftharpoons [Ag(S_2O_3)_2]^{3-}$$

相对平衡浓度 $y \qquad 0.1+2y \qquad 0.1-y$

$$K^{\ominus}_{稳}=\frac{c_{eq}[Ag(S_2O_3)_2^{3-}]}{c_{eq}(Ag^+)\cdot[c_{eq}(S_2O_3^{2-})]^2}=\frac{0.1}{y\cdot(0.1)^2}=2.9\times10^{13}$$

解得 $c_{eq}(Ag^+)=y=3.4\times10^{-13}mol\cdot L^{-1}$

上述计算结果表明，在水溶液中 $[Ag(S_2O_3)_2]^{3-}$ 比 $[Ag(NH_3)_2]^+$ 较难解离，即 $[Ag(S_2O_3)_2]^{3-}$ 较稳定。需指出，只有在大量配体存在时才可按例 8-1 的方法计算配离子溶液中金属离子的浓度，否则不能按此方法。例如，在 $0.1mol\cdot L^{-1}[Ag(NH_3)_2]^+$ 溶液中，没有过量 NH_3 存在时，因配离子的逐级解离，溶液中 $c_{eq}(Ag^+)\neq 2c_{eq}(NH_3)$。此外，上述计算忽略了金属离子的水解和配体的水解或电离。

（二）逐级稳定常数和累积稳定常数（自学）

配离子在溶液中的生成或解离是分步进行的。例如 $[Cu(NH_3)_4]^{2+}$ 的生成分四步进行：

$$Cu^{2+}+NH_3\rightleftharpoons[Cu(NH_3)]^{2+} \qquad K_1^{\ominus}=\frac{c_{eq}[Cu(NH_3)^{2+}]}{c_{eq}(Cu^{2+})\cdot c_{eq}(NH_3)}=10^{4.31}$$

$$[Cu(NH_3)]^{2+}+NH_3\rightleftharpoons[Cu(NH_3)_2]^{2+} \qquad K_2^{\ominus}=\frac{c_{eq}[Cu(NH_3)_2^{2+}]}{c_{eq}[Cu(NH_3)^{2+}]\cdot c_{eq}(NH_3)}=10^{3.67}$$

$$[Cu(NH_3)_2]^{2+}+NH_3\rightleftharpoons[Cu(NH_3)_3]^{2+} \qquad K_3^{\ominus}=\frac{c_{eq}[Cu(NH_3)_3^{2+}]}{c_{eq}[Cu(NH_3)_2^{2+}]\cdot c_{eq}(NH_3)}=10^{3.04}$$

$$[Cu(NH_3)_3]^{2+}+NH_3\rightleftharpoons[Cu(NH_3)_4]^{2+} \qquad K_4^{\ominus}=\frac{c_{eq}[Cu(NH_3)_4^{2+}]}{c_{eq}[Cu(NH_3)_3^{2+}]\cdot c_{eq}(NH_3)}=10^{2.30}$$

【每一步配离子生成反应的平衡常数称为逐级稳定常数】。如上述 $K_1^{\ominus}$、$K_2^{\ominus}$、$K_3^{\ominus}$ 和 $K_4^{\ominus}$。显然，第一步解离反应的平衡常数等于 $1/K_4^{\ominus}$，第二步解离反应的平衡常数等于 $1/K_3^{\ominus}$，其余类推。单核配离子的逐级稳定常数通常是逐渐减小的，即 $K_1^{\ominus}>K_2^{\ominus}>K_3^{\ominus}>K_4^{\ominus}\cdots$，并且与多元弱酸的电离平衡常数相比，各相邻的逐级稳定常数之间一般相差较小。

此外，还常用累积稳定常数($\beta_i^{\ominus}$)来表示配合平衡关系。**【累积稳定常数是某一级配离子的总生成反应的平衡常数】**。例如：

$$Cu^{2+}+NH_3\rightleftharpoons[Cu(NH_3)]^{2+} \qquad \beta_1^{\ominus}=\frac{c_{eq}[Cu(NH_3)^{2+}]}{c_{eq}(Cu^{2+})\cdot c_{eq}(NH_3)}=10^{4.31}$$

$$Cu^{2+}+2NH_3\rightleftharpoons[Cu(NH_3)_2]^{2+} \qquad \beta_2^{\ominus}=\frac{c_{eq}[Cu(NH_3)_2^{2+}]}{c_{eq}(Cu^{2+})\cdot[c_{eq}(NH_3)]^2}=10^{7.98}$$

$$Cu^{2+}+3NH_3\rightleftharpoons[Cu(NH_3)_3]^{2+} \qquad \beta_3^{\ominus}=\frac{c_{eq}[Cu(NH_3)_3^{2+}]}{c_{eq}(Cu^{2+})\cdot[c_{eq}(NH_3)]^3}=10^{11.02}$$

$$Cu^{2+}+4NH_3\rightleftharpoons[Cu(NH_3)_4]^{2+} \qquad \beta_4^{\ominus}=\frac{c_{eq}[Cu(NH_3)_4^{2+}]}{c_{eq}(Cu^{2+})\cdot[c_{eq}(NH_3)]^4}=10^{13.32}$$

根据多重平衡原理，逐级稳定常数和累积稳定常数之间存在一定的关系。以 $[Cu(NH_3)_4]^{2+}$ 为例，则：

$$\beta_1^{\ominus}=K_1^{\ominus},\ \beta_2^{\ominus}=K_1^{\ominus}\cdot K_2^{\ominus},\ \beta_3^{\ominus}=K_1^{\ominus}\cdot K_2^{\ominus}\cdot K_3^{\ominus},\ \beta_4^{\ominus}=K_1^{\ominus}\cdot K_2^{\ominus}\cdot K_3^{\ominus}\cdot K_4^{\ominus}$$

由此可得下列关系：

$$K^{\ominus}_{稳}=\beta^{\ominus}_4,\ K^{\ominus}_1=\beta^{\ominus}_1,\ K^{\ominus}_2=\frac{\beta^{\ominus}_2}{\beta^{\ominus}_1},\ K^{\ominus}_3=\frac{\beta^{\ominus}_3}{\beta^{\ominus}_2},\ K^{\ominus}_4=\frac{\beta^{\ominus}_4}{\beta^{\ominus}_3}$$

附录六中列出了一些配离子的稳定常数(以 $\lg\beta^{\ominus}_n$ 表示)。查阅时应注意 $\lg\beta^{\ominus}_n$ 与 $\lg K^{\ominus}_{稳}$ 之间的关系。例如，Cu^{2+} 与 NH_3 生成配离子反应的 $\lg\beta^{\ominus}_4=13.32$，$\lg\beta^{\ominus}_5=12.86$，表明 $[Cu(NH_3)_4]^{2+}$ 继续与 NH_3 结合生成 $[Cu(NH_3)_5]^{2+}$ 的平衡常数 $K^{\ominus}_5$ 很小，即 $[Cu(NH_3)_5]^{2+}$ 相对不稳定，因此铜氨配离子通常写为 $[Cu(NH_3)_4]^{2+}$，$\lg K^{\ominus}_{稳}=\lg\beta^{\ominus}_4=13.32$。其他配离子情形相近。

二、影响配位化合物稳定性的因素（阅读）

影响配合物稳定性的因素有许多，可分为内因和外因两方面。内因是指中心原子和配体的性质以及它们之间的相互作用；外因是指酸度、浓度、温度等，外因的影响通常可通过化学平衡原理进行讨论。下面主要讨论中心原子和配体的性质对配合物稳定性的影响。

（一）中心原子的影响

1. 中心原子在周期表中的位置

一般来说，在周期表两端的金属元素形成配合物的能力较弱，特别是碱金属和碱土金属；而在中间的元素形成配合物的能力较强，特别是ⅧB族元素及其相邻近的一些B族元素，它们形成配合物的能力最强。中心原子(金属元素)在周期表中的分布情况如图8-14所示。

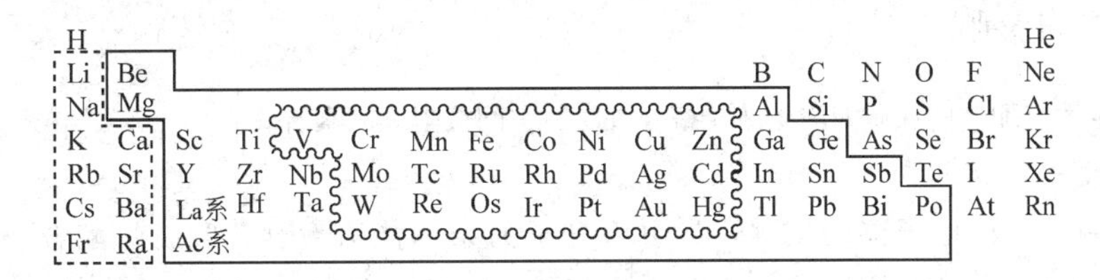

图8-14　中心原子（金属元素）在周期表中的分布情况

图8-14中波浪线框内的元素都是良好的配合物形成体，形成的配合物较稳定。在虚线框内的元素即大部分ⅠA、ⅡA族的元素形成配合物的能力差，仅能形成少数螯合物。在黑线框内、波浪线框外的元素介于前二类之间，它们的简单配合物稳定性较差，但螯合物的稳定性较好。

应当注意，上述讨论未涉及元素的不同氧化值，只是粗略的比较。

2. 中心原子的半径和电荷

对于中心原子和配体之间主要以静电作用力形成的配合物，在中心原子的价层电子构型相同时，中心原子的电荷越高，半径越小，形成的配合物越稳定，即稳定常数越大。例如，碱金属和碱土金属离子与EDTA形成的配合物，见表8-11。

表8-11　一些ⅠA、ⅡA族金属离子的EDTA配合物的 $\lg K^{\ominus}_{稳}$（293K）

金属离子	Li^+	Na^+	K^+	Mg^{2+}	Ca^{2+}	Sr^{2+}	Ba^{2+}
r/pm	60	95	133	65	99	113	135
$\lg K^{\ominus}_{稳}$	2.79	1.66	0.80	8.64	11.0	8.80	7.78

3. 中心原子的电子层构型

(1) 8电子层构型的中心原子　这类中心原子又称稀有气体型中心原子，如碱金属、碱土金属离子及 Al^{3+}、Sc^{3+}、Y^{3+}、La^{3+}、Ti^{4+}、Zr^{4+}、Hf^{4+} 等。一般来说，这类中心原子形成配合物的能力较差，它们和配体主要以静电作用相结合。因此，在配体相同时，中心原子的电荷越高，半径越小，形成的配合物越稳定。此外，电荷的影响明显大于半径的影响，这是因为电荷总是成倍地增加，而半径的变化较小。

表 8-11 中，$[Ca(edta)]^{2-}$反而比$[Mg(edta)]^{2-}$稳定，这种情况一般出现于中心原子与多齿配体形成的配合物中，并且配体的齿数越多，这种“反常”情况越明显。这可能是因为 Mg^{2+} 的半径较小，不能和多齿配体的所有配位原子配位，使它的配合物稳定性降低。

(2) *18 电子层构型的中心原子* 这类中心原子又称为 d^{10} 型中心原子，如 Cu^{+}、Ag^{+}、Au^{+}、Zn^{2+}、Cd^{2+}、Hg^{2+}、Ga^{3+}、In^{3+}、Tl^{3+}、Ge^{4+}、Sn^{4+}、Pb^{4+}等。由于 18 电子层构型中心原子的配合物中通常存在一定程度的共价键的性质，所以这些配合物一般比电荷相同、半径相近的 8 电子构型中心原子的相应配合物稳定，但它们的稳定性的变化情况较复杂。例如，配体为 Cl^{-}、Br^{-}、I^{-}时，Zn^{2+}、Cd^{2+}、Hg^{2+}配合物的稳定性顺序为 $Zn^{2+}<Cd^{2+}<Hg^{2+}$，这是由于随半径增大，共价性增强(可从离子极化的观点来理解)，配合物的稳定性增大；但 F^{-} 为配体时，配合物的稳定性顺序却为 $(Zn^{2+}>Cd^{2+})<Hg^{2+}$，这是由于 F^{-} 与 Zn^{2+}、Cd^{2+}形成配合物时以静电作用力为主，而 F^{-} 与 Hg^{2+}之间有较大程度的共价键的性质。

(3) *(18+2)电子层构型的中心原子* 这类中心原子又称为$(n-1)d^{10}ns^{2}$ 型中心原子，如 Ga^{+}、In^{+}、Tl^{+}、Ge^{2+}、Sn^{2+}、Pb^{2+}、As^{3+}、Sb^{3+}、Bi^{3+}等。它们形成配合物时的情况一般与 18 电子层构型的中心原子类似。

(4) *9～17 电子层构型的中心原子* 这类中心原子具有未充满的 d 轨道，容易接受配体的孤对电子，形成配合物的能力强。一般来讲，电荷较低、d 电子数较多的这类中心原子，如 $Fe^{2+}(d^{6})$、$Co^{2+}(d^{7})$、$Ni^{2+}(d^{8})$、$Pd^{2+}(d^{8})$、$Pt^{2+}(d^{8})$、$Cu^{2+}(d^{9})$等和配体之间的结合有较多共价键的性质，与 18 电子层构型的中心原子较接近；而电荷高、d 电子数少的这类中心原子，如 $Ti^{3+}(d^{1})$、$V^{3+}(d^{2})$、$V^{4+}(d^{1})$等和配体之间的结合以静电作用为主，与 8 电子层构型的中心原子较接近。另外，$Mn^{2+}(d^{5})$、$Fe^{3+}(d^{5})$等离子是半充满稳定状态，其性质也与 8 电子层构型的中心原子较接近。

(二) 配体的影响

配合物的稳定性与配体的性质如酸碱性、螯合效应、空间位阻等因素有关。

1. 配体的碱性

配体的碱性愈强，给电子能力越强，与中心离子的亲和能力愈强，形成的配合物就愈稳定。如：$[Cu(NH_3)_4]^{2+}$就比$[Cu(H_2O)_4]^{2+}$稳定，因为 NH_3 碱性大于 H_2O。再如 $[CdX_4]^{2+}$，不同配体的酸碱性与配离子的稳定性关系如表 8-12。

表 8-12 $[CdX_4]^{2+}$，不同配体的酸碱性与配离子的稳定性关系

X（配体）	吡啶	NH_3	乙二胺
$pK_a^{\ominus}$	5.229	9.24	9.928
$\lg K_{稳}^{\ominus}$	2.50	6.92	10.02

2. 螯合效应与大环效应

【多齿配体与中心原子的成环作用使螯合物的稳定性比组成和结构相近的非螯合物的稳定性大得多，这种现象称为螯合效应(chelate effect)】。例如，$[Cu(en)_2]^{2+}$ ($\lg\beta_2^{\ominus}=20.00$)比$[Cu(NH_3)_4]^{2+}$ ($\lg\beta_4^{\ominus}=13.32$)稳定，$[Cd(en)_2]^{2+}$ ($\lg\beta_2^{\ominus}=10.09$)比$[Cd(NH_2CH_3)_4]^{2+}$ ($\lg\beta_4^{\ominus}=6.55$)稳定。

螯合效应和它的环状结构（环的大小、多少、共轭与否）有关。一般来说以五元环和六元环最为稳定，少于五元环一般不稳定且少见。对于饱和碳环，五元环比六元环稳定，对于不饱和的共轭螯环，六元环则更稳定。一种螯合剂与中心原子形成五元环或六元环的数目越多，螯合物越稳定。如 EDTA 与 Ca^{2+} 可形成含有五个五元螯合环的稳定性很高的螯合物。若配体是大环，则与中心原子形成的螯合物更加稳定，这种效应称为大环效应。其稳定性顺序是：单齿配体<双齿（单环）螯合效应<多齿（多环）螯合效应<大环效应。

3. 位阻效应和邻位效应

如果在螯合剂的配位原子附近有体积较大的基团时，会对配合物的形成产生一定的阻碍作用，从而降低所形成的配合物的稳定性，情况严重时，甚至不能形成配合物，这种现象称为位阻效应。配位原子的邻位基团产生的位阻效应特别显著，称为邻位效应。例如，1,10-二氮菲和 Fe^{2+} 可形成橘红色的配合物 $[Fe(phen)_3]^{2+}$ ($\lg\beta_3^{\ominus}=21.3$)，这是检验 Fe^{2+} 的灵敏反应。但若在1,10-二氮菲的2,9位置上引入甲基或苯基后，它就不和 Fe^{2+} 发生反应。又如，8-羟基喹啉可和许多金属离子形成配合物，是一种重要的分析试剂，缺点是选择性差。它既可和 Al^{3+}（配合比为1∶3）也可和 Be^{2+}（配合比为1∶2）形成难溶的配合物，但在它的2位上引入甲基后就不和 Al^{3+} 生成沉淀，却可和 Be^{2+} 生成沉淀。这是由于 Al^{3+} 半径小，形成八面体配合物时位阻大，而 Be^{2+} 形成的是四面体配合物，受位阻影响较小。因此，可利用这一位阻效应在 Al^{3+} 和 Be^{2+} 共存时对 Be^{2+} 进行定量分析。

1,10-二氮菲　　三(1,10-二氮菲)合铁(II)离子　　8-羟基喹啉　　三(8-羟基喹啉根)合铝(III)

三、软硬酸碱规则与配离子稳定性（阅读）

根据**路易斯**(Lewis)酸碱电子理论，在配合物中，中心原子是酸（广义酸），配体是碱（广义碱），中心原子和配体结合形成配合物可以看成是发生酸碱反应形成酸碱配合物。显然，酸和碱越容易反应，生成的配合物越稳定。虽然酸碱受授电子的能力不同使配合物的稳定性有很大差别，但存在一定的规律性。**皮尔逊**(Pearson)根据大量的实验材料提出了**软硬酸碱**(hard and soft acids and bases，简称HSAB)的概念。这里所谓的"硬"是形象化地表示分子或离子不易变形，而"软"表示容易变形。大体的分类原则如下：

硬酸：接受电子对的原子氧化值高，极化作用弱，变形性小，没有易被激发的外层电子。

软酸：接受电子对的原子氧化值低，极化作用强，变形性大，有易被激发的外层电子（多数情况为 d 电子）。

交界酸：介于硬酸和软酸之间。

硬碱：给出电子对的原子电负性高，变形性小，难于被氧化。

软碱：给出电子对的原子电负性低，变形性大，易被氧化。

交界碱：介于硬碱和软碱之间。

现将一些常见的金属离子（酸类）和常作配体的分子或离子（碱类）分类列在表8-13中。

表8-13　一些广义酸碱及其分类

酸　类	碱　类
硬酸	**硬碱**
H^+ Li^+ Na^+ K^+ Rb^+ Cs^+	F^- Cl^-
Be^{2+} Mg^{2+} Ca^{2+} Sr^{2+} Ba^{2+} Mn^{2+}	H_2O OH^- O^{2-}
Al^{3+} Ga^{3+} In^{3+} As^{3+}	NO_3^- ClO_4^- CO_3^{2-} SO_4^{2-} PO_4^{3-}
Cr^{3+} Fe^{3+} Co^{3+} Sc^{3+} Y^{3+} La^{3+}	ROH(醇) R_2O(醚) CH_3COO^-
Sn^{4+} Ti^{4+} Zr^{4+} Hf^{4+} U^{4+}	NH_3 RNH_2(脂肪胺) N_2H_4
VO^{2+} MoO^{3+} UO_2^{2+}	
交界酸	**交界碱**
Sn^{2+} Pb^{2+}	Br^-
Fe^{2+} Rh^{2+} Os^{2+} Co^{2+} Ni^{2+} Cu^{2+} Zn^{2+}	NO_2^- SO_3^{2-}
Sb^{3+} Bi^{3+} Rh^{3+} Ir^{3+}	N_2 吡啶 苯胺
软酸	**软碱**
Tl^+ Cu^+ Ag^+ Au^+ Hg_2^{2+}	I^- H^-
Pd^{2+} Pt^{2+} Cd^{2+} Hg^{2+}	SCN^- $S_2O_3^{2-}$ S^{2-} RSH R_2S
Tl^{3+} Pt^{4+}	R_3P $(RO)_3P$ R_3As
	CN^- CO C_2H_4(乙烯) C_6H_6(苯)

注：表中R代表烷基。

关于酸碱反应，有一个由经验总结出来的**【软硬酸碱规则："硬亲硬，软亲软，软硬交界就不管"】**。它表示硬酸倾向于与硬碱结合，软酸倾向于与软碱结合，这样形成的配合物稳定性大；硬酸与软碱或软酸与硬碱并不是

不能形成配合物，而是形成的配合物稳定性小；交界酸与软碱或硬碱结合的倾向差不多，形成的配合物稳定性差别不大，交界碱的情况与交界酸类似。这一经验规则在一定程度上能说明一些物质的反应、配合物的稳定性等。例如，Al^{3+}（硬酸）和 F^-（硬碱）比 Al^{3+} 和 I^-（软碱）更容易结合形成配离子；$[Ag(CN)_2]^-$（软-软结合）的稳定性比 $[Ag(NH_3)_2]^+$（软-硬结合）大得多；Fe^{3+}（硬酸）和两可配体 SCN^- 形成的 $[Fe(NCS)_6]^{3-}$ 配离子，配位原子为 N，而不是 S。软硬酸碱规则在生物学和医药学上也有应用，如治疗金属中毒，对于汞、金的中毒，常用含硫原子的药物，如2,3-二巯基丙醇 $HSCH_2—CHSH—CH_2OH$ 等来治疗，而治疗铍中毒，则用含有氧原子的药物如精金三酸等。这是因为汞、金为软酸，与二巯基丙醇中给出电子对的 S 原子是软-软结合，而铍为硬酸，与精金三酸中给出电子对的 O 原子是硬-硬结合，这样均可使这些有害金属形成稳定的螯合物排出体外，消除其毒害。

软硬酸碱规则的应用很广(不限于配合物)，它能将一些化学现象系统化，也能在一定程度上预测部分事实。它的缺点是难于做出“软”“硬”的定量的确定，而且有不少例外情况。由于影响配合物稳定性的因素很多，应用软硬酸碱规则来解释配合物的稳定性时应考虑到它的局限性。

物质的物理化学性质是物质在运动变化过程中表现出来的现象与特征，随着外界条件的变化（外因），同一种物质也会表现出不同的运动形态和性质，透过现象看本质，探索物质性质发生变化的内在原因（组成、结构），从而把握物质的变化规律。

第四节　配合平衡的移动

金属离子 M^{n+} 和配体 L(L 可以是分子或离子)在溶液中形成配合物时存在配合平衡：

$$M^{n+}+aL^- \rightleftharpoons [ML_a]^{n-a}$$

根据平衡移动原理，浓度、温度等条件改变时会使平衡发生移动。例如，在上述平衡体系中，加入某种试剂使 M^{n+} 生成难溶化合物，或改变 M^{n+} 的氧化值，都会使平衡向左移动。若改变溶液的酸度，使 L 或 M^{n+} 的平衡浓度改变，或加入另一种配体，与 M^{n+} 生成更稳定的配离子，同样会使平衡遭到破坏。下面主要讨论配合平衡与酸碱平衡、沉淀平衡、氧化还原平衡的关系以及配合物的取代反应。

一、配合平衡与酸碱平衡

（一）配体的酸效应

由于大多数配体为质子碱或 lewis 碱，如 NH_3、CN^-、F^-、$C_2O_4^{2-}$、Y^{4-} 等，可接受质子生成较难离解的共轭弱酸，当配体碱性较强，溶液中 H^+ 浓度较高时，二者很容易结合成弱酸，导致配离子离解。例如，在含有 $[Cu(NH_3)_4]^{2+}$ 离子的溶液中加入酸时，配体 NH_3 浓度降低，使配合平衡向解离方向移动，$[Cu(NH_3)_4]^{2+}$ 稳定性下降。示意如下：

$$\begin{array}{l}4NH_3+Cu^{2+} \rightleftharpoons [Cu(NH_3)_4]^{2+} \\ + \\ 4H^+ \rightleftharpoons 4NH_4^+\end{array}$$

在酸性溶液中，Cu^{2+} 与 NH_3 实际上不能生成配离子。又如，在弱酸性溶液中 F^- 与 Fe^{3+} 能生成 $[FeF_6]^{3-}$。若增加溶液酸度，配合平衡向解离方向移动：

$$\begin{array}{l}6F^-+Fe^{3+} \rightleftharpoons [FeF_6]^{3-} \\ + \\ 6H^+ \rightleftharpoons 6HF\end{array}$$

当 $c(H^+)>0.5mol\cdot L^{-1}$ 时，$[FeF_6]^{3-}$ 将会大部分解离。我们把这种**【当溶液酸度增加时，配**

体 L 与 H^+ 结合生成相应的共轭酸而使配合平衡向解离方向移动，导致配合物稳定性下降的现象，称为配体的酸效应】。此时，配合平衡与酸碱平衡的关系，可以看成是金属离子 M^{n+} 与 H^+ 争夺配体 L 的过程。

显然，酸效应的强弱与配体的碱性有关。例如，大多数金属的氨配离子在酸性溶液中是不能存在的，因为它们的配体 NH_3 会与 H^+ 结合成 NH_4^+，从而使配离子解离。同样，大多数金属的氰配离子在酸性溶液中也不能存在，因为配体 CN^- 会与 H^+ 结合形成 HCN。但如果配离子特别稳定，如 $[Fe(CN)_6]^{4-}$、$[Fe(CN)_6]^{3-}$ 以及许多 EDTA 与金属离子形成的螯合物，在酸性不大的溶液中是能存在的。考虑到实际使用的一般是 EDTA 二钠盐(Na_2H_2Y)，常用 H_2Y^{2-} 来代表 EDTA。如

$$Cu^{2+} + H_2Y^{2-} \rightleftharpoons [CuY]^{2-} + 2H^+$$

$[CuY]^{2-}$ 稳定性较大($\lg K^{\ominus}_{稳}=18.79$)，在 pH=3 时，$[CuY]^{2-}$ 仍然很稳定。如果配体是强酸的酸根离子，其碱性极弱，配体浓度基本上不受溶液酸度的影响，这时溶液酸度对配合物的稳定性影响不大。例如，硫氰酸 HSCN 是强酸，其共轭碱 SCN^- 是弱碱，以 SCN^- 作配体的配合物在强酸性溶液中仍然很稳定。

（二）金属离子的水解效应

许多金属离子，如 Fe^{3+}、Cu^{2+}、Al^{3+} 等在水中有明显的水解作用。以 Fe^{3+} 离子为例，其水解反应可示意如下：

$$Fe^{3+} + H_2O \rightleftharpoons Fe(OH)^{2+} + H^+$$

$$Fe(OH)^{2+} + H_2O \rightleftharpoons Fe(OH)_2^+ + H^+$$

$$Fe(OH)_2^+ + H_2O \rightleftharpoons Fe(OH)_3 + H^+$$

由此可知，若降低 $Na_3[FeF_6]$ 溶液的酸度(pH 值增加)，Fe^{3+} 的水解程度会增大，使金属离子(Fe^{3+})浓度降低，从而使配合平衡向解离方向移动，导致 $[FeF_6]^{3-}$ 的稳定性下降。我们把这种**【当溶液酸度降低时，金属离子发生水解反应而使配合平衡向解离方向移动，导致配合物稳定性下降的现象，称为金属离子的水解效应】**。pH 值越高，金属离子的水解程度越大，甚至生成金属氢氧化物或碱式盐的沉淀而使配离子完全解离。此时，配合平衡与酸碱平衡的关系，可以看成是配体 L 与 OH^- 争夺金属离子的过程。

综上所述，溶液酸度对配合平衡的影响是多方面的，既有配体的酸效应，又有金属离子的水解效应。一般来说，每种配合物均有其最适宜的酸度范围。若酸度太大，配体的酸效应明显，但若酸度太小，金属离子的水解效应强烈。因此，调节溶液的 pH 值可导致配合物的生成或解离。至于在某一酸度下，配合物的稳定性主要受到哪种因素的影响以及受影响的程度有多大，决定于配体的碱性、金属离子的水解平衡常数和配合物的 $\lg K^{\ominus}_{稳}$ 等。因大多数相应的计算比较复杂，在此不作介绍。

二、配合平衡与沉淀-溶解平衡

当某一金属离子既参与生成沉淀的反应，又参与生成配合物的反应时，沉淀剂与配合剂共同争夺金属离子，配合平衡与沉淀-溶解平衡会相互影响。例如，AgCl 沉淀在氨水中溶解生成 $[Ag(NH_3)_2]^+$ 的过程可示意为：

沉淀-溶解平衡　　$AgCl(s) \rightleftharpoons Ag^+ + Cl^-$

配合平衡　　$Ag^+ + 2NH_3 \rightleftharpoons [Ag(NH_3)_2]^+$

总反应 $AgCl(s)+2NH_3 \rightleftharpoons [Ag(NH_3)_2]^+ + Cl^-$

总反应的平衡常数表达简写式为:

$$K^{\ominus}=\frac{c_{eq}[Ag(NH_3)_2^+]\cdot c_{eq}(Cl^-)}{[c_{eq}(NH_3)]^2}$$

将上式右边分子、分母同乘以 $c_{eq}(Ag^+)$，则

$$K^{\ominus}=\frac{c_{eq}[Ag(NH_3)_2^+]\cdot c_{eq}(Cl^-)}{[c_{eq}(NH_3)]^2}\times\frac{c_{eq}(Ag^+)}{c_{eq}(Ag^+)}$$

$$=K^{\ominus}_{稳}[Ag(NH_3)_2^+]\times K^{\ominus}_{sp}(AgCl)$$

即沉淀的 $K^{\ominus}_{sp}$ 越大，或生成配离子的 $K^{\ominus}_{稳}$ 越大，沉淀越易溶解生成配离子。当然，反应进行的程度还与溶液中 $c(NH_3)$ 和 $c(Cl^-)$ 等有关。又如，在含有 $[Ag(NH_3)_2]^+$ 的溶液中加入 KBr 溶液，生成 AgBr 沉淀的过程可表示如下：

配合平衡 $[Ag(NH_3)_2]^+ \rightleftharpoons Ag^+ + 2NH_3$

沉淀-溶解平衡 $Ag^+ + Br^- \rightleftharpoons AgBr(s)$

总反应 $[Ag(NH_3)_2]^+ + Br^- \rightleftharpoons AgBr(s)+2NH_3$

总反应的平衡常数表达简写式为:

$$K^{\ominus}=\frac{[c_{eq}(NH_3)]^2}{c_{eq}[Ag(NH_3)_2^+]\cdot c_{eq}(Br^-)}$$

将上式右边分子、分母同乘以 $c_{eq}(Ag^+)$，则

$$K^{\ominus}=\frac{[c_{eq}(NH_3)]^2}{c_{eq}[Ag(NH_3)_2^+]\cdot c_{eq}(Br^-)}\times\frac{c_{eq}(Ag^+)}{c_{eq}(Ag^+)}$$

$$=\frac{1}{K^{\ominus}_{稳}[Ag(NH_3)_2^+]\times K^{\ominus}_{sp}(AgBr)}$$

即配离子的 $K^{\ominus}_{稳}$ 越小，或生成沉淀的 $K^{\ominus}_{sp}$ 越小，配离子越易解离而生成沉淀。同样，反应进行的程度还与溶液中 $c(NH_3)$ 和 $c(Br^-)$ 等有关。

【例 8-2】 计算 AgCl 在 6mol·L^{-1} 氨水中的溶解度(mol·L^{-1})。{$K^{\ominus}_{sp}(AgCl)=1.8\times10^{-10}$，$K^{\ominus}_{稳}[Ag(NH_3)_2^+]=1.1\times10^7$}

解：设 AgCl 在该氨水中的溶解度为 $x$mol·L^{-1}，

$$AgCl(s) \quad + \quad 2NH_3 \quad \rightleftharpoons \quad [Ag(NH_3)_2]^+ \quad + \quad Cl^-$$

相对平衡浓度 $\quad 6-2x \quad\quad x \quad\quad x$

该反应的平衡常数 $K^{\ominus}=\frac{c_{eq}[Ag(NH_3)_2^+]\cdot c_{eq}(Cl^-)}{[c_{eq}(NH_3)]^2}\times\frac{c_{eq}(Ag^+)}{c_{eq}(Ag^+)}$

$$=K^{\ominus}_{稳}[Ag(NH_3)_2^+]\times K^{\ominus}_{sp}(AgCl)=2.0\times10^{-3}$$

将相对平衡浓度代入平衡常数表达式，得

$$K^{\ominus}=2.0\times10^{-3}=\frac{(x)^2}{(6-2x)^2}$$

解得 $x=0.25$mol·L^{-1}

【例 8-3】 在 1L 6mol·L^{-1} 的 NH_3 水中加入 0.1mol 固体 $CuSO_4$，溶解后再加入 1×10^{-3}mol 固体 Na_2S，是否有 CuS 沉淀生成？{设溶液体积不变。已知 $K^{\ominus}_{sp}(CuS)=6.3\times10^{-36}$，$K^{\ominus}_{稳}[Cu(NH_3)_4^{2+}]=2.1\times10^{13}$}

解：设 NH_3 与 $CuSO_4$ 反应后，溶液中 $c_{eq}(Cu^{2+})=x$，则

$$4NH_3 \quad + \quad Cu^{2+} \quad \rightleftharpoons \quad [Cu(NH_3)_4]^{2+}$$

相对平衡浓度 $\quad (6-0.1\times4)+4x \quad\quad x \quad\quad 0.1-x$

因$[Cu(NH_3)_4]^{2+}$的解离受到过量NH_3的抑制，$(6-0.1\times4)+4x\approx(6-0.1\times4)$，$0.1-x\approx0.1$。故

$$K_{稳}^{\ominus}=\frac{c_{eq}[Cu(NH_3)_4^{2+}]}{c_{eq}(Cu^{2+})\cdot[c_{eq}(NH_3)]^4}$$

$$=\frac{0.1}{x(6-0.1\times4)^4}=2.1\times10^{13}$$

解得　　　$x=4.8\times10^{-18}$　　　故 $c_{eq}(Cu^{2+})=4.8\times10^{-18}mol\cdot L^{-1}$

已知加入Na_2S后，溶液中$c(S^{2-})=1\times10^{-3}mol\cdot L^{-1}$，可得

$c(Cu^{2+})\times c(S^{2-})=4.8\times10^{-18}\times1\times10^{-3}=4.8\times10^{-21}>K_{sp}^{\ominus}(CuS)=6.3\times10^{-36}$

所以有CuS沉淀生成。

三、配合平衡与氧化还原平衡

当某一金属离子发生氧化还原反应，同时又与配离子的生成或解离有关时，配合平衡与氧化还原平衡会相互影响。例如，通常情况下，氧气难于氧化金：$E^{\ominus}(O_2/H_2O)=1.229V$，$E^{\ominus}(Au^+/Au)=1.692V$，$E^{\ominus}(Au^{3+}/Au)=1.498V$。但在KCN存在下，下列反应较容易进行：

$$4Au+8CN^-+O_2+2H_2O\rightleftharpoons4[Au(CN)_2]^-+4OH^-$$

这一反应被广泛用于从金矿砂中提取金。用金属锌又可从$[Au(CN)_2]^-$中置换出金：

$$2[Au(CN)_2]^-+Zn\rightleftharpoons2Au+[Zn(CN)_4]^{2-}$$

有关的电极电势为：$E^{\ominus}(O_2/OH^-)=0.401V$，$E^{\ominus}\{[Au(CN)_2]^-/Au\}=-0.572V$，$E^{\ominus}\{[Zn(CN)_4]^{2-}/Zn\}=-1.26V$。上面两个反应的平衡常数$K^{\ominus}$($\lg K^{\ominus}=\frac{n[E_{(+)}^{\ominus}-E_{(-)}^{\ominus}]}{0.0592}$，$T=298K$)都非常大，反应能进行得很完全。又如，$Fe^{3+}$离子能氧化$I^-$离子：$2Fe^{3+}+2I^-\rightleftharpoons2Fe^{2+}+I_2$，但当$Fe^{3+}$生成$[FeF_6]^{3-}$配离子后就不能将$I^-$氧化；$Cu^+$离子在水溶液中会发生歧化反应而不能稳定存在，但$Cu^+$生成$[Cu(CN)_4]^{3-}$配离子后在水溶液中很稳定。可见，生成配离子会引起金属离子的氧化还原能力或电极电势的改变，从而影响氧化还原反应的进行。

根据配合平衡关系和能斯特方程，可由金属(水合)离子的标准电极电势求出金属配离子的标准电极电势。下面讨论两种情况：

$E^{\ominus}\{[ML_a]^{n-a}/M\}$与$E^{\ominus}(M^{n+}/M)$的关系：对于金属M及其(水合)离子$M^{n+}$组成的电对$M^{n+}/M$，相应的电极反应为：

$$M^{n+}+ne^-\rightleftharpoons M$$

根据能斯特方程(298.15K时)：$E(M^{n+}/M)=E^{\ominus}(M^{n+}/M)+\frac{0.0592}{n}\lg c(M^{n+})$

如果加入配体L^-，使M^{n+}形成配离子：$M^{n+}+aL^-\rightleftharpoons[ML_a]^{n-a}$，则

$$c(M^{n+})=\frac{c(ML_a^{n-a})}{[c(L^-)]^a\cdot K_{稳}^{\ominus}}$$

代入上式，可得

$$E(M^{n+}/M)=E^{\ominus}(M^{n+}/M)-\frac{0.0592}{n}\lg K_{稳}^{\ominus}+\frac{0.0592}{n}\lg\frac{c(ML_a^{n-a})}{[c(L^-)]^a}$$

上式是根据金属(水合)离子与金属配离子的浓度关系，间接计算配离子中金属离子得到电子还原为金属的电极电势$E\{[ML_a]^{n-a}/M\}$，即上式的$E(M^{n+}/M)=E\{[ML_a]^{n-a}/M\}$。然而，当形成配离子时，一般以金属离子的主要存在形式，即金属配离子$[ML_a]^{n-a}$来表示金属离子在氧化还原反

应中得失电子的关系。对于电对$[ML_a]^{n-a}/M$，相应的电极反应为：

$$[ML_a]^{n-a}+ne^- \rightleftharpoons M+aL^-$$

根据能斯特方程：$E\{[ML_a]^{n-a}/M\}=E^{\ominus}\{[ML_a]^{n-a}/M\}+\dfrac{0.0592}{n}\lg\dfrac{c(ML_a^{n-a})}{[c(L^-)]^a}$

即由能斯特方程直接求出金属配离子的电极电势$E\{[ML_a]^{n-a}/M\}$。两种计算$E\{[ML_a]^{n-a}/M\}$的方法结果是相同的。比较上面两种计算式，可得

$$E^{\ominus}\{[ML_a]^{n-a}/M\}=E^{\ominus}(M^{n+}/M)-\frac{0.0592}{n}\lg K^{\ominus}_{稳} \qquad (298.15\text{K 时})$$

由上式可知，金属配离子$[ML_a]^{n-a}$的$K^{\ominus}_{稳}$越大，标准电极电势$E^{\ominus}\{[ML_a]^{n-a}/M\}$值越小（配体是分子或其他电荷的离子时情况类似）。

【例 8-4】 已知 $Hg^{2+}+2e^- \rightleftharpoons Hg$ 的 $E^{\ominus}=0.851V$，$\lg K^{\ominus}_{稳}[Hg(CN)_4^{2-}]=41.4$，求$[Hg(CN)_4]^{2-}+2e^- \rightleftharpoons Hg+4CN^-$的$E^{\ominus}$。（$T=298.15K$）

解：电对$[Hg(CN)_4]^{2-}/Hg$的标准电极电势为：

$$E^{\ominus}\{[Hg(CN)_4]^{2-}/Hg\}=E^{\ominus}(Hg^{2+}/Hg)-\frac{0.0592}{n}\lg K^{\ominus}_{稳}$$

$$=0.851V-\frac{0.0592V}{2}\times 41.4=-0.374V$$

$E^{\ominus}\{[ML_a]^{n+}/[ML_a]^{m+}\}$与$E^{\ominus}(M^{n+}/M^{m+})$的关系：当同一金属的不同电荷的离子都能与相同配体 L 形成配离子时，也会对金属的电极电势产生影响。如

$$Co^{3+}+e^- \rightleftharpoons Co^{2+} \qquad E^{\ominus}=1.92V$$
$$[Co(NH_3)_6]^{3+}+e^- \rightleftharpoons [Co(NH_3)_6]^{2+} \qquad E^{\ominus}=0.108V$$
$$Fe^{3+}+e^- \rightleftharpoons Fe^{2+} \qquad E^{\ominus}=0.771V$$
$$[Fe(CN)_6]^{3-}+e^- \rightleftharpoons [Fe(CN)_6]^{4-} \qquad E^{\ominus}=0.36V$$

参照前述方法（配体是分子或离子时的讨论方法相同），先直接由能斯特方程计算电对$[ML_a]^{n-a}/M$的电极电势。与电对$[ML_a]^{n-a}/M$相应的电极反应为：

$$[ML_a]^{n+}+(n-m)e^- \rightleftharpoons [ML_a]^{m+} \qquad (n>m)$$

根据能斯特方程：

$$E\{[ML_a]^{n+}/[ML_a]^{m+}\}=E^{\ominus}\{[ML_a]^{n+}/[ML_a]^{m+}\}+\frac{0.0592}{(n-m)}\lg\frac{c(ML_a^{n+})}{c(ML_a^{m+})}$$

再根据金属（水合）离子与金属配离子的浓度关系，间接计算电对$[ML_a]^{n-a}/M$的电极电势。对于电极反应

$$M^{n+}+(n-m)e^- \rightleftharpoons M^{m+} \qquad (n>m)$$

根据能斯特方程： $E(M^{n+}/M^{m+})=E^{\ominus}(M^{n+}/M^{m+})+\dfrac{0.0592}{(n-m)}\lg\dfrac{c(M_a^{n+})}{c(M_a^{m+})}$

$c(M^{n+})=\dfrac{c(ML_a^{n+})}{[c(L^-)]^a\times K^{\ominus}_{稳}(ML_a^{n+})}$和$c(M^{m+})=\dfrac{c(ML_a^{m+})}{[c(L^-)]^a\times K^{\ominus}_{稳}(ML_a^{m+})}$代入上式，可得

$$E\{[ML_a]^{n+}/[ML_a]^{m+}\}=E^{\ominus}(M^{n+}/M^{m+})+\frac{0.0592}{(n-m)}\lg\frac{K^{\ominus}_{稳}(ML_a^{m+})}{K^{\ominus}_{稳}(ML_a^{n+})}+\frac{0.0592}{(n-m)}\lg\frac{c(ML_a^{n+})}{c(ML_a^{m+})}$$

比较上面两种计算式，可得

$$E^{\ominus}\{[ML_a]^{n+}/[ML_a]^{m+}\}=E^{\ominus}(M^{n+}/M^{m+})+\frac{0.0592}{(n-m)}\lg\frac{K^{\ominus}_{稳}(ML_a^{m+})}{K^{\ominus}_{稳}(ML_a^{n+})} \qquad (298.15\text{K 时})$$

由上式可知，较高氧化值的金属配离子的$K^{\ominus}_{稳}$越大，$E^{\ominus}\{[ML_a]^{n+}/[ML_a]^{m+}\}$值越小；而较低

氧化值的金属配离子的 $K^{\ominus}_{稳}$ 越大，$E^{\ominus}\{[ML_a]^{n+}/[ML_a]^{m+}\}$ 值越大。

四、配合物的取代反应与配合物的“活动性”

(一) 取代反应

配合物的取代反应有两种类型：**【配合物中原有的配体被新的配体所取代的反应称配体取代反应；配合物中原有的金属离子(中心原子)被新的金属离子所取代的反应称金属离子取代反应】**。例如，

$$[Fe(NCS)_6]^{3-}+6F^- \rightleftharpoons [FeF_6]^{3-}+6SCN^-$$

$$[Mn(en)_3]^{2+}+Ni^{2+} \rightleftharpoons [Ni(en)_3]^{2+}+Mn^{2+}$$

金属阳离子在水溶液中都是以水合离子的形式存在的。因此，在水溶液中金属离子与配体(水除外)形成配合物的反应实际上都是配体取代反应。例如，

$$[Cu(H_2O)_4]^{2+}+4NH_3 \rightleftharpoons [Cu(NH_3)_4]^{2+}+4H_2O$$

又如，水溶液中 Fe^{3+} 离子和 SCN^- 离子的反应：

$$[Fe(H_2O)_6]^{3+}+nSCN^- \rightleftharpoons [Fe(NCS)_n(H_2O)_{6-n}]^{3-n}+nH_2O$$

$n=1\sim6$，随 SCN^- 的浓度而异。为简洁起见，水溶液中的配离子的配位水分子通常略去不写。上述血红色的配离子经常用 $[Fe(NCS)_6]^{3-}$ 或 $[Fe(NCS)]^{2+}$ 表示，但其中 Fe^{3+} 的配位数为 6，并不会随 SCN^- 的浓度变化而异。

配合物的取代反应的平衡常数可由反应中两种配合物的稳定常数来求得，据此可判断反应进行的方向和程度。例如，

$$[Mn(en)_3]^{2+}+Ni^{2+} \rightleftharpoons [Ni(en)_3]^{2+}+Mn^{2+}$$

该反应的平衡常数表达简写式为：

$$K^{\ominus}=\frac{c_{eq}[Ni(en)_3^{2+}]\times c_{eq}(Mn^{2+})}{c_{eq}[Mn(en)_3^{2+}]\times c_{eq}(Ni^{2+})}$$

将上式右边分子、分母同乘以 $[c_{eq}(en)]^3$，则

$$K^{\ominus}=\frac{c_{eq}[Ni(en)_3^{2+}]\times c_{eq}(Mn^{2+})\times[c_{eq}(en)]^3}{c_{eq}[Mn(en)_3^{2+}]\times c_{eq}(Ni^{2+})\times[c_{eq}(en)]^3}=\frac{K^{\ominus}_{稳}[Ni(en)_3^{2+}]}{K^{\ominus}_{稳}[Mn(en)_3^{2+}]}$$

已知，$K^{\ominus}_{稳}[Ni(en)_3^{2+}]=10^{18.33}$，$K^{\ominus}_{稳}[Mn(en)_3^{2+}]=10^{5.67}$，代入上式，$K^{\ominus}=10^{12.66}=4.57\times10^{12}$。从反应的平衡常数 $K^{\ominus}$ 来看，该取代反应不仅能自发进行，而且能进行得很彻底。

配合物取代反应的平衡常数与反应中两种配合物的稳定常数的关系可概括为

$$K^{\ominus}=\frac{K^{\ominus}_{稳}(新)}{K^{\ominus}_{稳}(旧)}$$

当 $K^{\ominus}=\frac{K^{\ominus}_{稳}(新)}{K^{\ominus}_{稳}(旧)}>1$，即生成的新配合物比原来的配合物更稳定时，取代反应能自发进行。

(二) 配合物的“活动性”

配合物的“活动性”是指配合物取代反应速率方面的性质(动力学性质)。**【配体可被其他配体快速取代的配合物，其“活动性”大，称为活性配合物；而配体取代缓慢的配合物，其“活动性”小，称为惰性配合物】**。活性配合物与惰性配合物间没有严格的界限。有人建议将在 298.15K 时以及配合物和配合剂浓度均为 $0.1mol\cdot L^{-1}$ 的条件下，1 分钟内能反应完全的配合物称

为活性配合物，否则为惰性配合物。应注意，配合物的“活动性”和配合物的热力学稳定性是不同范畴的性质。例如，从平衡的观点来看，$[Co(NH_3)_6]^{3+}$在酸性溶液中是不稳定的，因为反应

$$[Co(NH_3)_6]^{3+}+6H_3O^+ \rightleftharpoons [Co(H_2O)_6]^{3+}+6NH_4^+$$

的平衡常数（$\sim10^{25}$）很大，达平衡时，$[Co(NH_3)_6]^{3+}$几乎完全转变为$[Co(H_2O)_6]^{3+}$。但在室温下，$[Co(NH_3)_6]^{3+}$离子在酸性溶液中经过数日也无显著的反应。这说明$[Co(NH_3)_6]^{3+}$中的NH_3被H_2O取代的速率很小，即从反应速率来看，$[Co(NH_3)_6]^{3+}$是惰性的。总之，配合物的“活动性”以反应速率的大小来表示，而配合物的热力学稳定性则以稳定常数或反应的平衡常数来表示。

此外，若反应的趋势大，即反应的平衡常数大，反应速率不一定就大。例如，在蓝紫色的$CrCl_3$溶液中加入乙二胺四乙酸的二钠盐（Na_2H_2Y）溶液，在室温下两者没有明显的反应，必须在Na_2H_2Y过量且加热煮沸的条件下才能观察到有深紫色的$[CrY]^-$配离子生成。可见，在室温下该反应的速率小。但在室温下$[CrY]^-$相当稳定（$\lg K^{\ominus}_{稳}=23$），反应形成$[CrY]^-$的趋势很大，随着时间的增长，Cr(Ⅲ)几乎可以完全转变为$[CrY]^-$。

第五节 配位化合物的性质解读（阅读）

在溶液中形成配合物时，常常出现颜色的改变，溶解度的改变，电极电势的改变，pH值的改变等现象。根据这些性质的变化，可以帮助确定是否有配合物生成。在科研和生产中，常利用金属离子形成配合物后性质的变化进行物质的分析和分离。

一、溶解度

一些难溶于水的金属氯化物、溴化物、碘化物、氰化物可以依次溶解于过量的Cl^-、Br^-、I^-、CN^-和氨中，形成可溶性的配合物，如，难溶的AgCl可溶于过量的浓盐酸及氨水中。金和铂之所以能溶于王水中，也是与生成配离子的反应有关。

$$Au+HNO_3+4HCl=H[AuCl_4]+NO\uparrow+2H_2O$$

$$3Pt+4HNO_3+18HCl=3H_2[PtCl_6]+4NO\uparrow+8H_2O$$

二、氧化还原性

通过实验的测定或查表，电对Hg^{2+}/Hg之间的标准电极电势为$+0.85V$，加入CN^-离子使Hg^{2+}形成了$[Hg(CN)_4]^{2-}$离子，Hg^{2+}的浓度不断减小，直到Hg^{2+}全部形成配离子。$[Hg(CN)_4]^{2-}$和Hg之间的电极电势为$-0.37V$。

通过实验事实可以充分说明大多数金属离子形成配离子后，其标准电极电势值一般是要降低的。同时稳定性不同的配离子，它们的标准电极电势值降低的大小也不同，见表8-14。

一般配离子越稳定（稳定常数越大），它的标堆电极电势越低，从而金属离子越难得到电子，越难被还原。事实上在$[HgCl_4]^{2-}$溶液中投入铜片，立即会镀上一层汞，而在$[Hg(CN)_4]^{2-}$溶液中就不会发生这种现象。而对于平时的难氧化、难溶金属如金、银、铂等，其离子形成配合物后，氧化溶解就变得相对容易多了。

表8-14 HgX_4^{2-}的标准电极电势与稳定常数

电极反应	$E^{\ominus}$/V	$\lg K^{\ominus}_{稳}(HgX_4^{2-})$
$Hg(CN)_4^{2-}+2e^-=Hg+4CN^-$	-0.37	41.5
$HgI_4^{2-}+2e^-=Hg+4I^-$	-0.04	29.6

续表

电极反应	$E^{\ominus}/V$	$\lg K^{\ominus}_{稳}(HgX_4^{2-})$
$HgBr_4^{2-}+2e^-=Hg+4Br^-$	+0.21	21.6
$HgCl_4^{2-}+2e^-=Hg+4Cl^-$	+0.38	15.2
$Hg^{2+}+2e^-=Hg$	+0.85	

三、酸碱性

一些较弱的酸如 HF、HCN 等在它们形成配合酸后，酸性往往变强。例如 HF 与 BF_3 作用而生成配合酸 H[BF_4]，而四氟配硼酸的碱金属盐溶在水中呈中性，这就说明 H[BF_4] 应为强酸。又如弱酸 HCN 与 AgCN 形成的配合酸 H[$Ag(CN)_2$]也由极弱酸变成了强酸。这种现象是由于中心离子与弱酸的酸根离子形成较强的配键，从而迫使 H^+ 移到配合物的外界，因而变得容易电离，所以酸性增强。

同一金属离子氢氧化物的碱性因形成配离子而有变化，如$[Cu(NH_3)_4](OH)_2$ 的碱性就大于$Cu(OH)_2$。原因是$[Cu(NH_3)_4]^{2+}$的半径大于 Cu^{2+} 离子的半径，和 OH^- 离子的结合能力较弱，OH^- 离子易于解离。另外，大多数金属的氢氧化物难溶，若配离子的稳定性较小，在碱性溶液中会生成氢氧化物沉淀而破坏配离子。

四、颜色的改变

当简单离子形成配离子时其性质往往发生很大变化，颜色会发生变化，根据颜色的变化就可以判断配离子是否生成。如 Fe^{3+} 与 SCN^- 离子在溶液中可生成配位数为 1～6 的血红色的铁的硫氰酸根配离子，反应式如下：

$$Fe^{3+}+nSCN^-=[Fe(SCN)_n]^{(n-3)-}\text{（血红色）}\quad(n=1\sim6)$$

第六节 配位化合物的应用（自学）

一、检验离子的特效试剂

配合物特别是螯合物的形成能明显表现出各金属离子的化学特性，故常利用金属离子与螯合剂生成有色螯合物的特征反应来检验金属离子。例如，二甲基乙二肟（$\begin{matrix}CH_3—C{=}N—OH\\ |\\ CH_3—C{=}N—OH\end{matrix}$）是 Ni^{2+} 的特效试剂，在含氨的溶液中(pH 5～10 为宜)，它与 Ni^{2+} 反应生成鲜红色螯合物沉淀(配合比为 1∶2，配位原子为 N)。又如，Cu^{2+} 的特效试剂 N,N′-二乙基二硫代甲酸钠(铜试剂)，化学式为$(C_2H_5)_2N$-CSSNa，它与 Cu^{2+} 在含氨的溶液中生成棕色螯合物沉淀(配合比为 1∶2，配位原子为 S)。

二、作掩蔽剂、沉淀剂

多种金属离子共存时，若要测定其中某一金属离子，其他金属离子往往会与试剂发生同类反应而干扰测定。例如，在 Co^{2+} 的溶液中加入 KSCN 溶液(浓度宜较大)，生成蓝色的配离子$[Co(NCS)_4]^{2-}$($K^{\ominus}_{稳}=10^3$)，它在水溶液中易解离，但在丙酮、戊醇等有机溶剂中比较稳定，可用于 Co^{2+} 的检验或比色分析。当有 Fe^{3+} 共存时，由于 Fe^{3+} 与 SCN^- 生成血红色的配离子$[Fe(NCS)_6]^{3-}$而产生干扰。若加入 NaF，使 Fe^{3+} 生成较稳定的无色的配离子$[FeF_6]^{3-}$，就可防止 Fe^{3+} 的干扰。这种防止干扰的作用称为掩蔽作用，此处 NaF 作掩蔽剂。

某些有机螯合剂能和金属离子在水中形成溶解度极小的螯合物沉淀，且沉淀的分子量大、组

成固定。利用这些有机螯合剂作沉淀剂，少量的金属离子便可产生相当大量的沉淀，因此，可以大大提高重量分析的精确度。例如，8-羟基喹啉能从热的 HAc-Ac^- 缓冲溶液中定量沉淀 Cu^{2+}、Al^{3+}、Fe^{3+}、Ni^{2+}、Co^{2+}、Zn^{2+}、Mn^{2+} 等。

三、在医药方面的应用

对于人体内的有害金属离子，可选用合适的螯合剂将其排出体外，所用的螯合剂称为解毒剂。这种解毒剂不是和游离的金属离子螯合，而是从金属离子与生物配体(酶、蛋白质、氨基酸、核苷酸等)形成的配合物中取代生物配体。因此，作为有害金属离子的解毒剂一般应满足下列条件：

(1) 螯合剂及其与金属离子形成的配合物必须对人体无毒性；

(2) 螯合剂和金属离子的螯合能力强；

(3) 螯合剂和金属离子形成的配合物应为水溶性，便于排出体外。

根据软硬酸碱规则、金属离子与配体键合时的立体化学要求，以及有关配合物的稳定常数等，可为给定的金属离子选择较为有效的解毒剂，表 8-15 中列出了几种常用的金属离子解毒剂。

表 8-15 几种常用的金属离子解毒剂

名　称	结构式	配位原子	有害金属离子
乙二胺四乙酸钙钠($Na_2Caedta$)	(略)	O、N	Pb^{2+}、UO_2^{2+}、Co^{2+}、Zn^{2+}等
2,3-二巯基丙醇	$CH_2—CH—CH_2$ SH　SH　OH	S	Hg^{2+}、Au^+、Cd^{2+}等
R-青霉胺	CH_3 $CH_3—C—CH—COOH$ HS　NH_2	S、O、N	Cu^{2+}
精金三酸	HO　O HOOC　COOH HOOC OH	O	Be^{2+}

必须注意，在采用螯合剂排除体内的有害金属离子时，由于任何螯合剂都只有相对的选择性，在排除有害金属离子的同时，也会螯合一部分其他生命必需金属而一并排出体外，干扰人体正常的生理平衡，引起不同程度的副作用。例如，当用 Na_2H_2edta(Na_2H_2Y)排除体内的铅时，常会导致血钙水平的降低而引起痉挛，但改用 Na_2Ca edta 时，则可顺利排铅而保持血钙基本不受影响。同理，为了排除体内的镉而不使体内的锌受到影响，可将解毒配体转化为锌的配合物后使用。而有些含螯合剂的药物是通过螯合作用夺取细菌生长所必需的金属离子，从而抑制或杀死使人致病的细菌。

另外，实验室含氰化物（极毒）、氟化物、重金属离子等废液的处理，也常以形成配合物的方式消除公害。往往用 $FeSO_4$ 进行含氰废液的消毒，使之转化为毒性很小，而且更稳定的配合物，反应为：

$$6NaCN + 3FeSO_4 = Fe_2[Fe(CN)_6] + 3Na_2SO_4$$

1969 年**罗森博格**(B. Rosenberg) 首先报道了某些铂的配合物，尤其是顺-$[PtCl_2(NH_3)_2]$(顺铂)有显著的肿瘤抑制作用。进一步的研究表明，具有顺式结构的中性配合物 $[PtA_2X_2]$ (A 为

胺类，X 为酸根)均显示抗癌活性，其中以顺-[$PtCl_2(NH_3)_2$]活性最高，而组成相同的反式异构体则完全没有抗癌活性。现在，顺铂与[$PtCl_2(en)$]已是用于临床的抗癌药物，曾给美国的抗癌药业带来巨大的经济效益。顺铂的抗癌活性已证实是由于它与癌细胞 DNA 分子结合，破坏了 DNA 的复制，从而抑制了癌细胞增长过程中所固有的细胞分裂。顺铂虽能抑制癌细胞的增长，但对人体毒性也较大，它尚有水溶性较小等缺点。随着抗癌配合物的深入研究，已发现多种水溶性大、抗癌能力强的铂配合物，此外，还发现 Rh、Pd、Ir、Cu、Ni、Fe 等元素的某些配合物也有不同程度的抗癌活性。

总之，配合物的应用非常广泛，开展配合物的研究对医药学、生物学、化工及环境保护等都具有重大的实际意义。

配位化学理论的提出

1893 年法国化学家 Werner 为了解决存在争议的金属离子与氨的成键方式和结构问题，提出了“配位理论的三大假设”，打破了当时流行的 Blostrand—Jørgensen 链式理论，提出了副价的概念和配合物的立体化学，从此开创了无机化学学科的新时代。但受限于当时实验技术和实验条件，Werner 配位理论缺乏充足的实验依据，引起了学术界的广泛争议。Werner 坚定信念，毫不气馁，历经 14 年的不懈努力，采用溴代樟脑磺酸银作为拆分剂，经历 2000 次结晶实验，终于成功拆分出具有镜面对称空间结构的 cis - [$CoCl(NH_3)(en)_2$] X_2（en＝乙二胺，X＝ Cl、Br 或 I）配合物，证明了六配位的金属配合物的几何结构为八面体，为配位化学理论的确立提供了决定性证据。1913 年，因其在配位化学的突出贡献，47 岁的 Werner 被授予诺贝尔化学奖。迄今为止，Werner 配位理论依然是当今配位化学研究的基础和指南。

小　结

1. 配合物的基本概念

配合物是由配体和中心原子以配位键结合形成的化合物。配位个体（内界）是配合物的特征部分，表现出与组成它的较简单的离子或分子不同的性质。在晶体和溶液中都存在配位个体的化合物属于配合物。

配位数是直接和中心原子键合的原子的数目。仅有单齿配体时，配位数等于配体的数目；但有多齿配体时，两者不相等。配离子的电荷是中心原子和配体两者电荷的代数和。

螯合物是由中心原子和多齿配体结合而成的具有环状结构的配合物。成环作用使螯合物的稳定性比组成和结构相近的简单配合物的稳定性大得多，这种现象称为螯合效应。

命名时内界按下列顺序：先配体后中心原子。配体顺序：先无机后有机，先阴离子后中性分子。

2. 配合物的化学键理论

价键理论：中心原子提供的空轨道必发生杂化，形成一组数目相同、具有一定空间伸展方向的杂化轨道，它们分别接受配体提供的电子对，形成配位键。中心原子的配位数等于杂化轨道的数目，配离子的空间结构取决于中心原子的杂化类型。提供内层空轨道与外层空轨道杂化的中心

原子和配体结合形成内轨型配合物；只用外层空轨道杂化的中心原子和配体结合形成外轨型配合物。

晶体场理论：金属离子和配体通过静电作用结合。在配体的作用下，金属离子的 d 轨道发生能级分裂，电子优先填充在能级较低的轨道上，体系的总能量往往比 d 轨道未分裂时降低，即产生晶体场稳定化能（E_C）。d 轨道的分裂方式取决于晶体场的对称性。电子在分裂的 d 轨道中的排布与分裂能（Δ）和成对能（E_P）的相对大小有关。

3. 配合物的稳定性及配合平衡的移动

配合物的稳定性可用总生成反应的平衡常数即稳定常数 $K^{\ominus}_{稳}$ 来衡量。对同类型的配合物，$K^{\ominus}_{稳}$ 越大越稳定。

配合物的稳定性不仅与中心原子、配体的性质有关，还与中心原子和配位原子的关系有关，软硬酸碱原则能在一定程度上预测配合物的稳定性。

配合平衡的移动与溶液的酸度、沉淀平衡、氧化还原平衡均有关系，利用 $K^{\ominus}_{稳}$、$K^{\ominus}_{sp}$ 及 $E^{\ominus}$ 可进行有关简单计算。

配合物取代反应的平衡常数与反应中两种配合物的稳定常数有关。

$$K^{\ominus}=\frac{K^{\ominus}_{稳}(新)}{K^{\ominus}_{稳}(旧)}$$

思考题

1. 根据价键理论，指出下列配离子的空间构型、配离子是内轨型还是外轨型。

（1）$[CoF_6]^{3-}$（中心离子的未成对 d 电子数为 4）

（2）$[Co(CN)_6]^{3-}$（中心离子的未成对 d 电子数为 0）

2. 在 $[Cu(NH_3)_4]SO_4$ 溶液中，分别加入少量下列物质：

（1）盐酸　（2）氨水　（3）Na_2S 溶液　（4）KCN 溶液

试问 $[Cu(NH_3)_4]^{2+} \rightleftharpoons Cu^{2+}+4NH_3$ 平衡将怎样移动？

3. $AgNO_3$ 能将 $PtCl_4 \cdot 6NH_3$ 溶液中所有氯沉淀为 AgCl，但在 $PtCl_4 \cdot 3NH_3$ 溶液中仅能沉淀出 1/4 的氯。试判断两种配合物的结构和名称。

4. 预测下列各配体中，哪一种能同相应的金属离子生成更稳定的配离子？

（1）Cl^-，F^- 与 Al^{3+}；　（2）RSH，ROH 与 Pb^{2+}

（3）NH_3，py 与 Cu^{2+}　（4）Cl^-，Br^- 与 Hg^{2+}

（5）NH_2CH_2COOH，CH_3COOH 与 Cu^{2+}

5. 用配平的化学反应式解释下列实验现象：

（1）AgCl 可溶于氨水，而 AgI 不溶，但 AgI 可溶于 KCN 溶液。

（2）向 KI/CCl_4 溶液中加入 $FeCl_3$ 溶液，振荡后 CCl_4 层会出现紫色，若加入少量的 NH_4F 或草酸铵或 Na_2H_2Y(EDTA) 溶液，振荡后紫色消失或变浅了。

（3）在 $FeCl_3$ 溶液中，加入少量 KSCN 溶液会有血红色出现，再加 EDTA 溶液则血红色消失。

6. 计算下列反应的平衡常数并判断反应进行的方向

（1）$[Hg(SCN)_4]^{2-}+4CN^- = [Hg(CN)_4]^{2-}+4SCN^-$

（2）$[Cu(NH_3)_4]^{2+}+S^{2-} = CuS\downarrow+4NH_3$

(3) $[Mn(en)_3]^{2+} + Ni^{2+} = [Ni(en)_3]^{2+} + Mn^{2+}$

(4) $[Ag(NH_3)_2]^+ + 2CN^- \rightleftharpoons [Ag(CN)_2]^- + 2NH_3$

习　题

1. 写出下列配合物的中心原子及其氧化值、配体及其配位原子、配位数、配位个体和配合物的名称。

$[CrCl_2(H_2O)_4]Cl$；　$K_3[Co(ONO)_6]$；　$[PtCl_2(OH)_2(NH_3)_2]$；

$[FeCl_2(C_2O_4)(en)]^-$

2. 写出下列配合物的中心原子、配体数、配位数和化学式。

氨基·硝基·二氨合铂(Ⅱ)；　　硫酸氯·氨·二(乙二胺)合铬(Ⅲ)；

三硝基·三氨合钴(Ⅲ)；　　溴·氯·氨·甲胺合铂(Ⅱ)。

3. 判断下列说法是否正确。

(1) 配位数是指直接和中心离子或原子相连的配体总数。

(2) 配离子既可以处于晶体中，也可以处于溶液中。

(3) 配合物中，中心离子或原子只能带正电荷。

(4) 配体除带负电和中性的原子或原子团外，还有带正电荷原子团。

4. Ni^{2+}作中心离子可形成平面正方形、四面体、八面体三种构型的配合物。试根据价键理论画出形成这三种构型配合物时的电子轨道式，指出其属内轨型还是外轨型配合物，并估算它们的磁矩。

5. 已知下列配离子的空间构型，根据价键理论指出各配离子的中心离子价层电子排布、杂化轨道类型，并估算它们的磁矩。

(1) $[Ag(NH_3)_2]^+$ 直线形；　　(2) $[Zn(NH_3)_4]^{2+}$ 四面体；

(3) $[Pt(NH_3)_4]^{2+}$ 正方形

6. 指出下列配离子的中心离子中未成对电子数。

(1) $[CoCl_4]^{2-}$(外轨型)　　(2) $[MnF_6]^{4-}$(外轨型)

(3) $[Fe(H_2O)_6]^{2+}$(外轨型)　　(4) $[Ni(H_2O)_6]^{2+}$(外轨型)

(5) $[Mn(CN)_6]^{4-}$(内轨型)　　(6) $[Zn(CN)_4]^{2-}$

7. 已知下列配合物的磁矩，根据价键理论指出各配离子的中心离子价层电子排布、杂化轨道类型、配离子的空间构型、配离子是内轨型还是外轨型。

(1) $[CoF_6]^{3-}$　4.9 B.M.；　　(2) $[Fe(CN)_6]^{3-}$　2.3 B.M.；

(3) $[Mn(SCN)_6]^{4-}$　6.1 B.M.；　　(4) $[Pt(CN)_4]^{2-}$　0 B.M.。

8. 在50mL 0.10mol·L^{-1} $AgNO_3$溶液中，加入30mL 密度为0.932g·cm^{-3}、含NH_3 18.24%的氨水，再加水稀释至100mL，求该溶液中的$c_{eq}(Ag^+)$、$c_{eq}[Ag(NH_3)^+]$和$c_{eq}(NH_3)$。结合在$[Ag(NH_3)_2]^+$中的Ag^+占Ag^+总浓度的百分之几？已知$\lg K^{\ominus}_{稳}[Ag(NH_3)_2^+]=7.05$。

9. 欲将0.10mol的AgCl溶解在1.0L氨水中，求氨水的浓度至少应为多少？已知$\lg K^{\ominus}_{稳}[Ag(NH_3)_2^+]=7.05$，$K^{\ominus}_{sp}(AgCl)=1.8\times10^{-10}$。

10. 通过计算说明当溶液中$S_2O_3^{2-}$、$[Ag(S_2O_3)_2]^{3-}$的浓度均为0.10mol·L^{-1}时，加入KI固体使$c(I^-)=0.10$mol·L^{-1}（忽略体积变化），是否产生AgI沉淀？已知$K^{\ominus}_{稳}[Ag(S_2O_3)_2^{3-}]=2.9$

$\times 10^{13}$，$K_{sp}^{\ominus}(AgI)=8.3\times 10^{-17}$。

11. 已知 $Ag^{+}+e^{-}\rightleftharpoons Ag$ 的 $E^{\ominus}=0.7996V$，$\lg K_{稳}^{\ominus}[Ag(CN)_2^-]=21.1$，$\lg K_{稳}^{\ominus}[Ag(NH_3)_2^+]=7.05$，试计算 298K 时下列电对的标准电极电势。

(1) $[Ag(CN)_2]^{-}+e^{-}\rightleftharpoons Ag+2CN^{-}$

(2) $[Ag(NH_3)_2]^{+}+e^{-}\rightleftharpoons Ag+2NH_3$

12. 已知 298K 时 $Ag^{+}+e^{-}\rightleftharpoons Ag$ 的 $E^{\ominus}=0.7996V$，$[Ag(S_2O_3)_2]^{3-}+e^{-}\rightleftharpoons Ag+2S_2O_3^{2-}$ 的 $E^{\ominus}=0.0054V$，求$[Ag(S_2O_3)_2]^{3-}$的稳定常数。

13. 通过计算说明，在水溶液中 Co^{3+} 能氧化水，而$[Co(NH_3)_6]^{3+}$不能氧化水。已知 $K_{稳}^{\ominus}[Co(NH_3)_6^{3+}]=1.6\times 10^{35}$，$K_{稳}^{\ominus}[Co(NH_3)_6^{2+}]=1.3\times 10^{5}$，$E^{\ominus}(Co^{3+}/Co^{2+})=1.92V$，$E^{\ominus}(O_2/H_2O)=1.229V$，$E^{\ominus}(O_2/OH^{-})=0.401V$，$K_b^{\ominus}(NH_3\cdot H_2O)=1.74\times 10^{-5}$。

14. 298K 时，$\lg K_{稳}^{\ominus}[Cu(NH_3)_2^+]=10.86$，$\lg K_{稳}^{\ominus}[Cu(CN)_2^-]=24.0$，$\lg K_{稳}^{\ominus}[Cu(NH_3)_4^{2+}]=13.32$，$\lg K_{稳}^{\ominus}[Zn(NH_3)_4^{2+}]=9.46$。判断下列反应进行的方向，并说明。

(1) $[Cu(NH_3)_2]^{+}+2CN^{-}\rightleftharpoons [Cu(CN)_2]^{-}+2NH_3$

(2) $[Cu(NH_3)_4]^{2+}+Zn^{2+}\rightleftharpoons [Zn(NH_3)_4]^{2+}+Cu^{2+}$

第九章

s 区元素（自学）

【学习要求】

1. 熟悉 s 区元素的性质与其电子层结构的关系。
2. 掌握 Na_2O_2、KO_2、碱金属和碱土金属氢氧化物、重要盐类的基本性质。
3. 了解 s 区元素在医药中的应用。

周期系第ⅠA 和ⅡA 主族元素的价层电子构型分别为 ns^1 和 ns^2，它们的原子最外层有1～2个 s 电子，这些元素称为 s 区元素。

第一节　s 区元素概述

s 区元素是最活泼的金属元素。ⅠA 族元素包括锂、钠、钾、铷、铯、钫六种元素，称为**碱金属**(alkali metal)。ⅡA 族元素包括铍、镁、钙、锶、钡、镭六种元素，其中钙、锶、钡又称为**碱土金属**(alkali earth metal)，现在习惯上也常常把铍和镁包括在碱土金属之内。s 区元素中，锂、铷、铯、铍是稀有金属元素，钫和镭是放射性元素。

碱金属和碱土金属的基本性质分别列于表 9-1 和表 9-2 中。

碱金属原子最外层只有一个 ns 电子，而次外层是八个电子饱和结构(Li 的次外层是两个电子)，它们的原子半径在同周期元素中(除稀有气体外)是最大的，而核电荷在同周期元素中是最小的。由于内层电子的屏蔽作用较强，故这些元素很容易失去最外层的一个 s 电子，从而使碱金属的第一电离势在同周期元素中为最低。因此，碱金属是同周期元素中金属性最强的元素。碱土金属的核电荷比碱金属大，原子半径比碱金属小，虽然这些元素也容易失去最外层的两个 s 电子而具有较强的金属性，但它们的金属性比碱金属略差一些。

表 9-1　碱金属的基本性质

性　质	元　素				
	锂	钠	钾	铷	铯
元素符号	Li	Na	K	Rb	Cs
原子序数	3	11	19	37	55
价电子层结构	$2s^1$	$3s^1$	$4s^1$	$5s^1$	$6s^1$
金属半径/pm	152	186	227	248	265
离子半径/pm	68	95	133	148	169

续表

性　质	元　素				
	锂	钠	钾	铷	铯
第一电离势/kJ·mol^{-1}	521	499	421	405	371
电负性	0.98	0.93	0.82	0.82	0.79
氧化值	+1	+1	+1	+1	+1
沸点/K	1603	1165	1033	961	963
熔点/K	453.5	370.8	336.7	311.9	301.7
硬度(金刚石=10)	0.6	0.4	0.5	0.3	0.2
导电性(Hg=1)	11	21	14	8	8

表 9-2　碱土金属的基本性质

性　质	元　素				
	铍	镁	钙	锶	钡
元素符号	Be	Mg	Ca	Sr	Ba
原子序数	4	12	20	38	56
价电子层结构	$2s^2$	$3s^2$	$4s^2$	$5s^2$	$6s^2$
金属半径/pm	111.3	160	197.3	215.1	217.3
离子半径/pm	31	65	99	113	135
第一电离势/kJ·mol^{-1}	905	742	593	552	564
第二电离势/kJ·mol^{-1}	1768	1460	1152	1070	971
电负性	1.57	1.31	1.00	0.95	0.89
电极电势 $E^{\ominus}(M^{+}/M)$/V	−1.85	−2.37	−2.87	−2.89	−2.91
氧化值	+2	+2	+2	+2	+2
沸点/K	3243	1380	1760	1653	1913
熔点/K	1550	923	111	11041	987
硬度(金刚石=10)	4.0	2.0	1.5	1.8	—
导电性(Hg=1)	5.2	21.4	20.8	4.2	—

s 区元素中，同一族元素自上而下性质的变化是有规律的。例如，随着核电荷的增加，同族元素的原子半径、离子半径逐渐增大，电离势逐渐减少，电负性逐渐减小，金属性、还原性逐渐增强。现将 *s* 区元素性质变化的总趋势归纳如下(图 9-1)：

原子半径增大
金属性、还原性增强
电离势、电负性减小

ⅠA	ⅡA
Li	Be
Na	Mg
K	Ca
Rb	Sr
Cs	Ba

原子半径减小
金属性、还原性减弱
电离势、电负性增大

图 9-1　*s* 区元素性质变化趋势图

s 区元素的一个重要特点是各族元素通常只有一种稳定的氧化值。碱金属和碱土金属的常见氧化值分别为+1 和+2，这与它们的族号数是一致的。从电离势的数据可以看出，碱金属的第一电离势较小，很容易失去一个电子，但碱金属的第二电离势很大，故很难再失去第二个电子。

碱土金属的第一、第二电离势较小，容易失去 2 个电子，而第三电离势很大，所以很难再失去第三个电子。

s 区元素是最活泼的金属元素，它们的单质都能与大多数非金属反应，例如极易在空气中燃烧。除了铍、镁外，都较易与水反应。*s* 区元素形成稳定的氢氧化物，这些氢氧化物大多是强碱。

s 区元素所形成的化合物大多是离子型的。第二周期的锂和铍的离子半径小，极化作用较强，形成的化合物大多是共价型的。常温下 *s* 区元素与强酸根结合的盐类在水溶液中都不发生水解反应。

除铍以外，*s* 区元素都能溶于液氨，生成蓝色的、可导电的溶液，碱金属氨溶液的蓝色是电子氨合物 $e(NH_3)_y^-$ 的颜色，其导电能力强于任何电解质溶液。

$$M(s)+(x+y)NH_3(l)=M(NH_3)_x^++e(NH_3)_y^-$$

碱金属氨溶液的溶剂合电子 $e(NH_3)_y^-$ 是很强的还原剂。广泛应用于无机和有机制备中。

第二节　*s* 区元素的单质

一、*s* 区元素的存在及单质的物理性质

碱金属和碱土金属是最活泼的两族金属元素，因此在自然界中不能以游离态存在，这些元素多以离子型化合物的形式存在。

碱金属中，只有钠、钾在地壳中分布广，丰度也较高，其他元素含量较少而且分散。碱土金属(除镭外)在自然界中分布也很广泛。

碱金属和碱土金属都是轻金属，具有金属光泽。碱金属的密度都小于 $2g\cdot cm^{-3}$，其中锂、钠、钾最轻，密度均小于 $1g\cdot cm^{-3}$，能浮在水面上。碱土金属的密度也都小于 $5g\cdot cm^{-3}$。碱金属、碱土金属的硬度也很小，除铍、镁外，它们的硬度都小于 2。碱金属和钙、锶、钡可以用刀子切割。碱金属原子半径较大，又只有一个价电子，因此形成的金属键很弱，它们的熔点、沸点都较低。铯的熔点比人的体温还低。碱土金属原子半径比碱金属小，具有两个价电子，所形成的金属键比碱金属的强，故它们的熔点、沸点比碱金属高。

在碱金属的晶体中有活动性较高的自由电子，因而它们具有良好的导电性、导热性。其中以钠的导电性为最好。碱土金属的导电、导热性也较好。在光的作用下，铷和铯的电子容易获得能量，从金属表面逸出而产生光电效应。

碱金属可以相互溶解形成液体合金。例如，钾、钠合金在有机合成上用作还原剂。碱金属与汞形成汞齐，例如，钠汞齐常用作有机合成的还原剂。

二、单质的化学性质

碱金属和碱土金属是化学活泼性很强或较强的金属元素。碱金属的活泼性强于碱土金属。它们能直接或间接地与电负性较大的非金属元素形成相应的化合物。

碱金属有很高的反应活性，在空气中极易形成 M_2CO_3 的覆盖层，因此要将它们保存在无水的煤油中。锂的密度很小，能浮在煤油上，所以将其保存在液体石蜡中。铍和镁与冷水作用很慢，因为铍和镁表面有致密的氧化物保护膜，在水中形成一层难溶的氢氧化物，能阻止金属与水的进一步作用。

由于它们能同水反应而放出 H_2，所以实际上它们作为还原剂主要应用于干态反应或有机反

应中，而不用于水溶液中的反应。

电极过程(金属在水溶液中转变为水合离子的过程)是一个复杂的过程，包括升华、电离和水合三个步骤，在此不作讨论。

碱金属的 $E^{\ominus}(M^{+}/M)$ 数值都很小，所以它们都是很强的还原剂。

虽然锂的电离势比铯大，但 $E^{\ominus}(Li^{+}/Li)$ 却比 $E^{\ominus}(Cs^{+}/Cs)$ 小。从热力学数据可看出，Li 的升华和电离过程吸收的能量比 Cs 大，但 Li^{+} 的半径很小，水合热比 Cs 大得多，足以抵消前两项吸热而有余，导致整个过程焓变化数值较 Cs 小，所以 $E^{\ominus}(Li^{+}/Li)$ 值比 $E^{\ominus}(Cs^{+}/Cs)$ 小。

虽然 $E^{\ominus}(Li^{+}/Li) < E^{\ominus}(Na^{+}/Na)$，但锂的熔点高，升华热大，不易活化；同时锂与水反应生成的氢氧化锂的溶解度小，覆盖在金属表面，从而减缓了反应速率。因此，金属锂与水反应还不如金属钠与水反应激烈。

与碱金属相似，M^{2+} 水合离子的生成热也是由金属的升华热、原子的电离势以及气态离子水合热三项决定的，所不同的是电离势项为第一、第二电离势之和，即

$$\Delta H_f^{\ominus}(M^{2+},aq) = \Delta H_s^{\ominus} + (I_1 + I_2) + \Delta H_h^{\ominus}$$

虽然碱土金属的气态离子水合热较大，似乎更有利于水合离子 $M^{2+}(aq)$ 的形成，但由于第一、第二电离势之和也较大，结果使其 $\Delta H_f^{\ominus}(M^{2+},aq)$ 仍大于碱金属，即需吸收更多的热。因此碱土金属形成水合离子的趋势较碱金属小，$E^{\ominus}$ 值比碱金属大一些，还原性不及碱金属强。

碱金属和碱土金属中的钙、锶、钡及其挥发性化合物在无色的火焰中灼烧时，其火焰都具有特征的焰色，称为焰色反应。产生焰色反应的原因是它们的原子或离子受热时，电子容易激发，当电子从较高能级跃迁到较低能级时，相应的能量以光的形式释放出来，产生线状光谱。火焰的颜色往往是相应于强度较大的谱线区域。不同的原子因为结构不同而产生不同颜色的火焰。常见的几种碱金属、碱土金属的火焰颜色列于表 9-3 中。分析化学中常利用焰色反应来检定这些金属元素的存在。

表 9-3　常见碱金属、碱土金属的火焰颜色

元　素	Li	Na	K	Rb	Cs	Ca	Sr	Ba
火焰颜色	红	黄	紫	紫	紫	橙红	洋红	绿

第三节　*s* 区元素的重要化合物

一、氢化物

碱金属以及碱土金属中活泼的 Ca、Sr、Ba 在氢气流中加热，可以分别生成离子型化合物 MH 和 MH_2。这些氢化物都是白色的似盐化合物，其中的氢以 H^{-} 离子的形式存在。氢化锂溶于熔融的 LiCl 中，电解时在阴极上析出金属锂，在阳极上放出氢气。

离子型氢化物的热稳定性差异较大，以 LiH 为最稳定，其分解温度为 850℃。其他氢化物加热未到熔点时便分解为氢气和相应的金属单质。碱土金属的氢化物比碱金属的氢化物热稳定性高一些。

离子型氢化物与水都发生剧烈的水解作用而放出氢气：

$$LiH + H_2O = LiOH + H_2\uparrow$$

$$CaH_2+2H_2O=Ca(OH)_2+2H_2\uparrow$$

故 CaH_2 常用作野外作业的生氢剂。

这些氢化物都具有强还原性，$E^{\ominus}(H_2/H^-)=-2.23V$。

在有机合成中，LiH 常用来还原某些有机化合物。例如，氢化锂和无水三氯化铝在乙醚溶液中相互作用，生成铝氢化锂：

$$4LiH+AlCl_3\xlongequal{乙醚}Li[AlH_4]+3LiCl$$

$Li[AlH_4]$具有很强的还原性，能将许多有机官能团还原。近年来，配位氢化物已广泛应用在有机合成上。

二、氧化物

碱金属、碱土金属与氧能形成三种类型的氧化物，即普通氧化物、过氧化物和超氧化物，在这些氧化物中碱金属、碱土金属的氧化值分别为＋1 和＋2，但氧的氧化值分别为－2、－1 和－1/2。这些氧化物都是离子化合物，在其晶格中分别含有 O^{2-}、O_2^{2-} 和 O_2^- 离子，在充足的空气中，碱金属、碱土金属燃烧的正常产物是：

Li、Be、Mg、Ca、Sr 的主要产物为普通氧化物，化学式为 M_2O 或 MO；

Na 和 Ba 的主要产物为过氧化物，即 Na_2O_2 和 BaO_2；

K、Rb、Cs 的主要产物为超氧化物，化学式为 MO_2。

（一）普通氧化物

除锂在空气中燃烧主要生成 Li_2O 外，其他碱金属在空气中燃烧生成的主要产物都不是普通氧化物。

$$4Li+O_2=2Li_2O$$

它们的普通氧化物是用金属与它们的过氧化物或硝酸盐作用而制得的。例如：

$$Na_2O_2+2Na=2Na_2O$$

$$2KNO_3+10K=6K_2O+N_2\uparrow$$

碱金属氧化物的颜色从 Li_2O 到 Cs_2O 逐渐加深，它们的熔点比碱土金属氧化物的熔点低得多。

碱金属氧化物与水反应生成相应氢氧化物。

$$M_2O+H_2O=2MOH$$

上述反应的程度从 Li_2O 到 Cs_2O 依次加强，Li_2O 与水反应很慢，Rb_2O 和 Cs_2O 与水反应发生燃烧甚至爆炸。

碱土金属在室温或加热时，能与氧气直接化合生成氧化物 MO；也可由碳酸盐或硝酸盐加热分解而制得。例如：

$$2Sr(NO_3)_2\xlongequal{加热}2SrO+4NO_2\uparrow+O_2\uparrow$$

碱土金属氧化物全都是白色固体。碱土金属离子带两个单位的正电荷，且离子半径较小，其氧化物的晶格能很大，难以熔化。BeO 为两性氧化物，其他均为碱性氧化物。所有的碱土金属氧化物难于受热分解，BeO 和 MgO 因为有很高的熔点，常用于制造耐火材料。钙、锶、钡的氧化物都能与水剧烈反应生成碱，并放出大量的热，反应的剧烈程度从 CaO 到 BaO 依次增大。

碱金属和碱土金属氧化物都是稳定的化合物，其标准生成焓都是绝对值相当大的负值。

(二) 过氧化物

过氧化物是含有过氧离子 O_2^{2-} 的化合物，可看作是 H_2O_2 的盐。除 Be 外，碱金属和其他碱土金属元素在一定条件下都能形成过氧化物，其结构式如下：

$$[:\ddot{\underset{..}{O}}:\ddot{\underset{..}{O}}:]^{2-} \text{或} [\text{—O—O—}]^{2-}$$

按照分子轨道理论，O_2^{2-} 的分子轨道电子排布式为：

$$[(\sigma_{1S})^2(\sigma_{1S}^*)^2(\sigma_{2S})^2(\sigma_{2S}^*)^2(\sigma_{2p_x})^2(\pi_{2p_y})^2(\pi_{2p_z})^2(\pi_{2p_y}^*)^2(\pi_{2p_z}^*)^2]$$

过氧离子 O_2^{2-} 中有一个 σ 键,键级为 1。由于不含有未成对电子,因而 O_2^{2-} 具有逆磁性。

过氧化钠 Na_2O_2 是有应用价值的碱金属过氧化物。将金属钠在铝制容器中加热到 300℃,并通入不含二氧化碳的干燥空气,得到淡黄色的 Na_2O_2 粉末：

$$2Na + O_2 = Na_2O_2$$

过氧化钠与水或稀酸在室温下反应生成过氧化氢：

$$Na_2O_2 + 2H_2O = 2NaOH + H_2O_2$$

$$Na_2O_2 + H_2SO_4(\text{稀}) = Na_2SO_4 + H_2O_2$$

过氧化钠与二氧化碳反应，放出氧气：

$$2Na_2O_2 + 2CO_2 = 2Na_2CO_3 + O_2\uparrow$$

过氧化钠是一种强氧化剂，工业上用作漂白剂，也可以用来作为制得氧气的来源。Na_2O_2 可作高空飞行和潜水时的供氧剂和 CO_2 的吸收剂。

(三) 超氧化物

除了锂、铍、镁外，其余碱金属和碱土金属都能形成超氧化物 MO_2 和 $M(O_2)_2$。其中，钾、铷、铯在空气中燃烧能直接生成超氧化物 MO_2。例如：

$$K + O_2 = KO_2$$

一般说来，金属性很强的元素容易形成含氧较多的氧化物，因此钾、铷、铯易生成超氧化物。

超氧化物中含有超氧离子 O_2^-，它比 O_2 多一个电子，其结构式如下：

$$[:\underset{..}{O} \underline{\cdots} \underset{..}{O}:]^-$$

按照分子轨道理论，O_2^- 的分子轨道电子排布式为：

$$[(\sigma_{1S})^2(\sigma_{1S}^*)^2(\sigma_{2S})^2(\sigma_{2S}^*)^2(\sigma_{2p_x})^2(\pi_{2p_y})^2(\pi_{2p_z})^2(\pi_{2p_y}^*)^2(\pi_{2p_z}^*)^1]$$

O_2^- 中有一个 σ 键和一个三电子 π 键，键级为 3/2。由于含有一个未成对电子，因而 O_2^- 具有顺磁性。

超氧化物是很强的氧化剂，与水和稀酸发生激烈反应产生氧气和过氧化氢。例如：

$$2MO_2 + 2H_2O = 2MOH + H_2O_2 + O_2\uparrow$$

$$2MO_2 + H_2SO_4 = M_2SO_4 + H_2O_2 + O_2\uparrow$$

故像 Na_2O_2 一样，超氧化物也能除去 CO_2 和再生 O_2，也用于急救器中和潜水、登山等方面。

$$4KO_2 + 2CO_2 = 2K_2CO_3 + 3O_2\uparrow$$

三、氢氧化物

BeO 几乎不与水反应，MgO 与水缓慢反应生成相应的碱，其他 *s* 区元素的氧化物遇水都能发生剧烈反应，生成相应的碱。

$$M_2O+H_2O=2MOH$$

$$MO+H_2O=M(OH)_2$$

碱金属和碱土金属的氢氧化物都是白色固体。它们在空气中易吸水而潮解，故固体 NaOH 和 $Ca(OH)_2$常用作干燥剂。

碱金属的氢氧化物在水中都是易溶的，溶解时还放出大量的热。碱土金属的氢氧化物的溶解度则较小，其中 $Be(OH)_2$和 $Mg(OH)_2$是难溶的氢氧化物。现将碱金属和碱土金属氢氧化物的溶解度列于表 9-4 中。

碱金属、碱土金属的氢氧化物中，除 $Be(OH)_2$为两性氢氧化物外，其他的氢氧化物都是强碱或中强碱。其酸碱性强弱列于表 9-4 中。

氢氧化物是否有两性及酸碱性强弱取决于它本身的离解方式。如果以 ROH 表示氢氧化物，在水中它可以有如下两种离解方式：

$$R \vdots -OH \longrightarrow R^+ + OH^- \qquad \text{碱式离解}$$

$$R-O \vdots -H \longrightarrow RO^- + H^+ \qquad \text{酸式离解}$$

而氢氧化物的离解方式与阳离子 R 的极化作用有关。极化力的大小主要取决于离子 R^+的电荷数(Z)与半径(r)的比值。用离子势 ϕ 来表示：

$$\phi=Z/r$$

若阳离子 ϕ 值越大，也就是说，R^+静电作用越强，对 O 原子上的电子云的吸引力也就越强。

$$\overset{\frown}{R-O}\overset{\frown}{-H}$$

结果 O—H 键的极性越强，即共价键转变为离子键的倾向越大，这时 ROH 按酸式离解的趋势越大。反之，则 O—H 键的极性越弱，ROH 按酸式离解的趋势越小，而按碱式离解的趋势越大。据此，有人提出了用$\sqrt{\phi}$值（r 的单位为 pm）判断金属氢氧化物酸碱性的经验规则：

$\sqrt{\phi}<0.22$ 时　　氢氧化物呈碱性

$0.22<\sqrt{\phi}<0.32$ 时　　氢氧化物呈两性

$\sqrt{\phi}>0.32$ 时　　氢氧化物呈酸性

碱土金属氢氧化物的$\sqrt{\phi}$值也列于表 9-4，由此判断它们碱性的强弱与实验结果是一致的。

表 9-4　碱金属和碱土金属氢氧化物的溶解度和酸碱性

	LiOH	NaOH	KOH	RbOH	CsOH
溶解度/$(mol \cdot L^{-1})$	5.3	26.4	19.1	17.9	25.8
$\sqrt{\phi}$	0.13	0.10	0.087	0.082	0.077
碱　性	中强碱	强碱	强碱	强碱	强碱

碱性增强 →

	$Be(OH)_2$	$Mg(OH)_2$	$Ca(OH)_2$	$Sr(OH)_2$	$Ba(OH)_2$
溶解度/$(mol \cdot L^{-1})$	8×10^{-6}	5×10^{-4}	1.8×10^{-2}	6.7×10^{-2}	2×10^{-1}
$\sqrt{\phi}$	0.254	0.175	0.142	0.133	0.122
酸碱性	两性	中强碱	强碱	强碱	强碱

碱性增强 →

四、*s* 区元素在医药中的应用

1. 碳酸盐

碱金属的碳酸盐中，除碳酸锂外，其余均溶于水。除锂外，其他碱金属都能形成固态碳酸氢盐。例如：**碳酸氢钠俗称小苏打，它的水溶液呈弱碱性，常用于治疗胃酸过多和酸中毒。**它在空气中会慢慢分解生成碳酸钠，应密闭保存于干燥处。由于它与酒石酸氢钾在溶液中反应生成CO_2，它们的混合物是发酵粉的主要成分。

碱土金属的碳酸盐，除$BeCO_3$外，都难溶于水，但它们可溶于稀的强酸溶液中，并放出CO_2，故实验室中常用$CaCO_3$制备CO_2，除$BeCO_3$外的碱土金属的碳酸盐在通入过量CO_2的水溶液中，由于形成酸式碳酸盐而溶解：

$$MCO_3+CO_2+H_2O=M^{2+}+2HCO_3^- \qquad (M=Ca、Sr、Ba)$$

碳酸钙是石灰石、大理石的主要成分，也是中药珍珠、钟乳石、海蛤壳的主要成分。

碱土金属碳酸盐的热稳定性变化规律可以用离子极化的理论来说明：正离子极化力愈大，即Z/r值愈大，愈容易从CO_3^{2-}中夺取O^{2-}成为氧化物，同时放出CO_2，则碳酸盐热稳定性愈差。碱土金属按Be、Mg、Ca、Sr、Ba的次序(M^{2+})半径递增(电荷相同)，极化力递减，因此碳酸盐的热稳定性依次增强。

2. 硫酸盐

碱金属硫酸盐都易溶于水，其中以硫酸钠为最重要，**$Na_2SO_4\cdot 10H_2O$称为芒硝**，在空气中易风化脱水变为无水硫酸钠。**无水硫酸钠作中药用称为玄明粉**，为白色的粉末，有潮解性。在有机药物合成中，作为某些有机物的干燥剂。在医药上，**芒硝和玄明粉都用作缓泻剂，芒硝还有清热消肿作用。**

碱土金属的硫酸盐大都难溶于水，重要的硫酸盐有**硫酸钙的二水合物$CaSO_4\cdot 2H_2O$，俗称石膏，受热脱去部分水生成烧石膏(煅石膏、熟石膏)$CaSO_4\cdot \frac{1}{2}H_2O$。**

$$2CaSO_4\cdot 2H_2O=2CaSO_4\cdot \frac{1}{2}H_2O+3H_2O$$

这是一个可逆反应，当煅石膏与水混合成糊状时逐渐硬化重新生成生石膏，在医疗上用作石膏绷带。生石膏内服有清热泻火的功效。**熟石膏有解热消炎的作用，是中医治疗流行性乙型脑炎"白虎汤"的主药之一。**

硫酸镁($MgSO_4\cdot 7H_2O$)俗称泻盐，内服作缓泻剂和十二指肠引流剂。它的注射剂主要用于抗惊厥。**硫酸钡又叫重晶石**，它是唯一无毒的钡盐。有强烈的吸收X射线的能力。医药上常用于胃肠道X射线造影检查。

3. 氯化物

氯化钙是常用的钙盐之一，它的六水合物($CaCl_2\cdot 6H_2O$)和冰的混合物是实验室常用的制冷剂。无水氯化钙有强吸水性，是一种重要干燥剂，因氯化钙与氨或乙醇能生成加合物，所以不能干燥乙醇和氨气。氯化钡($BaCl_2\cdot 2H_2O$)是重要的可溶性钡盐，可用于医药、灭鼠剂和鉴定SO_4^{2-}离子的试剂。氯化钡有剧毒，切忌入口。钾、钠、钙是人体必需的组成元素，它们的盐类常作药用。氯化钠(NaCl)矿物药名为大青盐，是维持体液平衡的重要盐分，缺乏时会引起恶心、呕吐、衰竭和肌痉。故常把氯化钠配制成生理盐水(0.85%～0.9%)，供流血或失水过多的病人补充体液。氯化钾用于低血钾症及洋地黄中毒引起的心律不齐。氯化钙等用于治疗钙缺乏症，也可用于抗过敏药和消炎药。

五、对角线规则

在 s 区和 p 区元素中，除了同族元素的性质相似外，还有一些元素及其化合物的性质呈现出“对角线”相似性。**所谓对角线相似即ⅠA 族的 Li 与ⅡA 族的 Mg、ⅡA 族的 Be 与ⅢA 族的 Al、ⅢA 族的 B 与ⅣA 族的 Si，这三对元素在周期表中处于对角线位置：**

Li　Be　B　C

Na　Mg　Al　Si

相应的两元素及其化合物的化学性质有许多相似之处。这种相似性称为对角线规则。这里先讨论 Li 和 Mg 元素的相似性，Be 与 Al、B 与 Si 的相似性将在下一章里讨论。

锂与镁的相似性：锂、镁在过量的氧气中燃烧时并不生成过氧化物，而生成普通氧化物。锂和镁都能与氮和碳直接化合而生成氮化物和碳化物。锂和镁与水反应均较缓慢。锂和镁的氢氧化物是中强碱，溶解度都不大，在加热时可分别分解为 Li_2O 和 MgO。锂和镁的某些盐类和氟化物、碳酸盐、磷酸盐难溶于水。它们的碳酸盐在加热时均能分解为相应的氧化物和二氧化碳。

锂与镁既不属于同一周期，也不属于同一主族，结构上有明显差异，但两种元素及其化合物的性质具有相似性，这种对角线规则是从许多性质中总结出来的经验规律，是以实验现象和结果为基础的，所以认识事物首先要尊重客观事实，再从结构和理论上探究其本质原因，最终得出事物的规律。

药用氯化钠

氯化钠（NaCl）是维持人体正常生理功能不可缺少的物质，也是大青盐、秋石、紫硇砂等中药的主要成分。明代李时珍在《本草纲目》一书中指出：“盐为百病之主，百病无不用之。”一语道破了盐既可养生，又可致疾，亦可治病的辩证关系。对于盐的药用价值，中医有一整套以盐为内涵的防病、治病、疗伤、养身的医疗和保健方法，以盐入药，以盐制药，以盐治病，以盐养生，盐成为养生与治病的重要法宝。现代医学中，氯化钠在生命活动中发挥着举足轻重的作用，氯化钠作为体液中电解质补充药物，不仅能调节人体内水分均衡分布，维持细胞内外的渗透压，参与体内酸碱平衡的调节，而且与钾、钙离子协同作用，共同维持肌肉神经系统的兴奋性和心肌的正常结构与功能。努力推进中医药与现代医学的有机融合，深入挖掘新的药理活性和药用价值，不仅能够促进中医药理论的传承与发展，也可能为现代医学面临的一些困境带来新的契机和解决方案。

小　结

本章介绍了 s 区元素价层电子构型及ⅠA 族和ⅡA 族元素的基本性质：都是活泼性强的金属元素；化合物以离子键为特征；熔、沸点高；单质都是强还原剂。

本章介绍了 s 区元素常见的普通氧化物、过氧化物、超氧化物、氢氧化物的性质和重要盐类碳酸盐、硫酸盐、氯化物等的重要性质及在医药中的应用。

思考题

1. 金属钠着火时能否用水、二氧化碳、石棉毯和细砂扑救？为什么？

2. 有一份白色固体混合物，其中可能含有 KCl、$MgSO_4$、$BaCl_2$ 和 $CaCO_3$，试根据下列实验现象，判断混合物中有哪些物质？

(1) 混合物溶于水时得澄清溶液；

(2) 该溶液与碱反应时生成白色胶状沉淀；

(3) 该溶液的焰色反应呈紫色（隔钴玻片观察）。

3. 自然界中为何不存在碱金属单质及碱金属氢氧化物？

4. 实验室中如何保存碱金属 Li、Na、K？

5. 为什么 $BaSO_4$ 常用作胃肠道 X 光造影剂，而 $BaCO_3$ 绝不可以？

习　题

1. 为什么商品 NaOH 中常含有 Na_2CO_3？怎样简便地检验和除去？

2. 应用分子轨道理论描述下列每种物质的键级和磁性：

O_2　　O_2^-　　O_2^{2-}

3. Li 和 Mg 属于对角线元素，它们有什么相似性质？

4. 向一含有 Ba^{2+} 和 Ca^{2+}（浓度均为 $0.10mol \cdot L^{-1}$）的溶液中，滴加 Na_2SO_4 溶液。问：首先析出的沉淀是什么物质？通过计算说明能否将 Ba^{2+} 和 Ca^{2+} 分离（假设反应过程中溶液体积不变）。已知：$K_{sp}^{\ominus}(BaSO_4)=1.1\times10^{-10}$，$K_{sp}^{\ominus}(CaSO_4)=9.1\times10^{-6}$。

第十章
p 区元素

扫一扫，查阅本章数字资源，含PPT、音视频、图片等

【学习要求】

1. 熟悉 p 区各族元素通性、元素性质与其电子层结构的关系。
2. 掌握卤素、O、S、N、P、As、Bi、C、Si、Sn、Pb、B 元素重要化合物的基本性质。
3. 了解 p 区元素在医药中的应用。

p 区元素位于周期表的右侧，包括ⅢA～ⅧA 族元素，也叫零族元素。周期表中的非金属元素，除氢外，其余都集中在 p 区。ⅦA 族是完整的典型非金属，其他各族都是由典型的非金属元素过渡到典型金属元素。本章主要介绍 p 区元素中的一部分。

第一节　卤族元素

一、卤族元素的通性

周期表中第ⅦA 族通称卤族元素，简称卤素，包括氟、氯、溴、碘和砹五种元素。希腊原文意思是成盐元素。

卤族元素的基本性质汇列于表 10-1 中。

表 10-1　卤族元素的一些基本性质

性　质	元　素			
	氟	氯	溴	碘
元素符号	F	Cl	Br	I
原子序数	9	17	35	53
相对原子质量	18.99	35.45	79.90	126.9
价电子层结构	$2s^22p^5$	$3s^23p^5$	$4s^24p^5$	$5s^25p^5$
共价半径/pm	64	99	114	133
离子半径/pm	136	181	196	216
电子亲和势/kJ·mol^{-1}	322	348.7	324.5	295
第一电离势/kJ·mol^{-1}	1682	1251	1140	1008
电负性	3.98	3.16	2.96	2.66
主要氧化值	−1,0	−1,0,+1,+3,+5,+7	−1,0,+1,+3,+5,+7	−1,0,+1,+3,+5,+7
X^-的水合能/kJ·mol^{-1}	−507	−368	−335	−293

卤素是各周期中原子半径最小，电负性、电子亲和势和第一电离势(除稀有气体)最大的元素，因而**卤素是同周期中最活泼的非金属元素**。

卤素原子的价电子构型为 ns^2np^5，比稀有气体的稳定电子层构型只缺少一个电子，在化学反应中卤素原子都有夺取一个电子，成为卤素离子 X^- 的强烈倾向。形成－1 氧化值，是本族元素最为显著的成键特征。除氟外，氯、溴、碘均可显示出正氧化值，当这些元素与电负性更大的元素化合时，拆开成对的 ns 电子和 np 电子，激发进入 nd 空轨道。每拆开一对电子，可形成两个共价键，故这些元素均可形成＋1、＋3、＋5、＋7 氧化值的化合物。

卤素单质都是非极性双原子分子，分子间靠色散力相结合，易溶于有机溶剂。它们的熔点、沸点、密度等由 $F_2 \rightarrow I_2$ 随分子间色散力的增大而增大。

卤素单质最突出的化学性质是它们的强氧化性。随着原子半径的增大，卤素单质的氧化能力依次减弱。

卤素的元素电势图如下：

$E_A^\ominus/V$

$$\frac{1}{2}F_2 \xrightarrow{+3.05} HF$$

$$ClO_4^- \xrightarrow{+1.19} ClO_3^- \xrightarrow{+1.21} HClO_2 \xrightarrow{+1.645} HClO \xrightarrow{+1.63} Cl_2 \xrightarrow{+1.3583} Cl^-$$

$ClO_3^- \xrightarrow{+1.15} ClO_2 \xrightarrow{+1.277} HClO_2$；$HClO \xrightarrow{+1.482} Cl^-$；$ClO_3^- \xrightarrow{+1.47} Cl_2$；$ClO_3^- \xrightarrow{+1.45} Cl^-$；$ClO_4^- \xrightarrow{+1.34} Cl^-$

$$BrO_4^- \xrightarrow{+1.76} BrO_3^- \xrightarrow{+1.49} HBrO \xrightarrow{+1.596} Br_2 \xrightarrow{+1.066} Br^-$$

$HBrO \xrightarrow{+1.13} Br^-$；$BrO_3^- \xrightarrow{+1.52} Br_2$；$BrO_3^- \xrightarrow{+1.48} Br^-$

$$H_5IO_6 \xrightarrow{\text{约}+1.7} IO_3^- \xrightarrow{+1.13} HIO \xrightarrow{+1.45} I_2 \xrightarrow{+0.5355} I^-$$

$HIO \xrightarrow{+0.99} I^-$；$IO_3^- \xrightarrow{+1.20} I_2$；$IO_3^- \xrightarrow{+1.09} I^-$

$E_B^\ominus/V$

$$ClO_4^- \xrightarrow{+0.36} ClO_3^- \xrightarrow{+0.33} ClO_2^- \xrightarrow{+0.66} ClO^- \xrightarrow{+0.40} Cl_2 \xrightarrow{+1.3583} Cl^-$$

$ClO_3^- \xrightarrow{-0.50} ClO_2 \xrightarrow{+0.954} ClO_2^-$；$ClO_3^- \xrightarrow{+0.50} ClO^-$；$ClO^- \xrightarrow{+0.89} Cl^-$

$$BrO_4^- \xrightarrow{+0.93} BrO_3^- \xrightarrow{+0.54} BrO^- \xrightarrow{+0.45} Br_2 \xrightarrow{+1.066} Br^-$$

$BrO_3^- \xrightarrow{+0.61} Br^-$；$BrO^- \xrightarrow{+0.76} Br^-$

$$H_3IO_6^{2-} \xrightarrow{+0.70} IO_3^- \xrightarrow{+0.56} IO^- \xrightarrow{+0.45} I_2 \xrightarrow{+0.5355} I^-$$

$IO_3^- \xrightarrow{+0.26} I^-$；$IO^- \xrightarrow{+0.49} I^-$

二、重要化合物

（一）卤化氢和氢卤酸

卤化氢都是具有刺激性气味的无色气体，它们是共价型的极性分子，极易溶于水形成氢卤酸，在空气中与水蒸气结合形成细小的酸雾而发烟。

卤化氢有较高的热稳定性，对热的稳定性按 HF—HCl—HBr—HI 的顺序下降。

卤化氢的熔、沸点按 HI—HBr—HCl 顺序逐渐降低，但 HF 异常，这是由于 HF 分子间存在着氢键缔合作用。

氢卤酸在水溶液中可以电离出氢离子和卤素离子，因此酸性和卤素离子的还原性是卤化氢的主要化学性质。

氢卤酸（除氢氟酸外）都是强酸。氢氟酸因具有特别大的键能而呈现弱酸性（298K，$K_a^{\ominus}=6.61\times10^{-4}$），当浓度大于 $5mol\cdot L^{-1}$时，氢氟酸是一强酸。

氢卤酸具有还原性，随 HX 热稳定性的依次下降，其还原能力按 HF—HCl—HBr—HI 的顺序增加。例如浓硫酸能氧化溴化氢和碘化氢，但不能氧化氟化氢和氯化氢。

$$2HBr+H_2SO_4(浓)=Br_2+SO_2\uparrow+2H_2O$$

$$8HI+H_2SO_4(浓)=4I_2+H_2S\uparrow+4H_2O$$

氢氟酸可以刻蚀玻璃，溶解硅酸盐矿石。

$$SiO_2+4HF=SiF_4\uparrow+2H_2O$$

因此，氢氟酸不宜贮存于玻璃器皿中，通常盛于聚乙烯塑料容器里。卤素和氢卤酸均有毒，能强烈刺激呼吸系统。液态溴和氢氟酸与皮肤接触易引起难以治愈的灼伤，使用时应注意安全。如发现皮肤沾有氢氟酸，应立即用大量氨水或清水冲洗。

（二）卤化物和多卤化物

卤素与电负性比它小的元素形成的化合物称为卤化物。卤化物可分为金属卤化物和非金属卤化物，按卤化物的化学键型，也可大体分为离子型卤化物和共价型卤化物两大类型。低价态的金属离子与卤素形成离子型卤化物，如 KCl、$CaCl_2$、$FeCl_2$ 等。离子型卤化物，具有较高的熔点和沸点，能溶于极性溶剂。非金属元素和高价态的金属离子与卤素形成共价型卤化物，如 $AlCl_3$、CCl_4、$TiCl_4$、PCl_3等。共价型卤化物具有较低的溶、沸点。有些共价型卤化物遇水发生水解反应，如卤化磷水解得到氢卤酸。

$$PX_3+3H_2O=H_3PO_3+3HX$$

这个方法可用于实验室中制备 HBr 和 HI。金属离子的极化力越强，卤素离子的变形性越大，相应卤化物的共价性就越强。离子型卤化物和共价型卤化物之间没有严格的界限，如 $FeCl_2$ 在 950K 以上才能熔化，显离子性；而 $FeCl_3$易挥发、易水解，熔点在 555K 以下，具共价键型特征，而熔融状态的 $FeCl_3$表现出导电性，却属离子键型特征。

金属卤化物能与卤素单质或卤素互化物加合生成多卤化物，例如：

$$KI+I_2=KI_3$$

配制药用碘酒（碘酊）时，加入适量的 KI 可使碘的溶解度增大，保持了碘的消毒杀菌作用。

（三）卤素含氧酸及其盐

氯、溴和碘可以形成四种类型的含氧酸，分别为次卤酸（HXO）、亚卤酸（HXO_2）、卤酸（HXO_3）和高卤酸（HXO_4），见表 10-2。

表 10-2 卤素的含氧酸

名 称	氯	溴	碘
次卤酸	HClO*	HBrO*	HIO*
亚卤酸	$HClO_2^*$	$HBrO_2^*$	
卤 酸	$HClO_3^*$	$HBrO_3^*$	HIO_3
高卤酸	$HClO_4^*$	$HBrO_4^*$	HIO_4、H_5IO_6

* 表示含氧酸仅存在于溶液中。

所有卤素的含氧酸根离子中，卤素原子为 sp^3 杂化，由于不同氧化值的卤素原子结合的氧原子数不同，酸根离子的形状也各不相同。XO^- 为直线形，XO_2^- 为角形，XO_3^- 为三角锥形，XO_4^- 为四面体形(图 10-1)。

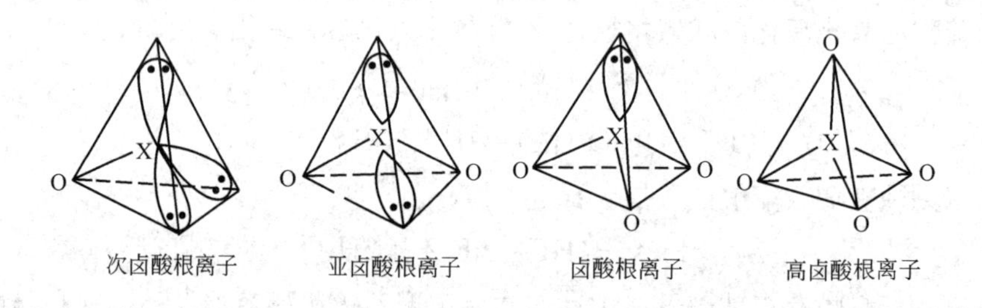

图 10-1 卤素含氧酸根离子的结构

1. 次卤酸及其盐

次卤酸都是弱酸，随卤素原子电负性减小其酸性减弱，它们的电离常数分别为：

	HClO	HBrO	HIO
$K_a^\ominus$	3.16×10^{-8}	2.40×10^{-9}	2.29×10^{-11}

由于次卤酸酸根离子对称性较差，**次卤酸极不稳定**，仅能存在于水溶液中，在室温按下列两种方式进行分解：

$$2HXO=2HX+O_2 \quad (1)$$

$$3HXO=2HX+HXO_3 \quad (2)$$

在光照下，HXO 的分解几乎按(1)式进行，所以 **HXO 都是强氧化剂**。氯水、漂白粉的漂白杀菌能力都与此分解反应有关。加热能促进 HXO 按(2)式发生歧化分解反应。

由电势图可看出，在酸性介质中，仅次氯酸根会发生歧化反应。在碱性介质中，卤素单质发生歧化反应生成 XO^- 离子。

$$X_2+2OH^-=X^-+XO^-+H_2O$$

XO^- 离子易进一步歧化生成 XO_3^- 离子。

$$3XO^-=2X^-+XO_3^-$$

ClO^- 离子在室温和低于室温时歧化反应速率很小，在 348K 左右歧化反应速率很大。因此氯气与碱溶液作用，在室温或低于室温时，产物是次氯酸盐，在高于 348K 时产物是氯酸盐。BrO^- 离子在室温时具有中等程度的歧化速率，只有在 273K 左右才能制备和保存 BrO^- 离子，若在

323K 以上时，全部歧化为 BrO_3^-。在任何温度下 IO^- 离子的歧化速率都非常大，因此碘与碱溶液作用只能得到 IO_3^- 离子。

$$3I_2 + 6OH^- = 5I^- + IO_3^- + 3H_2O$$

次卤酸盐中比较重要的是次氯酸盐。将氯气通入 $Ca(OH)_2$ 中，可制得漂白粉。次氯酸钙 $Ca(ClO)_2$ 是漂白粉的有效成分。

$$2Cl_2 + 2Ca(OH)_2 = Ca(ClO)_2 + CaCl_2 + 2H_2O$$

2. 卤酸及其盐

卤酸比次卤酸稳定，常温下氯酸和溴酸只能存在于稀溶液中，浓度较高时剧烈分解。碘酸为白色晶体，常温下较为稳定。

卤酸都是强酸，其酸性按 $HClO_3$—$HBrO_3$—HIO_3 的顺序依次减弱。

卤酸的浓溶液都是强氧化剂，其中以溴酸的氧化性最强，相应电对的标准电极电势为：$E^\ominus(ClO_3^-/Cl_2) = 1.47V$，$E^\ominus(BrO_3^-/Br_2) = 1.52V$，$E^\ominus(IO_3^-/I_2) = 1.20V$，所以碘能从溴酸盐和氯酸盐的酸性溶液中置换出 Br_2 和 Cl_2，氯能从溴酸盐中置换出 Br_2。

$$2HClO_3 + I_2 = 2HIO_3 + Cl_2\uparrow$$

$$2HBrO_3 + I_2 = 2HIO_3 + Br_2\uparrow$$

$$2HBrO_3 + Cl_2 = 2HClO_3 + Br_2\uparrow$$

卤酸盐的**热稳定性**皆高于相应的酸。它们在水溶液中氧化能力较弱，在酸性溶液中都是强氧化剂。其中最为重要的是氯酸钾，氯酸钾大量用于制造火柴、信号弹、焰火等。

卤酸盐的热分解反应较为复杂，如氯酸钾在催化剂的影响下和不同的温度时分解方式不同。

$$2KClO_3 \xlongequal[MnO_2]{200℃左右} 2KCl + 3O_2\uparrow$$

$$4KClO_3 \xlongequal{480℃左右} 3KClO_4 + KCl\uparrow$$

3. 高卤酸及其盐

高氯酸是无机酸中最强的酸。纯高氯酸不稳定，在贮藏过程中可能会发生爆炸，市售试剂为70%溶液。浓热的高氯酸氧化性很强，遇到有机化合物会发生爆炸性反应。而稀冷的高氯酸溶液氧化能力极弱。

由于高卤酸根离子结构对称（四面体结构），所以高卤酸盐较为稳定，如 $KClO_4$ 的分解温度高于 $KClO_3$，用 $KClO_4$ 制成的炸药称“安全炸药”。

高碘酸通常有两种形式，正高碘酸 H_5IO_6 和偏高碘酸 HIO_4。高碘酸的氧化性比高氯酸强，在酸性溶液中可将 Mn^{2+} 离子氧化为紫红色的 MnO_4^-，反应既迅速又平稳，分析化学中常把 IO_4^- 当作稳定的强氧化剂使用。

$$2Mn^{2+} + 5IO_4^- + 3H_2O = 2MnO_4^- + 5IO_3^- + 6H^+$$

第二节　氧族元素

一、氧族元素的通性

周期表中第ⅥA 族通称氧族元素，包括氧、硫、硒、碲、钋五种元素。氧族元素与卤素相比非金属性减弱。氧和硫为非金属，硒和碲为准金属，钋是具放射性金属。氧族元素的一些基本性质汇列于表 10-3 中。

表 10-3　氧族元素的基本性质

性　质	元　素				
	氧	硫	硒	碲	钋
元素符号	O	S	Se	Te	Po
原子序数	8	16	34	52	84
相对原子质量	15.99	32.06	78.96	127.6	(209)
价电子层结构	$2s^22p^4$	$3s^23p^4$	$4s^24p^4$	$5s^25p^4$	$6s^26p^4$
共价半径/pm	66	104	117	137	146
离子半径/pm	140	184	198	221	—
第一电离势/(kJ·mol^{-1})	1314	1000	941	869	812
第一电子亲和势/(kJ·mol^{-1})	141	200.4	195	190.1	(180)
电负性	3.44	2.58	2.55	2.10	2.00
主要氧化值	−2,−1,0	−2,0,+2,+4,+6	−2,0,+2,+4,+6	−2,0,+2,+4,+6	—

氧族元素的价电子构型为 ns^2np^4，其原子有获得两个电子或与其他元素共用四个电子，形成稀有气体原子结构的趋势，它们的常见氧化值为−2。硫、硒、碲能显正氧化值，当同电负性大的元素结合时，它们价电子层中的空 nd 轨道也可参加成键，所以这些元素可显示+2、+4、+6 氧化值。

氧、硫元素的电势图如下：

$E_A^\ominus$/V

$$O_3 \xrightarrow{+2.076} O_2 \xrightarrow{+0.695} H_2O_2 \xrightarrow{+1.776} H_2O \quad (O_2 \xrightarrow{+1.23} H_2O)$$

$$S_2O_8^{2-} \xrightarrow{+2.01} SO_4^{2-} \xrightarrow{+0.2172} H_2SO_3 \xrightarrow{-0.056} HS_2O_4^- \xrightarrow{+0.88} S_2O_3^{2-} \xrightarrow{+0.50} S \xrightarrow{+0.14} H_2S$$

$$H_2SO_3 \xrightarrow{+0.51} S_4O_8^- \xrightarrow{+0.08} S_2O_3^{2-};\quad H_2SO_3 \xrightarrow{+0.40} S_2O_3^{2-};\quad H_2SO_3 \xrightarrow{+0.45} S$$

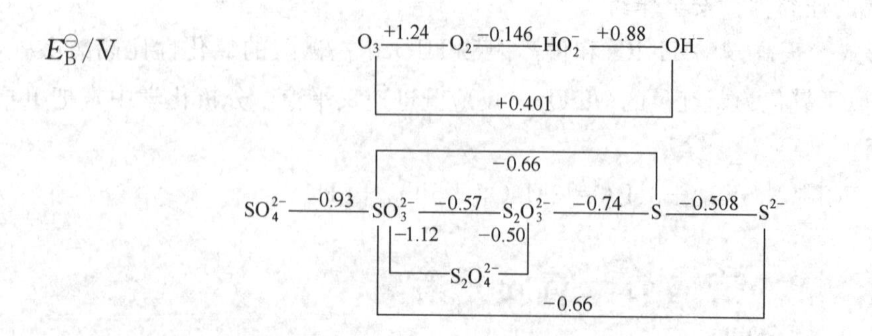

二、重要化合物

（一）过氧化氢

纯的过氧化氢(H_2O_2)是一种淡蓝色的黏稠液体，可与水以任意比例互溶。过氧化氢的水溶液又称双氧水，含量在 3%～30%之间。

过氧化氢的分子结构如图 10-2 所示。分子中有一个过氧链(—O—O—)，过氧链两端的氧原子上各连着一个氢原子。每个氧原子都是采取不等性 sp^3 杂化，过氧化氢分子不是直线形结构，它的几何构型可以形象地看作是一本半敞开的书，过氧链在书本的夹缝上，两个氢原子在两页纸平面上。

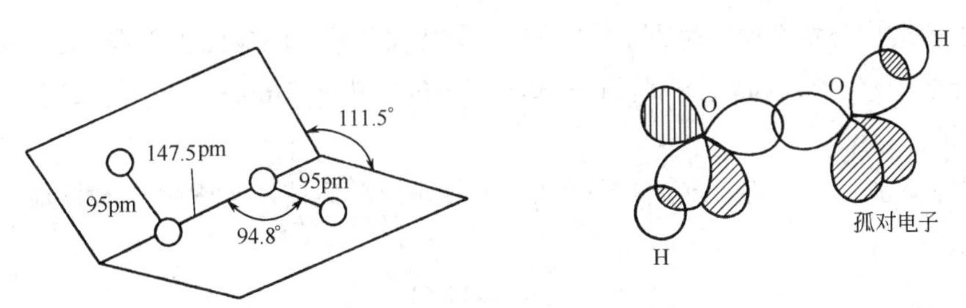

图 10-2　过氧化氢的分子结构

过氧化氢的化学性质与其结构密切相关，主要是不稳定性、弱酸性和氧化还原性。

H_2O_2分子中的过氧链—O—O—不稳定，所以 H_2O_2 的热稳定性差，容易分解，在较低温度下即可分解放出 O_2，高温下 H_2O_2剧烈分解甚至发生爆炸。

$$2H_2O_2 = 2H_2O + O_2$$

光照，碱性介质和少量重金属离子的存在，都将大大加快其分解速度。在实验室里常把过氧化氢避光保存在阴凉条件下的棕色瓶或塑料容器中。

过氧化氢分子中含有两个氢原子，可以分别电离，为二元弱酸。

$$H_2O_2 = H^+ + HO_2^- \qquad K_{a_1}^{\ominus} = 2.24 \times 10^{-12}$$

它能与碱作用生成盐，所生成的盐称为过氧化物。

过氧化氢中氧的氧化值为−1，因此它既有氧化性又有还原性。由氧的电势图可知，H_2O_2在碱性介质中是中等强度氧化剂，在酸性溶液中是一种强氧化剂。当遇到强氧化剂时，H_2O_2表现出还原性。

$$H_2O_2 + 2H^+ + 2Fe^{2+} = 2H_2O + 2Fe^{3+}$$

$$3H_2O_2 + 2CrO_2^- + 2OH^- = 2CrO_4^{2-} + 4H_2O$$

$$2KMnO_4 + 5H_2O_2 + 3H_2SO_4 = 2MnSO_4 + 5O_2 + K_2SO_4 + 8H_2O$$

利用 H_2O_2 的氧化性可以漂白丝、毛织物和油画，H_2O_2 可使黑色的 PbS 氧化为白色的 $PbSO_4$：

$$PbS + 4H_2O_2 = PbSO_4 + 4H_2O$$

过氧化氢的定性鉴定方法(《中国药典》法）是利用它在酸性溶液中能与 $K_2Cr_2O_7$ 作用生成蓝紫色过氧化铬的反应。

$$4H_2O_2 + Cr_2O_7^{2-} + 2H^+ = 2CrO_5 + 5H_2O$$

过氧化铬的结构为：

```
      O
      ‖
O     ‖     O
 |    Cr    |
O           O
```

CrO_5因含有两个过氧链，在水溶液中不稳定，易分解。若将 CrO_5萃取到乙醚层中，便可稳定存在。利用此反应可检验 Cr（Ⅵ）或 H_2O_2 的存在。

（二）硫化氢和金属硫化物

1. 硫化氢

硫化氢是无色，有臭鸡蛋味的有毒气体。空气中如含有 0.1%的 H_2S 就会引起头疼、晕眩等症状。吸入较多 H_2S 会造成昏迷甚至死亡。

H_2S 分子的结构与水类似，呈 V 形，它是一个极性分子，但极性弱于水分子。

硫化氢能溶于水，常温时饱和的 H_2S 水溶液浓度约为 $0.1mol \cdot L^{-1}$，其水溶液称为氢硫酸，是一种二元弱酸。

硫化氢具有较强的还原性，能被空气中的 O_2 氧化成单质硫，与强氧化剂反应时，可被氧化为硫酸。

$$2H_2S + O_2 = 2H_2O + 2S\downarrow$$

$$4Cl_2 + H_2S + 4H_2O = H_2SO_4 + 8HCl$$

2. 金属硫化物

电负性较硫小的元素与硫形成的化合物称为硫化物，其中绝大多数为金属硫化物。**难溶性和水解性是金属硫化物的两大特征。**

由于 S^{2-} 离子是弱酸根离子，生成的盐类都有一定的水解性。

$$Na_2S + H_2O = NaHS + NaOH$$

高价金属硫化物几乎完全水解：

$$Al_2S_3 + 6H_2O = 2Al(OH)_3\downarrow + 3H_2S\uparrow$$

在金属硫化物中，碱金属硫化物和硫化铵是易溶于水的，其余大多数硫化物都是难溶于水，并具有特征颜色的固体。难溶金属硫化物在酸中的溶解情况与溶度积常数的大小有一定关系。可用控制溶液酸度的方法使一些金属硫化物溶解。$K_{sp}^{\ominus}$ 较大的金属硫化物如 MnS、CoS、ZnS 等可溶于盐酸。$K_{sp}^{\ominus}$ 较小的金属硫化物如 CuS、Ag_2S、PbS 等，能溶于硝酸。$K_{sp}^{\ominus}$ 非常小的 HgS 只能溶于王水。

$$ZnS + 2HCl = ZnCl_2 + H_2S\uparrow$$

$$3CuS + 2NO_3^- + 8H^+ = 3Cu^{2+} + 3S\downarrow + 2NO\uparrow + 4H_2O$$

$$3HgS + 2HNO_3 + 12HCl = 3[HgCl_4]^{2-} + 6H^+ + 3S\downarrow + 2NO\uparrow + 4H_2O$$

药物制造上，常利用金属硫化物的不同溶解性及特征颜色，鉴别、分离和判断重金属离子的含量限度。

（三）硫的含氧酸及其盐

硫能形成多种含氧酸，但许多不能以自由酸的形式存在，只能以盐的形式存在，见表 10-4。

表 10-4　硫的重要含氧酸

名　称	化学式	硫的氧化值	结 构 式	存在形式
亚硫酸	H_2SO_3	+4	HO—S(=O)—OH	盐
焦亚硫酸	$H_2S_2O_5$	+4	HO—S(=O)—O—S(=O)—OH	盐
连二亚硫酸	$H_2S_2O_4$	+3	HO—S(=O)—S(=O)—OH	盐

续表

名　称	化学式	硫的氧化值	结 构 式	存在形式
硫酸	H_2SO_4	+6	$\mathrm{HO-\overset{O}{\underset{O}{S}}-OH}$	酸、盐
焦硫酸	$H_2S_2O_7$	+6	$\mathrm{HO-\overset{O}{\underset{O}{S}}-O-\overset{O}{\underset{O}{S}}-OH}$	酸、盐
硫代硫酸	$H_2S_2O_3$	+2	$\mathrm{HO-\overset{S}{\underset{O}{S}}-OH}$	盐
连硫酸	$H_2S_xO_6$ (x=2～6)	—	$\mathrm{HO-\overset{O}{\underset{O}{S}}-S_x-\overset{O}{\underset{O}{S}}-OH}$ (x=0～4)	盐
过一硫酸	H_2SO_5	+8	$\mathrm{HO-O-\overset{O}{\underset{O}{S}}-OH}$	酸、盐
过二硫酸	$H_2S_2O_8$	+7	$\mathrm{HO-\overset{O}{\underset{O}{S}}-O-O-\overset{O}{\underset{O}{S}}-OH}$	酸、盐

1. 亚硫酸及其盐

二氧化硫溶于水，水溶液称为亚硫酸 H_2SO_3。H_2SO_3不能从水溶液中被分离出来，在水中存在下列平衡关系：

$$SO_2+H_2O \rightleftharpoons H_2SO_3 \rightleftharpoons H^+ + HSO_3^- \qquad K_{a_1}^{\ominus}=1.26\times10^{-2}$$

$$HSO_3^- \rightleftharpoons H^+ + SO_3^{2-} \qquad K_{a_2}^{\ominus}=6.31\times10^{-8}$$

亚硫酸是二元中强酸，可以形成它的正盐和酸式盐。

亚硫酸及盐中硫的氧化值为+4，因此它们既有氧化性又有还原性，通常以还原性为主，产物为 SO_4^{2-}。

$$Na_2SO_3+Cl_2+H_2O = Na_2SO_4+2HCl$$

这一反应在医药中可作为卤素中毒的解除剂。亚硫酸钠很容易被空气中的氧氧化。亚硫酸钠常作为抗氧剂用于注射剂中，以保护药品中的主要成分不被氧化。

$$2Na_2SO_3+O_2 = 2Na_2SO_4$$

只有遇到强还原剂时，亚硫酸及其盐才表现出氧化性。

$$SO_3^{2-}+2H_2S+2H^+ = 3S\downarrow+3H_2O$$

2. 硫酸及其盐

纯硫酸是无色的油状液体，凝固点为 283.4K，常压下能组成恒沸溶液，沸点为 611K（质量分数为 98%）。

硫酸分子的结构如图 10-3 所示。

中心硫原子，采用不等性 sp^3 杂化与两个羟基氧形成 σ 键，两个非羟基氧原子分别接受了硫

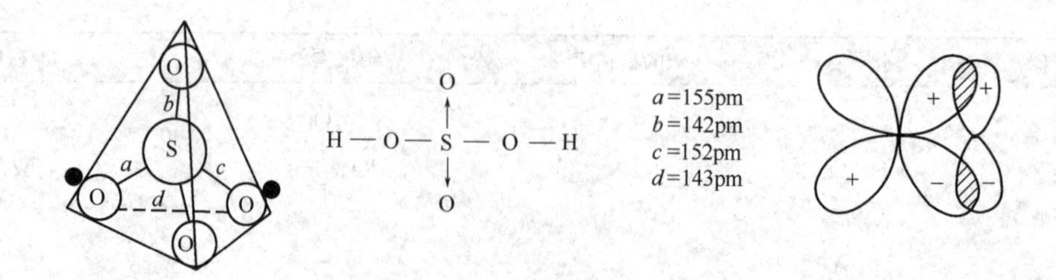

图 10-3 硫酸分子结构和（p-d）π 配键

原子的电子对形成 S→O 的 σ 配键，这四个 σ 键构成硫酸分子的四面体骨架。与此同时，中心硫原子空的 $3d$ 轨道与氧原子的含电子对的 $2p$ 轨道相互重叠，形成附加的(p-d)π 配键，使 S—O 键具有某种程度的双键性质。

晶体硫酸是每个硫氧四面体通过氢键连接而成的波纹形层状结构。在浓硫酸中，这种氢键仍然存在，导致硫酸具有黏滞性。(图 10-4)

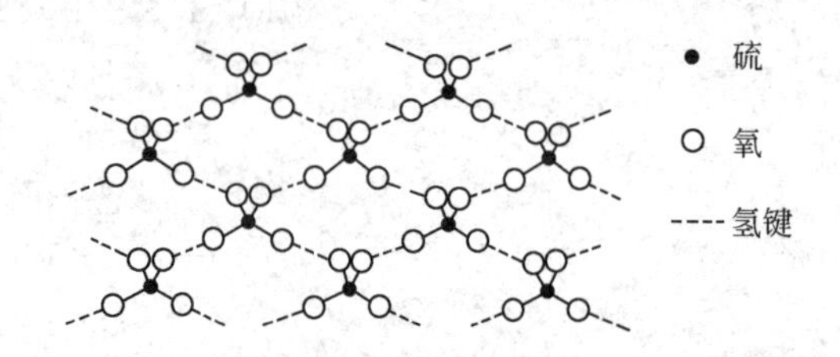

图 10-4 硫酸的晶体结构

硫酸是二元强酸，第二步是部分电离（$K_{a_2}^{\ominus}=1.20\times10^{-2}$）。

稀硫酸具有一般酸的通性，它的氧化性是 H_2SO_4 中 H^+ 离子的作用，这和浓硫酸的氧化性是有区别的。在浓硫酸中基本上是以 H_2SO_4 分子的形成存在。

浓硫酸具有氧化性，加热时氧化性增强。可以氧化许多金属(Au、Pt 除外)和非金属，被还原为 SO_2，在与过量的强还原剂作用时，可被还原为 S 甚至 H_2S。

$$C+2H_2SO_4(浓)=CO_2+2SO_2+2H_2O$$

$$3Zn+4H_2SO_4(浓)=3ZnSO_4+S+4H_2O$$

浓硫酸能与水生成一系列稳定的水合物，所以浓 H_2SO_4 有强烈的吸水性，是工业和实验室中常用的干燥剂，能干燥不与它起反应的氯气、氢气和二氧化碳等气体。

浓硫酸具有强的脱水性，能从糖类等有机化合物中脱除与水分子组成相当的氢和氧，使这些有机物炭化。浓 H_2SO_4 能严重地破坏动植物的组织，使用时必须注意安全。

硫酸可以形成两种类型的盐，正盐和酸式盐。只有碱金属能形成稳定的固态酸式硫酸盐。酸式盐受热易脱水生成焦硫酸盐，强烈受热时分解为正盐和 SO_3。

$$2KHSO_4=K_2S_2O_7+H_2O$$

3. 硫代硫酸及其盐

“代酸”是指氧原子被其他原子所取代的含氧酸，硫代硫酸就是硫酸中的一个氧原子被硫原子所取代。**硫代硫酸($H_2S_2O_3$)极不稳定**，只能存在于 175K 以下，但它的盐却能稳定存在。其中最重要的是硫代硫酸钠 $Na_2S_2O_3\cdot5H_2O$，俗称海波或大苏打。

硫代硫酸钠是无色透明的柱状结晶，易溶于水，溶液因 $S_2O_3^{2-}$ 水解而呈弱碱性。

硫代硫酸钠在中性、碱性溶液中很稳定，在酸性溶液中迅速分解，得到$Na_2S_2O_3$的分解产物。

$$Na_2S_2O_3 + 2HCl = 2NaCl + S\downarrow + SO_2\uparrow + H_2O$$

由于生成具有高度杀菌能力的 S 和 SO_2，医学上可用来治疗疥疮。定影液遇酸失效，也是基于此反应。

$Na_2S_2O_3$是一个中等强度的还原剂，如碘可将它氧化为连四硫酸钠。这个反应是定量分析中碘量法的基础。

$$2Na_2S_2O_3 + I_2 = Na_2S_4O_6 + 2NaI$$

$Na_2S_2O_3$若遇到 Cl_2、Br_2等强氧化剂可被氧化为硫酸，故硫代硫酸钠常作为脱氯剂用于纺织和造纸工业上。

$$Na_2S_2O_3 + 4Cl_2 + 5H_2O = 2H_2SO_4 + 2NaCl + 6HCl$$

$S_2O_3^{2-}$离子有非常强的配合能力，它可与一些金属生成稳定的配离子。

$$2S_2O_3^{2-} + AgBr = [Ag(S_2O_3)_2]^{3-} + Br^-$$

照相术上用它作为定影液，溶去照相底片上未感光的 AgBr。

4. 过二硫酸及其盐

含有过氧链的硫的含氧酸称为过氧硫酸，简称过硫酸。过二硫酸 $H_2S_2O_8$可以看成是过氧化氢中的两个氢原子同时被两个磺酸基($-SO_3H$)取代的产物。

过二硫酸是白色结晶，化学性质与浓硫酸相似。过二硫酸有极强的氧化性，能使纸张炭化。

常用的过二硫酸盐有 $K_2S_2O_8$和$(NH_4)_2S_2O_8$。所有的过二硫酸盐都是强氧化剂，相应电对的标准电极电势为：$E^\ominus(S_2O_8^{2-}/SO_4^{2-}) = 2.01V$。在 Ag^+离子的催化作用下，它们可以在酸性介质中将无色的 Mn^{2+}离子氧化为紫色的 MnO_4^-，故可用于鉴定 Mn^{2+}离子。

$$2Mn^{2+} + 5S_2O_8^{2-} + 8H_2O \xlongequal{Ag^+} 2MnO_4^- + 10SO_4^{2-} + 16H^+$$

第三节　氮族元素

一、氮族元素的通性

周期表中第ⅤA 族通称氮族元素，包括氮、磷、砷、锑、铋五种元素。氮和磷是典型的非金属，砷和锑为半金属，铋为金属元素，本族元素表现出从典型非金属元素到典型金属元素的完整过渡。氮族元素的一些基本性质汇列于表 10-5 中。

表 10-5　氮族元素的基本性质

性　质	元　素				
	氮	磷	砷	锑	铋
元素符号	N	P	As	Sb	Bi
原子序数	7	5	33	51	83
相对原子质量	14.01	30.97	74.92	121.75	208.98
价电子层结构	$2s^22p^3$	$3s^23p^3$	$4s^24p^3$	$5s^25p^3$	$6s^26p^3$
共价半径/pm	70	110	121	141	146
第一电离势/(kJ·mol⁻¹)	1402	1012	944	832	703
第一电子亲和势/(kJ·mol⁻¹)	−58	74	77	101	100
电负性	3.04	2.19	2.18	2.05	2.02

续表

性　质	元　素				
	氮	磷	砷	锑	铋
主要氧化值	±1,±2,±3, +4,+5	−3,+3, +5	−3,+3, +5	+3,(−3), +5	+3,(−3), +5

氮族元素的价电子构型为 ns^2np^3。由于氮族元素最外层有5个电子，价电子层中具有半充满的 p 轨道，其结构比较稳定，电离势较高，因此形成共价化合物，是本族元素的特征。氮、磷主要形成氧化值为+5的化合物，砷和锑氧化值为+5和+3的化合物都是最常见的，而氧化值为+3的铋化合物要比氧化值为+5的化合物要稳定得多，因为氧化值为+5的化合物有很强的氧化性。

这种自上而下低氧化值比高氧值化合物稳定的现象，在化学上称为惰性电子对效应（inertia electron pair effect）。这种现象常归因于 ns^2 电子对由上至下稳定性增加，不易参与成键，成为“惰性电子对”。

二、重要化合物

（一）氨和铵盐

1. 氨

在氨分子中，氮原子采取不等性 sp^3 杂化，分子呈三角锥形。

氨在常温下是一种有刺激性气味的无色气体。它极易溶于水，在293K时1体积水可溶解700体积氨。溶有氨的水溶液通常称为氨水，氨有较大极性，同时在液态和固态 NH_3 分子间还存在氢键，所以在同族各元素 MH_3 型氢化物中，NH_3 具有相对最高的凝固点、熔点、沸点、溶解度。氨在常温下加压易液化，同时液态氨具有较大的蒸发热，常用它来作冷冻机的循环致冷剂。

液氨和水一样，是许多无机物、有机物以及碱金属的优良溶剂。

氨水可以电离，但电离程度很小，在298K只有1.3%电离，是常用的弱碱。氨水溶液中存在下列平衡：

$$NH_3+H_2O \rightleftharpoons NH_3\cdot H_2O \rightleftharpoons NH_4^+ +OH^-$$

氨具有还原性。在一定的条件下能被多种氧化剂氧化，生成氮气或氧化值较高的氮的化合物。例如：

$$3Cl_2+2NH_3=6HCl+N_2$$

氨分子中的氮原子上含有孤电子对，氨作为路易士碱，能与许多含有空轨道的分子或离子形成各种形式的加合物。如氨能和银离子形成氨配合物$[Ag(NH_3)_2]^+$。

氨分子中有3个活性氢原子，可依次被其他的原子或原子团所取代，生成氨基($-NH_2$)、亚氨基($=NH$)和氮化物($\equiv N$)的衍生物。

$$2Na+2NH_3=2NaNH_2+H_2\uparrow$$

2. 铵盐

氨和酸作用形成无色易溶于水的铵盐。由于氨呈弱碱性，所以铵盐都有一定程度的水解。

铵盐的热稳定性差，受热极易分解，分解产物一般为氨和相应的酸。

$$NH_4Cl=NH_3\uparrow+HCl\uparrow$$

$$(NH_4)_2SO_4=NH_3\uparrow+NH_4HSO_4$$

若相应酸具有氧化性，则分解出的氨被进一步氧化。

$$NH_4NO_2 = N_2 + 2H_2O$$

$$2NH_4NO_3 \xlongequal{573K} 2N_2 + O_2\uparrow + 4H_2O$$

NH_4NO_3分解时产生大量的热量和气体，因此 NH_4NO_3可用于制造炸药。

（二）氮的含氧酸及其盐

1. 亚硝酸及其盐

亚硝酸不稳定，只存在于冷的稀溶液中，浓溶液或加热时将歧化分解为 NO 和 NO_2。

$$2HNO_2 = H_2O + NO\uparrow + NO_2\uparrow \text{（棕色）}$$

亚硝酸是一元弱酸（$K_\alpha^\ominus = 5.13\times10^{-4}$），酸性略强于醋酸。

大多数亚硝酸盐是稳定的，特别是碱金属、碱土金属的亚硝酸盐有很高的热稳定性。亚硝酸盐一般都有毒，进入机体内能将血红蛋白中的 Fe^{2+} 氧化为 Fe^{3+}，形成高铁血红蛋白，失去带氧能力，造成机体缺氧窒息、死亡。

氧化还原性是亚硝酸及其盐的主要化学性质，在酸性介质中以氧化性为主，例如它能将 I^- 氧化为 I_2，该反应用来测定亚硝酸盐含量。

$$2NO_2^- + 2I^- + 4H^+ = 2NO + I_2 + 2H_2O$$

只有遇到强氧化剂时，亚硝酸及其盐才显示还原性，被氧化为 NO_3^-。

$$2MnO_4^- + 5NO_2^- + 6H^+ = 2Mn^{2+} + 5NO_3^- + 3H_2O$$

NO_2^- 是一个很好的配位体，氧原子和氮原子上都有孤对电子，能与许多过渡金属离子生成配离子，如 NO_2^- 与钴盐生成$[Co(NO_2)(NH_3)_5]^{2+}$配离子。

2. 硝酸及其盐

硝酸是无色透明的油状液体。市售硝酸的质量分数为 69.29%，相当于 $15mol\cdot L^{-1}$。

硝酸分子是平面型结构，如图 10-5。中心原子 N 采取 sp^2 杂化，与三个氧原子形成三个 σ 键，构成一个平面三角形。氮原子上垂直于 sp^2 杂化平面的 $2p$ 轨道(有 2 个电子)与两个非羟基氧原子的 p 轨道(成单电子)连贯重叠形成一个三中心四电子离域 π 键(π_3^4)。在非羟基氧和氢原子之间还存在一个分子内氢键。

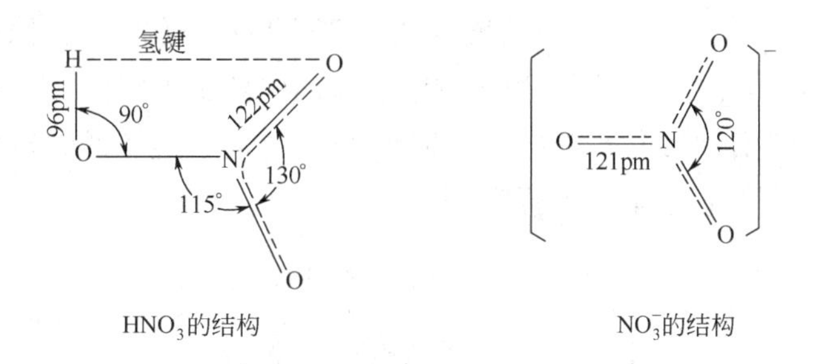

图 10-5　硝酸和硝酸根离子的结构

在 NO_3^- 离子中，N 原子与三个氧原子形成了一个四中心六电子离域 π 键(π_4^6)。

形成大 π 键的原子需基本在一个平面上，这样它们在同一方向上平行的 p 轨道可以相互重叠成键；而且大 π 键轨道上的电子数比 p 轨道数的两倍要少。大 π 键的符号用 π_n^m 表示，n 表示形成大 π 键的原子数，m 表示形成大 π 键的电子数。

硝酸比亚硝酸稳定，但受热或见光时发生分解反应，分解后生成的 NO_2溶于硝酸中呈黄色或

棕红色。所以实验室通常把浓 HNO_3 盛于棕色瓶中，存放于阴凉处。

$$4HNO_3 = 2H_2O + 4NO_2 + O_2$$

硝酸最突出的性质是它的强氧化性。可以氧化金属和非金属，生成一系列较低氧化值的氮的氧化物。

$$\overset{+4}{N}O_2 — H\overset{+3}{N}O_2 — \overset{+2}{N}O — \overset{+1}{N_2}O — \overset{0}{N_2} — \overset{-3}{N}H_4^+$$

有关氮元素电势图如下

$E_A^{\ominus}/V$

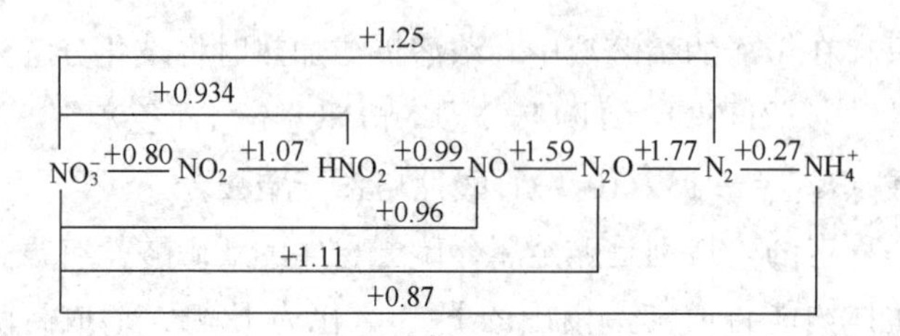

凡有硝酸参加的反应往往同时生成多种还原产物，究竟以何种还原产物为主，取决于硝酸的浓度、金属的活泼性和反应温度。

$$Cu + 4HNO_3(浓) = Cu(NO_3)_2 + 2NO_2\uparrow + 2H_2O$$

$$3Cu + 8HNO_3(稀) = 3Cu(NO_3)_2 + 2NO\uparrow + 4H_2O$$

$$4Zn + 10HNO_3(稀) = 4Zn(NO_3)_2 + N_2O\uparrow + 5H_2O$$

$$4Zn + 10HNO_3(很稀) = 4Zn(NO_3)_2 + NH_4NO_3 + 3H_2O$$

浓 HNO_3 作为氧化剂主要生成 NO_2。稀 HNO_3 由于浓度的不同，它的主要还原产物可能是 NO、N_2O、N_2，甚至是 NH_4^+。稀 HNO_3 作为氧化剂，它的反应速度慢，氧化能力较弱。可以认为稀 HNO_3 首先被还原成 NO_2，但是因为反应速率慢，来不及逸出反应体系就又被进一步还原成 NO 或 N_2、NH_4^+ 等。

体积比为 1∶3 的浓 HNO_3 和浓 HCl 的混合液称为王水，具有比硝酸更强的氧化性，它还具有强的配位性(Cl^-)，能够溶解 Au、Pt 等不与硝酸反应的金属。

$$Au + HNO_3 + 4HCl = H[AuCl_4] + NO\uparrow + 2H_2O$$

从结构上看，NO_3^- 离子的对称性大于 HNO_3，因而硝酸盐在正常状况下是足够稳定的。几乎所有硝酸盐都是易溶于水的无色晶体。硝酸盐的水溶液不显示氧化性，但固体硝酸盐在高温时分解放出 O_2，表现出强的氧化性。硝酸盐的热分解产物因阳离子不同而有差异。电势序中位于镁前面的金属硝酸盐分解为亚硝酸盐，电势序在 Mg 和 Cu 之间的金属的硝酸盐分解为相应的氧化物，电势序在 Cu 以后的金属的硝酸盐分解为金属。

$$2NaNO_3 \overset{\triangle}{=\!=\!=} 2NaNO_2 + O_2$$

$$2Pb(NO_3)_2 \overset{\triangle}{=\!=\!=} 2PbO + 4NO_2 + O_2$$

$$2AgNO_3 \overset{\triangle}{=\!=\!=} 2Ag + 2NO_2 + O_2$$

3. 磷酸及其盐

正磷酸 H_3PO_4，简称磷酸。常温下磷酸是无色晶体，熔点 315.3K，易溶于水。市售磷酸是无挥发性的黏稠状浓溶液，质量分数为 85%。

磷酸经强热会发生脱水作用，根据脱去水分子数目的不同，可生成焦磷酸、三聚磷酸和四偏磷酸。

$$2H_3PO_4 = H_4P_2O_7 + H_2O \quad （焦磷酸）$$
$$3H_3PO_4 = H_5P_3O_{10} + 2H_2O \quad （三聚磷酸）$$
$$4H_3PO_4 = (HPO_3)_4 + 4H_2O \quad （四偏磷酸）$$

磷酸是一种无氧化性三元中强酸。

磷酸根离子具有强的配位能力，能与许多金属离子形成可溶性配合物。分析化学中为了掩蔽 Fe^{3+} 离子的干扰，常用磷酸与 Fe^{3+} 离子反应生成可溶性无色配合物 $H_3[Fe(PO_4)_2]$ 和 $H[Fe(HPO_4)_2]$。

正磷酸有三种类型的盐：磷酸一氢盐、磷酸二氢盐和正盐。所有的磷酸二氢盐都易溶于水，而磷酸一氢盐和正盐除 K^+、Na^+、NH_4^+ 盐外都难溶于水。可溶性的磷酸盐在水中有不同程度的水解，使溶液显示不同的 pH 值，常用它们配置标准缓冲溶液，如磷酸二氢钾-磷酸一氢钾。

（三）砷的化合物

1. 砷的氢化物

砷化氢(胂)AsH_3 是无色带有大蒜味的剧毒气体。在空气中能自燃，在缺氧的条件下，AsH_3 受热分解为单质砷。

$$2AsH_3 = 2As\downarrow + 3H_2\uparrow$$

鉴定砷的“马氏试砷法”就是利用上述反应，检验方法是将试样、锌和稀酸混和，使生成的气体导入热玻璃管中。生成的 AsH_3 在玻璃管壁的受热部位分解，砷积聚出现亮黑色的“砷镜”，能检出 0.007mgAs。

$$As_2O_3 + 6Zn + 12H^+ = 2AsH_3\uparrow + 6Zn^{2+} + 3H_2O$$

古氏试砷法就是利用胂的强还原性能使重金属离子从其盐中沉积出来。检出限量为 0.005mg。

$$2AsH_3 + 12AgNO_3 + 3H_2O = As_2O_3 + 12HNO_3 + 12Ag\downarrow$$

2. 砷的氧化物和含氧酸

砷有氧化值为＋3 和氧化值为＋5 的两种氧化物及其水合物。氧化值为＋3 的 **As_2O_3 俗称砒霜。As_2O_3 是白色剧毒粉末，致死量是 0.1g。**

As_2O_3 微溶于水生成亚砷酸 H_3AsO_3，H_3AsO_3 是两性偏酸性（$K_{a_1}^{\ominus} = 6.03\times10^{-10}$，$K_b^{\ominus} = 10^{-14}$）的物质。

氧化值为＋5 的 As_2O_5 比 As_2O_3 的酸性强，易溶于水，其水合物砷酸 H_3AsO_4 是中等强度的三元酸。H_3AsO_4 在较强的酸性介质中是中等强度的氧化剂。

（四）铋酸钠

铋酸钠 $NaBiO_3$ 是一种很强的氧化剂。在酸性溶液中，能把 Mn^{2+} 氧化为 MnO_4^-。

$$2Mn^{2+} + 5NaBiO_3(s) + 14H^+ = 2MnO_4^- + 5Bi^{3+} + 5Na^+ + 7H_2O$$

由于生成 MnO_4^- 使溶液呈特征的紫红色。这一反应常被用来鉴定 Mn^{2+}。

第四节 碳族元素

一、碳族元素的通性

周期表中第ⅣA族通称碳族元素，包括碳、硅、锗、锡、铅五种元素。碳为非金属元素，硅是具有金属外貌的非金属元素，锗是半金属元素，锡和铅是金属元素。碳族元素的一些基本性质汇列于表10-6中。

碳族元素原子的价电子构型为ns^2np^2，价电子数目与价电子轨道数相等，因此它们被称为**等电子原子**(isoelectronic atom)，碳族元素的电离势较大，因此形成共价化合物是本族元素的特征。惰性电子对效应在本族元素中表现得比较明显，碳、硅主要的氧化值为+4，在锗、锡、铅中随着原子序数的增加，稳定氧化值逐渐由+4变为+2。例如：铅主要以+2氧化值的化合物存在，+4氧化值的铅化合物为强氧化剂。

表10-6 碳族元素的性质

性质	元素				
	碳	硅	锗	锡	铅
元素符号	C	Si	Ge	Sn	Pb
原子序数	6	14	32	50	82
相对原子质量	12.001	28.086	72.59	118.7	207.2
价电子层结构	$2s^22p^2$	$3s^23p^2$	$4s^24p^2$	$5s^25p^2$	$6s^26p^2$
共价半径/pm	77	117	122	140	147
第一电离势/(kJ·mol^{-1})	1086	787	762	709	716
电负性	2.55	1.99	2.01	1.96	2.33
主要氧化值	±4,±2	+4(+2)	+4,+2	+4,+2,	+4,+2

二、重要化合物

(一) 碳酸及其盐

二氧化碳溶于水成碳酸。碳酸很不稳定，常温下易分解。游离的碳酸至今尚未得到，在碳酸溶液中，大部分是以CO_2水合分子的形式存在。

碳酸为二元弱酸($K_{a_1}^{\ominus}=4.17\times10^{-7}$、$K_{a_2}^{\ominus}=5.62\times10^{-11}$)。

碳酸可形成正盐和酸式盐两种类型的盐。铵和碱金属(锂除外)的碳酸盐易溶于水，其他金属的碳酸盐难溶于水。难溶碳酸盐相对应的碳酸氢盐有较大的溶解度。

由于**CO_3^{2-}离子有较强的水解性**，其酸式盐和碱金属的碳酸盐都易发生水解。当碱金属的碳酸盐与水解性强的金属离子反应时，由于相互促进水解，得到的产物可能是碱式碳酸盐或氢氧化物。水解性极强的，氢氧化物$K_{sp}^{\ominus}$小的金属离子如Al^{3+}、Fe^{3+}等，可沉淀为氢氧化物。氢氧化物碱性较弱的，且氢氧化物和碳酸盐的溶解度相差较小的金属离子如Cu^{2+}、Zn^{2+}等，可沉淀为碱式碳酸盐。

$$2Cu^{2+}+2CO_3^{2-}+H_2O=Cu_2(OH)_2CO_3\downarrow+CO_2\uparrow$$

$$2Al^{2+}+3CO_3^{2-}+3H_2O=2Al(OH)_3\downarrow+3CO_2\uparrow$$

热不稳定性是碳酸盐的另一个重要性质。碳酸盐受热时分解为金属氧化物和二氧化碳。酸式

碳酸盐比正盐稳定性差，如 $NaHCO_3$ 分解温度(540K)低于 Na_2CO_3 的分解温度(2000K)。

$$CaCO_3 = CaO + CO_2\uparrow$$

$$Ca(HCO_3)_2 = CaCO_3 + CO_2 + H_2O$$

后一个反应是自然界溶洞中石笋、钟乳石的形成反应。

(二) 硅酸及其盐

硅酸为组成很复杂的白色晶体。随着形成条件不同，可生成各种组成的硅酸，常以通式 $xSiO_2 \cdot yH_2O$ 表示。硅酸中以简单的单酸形式存在的只有正硅酸 H_4SiO_4 和它的脱水产物偏硅酸 H_2SiO_3，习惯上把 H_2SiO_3 称为硅酸。

硅酸是极弱的二元酸($K_{a_1}^{\ominus}=3.0\times10^{-10}$，$K_{a_2}^{\ominus}=2\times10^{-12}$)。它不能由 SiO_2(硅酸的酸酐)与水反应制得，通常用可溶性硅酸盐与酸反应制备。

$$Na_2SiO_3 + 2HCl = H_2SiO_3 + 2NaCl$$

由于硅酸的溶解度很小，反应中生成的单分子硅酸并不随即沉淀出来，而是逐渐聚合成多硅酸后形成硅酸溶胶。若在溶胶中加入电解质，干燥、活化后，成为白色透明多孔性的固体，称为硅胶。硅胶有强烈的吸附能力，是很好的干燥剂、吸附剂。用 $CoCl_2$ 溶液浸泡硅胶，烘干后可制得变色硅胶。

自然界中硅酸盐种类很多。只有碱金属的硅酸盐可溶于水，可溶性 Na_2SiO_3 是人工合成的硅酸盐，它强烈水解使溶液显碱性。硅酸钠的水溶液称为水玻璃(工业上叫泡花碱)。

$$Na_2SiO_3 + 2H_2O = NaOH + NaH_3SiO_4 \quad \text{(硅酸氢钠)}$$

$$2NaH_3SiO_4 = Na_2H_4Si_2O_7 + H_2O \quad \text{(二硅酸氢钠)}$$

水玻璃是黏度很大的浆状溶液，广泛用于肥皂、洗涤剂的填料，建筑工业和造纸工业的黏合剂，纺织品和木材的防火、防腐涂料等。

天然硅酸盐分布极广，约占地壳重量的 95%。硅酸盐矿石长期受到空气中 CO_2 及 H_2O 的侵蚀后，会逐渐风化分解，生成的可溶性物质随雨水流入江河湖海，留下大量的黏土和沙子。天然硅酸盐中最重要的是沸石类的铝硅酸盐($Na_2O \cdot Al_2O_3 \cdot 2SiO_2 \cdot nH_2O$)。它具有由 SiO_4 四面体和 AlO_4 四面体通过共用顶角氧原子连接而成的立体骨架结构，其中有许多笼状空穴和孔径均匀的孔道。这种结构使它很容易可逆地吸收或失去水及其他小分子，如氨和甲醇等，但它不能吸收那些直径比孔道大的分子，起到了筛选分子的作用，故有分子筛之称。分子筛是一类优良的吸附剂，已广泛用于医疗、食品、化工、环保等方面。

(三) 锡和铅的化合物

1. 二氯化锡

二氯化锡 $SnCl_2 \cdot 2H_2O$ 是一种无色的晶体，它易水解生成碱式盐沉淀。

$$SnCl_2 + H_2O = Sn(OH)Cl\downarrow + HCl$$

$SnCl_2$ 是实验室中常用的还原剂，例如：

$$2HgCl_2 + SnCl_2 = SnCl_4 + Hg_2Cl_2\downarrow \quad \text{(白色)}$$

$$Hg_2Cl_2 + SnCl_2 = SnCl_4 + 2Hg\downarrow \quad \text{(黑色)}$$

在定性分析中常用这一反应检验 Sn^{2+} 和 Hg^{2+} 离子。

2. 铅的氧化物

铅的氧化物主要有 PbO 和 PbO_2，还有混合氧化物 Pb_2O_3 和 Pb_3O_4。

PbO 俗称密陀僧，为黄色粉末，不溶于水，是两性偏碱性的氧化物。

PbO_2在酸性溶液中是一个强氧化剂，能把浓盐酸氧化为氯气。

$$PbO_2+4HCl=PbCl_2+2H_2O+Cl_2\uparrow$$

PbO_2受热易分解放出氧气。它与可燃物磷、硫一起研磨即着火，可用于制造火柴。

第五节 硼族元素

一、硼族元素的通性

周期表中第ⅢA 族通称硼族元素，包括硼、铝、镓、铟、铊五种元素。硼为非金属元素，其他都是金属元素。硼族元素的一些基本性质汇列于表 10-7 中。

表 10-7 硼族元素的基本性质

性质	元素				
	硼	铝	镓	铟	铊
元素符号	B	Al	Ga	In	Ti
原子序数	5	13	31	49	81
相对原子质量	10.81	26.98	69.72	114.82	204.37
价电子层结构	$2s^2 2p^1$	$3s^2 3p^1$	$4s^2 4p^1$	$5s^2 5p^1$	$6s^2 6p^1$
共价半径/pm	82	118	126	144	148
第一电离势/($kJ\cdot mol^{-1}$)	801	578	579	558.1	589.1
电负性	2.04	1.61	1.81	1.78	2.04
主要氧化值	+3	+3	+3,+1	+3,+1	+1,(+3)

本族元素特征氧化值为+3，由于惰性电子对效应的影响，从硼到铊稳定氧化值由+3 变为+1。

硼族元素价电子构型为 ns^2np^1，即价电子数少于价电子层轨道数，被称为**“缺电子原子”**。它们所形成的氧化值为+3 的共价化合物，还有一个空的轨道，被称为**“缺电子化合物”**(election deficiency compound)。它们有非常强的继续接受电子对的能力，这种能力表现在分子自身的聚合以及和 Lewis 碱形成配合物等。

二、重要化合物

(一) 乙硼烷

硼能生成一系列有挥发性的共价型氢化物，称为硼烷。其中最简单的是乙硼烷。甲硼烷 BH_3 不存在。

乙硼烷分子结构的研究对结构化学的发展起过重要的作用。B_2H_6 是缺电子化合物。硼原子没有足够的价电子形成正常的 σ 键，而是形成了“缺电子多中心键”。在乙硼烷分子中两个 B 原子采取不等性 sp^3 杂化，每个 B 原子以两个 sp^3 杂化轨道分别与同侧两个 H 原子以 σ 键相连接。六个原子共处于同一平面上。另外两个 H 原子分别在平面的上、下方，各和两个 B 原子相连接，形成垂直于平面的两个二电子三中心键，又称为氢桥键。图 10-6 为乙硼烷的结构。

常温下乙硼烷为气体，有剧毒，毒性远远超过氰化物、光气等毒物。乙硼烷中含有多中心

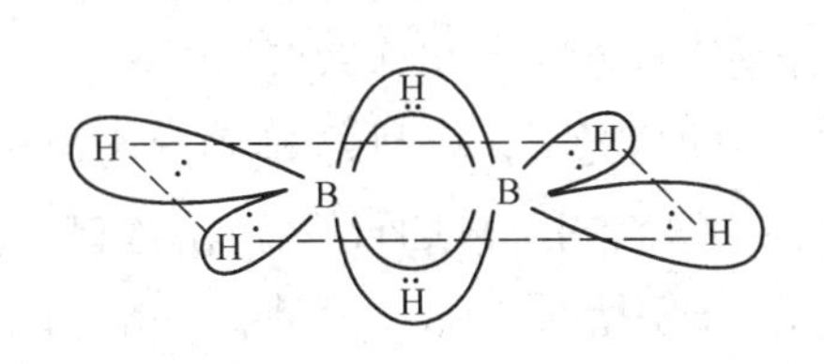

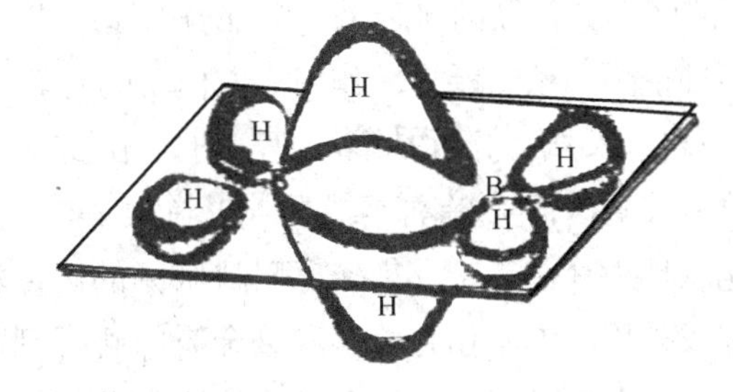

图 10-6 乙硼烷的分子结构

键，不稳定，在空气中激烈燃烧且释放出大量的热量。B_2H_6 遇水，水解生成硼酸和氢气：

$$B_2H_6+6H_2O=2H_3BO_3+6H_2$$

B_2H_6能和 NH_3、CO 等具有孤对电子的分子发生加合反应，生成配合物。

$$B_2H_6+2NH_3=2[H_3B\leftarrow NH_3]$$

B_2H_6具有强的还原性，如在有机反应中能将羰基选择性地还原为羟基。

（二）硼酸

硼酸是白色、有光泽的鳞片状晶体，微溶于水，有滑腻感，可作润滑剂。

硼酸是一元弱酸（$K_a^\ominus=5.75\times10^{-10}$），$H_3BO_3$的酸性并不是它能电离出 H^+离子，而是由于硼酸是一个缺电子化合物，其中硼原子的空轨道加合了 H_2O 分子中的 OH^-，从而释放出一个 H^+离子。

$$H_3BO_3+H_2O\rightleftharpoons\left[HO-\underset{\underset{OH}{|}}{\overset{\overset{OH}{|}}{B}}-OH\right]^-+H^+$$

硼酸主要应用于玻璃、陶瓷工业。食品工业上用作防腐剂，医药上用作消毒剂。

（三）硼砂

硼砂是最重要的硼酸盐，是无色半透明的晶体或白色结晶粉末。化学名称是四硼酸钠，化学式为 $Na_2[B_4O_5(OH)_4]\cdot8H_2O$，习惯上写为 $Na_2B_4O_7\cdot10H_2O$。

硼砂在干燥的空气中易失水风化，加热到较高温度时可失去全部结晶水成为无水盐。硼砂易溶于沸水，硼砂水溶液因四硼酸根离子$[B_4O_5(OH)_4]^{2-}$的水解而显示强碱性，硼砂主要用作洗涤剂生产中的添加剂。

熔融硼砂可以溶解许多金属氧化物，生成特征颜色的偏硼酸复盐。可用这类反应鉴定某些金属离子。在分析化学上称为硼砂珠实验。

$$Na_2B_4O_7+CoO=Co(BO_2)_2\cdot2NaBO_2 \quad （蓝宝石色）$$

$$Na_2B_4O_7+NiO=Ni(BO_2)_2\cdot2NaBO_2 \quad （热时紫色，冷时棕色）$$

第六节 *p* 区元素在医药中的应用（自学）

常用药物中有许多是 *p* 区元素的一些化合物。

卤素中，碘可以直接供药用，配制碘酊外用作消毒剂，内服复方碘溶液治疗甲状腺肿大。含 HCl 9.5%～10.5%(g/mL) 的盐酸溶液，内服可治疗胃酸缺乏症。人体牙齿珐琅质中含氟

(CaF_2)约为 0.5%。氟的缺乏是产生龋齿的原因之一。用氟化锡 SnF_2 制成药物牙膏，可增强珐琅质的抗腐蚀能力和预防龋齿的作用。漂白粉的有效成分是 $Ca(ClO)_2$，可作杀菌消毒剂。

含有氧、硫、硒的药物较多。医疗上，在没有氧气瓶的情况下，可利用 H_2O_2 和 $KMnO_4$ 的反应设计输氧装置。H_2O_2 有消毒、防腐、除臭等功效，医疗上常用 3% 的 H_2O_2 清洗疮口，治疗口腔炎、化脓性中耳炎等。升华硫可配制 10% 的硫黄软膏，外用治疗疥疮、真菌感染等。硫代硫酸钠可内服或外用，内服作为卤素和重金属的解毒剂，外用治疗疥疮。硒是人体必需的微量元素。亚硒酸钠是一种补硒药物，具有降低肿瘤发病率和防治克山病等作用。

氮族元素中氨水、亚硝酸钠等都是《中国药典》法定药物。氨能兴奋呼吸和循环中枢，用于治疗虚脱和休克。亚硝酸钠能使血管扩张，用于治疗心绞痛、高血压等症。磷酸盐类中作为药物的主要有磷酸氢钙、磷酸二氢钠和磷酸氢二钠等。磷酸氢钙可供给人体所需的钙质和磷质，有助于儿童骨骼的生长。NaH_2PO_4 作缓泻剂，也用于治疗一般的尿道传染性病症。近年来临床用砒霜和亚砷酸内服治疗白血病，取得重大进展。

含碳化合物许多是有机药物，无机药物主要有碳酸的盐类，如碳酸氢钠($NaHCO_3$)俗称小苏打，用作制酸剂，服后能暂时迅速解除胃溃疡病人的疼痛感。药用活性炭具有强烈的吸附作用，内服后能吸收胃肠内种种有害物质，可用于治疗各种胃肠充气(作抗发酵剂)和解毒剂，制药工业中大量用作脱色剂。炉甘石(主要成分为 $ZnCO_3$)有燥湿、收敛、防腐、生肌功能，外用治疗创伤出血、皮肤溃疡、湿疹等。三硅酸二镁($2MgO\cdot3SiO_2\cdot nH_2O$)可以中和胃酸并生成胶状沉淀(硅酸)，对溃疡面有保护作用，主要治疗胃酸过多、胃和十二指肠溃疡等胃病。

硼和铝的化合物有药用价值，硼酸为消毒防腐剂，2%～5%的硼酸水溶液可用于洗眼、漱口等，10%的软膏用于治疗皮肤溃疡。用硼酸作原料与甘油制成的硼酸甘油是治疗中耳炎的滴耳剂。硼砂在中药上称为蓬砂、盆砂，外用作用与硼酸相似。硼砂是治疗口腔炎、咽喉炎的药物冰硼散和复方硼砂含漱剂的主要成分。氢氧化铝能中和胃酸，保护胃黏膜，用于治疗胃酸过多、胃溃疡等症。

无机药物三氧化二砷（砒霜）

三氧化二砷（砒霜）是我国自主开发的世界首创治疗急性早幼粒细胞白血病（APL、M3 型白血病）的特效药物。早在李时珍的《本草纲目》里就提到了三氧化二砷的应用，主治各种化脓性疾病和结核性疾病。而现代药理学表明，三氧化二砷靶向作用于 APL 致病基因 PML 的致病蛋白 Marker 上，使其活性下降。临床上采用“双诱导法”把维甲酸和三氧化二砷联合使用，总有效率 90%以上，治愈率高达 85%，美国、欧洲认定中国的方案是金标准方案。运用化学基本原理和方法分析研究无机矿物药和中草药，揭示其有效成分与作用机理，在继承的基础上，研发高效创新药物的艰巨工作中，无机化学担负着重要的任务。

小　结

本章介绍了 p 区各族元素的通性与其电子层结构的关系。

本章介绍了各族元素重要化合物的结构、基本性质，以及它们之间的相互关系。

本章介绍了离域 π 键、二电子三中心键的概念和 p 区元素在医药中的应用。

思考题

1. 为什么氢氟酸是弱酸（$K_a^\ominus=6.61\times10^{-4}$）?

2. 日光照射氯水，会发生什么现象？氯水应该如何保存？写出有关化学反应方程式。

3. 如何从氨分子的结构说明氨有加合作用。

4. 为什么碳和硅同属第ⅣA 族元素，碳的化合物有几百万种，而硅的化合物种类远不及碳的化合物那样多？为什么硅易形成—Si—O—Si—O—链的化合物？

5. 为什么硼族元素都是缺电子原子？

习　题

1. 为什么氢氟酸贮存在塑料容器中？

2. 能否用浓 H_2SO_4 与溴化钠、碘化钠分别制备溴化氢、碘化氢？为什么？

3. 为何碘不易溶于水而溶于 KI 溶液？

4. 为什么 H_2S 溶液久置变浑浊？

5. 过氧化氢在酸性介质中遇重铬酸钾时，何者为氧化剂？为什么？写出反应式。

6. 分别写出 Zn 使 HNO_3 还原为 NO_2、NO、N_2O 和 NH_4^+ 的反应式。

7. 有四种试剂：Na_2SO_4、Na_2SO_3、$Na_2S_2O_3$、Na_2S，其中标签已脱落，设计一简便方法鉴别它们。

8. 如何用马氏试砷法检验 As_2O_3，写出有关反应式。

9. 如何配制 $SnCl_2$ 溶液？为何要在配好的溶液中加入少量金属 Sn?

10. 硼酸为什么是一元弱酸而不是三元酸？

11. 有一种盐 A，溶于水后加入稀盐酸有刺激性气体 B 产生，同时有黄色沉淀 C 析出。气体能使高锰酸钾溶液褪色，通入氯气于 A 溶液中，氯的黄绿色消失，生成溶液 D，D 与可溶性钡盐生成白色沉淀 E，试确定 A、B、C、D、E 各为何物，写出有关的反应方程式。

12. 配平并完成下列反应式

（1）Cl_2+OH^-（冷）$\longrightarrow$

（2）$I_2+Na_2S_2O_3\longrightarrow$

（3）$CrO_2^-+H_2O_2+OH^-\longrightarrow$

（4）$I^-+NO_2^-+H^+\longrightarrow$

（5）$Na_2S_2O_3+HCl\longrightarrow$

（6）$Al^{3+}+CO_3^{2-}+H_2O\longrightarrow$

（7）PbO_2+HCl(浓)$\longrightarrow$

（8）$Na_2SO_3+Cl_2+H_2O\longrightarrow$

（9）$MnO_4^-+SO_3^{2-}+H^+\longrightarrow$

（10）$Mn^{2+}+Na_2BiO_3(s)+H^+\longrightarrow$

第十一章

d 区元素

扫一扫，查阅本章数字资源，含PPT、音视频、图片等

【学习要求】

1. 熟悉 d 区元素的通性与其电子层结构的关系。
2. 掌握 Cr、Mn、Fe 元素重要化合物的基本性质。
3. 了解 d 区元素在医药中的应用。

第一节　d 区元素的通性

d 区元素包括元素周期表中从第ⅢB 族到第ⅧB 族的 24 个元素(镧系、锕系元素除外)。d 区元素的原子结构上的共同特点是随着核电荷的增加，电子依次填充在次外层的 d 轨道上，而最外层只有 1～2 个电子，其价电子层构型为 $(n-1)d^{1\sim9}ns^{1\sim2}$(钯例外，其价电子结构为 $4d^{10}5s^{0}$)。由于 d 区元素的原子最外层只有 1～2 个电子，较易失去电子，所以它们都是金属元素。d 区元素在结构上的某些特征，导致它们有许多特性。第四周期 d 区元素的一些基本性质见表 11-1。

表 11-1　第四周期 d 区元素的基本性质

	钪	钛	钒	铬	锰	铁	钴	镍
原子序数	21	22	23	24	25	26	27	28
价电子层结构	$3d^{1}4s^{2}$	$3d^{2}4s^{2}$	$3d^{3}4s^{2}$	$3d^{5}4s^{1}$	$3d^{5}4s^{2}$	$3d^{6}4s^{2}$	$3d^{7}4s^{2}$	$3d^{8}4s^{2}$
共价半径/pm	144	132	122	117	117	116.5	116	115
第一电离势/kJ·mol^{-1}	6.54	6.82	6.74	6.77	7.44	7.87	7.86	7.64
电负性	1.20	1.32	1.45	1.56	1.60	1.64	1.70	1.75
$E^{\ominus}(M^{2+}/M)/V$		−1.63	−1.18	−0.91	−1.18	−0.44	−0.28	−0.25

一、单质的相似性

1. 物理性质

d 区元素的物理性质非常相似。由于外层 s 电子和 d 电子都参与形成金属键，所以它们的金属晶格能比较高，原子堆集紧密。因此，它们都是硬度大，密度大，熔、沸点高，有延展性，导电、导热性能良好的金属。其中，钨是熔点最高的金属(3380℃)；铬是硬度最大的金属，其 Moh 硬度为 9；锇是最重的金属，其密度为 22.48g/cm^{3}，是最轻金属锂密度的 42 倍。

2. 化学性质

d 区元素的化学性质差别也不大，因(*n*−1)*d* 电子对 *ns* 电子的屏蔽作用不如(*n*−1)*s*、(*n*−1)*p* 完全，致使吸引 *ns* 电子的有效核电荷较大，所以同周期 *d* 区元素的原子半径从左到右略有减小，目前把第四周期原子半径依序减小的现象叫**钪系收缩**。第五、六周期情况类似，只是因第六周期 57～71 号**镧系收缩**，致使同族元素性质更相近。从第一电离势和标准电极电势递变的情况来看，金属性从左到右缓慢减弱。

d 区元素除第ⅢB 族以外，其他各族从上至下金属性依次减弱。例如，第一过渡元素多数是活泼金属，它们都能置换酸中的氢，第二、第三过渡元素均不活泼，它们都很难和酸作用。造成这种现象的原因是由于同族元素从上至下，有效核电荷增加较多，原子半径增加不大，核对电子吸引力增强，元素原子的电离势皆比同族第一过渡系相应的元素大，而且升华热也逐渐增大，但离子水合能却相差不大，因而由金属单质变为水合离子所消耗的能量增大，相应的标准电极电势数值也增大，金属的活泼性减弱。

二、氧化值的多变性

d 区元素最显著的特征之一，是它们有多种氧化值。*d* 区元素外层 *s* 电子与次外层 *d* 电子能级接近，因此除了最外层 *s* 电子参与成键外，*d* 电子也可以部分或全部参与成键，形成多种氧化值，见表 11-2。

表 11-2　第四周期 *d* 区元素的氧化值

元　素	Sc	Ti	V	Cr	Mn	Fe	Co	Ni
氧化值	**+3**	+2	+2	+2	**+2**	**+2**	**+2**	**+2**
		+3	+3	**+3**	+3	**+3**	+3	+3
		+4	+4	+4	**+4**	+4	+4	+4
			+5	+5	+5	+5	+5	
				+6	+6	+6		
					+7			

注：画横线者为常见的稳定氧化值。（此处以粗体表示原表中画横线的数值）

三、易形成配合物

d 区元素与主族元素相比，易形成配合物。因为 *d* 区元素的离子(或原子)具有能级相近的价电子轨道[(*n*−1)*d*、*ns*、*np*]，这种构型为接受配体的孤电子对形成配位键创造了条件；同时，由于 *d* 区元素的离子半径较小，最外层一般为未填满的 d^x 结构，而 *d* 电子对核的屏蔽作用较小，因而有较大的有效核电荷，对配体有较强的吸引力，并对配体有较强的极化作用，所以它们有很强的形成配合物的倾向。

四、水合离子大多具有颜色

d 区元素的化合物或离子普遍具有颜色，就第一过渡系元素的水合离子来说，除 *d* 电子数为零的 Sc^{3+}、Ti^{4+} 外，均具有颜色，见表 11-3。这些水合离子的颜色同它们的 *d* 轨道未成对电子在晶体场作用下发生跃迁有关。

表 11-3 第四周期 *d* 区元素的水合离子的颜色

离子 *d* 电子数	0	1	2	3	4	5	6	7	8
水合离子及颜色	Sc^{3+}（无色） Ti^{4+}（无色）	Ti^{3+}（紫色）	V^{3+}（绿色）	Cr^{3+}（紫色）	Cr^{2+}（蓝色）	Mn^{2+}（浅粉） Fe^{3+}（浅紫）	Fe^{2+}（绿色）	Co^{2+}（桃红）	Ni^{2+}（绿）

第二节 *d* 区元素的重要化合物

一、铬的化合物

铬是第四周期ⅥB 族元素，价电子层结构为 $3d^5 4s^1$。铬具有从＋2 到＋6 的各种氧化值，常见的为＋3、＋6，以＋3 最为稳定。

铬是极硬的银白色金属，通常条件下在空气和水中相当稳定，高温时能与氧、氮、卤素、硫等作用。铬能缓慢地溶于稀硫酸，但不溶于冷的硝酸和王水，这些氧化性的酸能使它钝化。铬元素的电势图如下：

$E_A^\ominus/V$

$$Cr_2O_7^{2-} \xrightarrow{+1.33} Cr^{3+} \xrightarrow{-0.41} Cr^{2+} \xrightarrow{-0.91} Cr$$

（Cr^{3+}—Cr：−0.744；$Cr_2O_7^{2-}$—Cr：+0.295）

$E_B^\ominus/V$

$$CrO_4^{2-} \xrightarrow{-0.13} Cr(OH)_3 \xrightarrow{-1.1} Cr(OH)_2 \xrightarrow{-1.4} Cr$$

$$CrO_2^- \xrightarrow{-1.2} Cr$$

（$Cr(OH)_3$—Cr：−1.3）

铬主要用于炼钢和电镀。铬能增强钢的耐磨、耐热和耐腐蚀性能，并使其硬度、弹性和抗磁性增强，因此用它可冶炼多种合金钢。镀铬制件耐磨、耐腐蚀，又极光亮。

（一）铬(Ⅲ)的化合物

1. 氧化物和氢氧化物

Cr_2O_3 是极难熔化的氧化物之一，熔点 2275℃，微溶于水，易溶于酸。灼烧过的 Cr_2O_3 不溶于水，也不溶于酸。Cr_2O_3 是制备其他铬化合物的原料，也常作为绿色颜料(俗称铬绿)而广泛应用于陶瓷、玻璃、涂料、印刷等工业，近年来也用它作为有机合成的催化剂。

$Cr(OH)_3$ 是用适量的碱作用于铬盐溶液(pH 值约为 5.3)而生成的灰蓝色沉淀：

$$Cr^{3+} + 3OH^- = Cr(OH)_3 \downarrow \quad (灰蓝色)$$

$Cr(OH)_3$ 是两性氢氧化物，溶于酸生成绿色或紫色的水合铬离子(由于 Cr^{3+} 的水合作用随条件——温度、浓度、酸度等而改变，故其颜色也有所不同)，与强碱作用生成亮绿色的四羟基合铬(Ⅲ)酸盐 $[Cr(OH)_4]^-$ 或亚铬(Ⅲ)酸盐：

$$Cr(OH)_3 + 3H^+ = Cr^{3+} + 3H_2O$$

$$Cr(OH)_3 + OH^- = [Cr(OH)_4]^- \quad (亮绿色)$$

$$Cr(OH)_3 + OH^- = CrO_2^- + 2H_2O$$

由于$Cr(OH)_3$的酸性和碱性都较弱，因此铬(Ⅲ)盐和四羟基合铬(Ⅲ)酸盐、亚铬(Ⅲ)酸盐在水中均易水解。

2. 铬（Ⅲ）盐

常见的铬(Ⅲ)盐有六水合氯化铬$CrCl_3 \cdot 6H_2O$(绿色或紫色)，十八水合硫酸铬$Cr_2(SO_4)_3 \cdot 18H_2O$(紫色)以及铬钾矾$KCr(SO_4)_2 \cdot 12H_2O$(蓝紫色)，它们皆易溶于水。铬（Ⅲ）盐的水溶液在不同条件下可呈现不同的颜色，一般是绿色、蓝紫色或紫色。

在碱性介质中，Cr^{3+}可被稀的H_2O_2溶液氧化，溶液由绿色变为黄色：

$$\underset{\text{(亮绿色)}}{2[Cr(OH)_4]^-} + 2OH^- + 3H_2O_2 = \underset{\text{(黄色)}}{2CrO_4^{2-}} + 8H_2O$$

这一反应，常被用来鉴定Cr^{3+}。在酸性介质中，用强氧化剂如过硫酸钾$K_2S_2O_8$，才能使Cr^{3+}氧化：

$$2Cr^{3+} + 3S_2O_8^{2-} + 7H_2O \xlongequal{\triangle} Cr_2O_7^{2-} + 6SO_4^{2-} + 14H^+$$

3. 铬(Ⅲ)配合物

Cr^{3+}离子的价电子层结构是$3d^3 4s^0 4p^0$，有六个空轨道，能形成d^2sp^3八面体型的配合物，水溶液中Cr^{3+}就是以六水合离子形式存在的。在这些配合物中，d_γ轨道全空，在可见光照射下极易发生d-d跃迁，所以铬(Ⅲ)的配合物大都有颜色。Cr^{3+}离子可与H_2O、Cl^-、NH_3、$C_2O_4^{2-}$、OH^-、SCN^-等形成单配体配合物及含有两种或两种以上配体的配合物。

(二) 铬(Ⅵ)的化合物

1. 三氧化铬(CrO_3)

CrO_3俗名铬酐，向$K_2Cr_2O_7$的饱和溶液中加入足量浓硫酸，即可析出暗红色的CrO_3晶体：

$$K_2Cr_2O_7 + H_2SO_4(\text{浓}) = K_2SO_4 + 2CrO_3\downarrow + H_2O$$

CrO_3有毒，熔点较低(196℃)，对热不稳定，加热超过其熔点时则分解：

$$4CrO_3 \xlongequal{\triangle} 2Cr_2O_3 + 3O_2\uparrow$$

CrO_3有强氧化性，与有机化合物(如乙醇)可剧烈反应，甚至着火、爆炸，因此广泛用作有机反应的氧化剂。CrO_3易潮解，溶于水主要生成铬酸(H_2CrO_4)，溶于碱则生成铬酸盐：

$$CrO_3 + H_2O = H_2CrO_4$$

$$CrO_3 + 2NaOH = Na_2CrO_4 + H_2O$$

2. 铬酸、重铬酸及其盐

铬酸H_2CrO_4和重铬酸$H_2Cr_2O_7$均为强酸，只存在于水溶液中，$H_2Cr_2O_7$比H_2CrO_4的酸性还强些。

钾、钠的铬酸盐和重铬酸盐是铬的最重要的盐，两种铬酸盐都是黄色晶体，重铬酸盐都是橙红色晶体，其中$K_2Cr_2O_7$(俗称红矾钾)在低温下的溶解度极小，又不含结晶水，而且不易潮解，故常用作定量分析中的基准物。

当向铬酸盐溶液中加入酸时，溶液由黄色变为橙红色，表明CrO_4^{2-}转变为$Cr_2O_7^{2-}$；反之，当向重铬酸盐溶液中加入碱时，溶液由橙红色变为黄色，表明$Cr_2O_7^{2-}$转变为CrO_4^{2-}。即在铬酸盐和重铬酸盐的水溶液中均存在着下列平衡：

$$\underset{\text{(黄色)}}{2CrO_4^{2-}} + 2H^+ \rightleftharpoons 2HCrO_4^- \rightleftharpoons \underset{\text{(橙红)}}{Cr_2O_7^{2-}} + H_2O$$

铬酸盐的溶解度一般比重铬酸盐小，因此，向可溶性重铬酸盐溶液中加入 Ba^{2+}、Pb^{2+}、Ag^{+}时，则分别生成相应的 $BaCrO_4$(柠檬黄色)、$PbCrO_4$(黄色)、Ag_2CrO_4(砖红色)沉淀，这些产生鲜明颜色的沉淀反应，常被用来检验 Ba^{2+}、Pb^{2+}、Ag^{+} 的存在。另外，在酸性溶液中，$Cr_2O_7^{2-}$ 与 H_2O_2 作用生成深蓝色的过氧化铬 CrO_5，或写成 $CrO(O_2)_2$：

$$Cr_2O_7^{2-}+4H_2O_2+2H^+=2CrO_5+5H_2O$$

CrO_5 很不稳定，极易分解放出 O_2，但它在乙醚或戊醇溶液中较稳定。利用此反应可检验 Cr(Ⅵ) 或 H_2O_2 的存在。

(三) 铬(Ⅲ)化合物和铬(Ⅵ)化合物的转化

由铬元素电势图可以看出，在酸性溶液中，$Cr_2O_7^{2-}$ 是强氧化剂，可将 H_2S、I^-、Fe^{2+} 等氧化，本身被还原为 Cr^{3+}；在碱性溶液中，CrO_4^{2-} 的氧化性很弱，而 CrO_2^- 却有较强的还原性，可用 H_2O_2、Cl_2、Br_2、Na_2O_2 等将其氧化成 CrO_4^{2-}，例如：

$$2CrO_2^-+3H_2O_2+2OH^-=2CrO_4^{2-}+4H_2O$$

由此可以看出，欲使铬(Ⅲ)化合物转化为铬(Ⅵ)化合物，加入氧化剂，在碱性介质中较易进行；欲使铬(Ⅵ)化合物转化为铬(Ⅲ)化合物，加入还原剂，在酸性介质中较易进行。

二、锰的化合物

锰是第四周期ⅦB族元素，价电子层结构为 $3d^54s^2$，锰具有从+2 到+7 的各种氧化值，常见的有+2、+3、+4、+6 及+7。锰为重金属元素，在地壳中的含量为 0.085%。其外形似铁，粉末状的锰为灰色，块状的纯锰是银白色。工业上锰主要用于生产锰合金钢。锰元素的电势图如下：

$$E_A^\ominus/V \quad MnO_4^- \xrightarrow{+0.564} MnO_4^{2-} \xrightarrow{+2.26} MnO_2 \xrightarrow{+0.95} Mn^{3+} \xrightarrow{+1.448} Mn^{2+} \xrightarrow{-1.19} Mn$$

（MnO_4^-—MnO_2：+1.679；MnO_2—Mn^{2+}：+1.224；MnO_4^-—Mn^{2+}：+1.51）

$$E_B^\ominus/V \quad MnO_4^- \xrightarrow{+0.564} MnO_4^{2-} \xrightarrow{+0.60} MnO_2 \xrightarrow{-0.2} Mn(OH)_3 \xrightarrow{+0.1} Mn(OH)_2 \xrightarrow{-1.46} Mn$$

1. 锰(Ⅱ)的化合物

金属锰与稀的非氧化性酸作用，可得到 Mn^{2+} 的盐。锰(Ⅱ)的强酸盐均溶于水，只有少数弱酸盐如 $MnCO_3$、MnS 等难溶于水，从水溶液中结晶出来的锰盐，均为带有结晶水的粉红色晶体(浓度小时几乎无色)。在酸性溶液中，Mn^{2+} 相当稳定，只有用强氧化剂如 $NaBiO_3$、PbO_2、$(NH_4)_2S_2O_8$ 等，才能将其氧化成 Mn(Ⅶ)，如：

$$5NaBiO_3+2Mn^{2+}+14H^+=\!=\!=5Na^++5Bi^{3+}+2MnO_4^-+7H_2O$$

$$5PbO_2+2Mn^{2+}+5SO_4^{2-}+4H^+\overset{\triangle}{=\!=\!=}5PbSO_4+2MnO_4^-+2H_2O$$

这些反应由几乎无色的 Mn^{2+} 溶液变成紫色的 MnO_4^- 溶液，故可用上述反应来鉴定 Mn^{2+}。在锰(Ⅱ)盐溶液中加入碱，可得到白色胶状 $Mn(OH)_2$ 沉淀：

$$Mn^{2+}+2OH^-=Mn(OH)_2\downarrow(白色)$$

$Mn(OH)_2$ 的碱性较强，酸性极弱，极易被空气氧化成棕色的 $MnO(OH)_2$。

2. 锰(Ⅳ)的化合物

锰(Ⅳ)的化合物中最重要的是二氧化锰，它是不溶于水的黑色固体物质，在自然界中是软锰矿的主要成分，也是制备其他锰的化合物及金属锰的主要原料。

锰(Ⅳ)处于锰元素的中间氧化值，因此它既能被氧化又能被还原，但以氧化性为主，特别是在酸性介质中，MnO_2 是个强氧化剂。实验室制备氯气，就是利用它与浓盐酸的反应：

$$MnO_2 + 4HCl(\text{浓}) \xlongequal{\triangle} MnCl_2 + 2H_2O + Cl_2\uparrow$$

MnO_2 还可与浓硫酸反应放出氧气：

$$2MnO_2 + 2H_2SO_4(\text{浓}) \xlongequal{\triangle} 2MnSO_4 + 2H_2O + O_2\uparrow$$

MnO_2 的用途很广，例如，大量用作干电池中的去极化剂，玻璃工业中的脱色剂，火柴工业中的助燃剂，油漆油墨的干燥剂，有机反应的催化剂、氧化剂等。

3. 锰(Ⅵ)的化合物

锰(Ⅵ)的化合物中，比较稳定的是锰酸盐，如锰酸钾 K_2MnO_4，它是在空气或其他氧化剂(如 $KClO_3$，KNO_3 等)存在下，由 MnO_2 同 KOH 共熔而制得：

$$2MnO_2 + 4KOH + O_2 \xlongequal{\text{熔融}} 2K_2MnO_4 + 2H_2O$$

$$3MnO_2 + 6KOH + KClO_3 \xlongequal{\text{熔融}} 3K_2MnO_4 + 3H_2O + KCl$$

锰酸钾是深绿色的固体，在强碱性溶液中比较稳定，在酸性溶液中易发生歧化反应：

$$3MnO_4^{2-} + 4H^+ \rightleftharpoons MnO_2 + 2MnO_4^- + 2H_2O$$

在中性和弱碱性溶液中也发生歧化反应，但趋势及速率较小：

$$3MnO_4^{2-} + 2H_2O \rightleftharpoons MnO_2 + 2MnO_4^- + 4OH^-$$

4. 锰(Ⅶ)的化合物

锰(Ⅶ)的化合物中，高锰酸盐是最稳定的，应用最广的高锰酸盐是高锰酸钾 $KMnO_4$，俗称灰锰氧，它是暗紫色晶体，其溶液呈现出高锰酸根离子特有的紫色。$KMnO_4$ 固体加热至 200℃以上时会分解：

$$2KMnO_4 \xlongequal{\triangle} MnO_2 + K_2MnO_4 + O_2\uparrow$$

在实验室中有时也利用这一反应制取少量的氧气。

$KMnO_4$ 在酸性溶液中缓慢分解，在中性溶液中分解极慢，但光和 MnO_2 对其分解起催化作用，故配制好的 $KMnO_4$ 溶液应保存在棕色瓶中，放置一段时间后，需过滤除去 MnO_2。

$$4MnO_4^- + 4H^+ = 4MnO_2\downarrow + 3O_2\uparrow + 2H_2O$$

$KMnO_4$ 无论在酸性、中性或碱性溶液中皆有氧化性，其还原产物因溶液的酸碱性不同而异。

溶　液	酸　性	中性或弱碱性	强碱性
还原产物	Mn^{2+}(无色)	MnO_2(棕褐色沉淀)	MnO_4^{2-}(绿色)

例如和 SO_3^{2-} 的反应：

酸性　　$2MnO_4^- + 5SO_3^{2-} + 6H^+ = 2Mn^{2+} + 5SO_4^{2-} + 3H_2O$

中性或弱碱性　　$2MnO_4^- + 3SO_3^{2-} + H_2O = 2MnO_2\downarrow + 3SO_4^{2-} + 2OH^-$

强碱性　　$2MnO_4^- + SO_3^{2-} + 2OH^- = 2MnO_4^{2-} + SO_4^{2-} + H_2O$

高锰酸钾是化学上常用的氧化剂，在医药上也用作防腐剂、消毒剂、除臭剂及解毒剂等。

三、铁的化合物

铁、钴、镍是第四周期Ⅷ族元素，性质非常相似，统称铁系元素。铁的价电子层结构为 $3d^6 4s^2$，最重要的氧化值为+2、+3。铁元素的电势图如下：

$E_A^{\ominus}/V$ FeO_4^{2-} —+2.1— Fe^{3+} —+0.77— Fe^{2+} —−0.45— Fe （Fe^{3+}—Fe：−0.037）

$E_B^{\ominus}/V$ FeO_4^{2-} —+0.9— $Fe(OH)_3$ —−0.56— $Fe(OH)_2$ —−0.88— Fe

（一）氢氧化物

往 Fe(Ⅱ) 盐溶液中加入强碱，得到白色 $Fe(OH)_2$ 沉淀，$Fe(OH)_2$ 极不稳定，与空气接触后很快变成暗绿色，继而变成红棕色的氧化铁水合物 $Fe_2O_3 \cdot nH_2O$，习惯上写作 $Fe(OH)_3$，反应如下：

$$4Fe(OH)_2 + O_2 + 2H_2O = 4Fe(OH)_3$$

$Fe(OH)_2$ 和 $Fe(OH)_3$ 均难溶于水。$Fe(OH)_2$ 呈碱性，可溶于强酸形成亚铁盐；$Fe(OH)_3$ 显两性，以碱性为主，溶于酸生成相应的铁盐，溶于热浓强碱溶液生成铁酸盐：

$$Fe(OH)_3 + NaOH \xlongequal{\triangle} NaFeO_2 + 2H_2O$$

（二）铁(Ⅱ)盐

最重要的铁(Ⅱ)盐是七水硫酸亚铁 $FeSO_4 \cdot 7H_2O$，俗称绿矾，它是淡绿色晶体，中药上称皂矾，农业上用于防治虫害，医学上用于治疗缺铁性贫血。$FeSO_4 \cdot 7H_2O$遇强热则分解：

$$2FeSO_4 \xlongequal{\triangle} Fe_2O_3 + SO_2\uparrow + SO_3\uparrow$$

$FeSO_4 \cdot 7H_2O$ 在空气中可逐渐风化而失去一部分水，并且表面容易被氧化，生成黄褐色碱式硫酸铁：

$$4FeSO_4 + O_2 + 2H_2O = 4Fe(OH)SO_4$$

硫酸亚铁能与碱金属及铵的硫酸盐形成复盐，如 $(NH_4)_2SO_4 \cdot FeSO_4 \cdot 6H_2O$，称为莫尔盐，它比 $FeSO_4$ 稳定，易保存，是分析化学中常用的还原剂，用来标定 $K_2Cr_2O_7$ 溶液或 $KMnO_4$ 溶液。

（三）铁(Ⅲ)盐

三氯化铁是重要的铁(Ⅲ)盐，可由氯气和热的铁屑反应而制得。无水 $FeCl_3$ 为棕褐色的共价化合物，易升华，400℃时呈蒸气状态，以双聚分子 Fe_2Cl_6 存在。从溶液中制得的三氯化铁一般为 $FeCl_3 \cdot 6H_2O$，呈深黄色。

Fe^{3+} 离子在酸性水溶液中通常以淡紫色的 $[Fe(H_2O)_6]^{3+}$ 形式存在，它很容易水解而显黄色：

$$[Fe(H_2O)_6]^{3+} + H_2O = [Fe(OH)(H_2O)_5]^{2+} + H_3O^+$$

习惯上也常把上述水解反应写成：

$$Fe^{3+} + H_2O = Fe(OH)^{2+} + H^+$$

$$Fe(OH)^{2+} + H_2O = Fe(OH)_2^+ + H^+$$

$$Fe(OH)_2^+ + H_2O = Fe(OH)_3 + H^+$$

在酸性溶液中，Fe^{3+}是中等强度的氧化剂，能把I^-、$SnCl_2$、SO_2、H_2S、Fe、Cu等氧化，而本身被还原为Fe^{2+}。

（四）铁(Ⅱ)和铁(Ⅲ)的配合物

铁元素是很好的配合物形成体，可以形成多种配合物。Fe^{2+}、Fe^{3+}易形成配位数为6的八面体型配合物，最常见的有下列几种：

1. 氰配合物

Fe^{2+}和Fe^{3+}的氰配合物主要是下列两种：一为六氰合铁(Ⅱ)酸钾$K_4[Fe(CN)_6]\cdot 3H_2O$，黄色晶体，俗称黄血盐，又名亚铁氰化钾；另一为六氰合铁(Ⅲ)酸钾$K_3[Fe(CN)_6]$，深红色晶体，俗称赤血盐，又名铁氰化钾。它们都溶于水，且在水中相当稳定，几乎检验不出游离的Fe^{2+}、Fe^{3+}的存在。在含有Fe^{2+}的溶液中加入赤血盐溶液，在含有Fe^{3+}的溶液中加入黄血盐溶液，均能生成蓝色沉淀：

$$K^+ + Fe^{2+} + [Fe(CN)_6]^{3-} = KFe[Fe(CN)_6]\downarrow \text{（藤氏蓝）}$$

$$K^+ + Fe^{3+} + [Fe(CN)_6]^{4-} = KFe[Fe(CN)_6]\downarrow \text{（普鲁士蓝）}$$

这两个反应常用来鉴定Fe^{2+}和Fe^{3+}。

2. 硫氰配合物

Fe^{3+}与SCN^-反应，生成血红色的$[Fe(SCN)_n]^{3-n}$：

$$Fe^{3+} + nSCN^- = [Fe(SCN)_n]^{3-n} \quad (n=1\sim6)$$

n值随溶液中SCN^-浓度和酸度而定。这一反应非常灵敏，它是检验Fe^{3+}是否存在的重要反应之一。

3. 氨配合物

Fe^{2+}难以形成稳定的氨合物，无水$FeCl_2$虽然可与氨形成$[Fe(NH_3)_6]Cl_2$，但此配合物遇水即分解生成$Fe(OH)_2$。Fe^{3+}由于强烈水解，所以在其水溶液中加入氨时，不是形成氨合物，而是生成$Fe(OH)_3$沉淀。

四、钴和镍的化合物（自学）

钴、镍原子的价电子层结构分别为$3d^74s^2$、$3d^84s^2$，钴常见的氧化值为+2、+3，镍常见的氧化值为+2。它们的元素电势图如下：

$E_A^\ominus/V$

$$CoO_2 \xrightarrow{\leq +1.8} Co^{3+} \xrightarrow{+1.92} Co^{2+} \xrightarrow{-0.280} Co$$

$$NiO_2 \xrightarrow{+1.68} Ni^{2+} \xrightarrow{-0.257} Ni$$

$E_B^\ominus/V$

$$CoO_2 \xrightarrow{+0.7} Co(OH)_3 \xrightarrow{+0.17} Co(OH)_2 \xrightarrow{-0.73} Co$$

$$NiO_2 \xrightarrow{+0.49} Ni(OH)_2 \xrightarrow{-0.72} Ni$$

钴、镍都是银白色金属，在水、空气中很稳定，能缓慢溶于稀酸，都可用于制造优良的合金。

(一) 钴、镍的氢氧化物

1. 钴的氢氧化物

在 Co^{2+} 盐溶液中加入碱，视条件不同得到蓝色或粉红色 $Co(OH)_2$ 沉淀，室温时先得到蓝色沉淀，在水中长期放置或加热即转变为稳定的粉红色沉淀。反应式如下：

$$Co^{2+}+2OH^-=Co(OH)_2\downarrow(\text{粉红色})$$

$Co(OH)_2$ 溶解度很小，呈微弱的两性，溶于酸生成 Co^{2+}（粉红色），溶于强碱得到 $[Co(OH)_4]^{2-}$（深蓝色）。$Co(OH)_2$ 在碱性介质中可逐渐被空气氧化为棕褐色的 $Co(OH)_3$：

$$4Co(OH)_2+O_2+2H_2O=4Co(OH)_3$$

若用 Br_2、H_2O_2、NaClO 等氧化剂氧化时，也能得到 $Co(OH)_3$：

$$2Co(OH)_2+Br_2+2OH^-=2Co(OH)_3+2Br^-$$

$$2Co(OH)_2+H_2O_2=2Co(OH)_3$$

$Co(OH)_3$ 具有氧化性，与盐酸作用放出 Cl_2，与硫酸作用放出 O_2：

$$2Co(OH)_3+2Cl^-+6H^+=2Co^{2+}+6H_2O+Cl_2\uparrow$$

$$4Co(OH)_3+8H^+=4Co^{2+}+10H_2O+O_2\uparrow$$

2. 镍的氢氧化物

在 Ni^{2+} 盐溶液中加入碱，得到苹果绿色 $Ni(OH)_2$ 沉淀。反应式如下：

$$Ni^{2+}+2OH^-=Ni(OH)_2\downarrow(\text{苹果绿色})$$

$Ni(OH)_2$ 为碱性，溶于酸生成 Ni^{2+}（绿色），它与 $Fe(OH)_2$ 及 $Co(OH)_2$ 不同，在空气中放置不会被氧化，但用 Cl_2、Br_2、NaClO 等可将 $Ni(OH)_2$ 氧化成棕褐色的 $Ni(OH)_3$，反应式如下：

$$2Ni(OH)_2+ClO^-+H_2O=2Ni(OH)_3+Cl^-$$

$Ni(OH)_3$ 也具有氧化性，能与盐酸作用放出 Cl_2，与硫酸作用放出 O_2，这也是 $Ni(OH)_3$、$Co(OH)_3$ 区别于 $Fe(OH)_3$ 之处。

(二) 钴盐、镍盐

钴盐主要是钴(Ⅱ)盐，钴(Ⅲ)以配合物形式较多。镍无论是简单无机盐还是配合物，都主要是以镍(Ⅱ)形式存在。

常见的钴(Ⅱ)盐是 $CoCl_2\cdot6H_2O$，它随所含结晶水的数目不同而呈现多种不同的颜色：

$$\underset{\text{粉红}}{CoCl_2\cdot6H_2O}\xrightarrow{52.3℃}\underset{\text{紫红}}{CoCl_2\cdot2H_2O}\xrightarrow{90℃}\underset{\text{蓝紫}}{CoCl_2\cdot H_2O}\xrightarrow{120℃}\underset{\text{蓝}}{CoCl_2}$$

做干燥剂用的硅胶常浸有 $CoCl_2$ 的水溶液，利用其吸水和脱水而发生的颜色变化，来表示硅胶吸湿情况，当硅胶干燥剂由蓝色变为粉红色时，表示吸水已达到饱和，再经烘干脱水又能重复使用。

常见的镍(Ⅱ)盐有暗绿色 $NiSO_4\cdot7H_2O$、草绿色 $NiCl_2\cdot6H_2O$、绿色 $Ni(NO_3)_2\cdot6H_2O$ 及复盐 $(NH_4)_2SO_4\cdot NiSO_4\cdot6H_2O$ 等。

(三) 钴、镍的配合物

1. 钴配合物

钴(Ⅲ)配合物大都是配位数为 6 的八面体构型，常见的配合物中除 $[CoF]^{3-}$ 是高自旋以外，

其他 $[Co(NH_3)_5 \cdot H_2O]^{3+}$（粉红）、$[Co(NH_3)_5Cl]^{2+}$（紫）、$[Co(NO_2)_6]^{3-}$（黄）等均为低自旋的配合物，它们在溶液和晶体中均十分稳定。Co^{2+} 与 SCN^- 生成的蓝色配合物 $[Co(SCN)_4]^{2-}$ 在丙酮中较稳定，利用此反应可以鉴定 Co^{2+}。

2. 镍配合物

镍（Ⅱ）配合物的构型多样化，有八面体形的 $[Ni(NH_3)_6]^{2+}$（紫色）、平面正方形的 $[Ni(CN)_4]^{2-}$（红色）、四面体形的 $[NiCl_4]^{2-}$（深蓝色）等。Ni^{2+} 与丁二酮肟在弱碱溶液中反应生成 $[Ni(DMG)_2]$ 鲜红色沉淀，可用于鉴定 Ni^{2+}。

第三节　*d* 区元素在医药中的应用

在自然界的近百种元素中，在人体中发现了 60 多种。人体中最重要的是 O、C、H 和 N 共 4 种，它们约占人体总质量的 96%。此外，Ca、S、P、Na、K、Cl 和 Mg 7 种约占 3.95%。这 11 种元素占了 99.95%，称为人体的宏量元素。剩下的 50 多种元素总共只占人体总质量的 0.05% 左右，称为人体的微量元素。这些微量元素，许多是 *d* 区的过渡元素，如 Fe、Mn、Co、Mo、Cr、V、Ni 等。

常用药物中也有一些是 *d* 区元素的化合物。

$KMnO_4$ 是最重要也是最常用的氧化剂之一，它的稀溶液（0.1%）可用于器械设备的消毒，它的 5%溶液可治疗轻度烫伤。

Co^{2+} 的重要螯合物是维生素 B_{12}。它是 Co（Ⅲ）六配位配合物。如图 11-1 是维生素 B_{12} 的基本结构图。维生素 B_{12} 是唯一已知的含有机金属离子的维生素。它参与蛋白质的合成，叶酸的储存及硫醇酶的活化等。其主要功能是促使红细胞成熟，如果没有它，血液中就会出现一种没有细胞核的巨红细胞，引起恶性贫血。它还可用于治疗肝炎、肝硬化、多发性神经炎及银屑病等。

图 11-1　维生素 B_{12} 的基本结构图

由两个或多个同种简单含氧酸分子缩合而成的酸称为同多酸。钼、钨及许多其他元素不仅形成简单含氧酸，而且在一定条件下他们还能缩水形成同多酸及杂多酸。这是钼、钨化学的一个突出特点。能够形成同多酸的元素有 V、Cr、Mo、W、Nd、Ta、U、B、Si、P 等。目前关于多酸

化合物作为抗艾滋病毒（HIV-1）、抗肿瘤、抗病毒的无机药物的研究开发备受瞩目。有已申请专利的、可作为抗 HIV-1 药物的杂多化合物，有杂多酸盐 $K_7PW_{10}Ti_2O_{40}$、$SiW_{12}O_{40}^{4-}$、$BW_{12}O_{40}^{5-}$、$W_{10}O_{32}^{4-}$ 和杂多阴离子的盐类或酸、钨锑杂多化合物及含铌的杂多化合物等。具有抗肿瘤活性且无细胞毒性的同多和杂多化合物有 $[Mo_7O_{24}]^{6-}$、$[XMo_6O_{24}]^{n-}$（X=I，Pt，Co，Cr，…）等。

铂系元素容易生成配合物，水溶液中几乎全是配合物。二氯二氨合铂 $[PtCl_2(NH_3)_2]$ 为反磁性物质，其结构为平面正方形。它有两种几何异构体——顺式和反式结构。顺式结构的称为顺铂，具有抗癌性能，用作治癌药物，反式无抗癌作用。顺铂的抗癌机理一般认为是，顺铂攻击的主要靶分子是 DNA。顺铂水解后，与肿瘤细胞中的 DNA 碱基的氮原子配位，形成链内交联的 Pt-DNA 配合物，从而抑制 DNA 的复制。由于顺铂与 DNA 的特异性相互作用，最终导致癌细胞死亡。

矿物药是中药的重要组成部分之一，其中 d 区中铁元素的阳离子化合物在矿物药中种类较多。铁类矿物药中铁散粉、生铁落饮、七味铁屑丸、御史散、磁朱丸等的主要成分为 Fe_3O_4；更年安、绛矾丸等主要成分为 $FeSO_4 \cdot 7H_2O$；旋覆代赭汤的主要成分是 Fe_2O_3；蛇黄丸的主要成分为 $Fe_2O_3 \cdot xH_2O$；黄矾丸的主要成分是 $Fe_2(SO_4)_3 \cdot 10H_2O$；神效太乙丹、震灵丹的主要成分是 $Fe_2O_3 \cdot xH_2O$ 和 FeS_2。

铂类抗癌药物简介

1969 年，Barnett Rosenberg 及其同事首次发现了顺式-二氯·二氨合铂（Ⅱ）（简称顺铂）具有抗肿瘤活性。1978 年，顺铂作为第一代铂类抗肿瘤药物经美国食品药品监督管理局（FDA）批准后上市，它对人体的多种肿瘤，如睾丸癌、卵巢癌、甲状腺癌等有明显的疗效。但是顺铂的副作用很大，主要表现为肾毒性、耳毒性、神经毒性等。因此，为了获得毒性低、副作用小的铂类抗癌药，人们深入研究顺铂的构效关系，合成和筛选出第二代铂类抗癌药物（如卡铂、奈达铂等）和第三代铂类抗癌药物（如奥沙利铂、乐铂等）。除此以外，还有正处于临床研究阶段的铂类抗癌药，如赛特铂。科学无止境，探索无终点，只有勇于探究，才能不断创新。

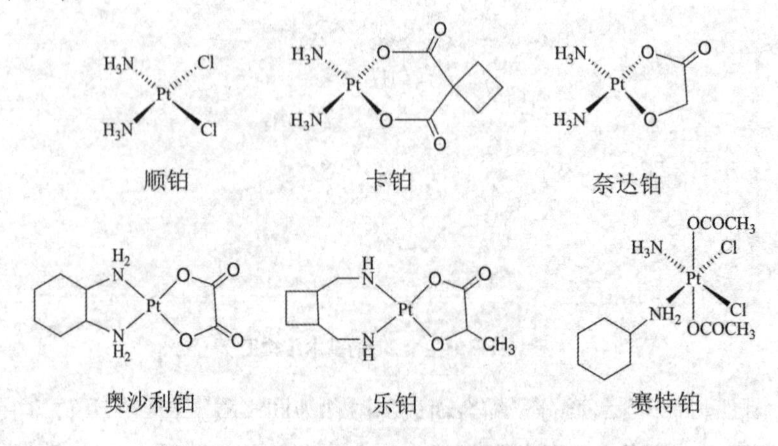

图 11-2 部分铂类抗癌药物的结构

小　结

1. 介绍了 *d* 区元素价电子层构型特点及 *d* 区元素的通性，如单质的相似性，氧化值的多变性，易形成配合物，水合离子普遍具有颜色等，并介绍了结构对性质的影响。

2. 分别讨论了 *d* 区元素中重要化合物的基本性质和重要化学反应，重点讨论了：

（1）铬的化合物　$Cr(OH)_3$、Cr（Ⅲ）配合物、CrO_3、H_2CrO_4、$H_2Cr_2O_7$、K_2CrO_4、$K_2Cr_2O_7$、Cr(Ⅲ)和 Cr(Ⅵ)化合物的转化。

（2）锰的化合物　Mn(Ⅱ)的化合物、MnO_2、K_2MnO_4、$KMnO_4$。

（3）铁的化合物　$Fe(OH)_2$、$Fe(OH)_3$、$FeSO_4 \cdot 7H_2O$、$FeCl_3$、Fe(Ⅲ)和 Fe(Ⅱ)配合物。

（4）钴和镍的化合物　$Co(OH)_2$、$Co(OH)_3$、$Ni(OH)_2$、$Ni(OH)_3$、$CoCl_2 \cdot 6H_2O$。

3. 介绍了 *d* 区元素在医药中的应用。

思考题

1. *d* 区元素的金属离子会出现价态的变化，与原子结构有什么关系？

2. 为什么金属离子的水合离子都具一定的颜色？

3. 矿物药通常如何分类？

习　题

1. 配平并完成下列反应式

（1）$[Cr(OH)_4]^- + Cl_2 + OH^- \longrightarrow$

（2）$MnO_4^- + Mn^{2+} \longrightarrow$

（3）$MnO_4^- + Cr^{3+} + H_2O \longrightarrow$

（4）$Mn^{2+} + S_2O_8^{2-} + H_2O \longrightarrow$

（5）$Fe^{2+} + H_2O_2 \longrightarrow$

（6）$Co(OH)_3 + HCl \longrightarrow$

（7）$[Co(NH_3)_6]^{2+} + O_2 + H_2O \longrightarrow$

（8）$Ni_2O_3 + HCl \longrightarrow$

2. 写出以软锰矿为原料制备高锰酸钾的各步反应的方程式。

3. 铬的某化合物 A 是一橙红色溶于水的固体，将 A 用浓 HCl 处理产生黄绿色刺激性气体 B 和暗绿色溶液 C。在 C 中加入 KOH 溶液，先生成灰蓝色沉淀 D，继续加入过量 KOH 溶液则沉淀消失，变为绿色溶液 E。在 E 中加入 H_2O_2，加热则生成黄色溶液 F，F 用稀酸酸化，又变为原来的化合物 A 的溶液。问：A、B、C、D、E、F 各是什么物质？写出每步变化的反应式。

4. 在 Fe^{2+}、Co^{2+}、Ni^{2+} 盐的溶液中，分别加入 NaOH 溶液，在空气中放置后，各得到什么产物？写出相关的反应式。

5. 选择适当试剂，完成下列各步变化过程，并写出每一步的反应方程式。

（1）$Cr^{3+} \rightarrow Cr(OH)_3 \rightarrow Cr(OH)_4^- \rightarrow CrO_4^{2-} \rightarrow Cr_2O_7^{2-} \rightarrow Cr^{3+}$

（2）$Mn^{2+} \rightarrow Mn(OH)_2 \rightarrow MnO(OH)_2 \rightarrow MnO_2 \rightarrow MnO_4^{2-} \rightarrow MnO_4^- \rightarrow Mn^{2+}$

6. 配合物 $Ni(CO)_4$ 和$[Ni(CN)_4]^{2-}$ 具有不同的结构，但两者都是反磁性的，试用价键理论解释。

7. 有一种含结晶水的淡绿色晶体，将其配成溶液，若加入 $BaCl_2$ 溶液，则产生不溶于酸的白色沉淀；若加入 NaOH 溶液，则生成白色胶状沉淀并很快变成红棕色，再加入盐酸，此沉淀又溶解，滴入硫氰化钾溶液显血红色。问：该晶体是什么物质？写出有关的化学反应式。

8. 在 $K_2Cr_2O_7$ 的饱和溶液中加入浓 H_2SO_4，并加热到 200℃时，发现溶液的颜色为蓝绿色，经检查反应开始时溶液中并无任何还原剂存在，试说明上述变化的原因。

9. 在 $MnCl_2$ 溶液中加入适量的硝酸，再加入 $NaBiO_3(s)$，溶液中出现紫红色后又消失，试说明原因，写出有关的反应方程式。

10. 某粉红色晶体溶于水，其水溶液 A 也呈粉红色。向 A 中加入少量 NaOH 溶液，生成蓝色沉淀，当 NaOH 溶液过量时，则得到粉红色沉淀 B。再加入 H_2O_2 溶液，得到棕色沉淀 C，C 与过量浓盐酸反应生成蓝色溶液 D 和黄绿色气体 E。将 D 用水稀释又变为溶液 A。A 中加入 KSCN 晶体和丙酮后得到天蓝色溶液 F。试确定各字母所代表的物质，写出有关反应的方程式。

第十二章
ds 区元素

扫一扫，查阅本章数字资源，含PPT、音视频、图片等

【学习要求】

1. 熟悉 ds 区元素的通性及其与电子层结构的关系。
2. 掌握 Cu、Ag、Hg 元素重要化合物的基本性质。
3. 了解 ds 区元素在医药中的应用。

在周期表中，ds 区元素包括第ⅠB族元素 Cu、Ag、Au(又称铜族元素)及第ⅡB族元素 Zn、Cd、Hg(又称锌族元素)。

第一节　ds 区元素的通性

ds 区元素的价电子构型分别是 $(n-1)d^{10}ns^1$ 和 $(n-1)d^{10}ns^2$，一些基本性质列在表 12-1 和 12-2。

表 12-1　ds 区元素的基本性质

性　质	铜	银	金	锌	镉	汞
元素符号	Cu	Ag	Au	Zn	Cd	Hg
原子序数	29	47	79	30	48	80
相对原子质量	63.55	107.86	196.97	65.39	112.41	200.59
价电子层构型	$3d^{10}4s^1$	$4d^{10}5s^1$	$5d^{10}6s^1$	$3d^{10}4s^2$	$4d^{10}5s^2$	$5d^{10}6s^2$
金属半径/pm	117	134	134	125	148	144
离子半径 M^+、M^{2+}/pm	77	115	138	74	97	110
第一电离势/(kJ·mol^{-1})	746	731	890	906	868	1007
第二电离势/(kJ·mol^{-1})	1957.3	2072.6	1973.3	1743	1641	1820
M^+(g)水化能/(kJ·mol^{-1})	−582	−485	−644	−2054	−1816	−1833
常见氧化值	+1,+2	+1	+1,+3	+2	+2	+2
升华能/(kJ·mol^{-1})	340	285	约 385	131	112	62
$E^\ominus(M^{n+}/M)$/V	+0.521,0.3419	+0.7996	+1.692,+1.498	−0.7618	−0.4629	+0.851

表 12-2 *ds* 区元素单质的基本性质

性 质	铜	银	金	锌	镉	汞
单质的颜色	紫红色	银白色	黄色	银白色	银白色	银白色
熔点/K	1356.4	1234.93	1337.43	692.58	593.9	234.16
沸点/K	2840	2485	3353	1180	1038	629.58
硬度	2.5～3	2.5～4	2.5～3	2.5	2.0	液
密度(293K)/$(g\cdot cm^{-3})$	8.93	10.94	19.32	7.14	8.64	13.59
电负性	1.90	1.93	2.54	1.65	1.69	2.00

铜族和锌族元素最外层电子结构与碱金属和碱土金属一样，都只有 1～2 个电子。但次外层电子数目不同，前两者为 18 电子层构型，后两者为 8 电子层构型（除锂外）。由于 18 电子层构型对核的屏蔽效应比 8 电子层构型的小得多，使铜、锌族元素原子的有效电荷较大，对最外层 *s* 电子的吸引力比碱金属和碱土金属要强得多，所以其原子半径、离子半径比较小，电离能高、电子密度大，金属的活泼性远不如碱金属和碱土金属。铜族与锌族相比，锌族元素比同周期的铜族元素活泼，具体是：Zn>Cd>Cu>Hg>Ag>Au。

ds 区铜族和锌族元素的最外层电子数分别与碱金属和碱土金属一样，但由于 *ds* 区元素次外层多出了 10 个 *d* 电子，而导致 *ds* 区金属的活泼性远不如碱金属和碱土金属等一系列差异，通过识同辨异的比较，确定对象间的共同点和差异点，可进一步深化对结构决定性质这一化学思想的理解。

铜族元素氧化值有＋1、＋2、＋3，这是由于铜族元素原子最外层 *ns* 电子和次外层的 $(n-1)d$ 电子能量相差不大的缘故。而锌族元素的特征氧化值为＋2(汞和镉还有＋1 氧化值的化合物)。这是因为锌族元素的$(n-1)d$ 轨道已全充满，未参与成键，*ns* 电子与$(n-1)d$ 电子的电离能之差比ⅠB 族大，所以通常情况下只失去 *ns* 电子而显＋2 氧化值。常见的稳定氧化值(特别是在水溶液中)是：Cu 为＋2，Ag 为＋1，Au 为＋3，Zn、Cd、Hg 为＋2，＋1 氧化值的 Hg_2^{2+}(采取共用电子对形成$[-Hg:Hg-]^{2+}$离子形式)也可存在于水溶液中。Ag（Ⅱ）、Zn(Ⅰ)、Cd(Ⅰ）均不稳定，这可从它们离子的大小、电荷、电离势、水化能等因素来解释。

从电极电势可以看出，ⅠB 和ⅡB 族元素的金属活泼性远小于ⅠA 和ⅡA 族元素，自上到下金属的活泼性依次降低，这也与ⅠA 族、ⅡA 族正好相反。而且，在酸性溶液中，Cu^+ 和 Au^+ 均不稳定，容易发生歧化反应。

ⅠB 族和ⅡB 族元素的离子具有 18 电子层构型，有很强的极化力和较大的变形性，所以这些元素易形成共价化合物；另外，这些离子的$(n-1)d$、*ns*、*np* 有能量较低的空轨道，故形成配位化合物的能力较强，这也是 *ds* 区元素的特点之一。

在常温下，铜、锌族的单质除汞为液体外，其余五种均为固体，金、银、铜是人们最早知道和使用的货币金属，熔、沸点较其他过渡元素低，这与其原子半径大、次外层电子不参与形成金属键有关。金的延展性最好，而银的导电传热性最好，铜仅次于银。

室温下，铜、银、金不与氧气和水反应，在含 CO_2 的潮湿空气中，铜表面易生成一层“铜绿”，主要成分为 $Cu(OH)_2\cdot CuCO_3$，加热时生成黑色的 CuO，银与硫有较强的亲合作用，当和含 H_2S 的空气接触即生成 Ag_2S 变暗，反应如下：

$$2Cu+O_2+H_2O+CO_2 \xlongequal{\triangle} Cu(OH)_2\cdot CuCO_3$$

$$2Cu+O_2 \xlongequal{\triangle} 2CuO$$

$$4Ag+2H_2S+O_2=2Ag_2S+2H_2O$$

铜、银、金在高温下也不与氢、氮或碳作用，与卤素的作用由易到难，它们均不与稀盐酸或稀硫酸反应放出氢气，但在有空气存在时，铜可缓慢溶于稀酸中，铜还可溶于浓盐酸中，Cu 和 Ag 能溶于硝酸或热的浓硫酸，Au 只溶于王水：

$$2Cu+4HCl+O_2=2CuCl_2+2H_2O$$

$$2Cu+2H_2SO_4+O_2=2CuSO_4+2H_2O$$

$$2Ag+2H_2SO_4(浓)\xlongequal{\triangle}Ag_2SO_4+SO_2\uparrow+2H_2O$$

$$Au+4HCl+HNO_3\xlongequal{\triangle}HAuCl_4+NO\uparrow+2H_2O$$

第二节　*ds* 区元素的重要化合物

一、铜的化合物

（一）铜的氧化物和氢氧化物

1. 氧化亚铜

Cu_2O 为共价化合物，有毒，难溶于水，对热稳定，在 1508K 时熔化而不分解。其固体颜色随颗粒大小不同而呈现黄色、红色、砖红色到深棕色。同时具有半导体性质，可制作亚铜整流器，也可用作油漆色料。Cu_2O 还是赤铜矿的主要成分。

Cu_2O 常用铜与氧化铜在密闭容器中煅烧或由葡萄糖、醛类及亚硫酸钠还原 Cu(Ⅱ)盐的碱性溶液制得。

$$CuO+Cu\xrightarrow{1273\sim1373K}Cu_2O$$

$$2CuSO_4+3Na_2SO_3\xrightarrow{NaOH(pH=5)}Cu_2O\downarrow+3Na_2SO_4+2SO_2\uparrow$$

$$2[Cu(OH)_4]^{2-}+CH_2OH(CHOH)_4CHO_{葡萄糖}$$
$$=Cu_2O\downarrow+4OH^-+CH_2OH(CHOH)_4COOH+2H_2O$$

分析化学上利用此反应测定醛类，医学上则用于糖尿病的检查。

Cu_2O 呈弱碱性，溶于稀酸即发生歧化反应，生成 Cu^{2+} 离子和 Cu。

$$Cu_2O+2H^+=Cu^{2+}+Cu\downarrow+H_2O$$

Cu_2O 溶于氨水或氢卤酸时，分别形成无色的 $[Cu(NH_3)_2]^+$、$[CuX_2]^-$ 等配合物：

$$Cu_2O+4HCl=2H[CuCl_2]+H_2O$$

$$Cu_2O+4NH_3\cdot H_2O=2[Cu(NH_3)_2]^++2OH^-+3H_2O$$

无色的 $[Cu(NH_3)_2]^+$ 在空气中不稳定，立即被氧化成蓝色的 $[Cu(NH_3)_4]^{2+}$，利用此性质可除去气体中的 O_2 或 CO：

$$2[Cu(NH_3)_2]^++4NH_3\cdot H_2O+\frac{1}{2}O_2=2[Cu(NH_3)_4]^{2+}+2OH^-+3H_2O$$

2. 氧化铜

CuO 为难溶于水的黑色粉末，可由某些含氧酸盐受热分解或在氧气中加热铜粉而制得：

$$2Cu(NO_3)_2\xlongequal{\triangle}2CuO+4NO_2\uparrow+O_2\uparrow$$

$$2Cu+O_2\xlongequal{\triangle}2CuO$$

CuO是碱性氧化物，可溶解于酸，热稳定性极高，当温度高于1273K时分解为Cu_2O和O_2，高温下易被H_2、C、NH_3等还原为铜。

$$4CuO \xrightarrow{1273K} 2Cu_2O + O_2 \uparrow$$

$$3CuO + 2NH_3 = 3Cu + 3H_2O + N_2 \uparrow$$

3. 氢氧化亚铜

$CuOH$很不稳定，易脱水变为Cu_2O。用$NaOH$处理$CuCl$的冷盐酸溶液时，生成黄色的$CuOH$沉淀，但沉淀很快变成橙色，最后变为红色的Cu_2O。

4. 氢氧化铜

在Cu^{2+}离子溶液中加入强碱，即产生蓝色絮状的$Cu(OH)_2$沉淀，呈两性偏碱性，易溶于酸，也能溶于强碱生成亮蓝色的$[Cu(OH)_4]^{2-}$离子。

$$Cu^{2+} + 2OH^- = Cu(OH)_2 \downarrow \qquad Cu(OH)_2 + 2OH^- = [Cu(OH)_4]^{2-}$$

（二）铜(Ⅱ)盐

1. $CuSO_4 \cdot 5H_2O$

$CuSO_4 \cdot 5H_2O$俗称胆矾或蓝矾，硫酸铜在不同温度下逐步失水：

$$CuSO_4 \cdot 5H_2O\text{（蓝色）} \xrightarrow{375K} CuSO_4 \cdot 3H_2O \xrightarrow{386K} CuSO_4 \cdot H_2O \xrightarrow{531K}$$

$$CuSO_4\text{（白色）} \xrightarrow{923K} CuO\text{（黑色）} + SO_2 \uparrow + O_2$$

以上现象说明，各水分子受力不同。实验证明：有4个H_2O分子以平面四边形与Cu^{2+}配位，第5个H_2O分子与两个配位水分子和硫酸根以氢键结合，2个硫酸根在平面四边形的上下形成一个不规则的八面体。$CuSO_4 \cdot 5H_2O$可表示为$[Cu(H_2O)_4]SO_4 \cdot H_2O$的形式。结构如图12-1所示。

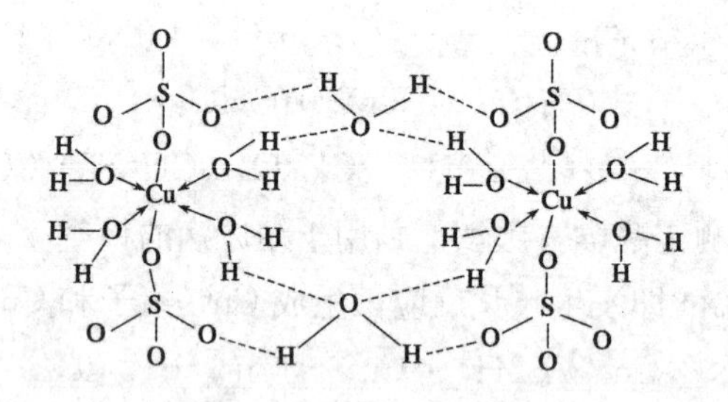

图12-1 $CuSO_4 \cdot 5H_2O$的平面结构和晶体结构示意图

无水$CuSO_4$为白色粉末，不溶于乙醇和乙醚，具有很强的吸水性，吸水后为蓝色，可用这一性质检验或除去乙醇、乙醚等溶剂中的少量水(用作干燥剂)。$CuSO_4$遇到少量氨水会生成浅蓝色的碱式硫酸铜沉淀，继续加氨水，沉淀溶解，得到深蓝色的四氨合铜（Ⅱ）配离子。

$$2CuSO_4 + 2NH_3 \cdot H_2O = (NH_4)_2SO_4 + Cu_2(OH)_2SO_4 \downarrow$$

$$Cu_2(OH)_2SO_4 + 8NH_3 = 2[Cu(NH_3)_4]^{2+} + SO_4^{2-} + 2OH^-$$

$CuSO_4$溶液因Cu^{2+}水解而显酸性。在铜氨溶液中加乙醇即得到深蓝色晶体$[Cu(NH_3)_4]SO_4 \cdot H_2O$，铜氨溶液能溶解纤维，加酸后纤维又会析出，利用此性质在工业上制造人造丝。在农业上$CuSO_4 \cdot 5H_2O$: CaO : H_2O=1 : 1 : 100混合制备波尔多液用作果园、农作物的杀虫杀菌剂。在中医药上$CuSO_4 \cdot 5H_2O$是中药胆矾的主要成分，内服可作催吐剂，外用可治疗沙眼、结膜炎等。硫酸

铜还是制备其他含铜化合物的重要原料。

2. $CuCl_2$

无水氯化铜呈棕黄色，在很浓的溶液中生成黄色的［$CuCl_4$］$^{2-}$，在稀溶液中主要显［$Cu(H_2O)_4$］$^{2+}$的蓝色，因此 $CuCl_2$ 溶液常因二者共存而显黄绿色或绿色。$CuCl_2$ 为链状的共价分子，能潮解，易溶于水，且易溶于乙醇和丙酮，与碱金属或碱土金属氯化物反应生成 M^{I}［$CuCl_3$］或 M^{II}［$CuCl_4$］型配盐，与盐酸反应则生成 H_2［$CuCl_4$］配酸，加热至 773K 时分解：

$$2CuCl_2 \xrightarrow{773K} 2CuCl + Cl_2\uparrow$$

$$2CuCl_2\cdot 2H_2O \stackrel{\triangle}{=\!=} Cu(OH)_2\cdot CuCl_2 + 2HCl\uparrow + 2H_2O$$

3. CuS

在 Cu(Ⅱ)盐溶液中，通入 H_2S 气体，得到黑色 CuS 沉淀，CuS 难溶于水，$K_{sp}^{\ominus}=6.3\times 10^{-36}$，不溶于非氧化性酸，能溶于热的稀硝酸或浓硝酸。$Cu_2S$ 只溶于浓硝酸或氰化钠中。

$$3CuS + 2NO_3^- + 8H^+ = 3Cu^{2+} + 3S\downarrow + 2NO\uparrow + 4H_2O$$

$$3Cu_2S + 16HNO_3(浓,热) = 6Cu(NO_3)_2 + 3S\downarrow + 4NO\uparrow + 8H_2O$$

$$Cu_2S + 4CN^- = 2[Cu(CN)_2]^- + S^{2-}$$

Cu(Ⅱ)碱式盐大多难溶于水，碱式碳酸铜 $Cu_2(OH)_2CO_3$ 俗称铜绿、铜锈，是中药铜青和矿物孔雀石的主要成分，为孔雀绿色的无定形粉末，在潮湿的空气中，铜表面会慢慢生成该物质。

(三) 铜(Ⅱ)和铜(Ⅰ)的转化

从结构看，Cu(Ⅰ)为 $3d^{10}$ 构型，Cu(Ⅱ)是 $3d^9$ 构型，因此，在气态、固态，Cu(Ⅰ)的化合物是稳定的，自然界也确有 Cu_2S、Cu_2O 的矿物存在。而在溶液中，Cu(Ⅱ)的化合物比较稳定，一方面是由于 $3d$ 电子与 $4s$ 电子能量差较小易失去一个 $3d$ 电子，另一方面，Cu^{2+} 离子有较大的水化能（-2121kJ/mol），已超过铜的第二电离能，形成稳定的$[Cu(H_2O)_4]^{2+}$离子。从铜的电极电势图也可看出：

$E_A^{\ominus}$/V：　　$Cu^{2+} \xrightarrow{+0.17} Cu^+ \xrightarrow{+0.521} Cu$

$E_{右}^{\ominus} > E_{左}^{\ominus}$，说明 Cu^+ 能歧化成 Cu^{2+} 和 Cu，而且歧化趋势很大。在 298K 时此歧化反应的平衡常数为：

$$\lg K^{\ominus} = \frac{n(E_{右}^{\ominus} - E_{左}^{\ominus})}{0.0592} = \frac{1\times 0.351V}{0.0592V} = 5.93$$

$$K^{\ominus} = \frac{c_{eq}(Cu^{2+})}{[c_{eq}(Cu^+)]^2} = 8.51\times 10^5$$

说明歧化反应的平衡常数相当大，反应进行得很彻底。即 Cu^+ 离子几乎全部转化为稳定的 Cu^{2+} 和 Cu。另一方面来说，$c_{eq}(Cu^+)$ 越小，$E_{右}$ 越小，Cu^+ 的歧化趋势越小，当溶液中有与 Cu^+ 形成难溶物或配合物的阴离子，如 Cl^-、I^-、CN^- 存在时，就可生成稳定的 CuCl、CuI、CuCN 沉淀。

Cu(Ⅱ)化合物的热分解或使用还原剂，均能实现向 Cu(Ⅰ)的转化，如前所讲，当温度高于 1273K 时 CuO 可分解为 Cu_2O 和 O_2。用还原剂如 Cu、SO_2、$SnCl_2$、葡萄糖以及 I^- 等可将 Cu^{2+} 还原成 Cu^+。

$$2Cu^{2+} + 4I^- = 2CuI\downarrow(白色) + I_2 \qquad (I^-既是沉淀剂又是还原剂)$$

$$Cu^{2+} + Cu + 2Cl^- \xrightarrow{\triangle} 2CuCl\downarrow \qquad (Cl^-是沉淀剂,Cu是还原剂)$$

$$2Cu^{2+}+4CN^{-}=2CuCN\downarrow(白色)+(CN)_2\uparrow \qquad (CN^{-}既是还原剂又是配合剂)$$

若加入过量的KCN，则CN^-成为Cu(Ⅰ)的配合剂，CuCN溶解而生成$[Cu(CN)_x]^{1-x}$配离子：

$$CuCN+(x-1)CN^{-}=[Cu(CN)_x]^{1-x} \qquad (x=2\sim4)$$

沉淀的$K_{sp}^{\ominus}$越小或者配合物的$K_{稳}^{\ominus}$越大，则生成的Cu(Ⅰ)化合物越稳定，Cu(Ⅱ)就越容易转化为Cu(Ⅰ)。

(四) 铜（Ⅱ）和铜（Ⅰ）的配合物

Cu^{2+}离子的价电子构型为$3s^23p^63d^9$，带2个正电荷，比Cu^+更容易形成配合物，配位数为4和6，配位数为6的如$[Cu(NH_3)_4(H_2O)_2]^{2+}$、$[CuY]^{2-}$等一般为变形八面体结构，常见的配位数为4，$Cu^{2+}$以$dsp^2$杂化轨道成键，形成平面四边形配离子如$[Cu(NH_3)_4]^{2+}$、$[Cu(OH)_4]^{2-}$、$[Cu(H_2O)_4]^{2+}$、$[Cu(en)_2]^{2+}$（深蓝紫色）、$[CuCl_4]^{2-}$（淡黄色）及配合物如$Cu(CH_3COO)_2\cdot H_2O$等。但$[CuX_4]^{2-}$稳定性较差。酒石酸、柠檬酸等有机试剂也能与$Cu(OH)_2$形成稳定的配合物，其水溶液分别称为**斐林**(Fehling)试剂和**班尼特**(Banedit)试剂。

Cu^+离子为d^{10}构型，外层有4*s*、4*p*空轨道，可分别采取*sp*、sp^2、sp^3杂化方式与配体形成配位数分别为2、3、4的直线形、三角形、四面体形配合物，以配位数为2的最常见。如前面见到的$[CuX_2]^-$（F^-除外）、$[Cu(CN)_2]^-$、$[Cu(NH_3)_2]^+$、$[Cu(CN)_4]^{3-}$等。

二、银的化合物

银有+1、+2、+3氧化值的化合物，但Ag(Ⅰ)的化合物最稳定，种类也较多。Ag(Ⅱ)和Ag(Ⅲ)的二元化合物有AgO和Ag_2O_3等，但因其强氧化性，在水中不能稳定存在。下面重点讨论Ag(Ⅰ)的化合物。

Ag(Ⅰ)的化合物有一个重要特点，即只有$AgNO_3$、AgF、$AgClO_4$等几种盐易溶于水，其他则难溶于水。如$AgClO_4$和AgF在298K时的溶解度分别为$5570g\cdot L^{-1}$和$1800g\cdot L^{-1}$。

(一) 银的氧化物和氢氧化物

Ag_2O为暗棕色粉末，298K时在水中的溶解度只有$13mg\cdot L^{-1}$，溶液呈微碱性，易溶于硝酸和氨水中，Ag_2O不稳定，加热到573K时就完全分解为Ag和O_2。Ag_2O具有一定的氧化性，可将CO氧化成CO_2或将H_2O_2氧化为O_2。通常在$AgNO_3$溶液中加入NaOH溶液，首先析出白色AgOH沉淀，常温下AgOH极不稳定，立即脱水生成暗棕色的Ag_2O。若用$AgNO_3$的90%乙醇溶液与KOH溶液在低于228K下反应，则可得到白色AgOH沉淀。

$$AgNO_3+NaOH\longrightarrow AgOH+NaNO_3$$
$$\qquad\qquad\qquad\quad \llcorner\!\!\rightarrow Ag_2O+H_2O$$

$$Ag_2O+CO\longrightarrow 2Ag+CO_2$$

$$Ag_2O+H_2O_2\longrightarrow 2Ag+O_2\uparrow+H_2O$$

(二) 硝酸银

制备：将银溶于硝酸，蒸发结晶而制得，若含杂质硝酸铜，可将产品加热到473～673K，此时$Cu(NO_3)_2$分解为黑色难溶于水的CuO。将混合物中的$AgNO_3$溶解过滤除去CuO并重结晶即可得到纯的$AgNO_3$。因为：

$$2AgNO_3 \xlongequal{713K 或光} 2Ag + 2NO_2 + O_2$$

$$2Cu(NO_3)_2 \xlongequal{473K} 2CuO + 4NO_2 + O_2$$

性质：纯净的硝酸银为无色菱形片状晶体，沸点为481.5K，易溶于水、甘油，可溶于乙醇。加热或见光易分解，且微量有机物可促进其光解而变黑，故硝酸银晶体或溶液应保存在棕色瓶中。

硝酸银固体及其溶液都是氧化剂，可与许多有机物反应变为黑色的银，$AgNO_3$ 对有机组织有腐蚀和破坏作用，在医药上用作消毒剂和腐蚀剂。如0.25%～0.5%的$AgNO_3$ 溶液用于治疗眼科炎症，更高浓度的 $AgNO_3$ 溶液用于口腔、宫颈及其他组织炎症的治疗。更多的是用于制备卤化银，也是重要的分析试剂。

难溶性银盐：难溶性是银盐的重要性质，多数用于阴离子的鉴定。如 $AgCl$(白色)、$AgCN$(白色)、$AgBr$(浅黄)、AgI(黄色)、Ag_2S(黑色)、Ag_2SO_4(白色)、$AgNO_2$(浅黄)、Ag_3PO_4(黄色)、Ag_2CrO_4(砖红)、Ag_2CO_3(白色)、$AgAc$(白色)、$Ag_4[Fe(CN)_6]$(浅黄)、$Ag_3[Fe(CN)_6]$(橘黄)等。

（三）银的配合物

具有 d^{10} 构型的 Ag^+ 离子可与 X^-（除 F^- 外）、NH_3、$S_2O_3^{2-}$、CN^- 等易变形的配体形成配位数为 2 的稳定性不同的直线形配离子。$K^{\ominus}_{稳}$ 大小顺序如下：

$$[AgCl_2]^- < [Ag(NH_3)_2]^+ < [Ag(S_2O_3)_2]^{3-} < [Ag(CN)_2]^-$$

其中$[Ag(NH_3)_2]^+$离子溶液(又称为 Tollen 试剂)可被醛类或葡萄糖等还原为银而用于制造保温瓶胆和镜子镀银(叫银镜反应)，也可用来检验醛类化合物。反应式为：

$$2[Ag(NH_3)_2]^+ + \underset{(醛类或葡萄糖)}{RCHO} + 2OH^- = 2Ag\downarrow + RCOONH_4 + 3NH_3 + H_2O$$

注意：银氨溶液不能久贮，因久置天热时不到一天就会析出 Ag_3N、Ag_2NH、$AgNH_2$ 等沉淀。可加盐酸使其转化为 $AgCl$ 沉淀，或用羟氨还原为银而回收。

$$2NH_2OH + 2AgCl = N_2\uparrow + 2Ag\downarrow + 2HCl + 2H_2O$$

三、汞的化合物

（一）汞的氧化物和氢氧化物

根据制备方法和条件的不同，氧化汞有黄色和红色两种不同的变体，二者均难溶于水，有毒！720K 时分解为黑色的汞和氧气。

$$2HgO \xlongequal{720K} 2Hg + O_2$$

黄色的 HgO 可用汞盐与碱作用，得到的不是 $Hg(OH)_2$，而是黄色的 HgO 沉淀，因 $Hg(OH)_2$ 不稳定分解所致。

$$Hg^{2+} + 2OH^- = HgO\downarrow(黄色) + H_2O$$

红色的 HgO 可由 $Hg(NO_3)_2$ 的热分解制得，或在约 620K 时于氧气中加热汞，或 Na_2CO_3 与 $Hg(NO_3)_2$ 反应制得。黄色 HgO 在低于 570K 加热时，可转变为红色的 HgO，这两种变体的结构相同，颜色的差别完全是由于其颗粒的大小不同所致，黄色晶粒细小，红色颗粒较大。

（二）氯化汞和氯化亚汞

1. **$HgCl_2$ 是低熔点、易升华的白色固体，熔点 549K，俗称升汞，中药称为白降丹。可溶于水，有剧毒。**其稀溶液有杀菌作用，外科用作消毒剂。

$HgCl_2$ 为直线形的共价分子，较难电离，易溶于有机溶剂，在水中稍有水解，在氨中氨解，二者很相似：

$$HgCl_2+H_2O=Hg(OH)Cl\downarrow(白色)+HCl$$

$$HgCl_2+2NH_3=HgNH_2Cl\downarrow(白色)+NH_4Cl$$

在酸性溶液中 $HgCl_2$ 有氧化性，与一些还原剂如 $SnCl_2$ 反应可被还原成 Hg_2Cl_2（白色沉淀），若 $SnCl_2$ 过量，白色的 Hg_2Cl_2 可进一步被还原成黑色的金属汞。所以，$HgCl_2$ 和 $SnCl_2$ 的反应用来检验 Hg^{2+} 或 Sn^{2+} 离子。

$$2HgCl_2+SnCl_2+2HCl=Hg_2Cl_2\downarrow(白色)+H_2[SnCl_6]$$

$$Hg_2Cl_2+SnCl_2+2HCl=2Hg\downarrow(黑色)+H_2[SnCl_6]$$

将 $HgCl_2$ 与金属 Hg 一起研磨可制得 Hg_2Cl_2：　$HgCl_2+Hg=Hg_2Cl_2$

2. Hg_2Cl_2 是共价型的直线分子(Cl—Hg—Hg—Cl)，Hg(Ⅰ)采取 *sp* 杂化轨道成键，以双聚体 $^+Hg:Hg^+$ 存在，**Hg_2Cl_2 是难溶于水的白色固体，味略甘，俗称甘汞，为中药轻粉的主要成分，少量毒性较低。**内服可作缓泻剂，外用治疗慢性溃疡和皮肤病。也常用来制作甘汞电极。Hg_2Cl_2 见光易分解：$Hg_2Cl_2=HgCl_2+Hg$ 故常保存于棕色瓶中。

（三）硝酸汞和硝酸亚汞

汞的硝酸盐易溶于水，且能水解，对热都不稳定，易分解为 HgO 或单质 Hg。

$$Hg(NO_3)_2+H_2O=Hg(OH)NO_3\downarrow(白色)+HNO_3$$

$$Hg_2(NO_3)_2+H_2O=Hg_2(OH)(NO_3)\downarrow(白色)+HNO_3$$

$$2Hg(NO_3)_2\xlongequal{低温}2HgO\,(红色)+4NO_2\uparrow+O_2\uparrow\quad(温度较低时)$$

$$Hg(NO_3)_2\xlongequal{高温}Hg\,(黑色)+2NO_2\uparrow+O_2\uparrow\quad(温度较高时)$$

$$Hg_2(NO_3)_2\xlongequal{\triangle}2HgO+2NO_2\uparrow$$

（四）硫化汞

天然的硫化汞矿物叫朱砂、辰砂或丹砂，呈朱红色，具有镇静安神和解毒的功效。内服可治惊风、癫痫等症，外用其复方制剂有消肿止痛解毒的功效。人工制备硫化汞则是由汞和硫加热升华来制备：

$$Hg+S\xlongequal{\triangle}HgS$$

或

$$Hg^{2+}+H_2S=HgS\downarrow(黑色)+2H^+$$

这两种变体的关系是：

$$\underset{(红色,六方晶系)}{HgS(\alpha 型)}\xrightleftharpoons[683K]{659K}\underset{(黑色,立方晶系)}{HgS(\beta 型)}$$

HgS 是最难溶的金属硫化物，它不溶于盐酸和硝酸，但可溶于王水、盐酸和 KI 的混合溶液或过量的浓 Na_2S 溶液：

$$3HgS+12Cl^-+2NO_3^-+8H^+=3[HgCl_4]^{2-}+3S+2NO\uparrow+4H_2O$$

$$HgS+2H^{+}+4I^{-}=[HgI_4]^{2-}+H_2S$$

$$HgS+Na_2S(浓)=Na_2[HgS_2]$$

（五）汞（Ⅰ）和汞（Ⅱ）的转化

$$E_A^{\ominus}/V \qquad Hg^{2+}\xrightarrow{0.920}Hg_2^{2+}\xrightarrow{0.7986}Hg$$

从汞的电势图可以看出：$E^{\ominus}_{右}<E^{\ominus}_{左}$，亚汞离子在溶液中发生歧化反应的趋势很小，通过计算得知此歧化反应的平衡常数较小：

$$K^{\ominus}=\frac{c_{eq}(Hg^{2+})}{c_{eq}(Hg_2^{2+})}=8.76\times10^{-3}$$

表明 Hg_2^{2+} 较稳定。反应 $Hg^{2+}+Hg=Hg_2^{2+}$ 能正向进行，因此 Hg（Ⅱ）盐与 Hg 可制备亚汞盐。

由于反应 $Hg^{2+}+Hg\rightleftharpoons Hg_2^{2+}$ 的可逆性，当在反应体系中加入一种试剂能同 Hg^{2+} 生成沉淀或者配合物时，$c(Hg^{2+})$ 会大大降低，将有利于 Hg_2^{2+} 歧化反应的进行，使 Hg（Ⅰ）转化为 Hg（Ⅱ）化合物。如下列反应：

$$Hg_2^{2+}+2OH^{-}=Hg_2(OH)_2\downarrow(白色)=HgO\downarrow(黄色)+Hg\downarrow(黑色)+H_2O$$

$$Hg_2^{2+}+H_2S=2H^{+}+Hg_2S\downarrow(黑色)$$

$$Hg_2S=HgS\downarrow+Hg\downarrow$$

$$Hg_2^{2+}+2I^{-}=Hg_2I_2\downarrow(绿色)$$

$$Hg_2I_2+2I^{-}=[HgI_4]^{2-}(无色)+Hg\downarrow$$

（六）汞的配合物

Hg_2^{2+} 形成配合物的能力较小，而 Hg^{2+} 却能与 Cl^{-}、Br^{-}、I^{-}、CN^{-}、SCN^{-}、S^{2-} 等离子形成较为稳定的配合物，其中 $K_2[HgI_4]$ 的 KOH 溶液称为奈斯勒(Nessler)试剂，用于微量 NH_4^{+} 离子的鉴定。当微量 NH_4^{+} 离子遇到奈斯勒试剂时，会立即生成红棕色的 $[Hg_2ONH_2]I$ 沉淀：

$$NH_4Cl+2K_2[HgI_4]+4KOH=[Hg_2ONH_2]I\downarrow+KCl+7KI+3H_2O$$

第三节　ds 区元素在医药中的应用（自学）

一、铜、锌的生物学效应

铜是人体必需的微量元素，正常成人体内含铜总量为 80～120mg/70kg。主要以血浆铜蓝蛋白的形式存在。人体日需量为 2～5mg，以从食物中摄取为主，主要在肠道内吸收，通过胆汁、皮肤尿液排泄。

铜是血浆铜蓝蛋白、超氧化物歧化酶(SOD)、细胞色素 C 氧化酶等生物大分子配合物的组成元素，SOD 的主要功能是催化超氧阴离子 O_2^{2-} 发生歧化反应，使其分解为氧气和过氧化氢，避免 O_2^{2-} 对人体细胞造成氧毒性和辐射损伤，延缓机体的衰老和肿瘤的发生。另外，铜还对造血系统和神经系统的发育、对骨骼和结缔组织的形成都有重要的影响。与铜代谢有关的人类遗传性疾病有 Menkes 综合征和 Wilson 病。

缺铜会导致免疫功能低下、应激能力下降、小细胞低色素性贫血、肝脏肿大、骨骼变形、白

癜风等。但铜过量也会引起中毒，急性铜中毒主要表现为消化道症状，也会出现血尿、尿闭、溶血性黄疸、呕血等症状。中毒严重者可因肾功能衰竭而死亡。职业性中毒会出现呼吸、神经、消化、内分泌系统等不同程度的病变，严重危害人体健康。

锌也是人体必需的微量元素，其含量仅次于微量元素铁，正常成人体内含锌总量约为2300mg/70kg。主要分布在肌细胞和骨骼中，主要在肠道内吸收经粪便和尿液排泄。人体日摄取量为12～16mg。

人体中的锌主要与生物大分子如核酸、蛋白质形成配合物，以酶的形式参与众多的生理生化反应，现已知道有80多种酶的生物活性与锌有关。近年来的研究表明：锌蛋白直接参与DNA的转录与复制，对机体的生长发育具有控制作用；其次，锌与蛋白质和核酸的代谢、生物膜的结构与稳定性、激素的分泌量与活性、细胞的免疫功能状态等密切相关。

锌缺乏会造成儿童生长发育不良，如侏儒症、智力低下，可引起严重的贫血、嗜睡、皮肤及眼科疾患等。锌的毒性较小，但大剂量服用也会造成中毒，甚至死亡。这里也体现了辩证法中过犹不及的哲学道理。

二、汞、镉的生物毒性

镉有剧毒，主要累积在人的骨骼、肾和肝脏内，首先引起肾脏损害，导致肾功能不良。另外镉对钙的吸收及在骨骼中的沉积有拮抗作用，会导致骨钙流失，引起骨骼软化和骨质疏松，而产生使人无法忍受的骨疼痛，人称“疼痛病”。镉还可置换锌酶中的锌而破坏其作用，引起高血压、心血管疾病等。镉的主要来源是环境污染尤其是水污染。

汞蒸气可通过呼吸道吸入，或经过消化道误食，也可经皮肤直接吸收而中毒。汞主要积蓄在人的大脑、肾、肝脏等组织中。急性汞中毒的症状表现为严重口腔炎、恶心呕吐、腹痛腹泻、尿量减少或尿闭，很快死亡。慢性汞中毒主要以消化系统和神经系统症状为主，表现为口腔黏膜溃烂、头痛、记忆力减退、语言失常，严重者可有各种精神障碍。有机汞化合物中毒比金属汞和无机汞化合物中毒更加危险，尤其是甲基汞离子$HgMe^+$中毒。

三、临床常见药物

（1）硫酸铜（$CuSO_4 \cdot 5H_2O$）　俗称蓝矾，是中药胆矾的主要成分，$CuSO_4$对黏膜有收敛、刺激和腐蚀作用，具有较强的杀灭真菌的能力，其外用制剂可治疗真菌感染引起的皮肤病，眼科则用于沙眼引起的眼结膜滤泡，内服用作催吐药。

（2）硝酸银（$AgNO_3$）　有收敛、腐蚀和杀菌的作用，0.25%～0.5%的$AgNO_3$用于治疗眼科炎症。更高浓度的溶液用于治疗口腔、宫颈及其他组织的炎症。

（3）硫酸锌（$ZnSO_4$）　最早使用的补锌药，目前被葡萄糖酸锌、甘草酸锌、枸橼酸锌、精氨酸锌等取代。内服用于治疗锌缺乏引起的疾病。也可用0.3%～0.5%的$ZnSO_4$治疗结膜炎；其复方制剂可促进伤口的愈合。

（4）氧化锌（ZnO）　俗称锌白粉，是中药锻炉甘石的主要成分，它具有收敛、促进创面愈合的作用。用于配置外用复方散剂、混悬剂、软膏剂和糊剂等，治疗皮肤湿疹及炎症。

（5）氧化汞和氯化氨基汞　黄色HgO俗称黄降汞，$HgNH_2Cl$俗称白降汞，二者都有较强的杀菌作用。外用治疗皮肤和黏膜感染。1%的黄降汞眼膏用于治疗眼部炎症。2%～5%的白降汞软膏用于治疗脓皮病和皮肤真菌感染。

（6）氯化汞和氯化亚汞　$HgCl_2$又名升汞，是中药白降丹的主要成分。杀菌力强，但毒性也

较强，致死量为0.2～0.4g。主要用于非金属手术器械的消毒液。Hg_2Cl_2 俗称甘汞，是中药轻粉的主要成分，少量无毒。内服可作缓泻剂，外用可攻毒杀虫。Hg_2Cl_2 见光易分解为 Hg 和 $HgCl_2$，故易引起汞中毒，常保存于棕色瓶中。

（7）硫化汞　红色 HgS 中药称朱砂、丹砂或辰砂，具有镇静安神和解毒的功效，内服可治惊风、癫痫、失眠等症，外用其复方制剂具有消肿、解毒、止痛的功效。

汞的危害

金属汞及其化合物被广泛用于化学、医药、冶金、军事及精密仪器等领域。汞带来巨大经济效益的同时，也对环境和人类健康造成了极大的危害。1956年，日本九州水俣湾发生的“水俣病”，就是汞污染引起的环境公害事件，导致5172人患病，730人死亡，其主要原因是含汞的工业催化剂排放进入水体，被水生物摄入后转化成甲基汞（CH_3Hg），通过食物链进入了动物和人类体内，造成严重的神经毒性和致畸作用。全球每年约有5000吨多种形态的汞被排放到自然环境中，汞已被联合国环境规划署列为全球性污染物。2014年我国颁布了《锡、锑、汞工业污染排放标准》。强化绿色环保理念，构建生态功能保障基线，对提高人类生存质量，促进经济持续健康发展意义深远。

小　结

本章介绍了 *ds* 区元素的价电子结构特点及通性，重点介绍了铜、银、汞的单质和各类化合物的基本性质、相互转化、用途以及与其结构的关系。具体有：

1. ⅠB族、ⅡB族元素的氧化值、单质性质的特殊性与价电子结构的关系。

2. 铜的化合物：Cu_2O、CuO、$Cu(OH)_2$、$CuSO_4 \cdot 5H_2O$、$CuCl_2$、CuS，Cu(Ⅰ)与Cu(Ⅱ)化合物之间的转化，Cu(Ⅱ)与Cu(Ⅰ)配合物。

3. 银的化合物：Ag_2O、$AgNO_3$、Ag^+ 的配合物。

4. 汞的化合物：HgO、$HgCl_2$、Hg_2Cl_2、$Hg(NO_3)_2$、$Hg_2(NO_3)_2$、HgS、Hg(Ⅰ)与Hg(Ⅱ)化合物的转化、Hg(Ⅱ)的配合物。

5. 介绍了 *ds* 区元素及其化合物在医药中的应用，重点介绍了常见中药矿物药的主要成分和功效。

思考题

1. 排列铜族和锌族六种金属的活泼性顺序？
2. 在溶液中，Cu^{2+} 和 Cu^+ 哪种稳定？
3. Cu^+、Ag^+、Zn^{2+}、Cd^{2+}、Hg^{2+} 的配合物多是白色，为什么？
4. 为什么氯化亚汞分子式要写成 Hg_2Cl_2 而不能写成 HgCl？
5. 铜和汞都有正一价，但是它们在水溶液中的稳定性却相反。您能给出正确的解释吗？

习 题

1. 完成并配平下列反应式：

(1) $Cu^{+}+NaOH \longrightarrow$

(2) $Cu^{2+}+NaOH$(浓)$\longrightarrow$

(3) $Cu_2O+NH_3+NH_4Cl+O_2 \longrightarrow$

(4) $Ag^{+}+OH^{-} \longrightarrow$

(5) $Hg^{2+}+OH^{-} \longrightarrow$

(6) $Hg_2^{2+}+OH^{-} \longrightarrow$

(7) $Cu_2O+HCl \longrightarrow$

(8) $Cu_2O+H_2SO_4 \longrightarrow$

(9) $Ag_2O+H_2SO_4$(稀)$\longrightarrow$

(10) $Ag_2O+HCl \longrightarrow$

(11) 氯化铜溶液与亚硫酸氢钠溶液混合后微热。

(12) 向硫酸铜溶液中加入氰化钠溶液。

(13) 氯化亚铜暴露于空气中。

(14) Cu_2O 溶于热的浓硫酸。

(15) 向$[Ag(S_2O_3)_2]^{3-}$溶液中通入氯气。

(16) 向升汞溶液中逐滴加氯化亚锡溶液。

(17) 用氨水处理甘汞。

(18) 分别用文火与武火加热硝酸汞。

(19) 用氰化法从矿砂中提取金。

(20) 向硝酸亚汞溶液中加碘化钾至过量。

2. 用化学反应解释下列事实：

(1) 铜器在潮湿的空气中会慢慢生成一层铜绿。

(2) 将 $CuCl_2$ 浓溶液加水稀释时，溶液的颜色由黄色经绿色变为蓝色。

(3) $AgNO_3$ 溶液或固体通常应储存在棕色的瓶子中。

(4) 加热 $CuCl_2·2H_2O$ 得不到无水 $CuCl_2$。

(5) HgS 能溶于王水或 Na_2S 溶液，但不溶于 HCl、HNO_3 及$(NH_4)_2S$溶液中。

(6) Hg_2Cl_2 为利尿剂，但有时服用含它的药物会发生中毒。

(7) 用简单方法将下列混合物分离：

①Hg_2Cl_2 与 $HgCl_2$；

②$Cu(NO_3)_2$ 与 $AgNO_3$；

③CuS 与 HgS。

3. 铁能使 Cu^{2+} 还原，铜又能使 Fe^{3+} 还原，这两个事实有无矛盾？试说明理由。

4. 试从原子结构方面比较说明铜族元素与碱金属、锌族元素与碱土金属在化学性质上的差异性。

5. 黑色化合物 A 不溶于水，溶于浓盐酸获得黄色溶液 B，用水稀释 B 溶液则变成蓝色 C，向 C 中加入碘化钾溶液则有黄色沉淀 D 生成，若加入过量的 $Na_2S_2O_3$ 溶液后沉淀转为白色，说明有

E 存在。E 溶于过量的 $Na_2S_2O_3$ 得无色溶液 F。若向 B 溶液中通入二氧化硫后加水稀释得白色沉淀 G，G 溶于氨水得无色溶液但很快转化为深蓝色溶液 H，请给出 A、B、C、D、E、F、G、H 所代表的化合物或离子。

6. 有一种固体可能含有 $AgNO_3$、CuS、$ZnCl_2$、$KMnO_4$ 和 Na_2SO_4，固体加入水中，并用几滴盐酸酸化，有白色沉淀 A 生成，滤液 B 是无色的。A 能溶于氨水。B 分成两份：一份加入少量 NaOH 时有白色沉淀生成，再加入过量 NaOH 溶液，沉淀溶解：另一份加入少量氨水时有白色沉淀生成，再加入过量氨水沉淀溶解。根据上述现象，指出哪些化合物肯定存在？哪些化合物肯定不存在？哪些化合物可能存在？

7. 利用 $K^{\ominus}_{稳}$ 并通过计算说明下列反应进行的方向

(1) $[Cu(NH_3)_4]^{2+} + Zn^{2+} \rightleftharpoons [Zn(NH_3)_4]^{2+} + Cu^{2+}$

(2) $[Ag(NH_3)_2]^{+} + 2CN^{-} \rightleftharpoons [Ag(CN)_2]^{-} + 2NH_3$

(3) $[HgI_4]^{2-} + 4Cl^{-} \rightleftharpoons [HgCl_4]^{2-} + 4I^{-}$

附录一

中华人民共和国法定计量单位

国际单位制（SI）是法语 Le Systeme International d'Unite's 的缩写，是从米制发展而成的一种计量单位制度，为世界范围内的"法定计量单位"。《中华人民共和国计量法》以法律的形式规定："国家采用国际单位制。国际单位制计量的单位和国家选定的其他计量单位，为国家法定计量单位，非国家法定计量单位应当废除。"《中华人民共和国计量法》自 1986 年 7 月 1 日起执行，从 1991 年 1 月起不允许再使用非法定计量单位（除个别特殊领域，如古籍与文学书籍，血压的 mmHg 除外）。

附表 1-1 国际单位制的基本单位

量	单位名称		符号	定　义
	中　文[①]	英　文		
长度	米	meter	m	光在真空中于 1/299792458 秒时间间隔内所经路径的长度(1983 年第 17 届 CGPM 决议 A)
质量	千克(公斤)	kilogram	kg	保存在巴黎国际计量局的国际千克原器的质量(1901 年第 3 届 CGPM 声明)
时间	秒	second	s	1s 相当于铯-133 原子基态的两个超精细能级间跃迁所对应的辐射的9192631770个周期的持续时间(1967年第13届 CGPM 决议1)
电流强度	安[培]	Ampere	A	在真空中相距 1m 的两根无限长而圆截面极小的平行直导线内通以等量恒定电流时,若导线间相互作用力为 2×10^{-7}N/m,则每根导线中的电流为 1A(1948 年第 9 届 CGPM 决议 2)
热力学温度	开[尔文]	Kelvin	K	水三相点热力学温度的 1/273.16(1967 年第 13 届 CGPM 决议 4)
物质的量	摩[尔]	mole	mol	是一系统的物质的量,该系统中所含的基本单元(应注明原子、分子、离子、电子及其他粒子或这些粒子的特定组合)数与 0.012 千克 C-12 的原子数目相等(1971 年第 14 届 CGPM 决议 3)
发光强度	坎[德拉]	candela	cd	是一光源在给定方向上的发光强度,该光源发出频率为 540×10^{12} Hz 的单色辐射,且在此方向上的辐射强度为 1/683W/球面度(1979 年第 16 届 ACGPM 决议 3)

① 方括号内的字在不致混淆的情况下可以省略；圆括号内的字为前者的同义词，具有同等的使用地位。下同。

附表 1-2 国际单位制中具有专门名称的 SI 导出单位（共 19 个）

量	单位名称	符号	用其他 SI 单位表示的表示式	用 SI 基本单位表示的表示式
频率	赫[兹]	Hz		s^{-1}
力	牛[顿]	N		$m\cdot kg\cdot s^{-2}$
压力、压强、应力	帕[斯卡]	Pa	$N\cdot m^{-2}$	$m^{-1}\cdot kg\cdot s^{-2}$
能[量],功,热量	焦[耳]	J	$N\cdot m$	$m^2\cdot kg\cdot s^{-2}$

续表

量	单位名称	符号	用其他 SI 单位表示的表示式	用 SI 基本单位表示的表示式
功率，辐[射能]通量	瓦[特]	W	$J\cdot s^{-1}$	$m^2\cdot kg\cdot s^{-3}$
电荷[量]	库[仑]	C		$A\cdot s$
电位，电压，电动势(电势)	伏[特]	V	$W\cdot A^{-1}$	$m^2\cdot kg\cdot s^{-3}\cdot A^{-1}$
电容	法[拉]	F	$C\cdot V^{-1}$	$m^{-2}\cdot kg^{-1}\cdot s^4\cdot A^2$
电阻	欧[姆]	Ω	$V\cdot A^{-1}$	$m^2\cdot kg\cdot s^{-3}\cdot A^{-2}$
电导	西[门子]	S	$A\cdot A^{-1}$	$m^{-2}\cdot kg^{-1}\cdot s^3\cdot A^2$
磁通[量]	韦[伯]	Wb	$V\cdot s$	$m^2\cdot kg\cdot s^{-2}\cdot A^{-1}$
磁感应强度，磁通[量]密度	特[斯拉]	T	$Wb\cdot m^{-2}$	$kg\cdot s^{-2}\cdot A^{-1}$
电感	亨[利]	H	$Wb\cdot A^{-1}$	$m^3\cdot kgs^{-2}\cdot A^{-2}$
摄氏温度	摄氏度	℃		K

附表 1-3　国家选定的非国际单位制单位

量的名称	单位名称	单位符号	与 SI 单位的关系
时间	分	min	1min=60s
	[小]时	h	1h=60min=3600s
	天[日]	d	1d=24h=86400s
质量	吨	t	1t=1000kg
	原子质量单位	u	$1u=1.660\ 540\ 2(10)\times10^{-27}kg$
体积，容积	升	L(l)	$1L=1dm^3=10^{-3}m^3$
能	电子伏	eV	$1eV=1.602\ 177\ 33(49)\times10^{-19}J$

附表 1-4　用于构成十进倍数的分数单位的 SI 词头

词头名称	所表示的因数	缩写符号	词头名称	所表示的因数	缩写符号
艾[可萨]	10^{18}	E	分	10^{-1}	d
拍[它]	10^{15}	P	厘	10^{-2}	c
太[拉]	10^{12}	T	毫	10^{-3}	m
吉[咖]	10^9	G	微	10^{-6}	μ
兆	10^6	M	纳[诺]	10^{-9}	n
千	10^3	k	皮[可]	10^{-12}	p
百	10^2	h	飞[母托]	10^{-15}	f
十	10^1	da	阿[托]	10^{-18}	a

附录二

常用的物理常数和单位换算

附表 2-1 常用物理常数

物理量	数值
真空中的光速	$c=2.997\ 924\ 58\times10^{8}\text{m}\cdot\text{s}^{-1}$
电子电荷	$e=1.602\ 177\ 33(49)\times10^{-19}$(库仑)$=4.802\ 98\times10^{-19}$esu(静电单位)
原子质量单位	$1u=1.660\ 540\ 2(10)\times10^{-27}\text{kg}$
电子静止质量	$m_e=9.109\ 389\ 71(54)\times10^{-31}\text{kg}=0.000\ 548\ 58\text{u}$(原子质量单位)
质子静止质量	$m_p=1.672\ 623(10)\times10^{-27}\text{kg}$
玻尔半径	$a_0=5.291\ 772\ 49(24)\times10^{-11}\text{m}=52.917\ 724\ 9(24)\text{pm}$
摩尔气体常数	$R=8.314\ 510(70)\text{J}\cdot\text{mol}^{-1}\cdot\text{K}^{-1}=0.082\ 053\text{L}\cdot\text{atm}\cdot\text{mol}^{-1}\cdot\text{K}^{-1}$
阿伏加德罗常数	$N_A=6.022\ 136\ 7(36)\times10^{23}\text{mol}^{-1}$
普朗克常数	$h=6.626\ 075\ 5(40)\times10^{-34}\text{J}\cdot\text{s}=6.626\ 075(40)\times10^{-27}\text{erg}\cdot\text{s}$
玻尔兹曼常数	$k=1.380\ 658(12)\times10^{-23}\text{J}\cdot\text{K}^{-1}$
法拉第常数	$F=9.648\ 530\ 9(29)\times10^{4}\text{C}\cdot\text{mol}^{-1}$

附表 2-2 常用单位换算

1 米(m)=100 厘米(cm)=10^3 毫米(mm)=10^6 微米(μm)=10^9 纳米(nm)=10^{10}埃(Å)=10^{12}(pm)
1 大气压(atm)=1.01325 巴(bar)=1.01325×10^5 帕(Pa)=760 毫米汞柱(mmHg)(0℃) =1.0335×10^4 毫米水柱(mmH_2O)
1 卡(cal)=4.1840 焦耳(J)=4.1840×10^7 尔格(erg)
1k cal·mol^{-1}=0.0433 电子伏特(eV)
1 大气压·升=101.33 焦耳(J)=24.202 卡(cal)
1 电子伏特(eV)=1.6022×10^{-18}焦(J)=23.061 千卡·摩$^{-1}$(k cal·mol^{-1})
1 波数(cm^{-1})=2.8591×10^{-3}kal·mol^{-1}=1.9835×10^{-23}J

常用无机酸、碱在水中的电离平衡常数(298K)

化合物	化学式	分步	$K_a^\ominus$（或 $K_b^\ominus$）	$pK_a^\ominus$（或 $pK_b^\ominus$）
砷酸	H_3AsO_4	1	6.31×10^{-3}	2.20
		2	1.05×10^{-7}	6.98
		3	3.16×10^{-12}	11.5
亚砷酸	H_3AsO_3	1	6.03×10^{-10}	9.22
硼酸	H_3BO_3	1	5.75×10^{-10}	9.24
醋酸	CH_3COOH		1.75×10^{-5}	4.757
甲酸	HCOOH		1.77×10^{-4}	3.752
碳酸	H_2CO_3	1	4.17×10^{-7}	6.38
		2	5.62×10^{-11}	10.25
铬酸	H_2CrO_4	1	1.05×10^{-1}	0.98
		2	3.16×10^{-7}	6.50
氢氟酸	HF		6.61×10^{-4}	3.18
氢氰酸	HCN		6.17×10^{-10}	9.21
氢硫酸	H_2S	1	1.32×10^{-7}	6.88
		2	7.08×10^{-15}	14.15
过氧化氢	H_2O_2		2.24×10^{-12}	11.65
次溴酸	HBrO		2.40×10^{-9}	8.62
次氯酸	HClO		3.16×10^{-8}	7.50
次碘酸	HIO		2.29×10^{-11}	10.64
碘酸	HIO_3		1.70×10^{-1}	0.770
亚硝酸	HNO_2		5.13×10^{-4}	3.29
高碘酸	H_5IO_6	1	2.82×10^{-2}	1.55
磷酸	H_3PO_4	1	7.59×10^{-3}	2.12
		2	6.31×10^{-8}	7.20
		3	4.37×10^{-13}	12.36
亚磷酸	H_3PO_3	1	5.01×10^{-2}	1.30
		2	2.51×10^{-7}	6.60

续表

化合物	化学式	分步	$K_a^\ominus$（或 $K_b^\ominus$）	$pK_a^\ominus$（或 $pK_b^\ominus$）
硒酸	H_2SeO_4	2	1.20×10^{-2}	1.92
亚硒酸	H_2SeO_3	1	2.69×10^{-3}	2.57
		2	2.51×10^{-7}	6.60
原硅酸		1	2.19×10^{-10}	9.66
		2	2.00×10^{-12}	11.7
		3	1.00×10^{-12}	12.0
		4	1.00×10^{-12}	12.0
硫酸	H_2SO_4	2	1.20×10^{-2}	1.92
亚硫酸	H_2SO_3	1	1.26×10^{-2}	1.90
		2	6.31×10^{-8}	7.20
硫氰酸	HSCN	1	1.41×10^{-1}	0.85
草酸	$H_2C_2O_4$	1	5.37×10^{-2}	1.27
		2	5.37×10^{-5}	4.27
氨水	$NH_3\cdot H_2O$		1.74×10^{-5}	4.76
氢氧化钙	$Ca(OH)_2$	1	3.72×10^{-3}	2.43
		2	3.98×10^{-2}	1.40
羟胺	NH_2OH		9.12×10^{-9}	8.04
氢氧化铅	$Pb(OH)_2$		9.55×10^{-4}	3.02
氢氧化银	AgOH		1.10×10^{-4}	3.96
氢氧化锌	$Zn(OH)_2$		9.55×10^{-4}	3.02

附录四

常用难溶化合物的溶度积(291～298K)

化合物	$K_{sp}^{\ominus}$	化合物	$K_{sp}^{\ominus}$	化合物	$K_{sp}^{\ominus}$
卤化物		$PbSO_4$	1.6×10^{-8}	$Zn(OH)_2$	1.2×10^{-17}
$AgCl$	1.8×10^{-10}	$SrSO_4$	3.2×10^{-7}	磷酸盐	
$AgBr$	5.2×10^{-13}	铬酸盐		Ag_3PO_4	1.4×10^{-16}
AgI	8.3×10^{-17}	Ag_2CrO_4	1.1×10^{-12}	$AlPO_4$	6.3×10^{-19}
Hg_2Cl_2	1.3×10^{-18}	$Ag_2Cr_2O_7$	2.0×10^{-7}	$BaHPO_4$	3.2×10^{-7}
Hg_2I_2	4.5×10^{-29}	$BaCrO_4$	1.2×10^{-10}	$Ba_3(PO_4)_2$	3.4×10^{-23}
$PbCl_2$	1.6×10^{-5}	$CaCrO_4$	7.1×10^{-4}	$Ba_2P_2O_7$	3.2×10^{-11}
$PbBr_2$	4.0×10^{-5}	$PbCrO_4$	2.8×10^{-13}	$BiPO_4$	1.3×10^{-23}
PbI_2	7.1×10^{-9}	$SrCrO_4$	2.2×10^{-5}	$Cd_3(PO_4)_2$	2.5×10^{-33}
PbF_2	2.7×10^{-8}	草酸盐		$CaHPO_4$	1.0×10^{-7}
BaF_2	1.04×10^{-6}	BaC_2O_4	1.6×10^{-7}	$Ca_3(PO_4)_2$	2.0×10^{-29}
CaF_2	2.7×10^{-11}	$CaC_2O_4\cdot2H_2O$	4.0×10^{-9}	$CoHPO_4$	2.0×10^{-7}
MgF_2	6.5×10^{-9}	$MgC_2O_4\cdot2H_2O$	1.0×10^{-8}	$Co_3(PO_4)_2$	2.0×10^{-35}
SrF_2	2.5×10^{-9}	SrC_2O_4	5.61×10^{-8}	$Cu_3(PO_4)_2$	1.3×10^{-16}
硫化物		碳酸盐		$Cu_2P_2O_7$	8.3×10^{-75}
Ag_2S	6.3×10^{-50}	$BaCO_3$	5.1×10^{-9}	$FePO_4$	1.3×10^{-22}
As_2S_3	2.1×10^{-22}	$CaCO_3$	2.8×10^{-9}	$MgNH_4PO_4$	2.5×10^{-13}
Bi_2S_3	1.0×10^{-97}	$FeCO_3$	3.2×10^{-11}	$Mg_3(PO_4)_2$	$10^{-23}\sim10^{-27}$
CdS	8.0×10^{-27}	Ag_2CO_3	8.1×10^{-12}	$PbHPO_4$	1.3×10^{-10}
α-CoS	4×10^{-21}	$MgCO_3$	3.5×10^{-8}	$Pb_3(PO_4)_2$	8.0×10^{-43}
β-CoS	2.0×10^{-25}	$PbCO_3$	7.4×10^{-14}	$Sr_3(PO_4)_2$	4.0×10^{-28}
CuS	6.3×10^{-36}	$SrCO_3$	1.1×10^{-10}	$Zn_3(PO_4)_2$	9.0×10^{-33}
FeS	6.3×10^{-18}	氢氧化物		砷酸盐	
Hg_2S	1.0×10^{-47}	$Al(OH)_3$（无定形）	4.57×10^{-33}	Ag_3AsO_4	1.0×10^{-22}
HgS（红）	4.0×10^{-53}	$Bi(OH)_3$	4.0×10^{-31}	$Ba_3(AsO_4)_2$	8.0×10^{-51}
HgS（黑）	1.6×10^{-52}	$Ca(OH)_2$	5.5×10^{-6}	$Cu_3(AsO_4)_2$	7.6×10^{-36}
MnS（结晶形、绿）	2.5×10^{-13}	$Co(OH)_2$（新）	1.58×10^{-15}	$Pb_3(AsO_4)_2$	4.0×10^{-36}
NiS（β）	1.0×10^{-24}	$Cr(OH)_3$	6.3×10^{-31}	氰化物及硫氰化物	

续表

化合物	$K_{sp}^{\ominus}$	化合物	$K_{sp}^{\ominus}$	化合物	$K_{sp}^{\ominus}$
PbS	1.0×10^{-28}	$Cd(OH)_2$(新)	2.51×10^{-14}	$AgCN$	1.2×10^{-16}
SnS	1.0×10^{-25}	$Fe(OH)_3$	4.0×10^{-38}	$AgSCN$	1.0×10^{-12}
Sb_2S_3	1.5×10^{-93}	$Fe(OH)_2$	8.0×10^{-16}	$CuCN$	3.2×10^{-20}
$ZnS(\beta)$	2.5×10^{-22}	$Mg(OH)_2$	1.8×10^{-11}	$CuSCN$	4.8×10^{-15}
硫酸盐		$Mn(OH)_2$	2.06×10^{-13}	$Hg_2(CN)_2$	5.0×10^{-40}
Ag_2SO_4	1.4×10^{-5}	$Ni(OH)_2$(新)	2.0×10^{-15}	$Hg_2(SCN)_2$	2.0×10^{-20}
$BsSO_4$	1.1×10^{-10}	$Pb(OH)_2$	1.2×10^{-15}	其他	
$CaSO_4$	9.1×10^{-6}	$Sb(OH)_3$	4.0×10^{-42}	$AgAc$	4.4×10^{-3}
$Ag_4[Fe(CN)_6]$	1.58×10^{-41}	$Co[Hg(SCN)_4]$	1.5×10^{-6}	$Pb_2[Fe(CN)_6]$	3.5×10^{-15}
$Ag_3[Co(NO_2)_6]$	8.5×10^{-21}	$Cu_2[Fe(CN)_6]$	1.3×10^{-16}	$Zn_2[Fe(CN)_6]$	4.0×10^{-16}
$Ca[SiF_6]$	8.1×10^{-4}	$Fe_4[Fe(CN)_6]_3$	3.3×10^{-41}	$Zn[Hg(SCN)_4]$	2.2×10^{-7}
$Cd_2[Fe(CN)_6]$	3.2×10^{-17}	$K[B(C_6H_5)_4]$	2.2×10^{-8}	$K_2Na[CoNO_2]_6\cdot H_2O$	2.2×10^{-11}
$Co_2[Fe(CN)_6]$	1.8×10^{-15}	$K_2[PtCl_6]$	6.3×10^{-5}		

附录五

标准电极电势表(298K)

附表 5-1　标准电极电势表(298K,酸性溶液中)

电极反应 氧化态	电子数		还原态	$E^{\ominus}$/V
Li^+	$+e^-$	⇌	Li	−3.045
Cs^+	$+e^-$	⇌	Cs	−3.026
K^+	$+e^-$	⇌	K	−2.931
Rb^+	$+e^-$	⇌	Rb	−2.925
Ba^{2+}	$+2e^-$	⇌	Ba	−2.912
Sr^{2+}	$+2e^-$	⇌	Sr	−2.899
Ca^{2+}	$+2e^-$	⇌	Ca	−2.868
Ra^+	$+e^-$	⇌	Ra	−2.8
Na^+	$+e^-$	⇌	Na	−2.714
La^{3+}	$+3e^-$	⇌	La	−2.379
Mg^{2+}	$+2e^-$	⇌	Mg	−2.372
Y^{3+}	$+3e^-$	⇌	Y	−2.37
Ce^{3+}	$+3e^-$	⇌	Ce	−2.336
Lu^{3+}	$+3e^-$	⇌	Lu	−2.28
$\frac{1}{2}H_2$	$+e^-$	⇌	H^-	−2.25
Sc^{3+}	$+3e^-$	⇌	Sc	−2.08
AiF_6^{3-}	$+3e^-$	⇌	$Al+6F^-$	−2.07
Ti^{3+}	$+e^-$	⇌	Ti^{2+}	−2.0
Be^{2+}	$+2e^-$	⇌	Be	−1.847
U^{3+}	$+3e^-$	⇌	U	−1.80
Hf^{4+}	$+4e^-$	⇌	Hf	−1.70
Al^{3+}	$+3e^-$	⇌	Al	−1.662
Ti^{2+}	$+2e^-$	⇌	Ti	−1.628
Zr^{4+}	$+4e^-$	⇌	Zr	−1.45
ZrO_2+4H^+	$+4e^-$	⇌	$Zr+2H_2O$	−1.43
TiF_6^{2-}	$+4e^-$	⇌	$Ti+6F^-$	−1.24
SiF_6^{2-}	$+4e^-$	⇌	$Si+6F^-$	−1.24
V^{4+}	$+2e^-$	⇌	V^{2+}	−1.186

续表

电极反应				$E^{\ominus}/V$
氧化态	电子数		还原态	
Mn^{2+}	$+2e^-$	$\rightleftharpoons$	Mn	−1.185
V^{2+}	$+2e^-$	$\rightleftharpoons$	V	−1.18
Te	$+2e^-$	$\rightleftharpoons$	Te^{2-}	−1.14
Se	$+2e^-$	$\rightleftharpoons$	Se^{2-}	−0.924
Cr^{2+}	$+2e^-$	$\rightleftharpoons$	Cr	−0.913
$H_3BO_3+3H^+$	$+3e^-$	$\rightleftharpoons$	$B+3H_2O$	−0.8698
TiO_2+4H^+	$+4e^-$	$\rightleftharpoons$	$Ti+2H_2O$	−0.86
SiO_2(固)$+4H^+$	$+4e^-$	$\rightleftharpoons$	$Si+2H_2O$	−0.86
RuO_2+4H^+	$+4e^-$	$\rightleftharpoons$	$Ru+2H_2O$	−0.80
$Bi+3H^+$	$+3e^-$	$\rightleftharpoons$	BiH_3	−0.80
TlI	$+e^-$	$\rightleftharpoons$	$Tl+I^-$	−0.766
Zn^{2+}	$+2e^-$	$\rightleftharpoons$	Zn	−0.7618
Cr^{3+}	$+3e^-$	$\rightleftharpoons$	Cr	−0.744
$Te+2H^+$	$+3e^-$	$\rightleftharpoons$	H_2Te(气)	−0.72
Ag_2S	$+2e^-$	$\rightleftharpoons$	$2Ag+S^{2-}$	−0.691
TlBr	$+e^-$	$\rightleftharpoons$	$Tl+Br^-$	−0.658
$As+3H^+$	$+3e^-$	$\rightleftharpoons$	AsH_3	−0.608
TlCl	$+e^-$	$\rightleftharpoons$	$Tl+Cl^-$	−0.557
$Sb+3H^+$	$+3e^-$	$\rightleftharpoons$	SbH_3	−0.51
$H_3PO_3+2H^+$	$+2e^-$	$\rightleftharpoons$	$H_3PO_2+H_2O$	−0.499
$2CO_2+2H^+$	$+2e^-$	$\rightleftharpoons$	$H_2C_2O_4$	−0.49
S	$+2e^-$	$\rightleftharpoons$	S^{2-}	−0.4763
$H_3PO_3+3H^+$	$+3e^-$	$\rightleftharpoons$	$P+3H_2O$	−0.454
Fe^{2+}	$+2e^-$	$\rightleftharpoons$	Fe	−0.447
Cr^{3+}	$+e^-$	$\rightleftharpoons$	Cr^{2+}	−0.407
Cd^{2+}	$+2e^-$	$\rightleftharpoons$	Cd	−0.4030
$Se+2H^+$	$+2e^-$	$\rightleftharpoons$	H_2Se	−0.36
$PbSO_4$	$+2e^-$	$\rightleftharpoons$	$Pb+SO_4^{2-}$	−0.3588
PbI_2	$+2e^-$	$\rightleftharpoons$	$Pb(Hg)+2I^-$	−0.358
Cd^{2+}	$+2e^-$	$\rightleftharpoons$	Cd(Hg)	−0.3521
In^{3+}	$+3e^-$	$\rightleftharpoons$	In	−0.3382
Tl^+	$+e^-$	$\rightleftharpoons$	Tl	−0.3363
$Ag(CN)_2^-$	$+e^-$	$\rightleftharpoons$	$Ag+2CN^-$	−0.31
$PbBr_2$	$+2e^-$	$\rightleftharpoons$	$Pb+2Br^-$	−0.280
Co^{2+}	$+2e^-$	$\rightleftharpoons$	Co	−0.280
$H_3PO_4+2H^+$	$+2e^-$	$\rightleftharpoons$	$H_3PO_3+H_2O$	−0.276
$PbCl_2$	$+2e^-$	$\rightleftharpoons$	$Pb+2Cl^-$	−0.2675
Ni^{2+}	$+2e^-$	$\rightleftharpoons$	Ni	−0.257
V^{3+}	$+e^-$	$\rightleftharpoons$	V^{2+}	−0.255

续表

电极反应				$E^\ominus$/V
氧化态	电子数		还原态	
N_2+5H^+	$+4e^-$	⇌	$N_2H_5^+$	−0.23
Mo^{3+}	$+3e^-$	⇌	Mo	−0.200
$SnCl_4^{2-}$	$+2e^-$	⇌	$Sn+4Cl^-$ ($1mol\cdot L^{-1}$ HCl)	−0.19
AgI	$+e^-$	⇌	$Ag+I^-$	−0.1522
Sn^{2+}	$+2e^-$	⇌	Sn	−0.1375
$H_2GeO_3+4H^+$	$+4e^-$	⇌	$Ge+3H_2O$	−0.131
Pb^{2+}	$+2e^-$	⇌	Pb	−0.1262
WO_2+4H^+	$+4e^-$	⇌	$W+2H_2O$	−0.12
WO_3+6H^+	$+6e^-$	⇌	$W+3H_2O$	−0.09
$P+3H^+$	$+3e^-$	⇌	PH_3(气)	−0.063
$2H_2SO_3+H^+$	$+2e^-$	⇌	$HS_2O_4^-+2H_2O$	−0.056
Fe^{3+}	$+3e^-$	⇌	Fe	−0.037
Ag_2S+2H^+	$+2e^-$	⇌	$2Ag+H_2S$	−0.0366
$2H^+$	$+2e^-$	⇌	H_2	0.0000
UO_2^{2+}	$+e^-$	⇌	UO_2^+	0.052
AgBr	$+e^-$	⇌	$Ag+Br^-$	0.0713
$S_4O_6^{2-}$	$+2e^-$	⇌	$2S_2O_3^{2-}$	0.08
$TiO^{2+}+2H^+$	$+e^-$	⇌	$Ti^{3+}+H_2O$	0.1
$Si+4H^+$	$+4e^-$	⇌	SiH_4(气)	0.102
$SnCl_6^{2-}$	$+2e^-$	⇌	$SnCl_4^{2-}+2Cl^-$ ($1mol\cdot L^{-1}$ HCl)	0.140
$S+2H^+$	$+2e^-$	⇌	H_2S(ag)	0.142
$Sb_2O_3+6H^+$	$+6e^-$	⇌	$2Sb+3H_2O$	0.1445
Sn^{4+}	$+2e^-$	⇌	Sn^{2+}	0.151
$BiOCl+2H^+$	$+3e^-$	⇌	$Bi+Cl^-+H_2O$	0.1583
Cu^{2+}	$+e^-$	⇌	Cu^+	0.17
SbO^++2H^+	$+3e^-$	⇌	$Sb+H_2O$	0.212
$SO_4^{2-}+4H^+$	$+2e^-$	⇌	$H_2SO_3+H_2O$	0.2172
AgCl	$+e^-$	⇌	$Ag+Cl^-$	0.2223
$HAsO_2+3H^+$	$+3e^-$	⇌	$As+2H_2O$	0.2475
Hg_2Cl_2(固)	$+2e^-$	⇌	$2Hg+2Cl^-$	0.2801
BiO^++2H^+	$+3e^-$	⇌	$Bi+H_2O$	0.302
$HCNO+H^+$	$+e^-$	⇌	$\frac{1}{2}(CN)_2+H_2O$	0.33
$VO^{2+}+2H^+$	$+e^-$	⇌	$V^{3+}+H_2O$	0.337
Cu^{2+}	$+2e^-$	⇌	Cu(Hg)	0.3402
Cu^{2+}	$+2e^-$	⇌	Cu	0.3419
$Fe(CN)_6^{3-}$	$+e^-$	⇌	$Fe(CN)_6^{4-}$	0.36
$\frac{1}{2}(CN)_2+H^+$	$+e^-$	⇌	HCN	0.37
$2SO_2$(水溶液)$+2H^+$	$+4e^-$	⇌	$S_2O_3^{2-}+H_2O$	0.40

续表

电极反应				$E^\ominus$/V
氧化态	电子数		还原态	
Ag_2CrO_4	$+2e^-$	$\rightleftharpoons$	$2Ag+CrO_4^{2-}$	0.447
$H_2SO_3+4H^+$	$+4e^-$	$\rightleftharpoons$	$S+3H_2O$	0.45
$4SO_2$（水溶液）$+4H^+$	$+6e^-$	$\rightleftharpoons$	$S_4O_6^{2-}+2H_2O$	0.51
Cu^+	$+e^-$	$\rightleftharpoons$	Cu	0.521
I_2(固)	$+2e^-$	$\rightleftharpoons$	$2I^-$	0.5355
$H_3AsO_4+2H^+$	$+2e^-$	$\rightleftharpoons$	$HAsO_2+2H_2O$	0.560
MnO_4^-	$+e^-$	$\rightleftharpoons$	MnO_4^{2-}	0.564
$PtBr_4^{2-}$	$+2e^-$	$\rightleftharpoons$	$Pt+4Br^-$	0.58
Sb_2O_5(固)$+6H^+$	$+4e^-$	$\rightleftharpoons$	$2SbO^++3H_2O$	0.581
$S_2O_6^{2-}+4H^+$	$+2e^-$	$\rightleftharpoons$	$2H_2SO_3$	0.6
$PdBr_4^{2-}$	$+2e^-$	$\rightleftharpoons$	$Pd+4Br^-$	0.6
$PdCl_4^{2-}$	$+2e^-$	$\rightleftharpoons$	$Pd+4Cl^-$	0.62
$2HgCl_2$	$+2e^-$	$\rightleftharpoons$	$Hg_2Cl_2+2Cl^-$	0.63
$AgAc$	$+e^-$	$\rightleftharpoons$	$Ag+Ac^-$	0.64
Ag_2SO_4	$+2e^-$	$\rightleftharpoons$	$2Ag+SO_4^{2-}$	0.653
O_2+2H^+	$+2e^-$	$\rightleftharpoons$	H_2O_2	0.695
$Fe(CN)_6^{3-}$	$+e^-$	$\rightleftharpoons$	$Fe(CN)_6^{4-}$ (1mol·L^{-1} H_2SO_4)	0.71
$PtCl_4^{2-}$	$+2e^-$	$\rightleftharpoons$	$Pt+4Cl^-$	0.73
$H_2SeO_3+4H^+$	$+4e^-$	$\rightleftharpoons$	$Se+3H_2O$	0.740
Rh^{3+}	$+3e^-$	$\rightleftharpoons$	Rh	0.758
$PtCl_6^{2-}$	$+2e^-$	$\rightleftharpoons$	$PtCl_4^{2-}+2Cl^-$	0.76
$(CNS)_2$	$+2e^-$	$\rightleftharpoons$	$2CNS^-$	0.77
Fe^{3+}	$+e^-$	$\rightleftharpoons$	Fe^{2+}	0.771
Hg_2^{2+}	$+2e^-$	$\rightleftharpoons$	$2Hg$	0.7986
Ag^+	$+e^-$	$\rightleftharpoons$	Ag	0.7996
$2HNO_2+4H^+$	$+4e^-$	$\rightleftharpoons$	$H_2N_2O_2+2H_2O$	0.80
$AuBr_4^-$	$+2e^-$	$\rightleftharpoons$	$AuBr_2^-+2Br^-$ (1mol·L^{-1}HBr)	0.805
$2NO_3^-+4H^+$	$+2e^-$	$\rightleftharpoons$	$N_2O_4+2H_2O$	0.81
$\frac{1}{2}O_2+2H^+$	$+2e^-$	$\rightleftharpoons$	H_2O (10^{-7}mol·L^{-1})	0.815
$IrCl_6^{3-}$	$+3e^-$	$\rightleftharpoons$	$Ir+6Cl^-$	0.835
OsO_4+8H^+	$+8e^-$	$\rightleftharpoons$	$Os+4H_2O$	0.85
Hg^{2+}	$+2e^-$	$\rightleftharpoons$	Hg	0.851
$AuBr_4^-$	$+3e^-$	$\rightleftharpoons$	$Au+4Br^-$	0.854
$Cu^{2+}+I^-$	$+e^-$	$\rightleftharpoons$	CuI	0.86
$2Hg^{2+}$	$+2e^-$	$\rightleftharpoons$	Hg_2^{2+}	0.920
$NO_3^-+3H^+$	$+2e^-$	$\rightleftharpoons$	HNO_2+H_2O	0.934
Pd^{2+}	$+2e^-$	$\rightleftharpoons$	Pd (4mol·L^{-1}HClO)	0.951
$NO_3^-+4H^+$	$+3e^-$	$\rightleftharpoons$	$NO+2H_2O$	0.957

续表

电极反应				$E^\ominus$/V
氧化态	电子数		还原态	
$Pt(OH)_2+2H^+$	$+2e^-$	⇌	$Pt+2H_2O$	0.98
$HIO+H^+$	$+2e^-$	⇌	I^-+H_2O	0.99
$IrBr_6^{3-}$	$+e^-$	⇌	$IrBr_6^{4-}$	0.99
HNO_2+H^+	$+e^-$	⇌	$NO+H_2O$	0.99
$VO_2^++2H^+$	$+e^-$	⇌	$VO^{2+}+H_2O$	1.00
$AuCl_4^-$	$+3e^-$	⇌	$Au+4Cl^-$	1.002
$H_6TeO_6+2H^+$	$+2e^-$	⇌	TeO_2+4H_2O	1.02
NO_2+2H^+	$+2e^-$	⇌	$NO+H_2O$	1.03
ICl_2^-	$+e^-$	⇌	$\frac{1}{2}I_2+2Cl^-$	1.06
Br_2(液)	$+2e^-$	⇌	$2Br^-$	1.066
NO_2+H^+	$+e^-$	⇌	HNO_2	1.07
$IO_3^-+6H^+$	$+6e^-$	⇌	I^-+3H_2O	1.085
Br_2(水溶液)	$+2e^-$	⇌	$2Br^-$	1.087
$Cu^{2+}+2CN^-$	$+e^-$	⇌	$Cu(CN)_2^-$	1.12
$IO_3^-+5H^+$	$+4e^-$	⇌	$HIO+2H_2O$	1.13
$SeO_4^{2-}+4H^+$	$+2e^-$	⇌	$H_2SeO_3+H_2O$	1.15
$ClO_3^-+2H^+$	$+e^-$	⇌	ClO_2+H_2O	1.152
Pt^{2+}	$+2e^-$	⇌	Pt	1.18
$ClO_4^-+2H^+$	$+2e^-$	⇌	$ClO_3^-+H_2O$	1.189
$IO_3^-+6H^+$	$+5e^-$	⇌	$\frac{1}{2}I_2+3H_2O$	1.195
$ClO_3^-+3H^+$	$+2e^-$	⇌	$HClO_2+H_2O$	1.214
MnO_2+4H^+	$+2e^-$	⇌	$Mn^{2+}+2H_2O$	1.224
O_2+4H^+	$+4e^-$	⇌	$2H_2O$	1.229
$2HNO_2+4H^+$	$+4e^-$	⇌	N_2O+3H_2O	1.27
$N_2H_5^++3H^+$	$+2e^-$	⇌	$2NH_4^+$	1.27
ClO_2+H^+	$+e^-$	⇌	$HClO_2$	1.277
Au^{3+}	$+2e^-$	⇌	Au^+	1.29
$HBrO+H^+$	$+2e^-$	⇌	Br^-+H_2O	1.33
$Cr_2O_7^{2-}+14H^+$	$+6e^-$	⇌	$2Cr^{3+}+7H_2O$	1.33
$ClO_4^-+8H^+$	$+8e^-$	⇌	Cl^-+4H_2O	1.339
$NH_3OH^++2H^+$	$+2e^-$	⇌	$NH_4^++H_2O$	1.35
Cl_2(气)	$+2e^-$	⇌	$2Cl^-$	1.3583
$ClO_4^-+8H^+$	$+7e^-$	⇌	$\frac{1}{2}Cl_2+4H_2O$	1.39
$2NH_3OH^++H^+$	$+2e^-$	⇌	$N_2H_5^++2H_2O$	1.42
$HIO+H^+$	$+e^-$	⇌	$\frac{1}{2}I_2+H_2O$	1.45
$ClO_3^-+6H^+$	$+6e^-$	⇌	Cl^-+3H_2O	1.451

续表

电极反应				$E^\ominus$/V
氧化态	电子数		还原态	
PbO_2+4H^+	$+2e^-$	$\rightleftharpoons$	$Pb^{2+}+2H_2O$	1.455
$ClO_3^-+6H^+$	$+5e^-$	$\rightleftharpoons$	$\frac{1}{2}Cl_2+3H_2O$	1.47
$HClO+H^+$	$+2e^-$	$\rightleftharpoons$	Cl^-+H_2O	1.482
$BrO_3^-+6H^+$	$+6e^-$	$\rightleftharpoons$	Br^-+3H_2O	1.4842
Mn^{3+}	$+e^-$	$\rightleftharpoons$	Mn^{2+} (7.5mol·L^{-1} H_2SO_4)	1.488
Au^{3+}	$+3e^-$	$\rightleftharpoons$	Au	1.498
$MnO_4^-+8H^+$	$+5e^-$	$\rightleftharpoons$	$Mn^{2+}+4H_2O$	1.51
$BrO_3^-+6H^+$	$+5e^-$	$\rightleftharpoons$	$\frac{1}{2}Br_2+3H_2O$	1.52
$HClO_2+3H^+$	$+4e^-$	$\rightleftharpoons$	Cl^-+2H_2O	1.56
$2NO+2H^+$	$+2e^-$	$\rightleftharpoons$	N_2O+H_2O	1.59
$HBrO+H^+$	$+e^-$	$\rightleftharpoons$	$\frac{1}{2}Br_2+H_2O$	1.596
$HClO_2+3H^+$	$+3e^-$	$\rightleftharpoons$	$\frac{1}{2}Cl_2+2H_2O$	1.628
$HClO_2+2H^+$	$+2e^-$	$\rightleftharpoons$	$HClO+H_2O$	1.645
$MnO_4^-+4H^+$	$+3e^-$	$\rightleftharpoons$	MnO_2+2H_2O	1.679
NiO_2+4H^+	$+2e^-$	$\rightleftharpoons$	$Ni^{2+}+2H_2O$	1.68
$PbO_2+SO_4^{2-}+4H^+$	$+2e^-$	$\rightleftharpoons$	$PbSO_4+2H_2O$	1.691
Au^+	$+e^-$	$\rightleftharpoons$	Au	1.692
Ce^{4+}	$+e^-$	$\rightleftharpoons$	Ce^{3+}	1.72
N_2O+2H^+	$+2e^-$	$\rightleftharpoons$	N_2+H_2O	1.766
$H_2O_2+2H^+$	$+2e^-$	$\rightleftharpoons$	$2H_2O$	1.776
Co^{3+}	$+e^-$	$\rightleftharpoons$	Co^{2+}	1.92
Ag^{2+}	$+e^-$	$\rightleftharpoons$	Ag^+	1.980
$S_2O_8^{2-}$	$+2e^-$	$\rightleftharpoons$	$2SO_4^{2-}$	2.010
O_3+2H^+	$+2e^-$	$\rightleftharpoons$	O_2+H_2O	2.076
$FeO_4^{2-}+8H^+$	$+3e^-$	$\rightleftharpoons$	$Fe^{3+}+4H_2O$	2.1
OF_2+2H^+	$+4e^-$	$\rightleftharpoons$	H_2O+2F^-	2.1
F_2	$+2e^-$	$\rightleftharpoons$	$2F^-$	2.866
F_2+2H^+	$+2e^-$	$\rightleftharpoons$	2HF	3.053

附表 5-2　标准电极电势表（298K，碱性溶液中）

电极反应				$E^\ominus$/V
氧化态	电子数		还原态	
$Ca(OH)_2$	$+2e^-$	$\rightleftharpoons$	$Ca+2OH^-$	−3.02
$Sr(OH)_2·8H_2O$	$+2e^-$	$\rightleftharpoons$	$Sr+2OH^-+8H_2O$	−2.99
$Ba(OH)_2$	$+2e^-$	$\rightleftharpoons$	$Ba+2OH^-$	−2.99
$La(OH)_3$	$+3e^-$	$\rightleftharpoons$	$La+3OH^-$	−2.76
$Mg(OH)_2$	$+2e^-$	$\rightleftharpoons$	$Mg+2OH^-$	−2.690
$H_2BO_3^-+H_2O$	$+3e^-$	$\rightleftharpoons$	$B+4OH^-$	−2.5
$H_4AlO_4^-$	$+3e^-$	$\rightleftharpoons$	$Al+4OH^-$	−2.328
$Be_2O_3^{2-}+3H_2O$	$+4e^-$	$\rightleftharpoons$	$2Be+6OH^-$	−2.28
$SiO_3^{2-}+3H_2O$	$+4e^-$	$\rightleftharpoons$	$Si+6OH^-$	−1.697

续表

电极反应				$E^\ominus$/V
氧化态	电子数		还原态	
$HPO_3^{2-}+2H_2O$	$+2e^-$	$\rightleftharpoons$	$H_2PO_2^-+3OH^-$	−1.65
$Mn(OH)_2$	$+2e^-$	$\rightleftharpoons$	$Mn+2OH^-$	−1.456
$Cr(OH)_3$	$+3e^-$	$\rightleftharpoons$	$Cr+3OH^-$	−1.3
$Ga(OH)_4^-$	$+3e^-$	$\rightleftharpoons$	$Ga+4OH^-$	−1.26
$Zn(CN)_4^{2-}$	$+2e^-$	$\rightleftharpoons$	$Zn+4CN^-$	−1.26
$ZnO_2^{2-}+2H_2O$	$+2e^-$	$\rightleftharpoons$	$Zn+4OH^-$	−1.215
$As+3H_2O$	$+3e^-$	$\rightleftharpoons$	AsH_3+3OH^-	−1.21
$CrO_2^-+2H_2O$	$+3e^-$	$\rightleftharpoons$	$Cr+4OH^-$	−1.2
Te	$+2e^-$	$\rightleftharpoons$	Te^{2-}	−1.14
$2SO_3^{2-}+2H_2O$	$+2e^-$	$\rightleftharpoons$	$S_2O_4^{2-}+4OH^-$	−1.12
$Cd(CN)_4^{2-}$	$+2e^-$	$\rightleftharpoons$	$Cd+4CN^-$	−1.09
$WO_4^{2-}+4H_2O$	$+6e^-$	$\rightleftharpoons$	$W+8OH^-$	−1.05
$PO_4^{3-}+2H_2O$	$+2e^-$	$\rightleftharpoons$	$HPO_3^{2-}+3OH^-$	−1.05
$Zn(NH_3)_4^{2+}$	$+2e^-$	$\rightleftharpoons$	$Zn+4NH_3$	−1.04
$HGeO_3^-+2H_2O$	$+4e^-$	$\rightleftharpoons$	$Ge+5OH^-$	−1.0
$In(OH)_3$	$+3e^-$	$\rightleftharpoons$	$In+3OH^-$	−1.0
CNO^-+H_2O	$+2e^-$	$\rightleftharpoons$	CN^-+2OH^-	−0.97
$Sn(OH)_6^{2-}$	$+2e^-$	$\rightleftharpoons$	$HSnO_2^-+3OH^-+H_2O$	−0.96
$SO_4^{2-}+H_2O$	$+2e^-$	$\rightleftharpoons$	$SO_3^{2-}+2OH^-$	−0.93
$HSnO_2^-+H_2O$	$+2e^-$	$\rightleftharpoons$	$Sn+3OH^-$	−0.92
Se	$+2e^-$	$\rightleftharpoons$	Se^{2-}	−0.91
$P+3H_2O$	$+3e^-$	$\rightleftharpoons$	PH_3(气)$+3OH^-$	−0.87
$2NO_3^-+2H_2O$	$+2e^-$	$\rightleftharpoons$	$N_2O_4+4OH^-$	−0.85
$2H_2O$	$+2e^-$	$\rightleftharpoons$	H_2+2OH^-	−0.8277
$Ni(CN)_4^{2-}$	$+e^-$	$\rightleftharpoons$	$Ni(CN)_4^{3-}$ (1mol·L^{-1}KCN)	−0.82
$Cd(OH)_2$	$+2e^-$	$\rightleftharpoons$	$Cd(Hg)+2OH^-$	−0.809
$S_2O_3^{2-}+3H_2O$	$+4e^-$	$\rightleftharpoons$	$2S+6OH^-$	−0.74
$Co(OH)_2$	$+2e^-$	$\rightleftharpoons$	$Co+2OH^-$	−0.73
$Ni(OH)_2$	$+2e^-$	$\rightleftharpoons$	$Ni+2OH^-$	−0.72
$AsO_4^{3-}+2H_2O$	$+2e^-$	$\rightleftharpoons$	$AsO_2^-+4OH^-$	−0.71
Ag_2S	$+2e^-$	$\rightleftharpoons$	$2Ag+S^{2-}$	−0.7051
$AsO_2^-+2H_2O$	$+3e^-$	$\rightleftharpoons$	$As+4OH^-$	−0.68
$SbO_2^-+2H_2O$	$+3e^-$	$\rightleftharpoons$	$Sb+4OH^-$	−0.66
$SO_3^{2-}+3H_2O$	$+4e^-$	$\rightleftharpoons$	$S+6OH^-$	−0.66
$Cd(NH_3)_4^{2+}$	$+2e^-$	$\rightleftharpoons$	$Cd+4NH_3$	−0.61
$SbO_3^-+H_2O$	$+2e^-$	$\rightleftharpoons$	$SbO_2^-+2OH^-$ (10mol·L^{-1}NaOH)	−0.59
$PbO+H_2O$	$+2e^-$	$\rightleftharpoons$	$Pb+2OH^-$	−0.576
$2SO_3^{2-}+3H_2O$	$+4e^-$	$\rightleftharpoons$	$S_2O_3^{2-}+6OH^-$	−0.571
$TeO_3^{2-}+3H_2O$	$+4e^-$	$\rightleftharpoons$	$Te+6OH^-$	−0.57
$Fe(OH)_3$	$+e^-$	$\rightleftharpoons$	$Fe(OH)_2+OH^-$	−0.56
$HPbO_2^-+H_2O$	$+2e^-$	$\rightleftharpoons$	$Pb+3OH^-$	−0.54
S	$+2e^-$	$\rightleftharpoons$	S^{2-}	−0.508
$Ni(NH_3)^{2+}$	$+2e^-$	$\rightleftharpoons$	$Ni+NH_3$	−0.48
$NO_2^-+H_2O$	$+e^-$	$\rightleftharpoons$	$NO+2OH^-$	−0.46
$Bi_2O_3+3H_2O$	$+6e^-$	$\rightleftharpoons$	$2Bi+6OH^-$	−0.46

续表

电极反应				$E^{\ominus}$/V
氧化态	电子数		还原态	
Cu_2O+H_2O	$+2e^-$	$\rightleftharpoons$	$2Cu+2OH^-$	−0.360
$SeO_3^{2-}+3H_2O$	$+4e^-$	$\rightleftharpoons$	$Se+6OH^-$	−0.35
TIOH	$+e^-$	$\rightleftharpoons$	$TI+OH^-$	−0.345
$Cu(OH)_2$	$+2e^-$	$\rightleftharpoons$	$Cu+2OH^-$	−0.224
O_2+H_2O	$+2e^-$	$\rightleftharpoons$	$HO_2^-+OH^-$	−0.146
$CrO_4^{2-}+4H_2O$	$+3e^-$	$\rightleftharpoons$	$Cr(OH)_3+5OH^-$	−0.13
$CrO_4^{2-}+2H_2O$	$+3e^-$	$\rightleftharpoons$	$CrO_2^-+4OH^-$	−0.12
			$(1mol \cdot L^{-1} NaOH)$	
$2Cu(OH)_2$	$+2e^-$	$\rightleftharpoons$	$Cu_2O+2OH^-+H_2O$	−0.080
$Tl(OH)_3$	$+2e^-$	$\rightleftharpoons$	Tl^++3OH^-	−0.05
AgCN	$+e^-$	$\rightleftharpoons$	$Ag+CN^-$	−0.02
$NO_3^-+H_2O$	$+2e^-$	$\rightleftharpoons$	$NO_2^-+2OH^-$	0.01
$SeO_4^{2-}+H_2O$	$+2e^-$	$\rightleftharpoons$	$SeO_3^{2-}+2OH^-$	0.03
$PdO+H_2O$	$+2e^-$	$\rightleftharpoons$	$Pd+2OH^-$	0.07
$HgO+H_2O$	$+2e^-$	$\rightleftharpoons$	$Hg+2OH^-$	0.0934
$Mn(OH)_3$	$+e^-$	$\rightleftharpoons$	$Mn(OH)_2+OH^-$	0.1
$Co(NH_3)_6^{3+}$	$+e^-$	$\rightleftharpoons$	$Co(NH_3)_6^{2+}$	0.108
$2NO_2^-+3H_2O$	$+4e^-$	$\rightleftharpoons$	N_2O+6OH^-	0.15
$Pt(OH)_2$	$+2e^-$	$\rightleftharpoons$	$Pt+2OH^-$	0.16
$Co(OH)_3$	$+e^-$	$\rightleftharpoons$	$Co(OH)_2+OH^-$	0.17
$IO_3^-+3H_2O$	$+6e^-$	$\rightleftharpoons$	I^-+6OH^-	0.26
PbO_2+H_2O	$+2e^-$	$\rightleftharpoons$	$PbO+2OH^-$	0.28
$ClO_3^-+H_2O$	$+2e^-$	$\rightleftharpoons$	$ClO_2^-+2OH^-$	0.33
Ag_2O+H_2O	$+2e^-$	$\rightleftharpoons$	$2Ag+2OH^-$	0.342
$ClO_4^-+H_2O$	$+2e^-$	$\rightleftharpoons$	$ClO_3^-+2OH^-$	0.36
$Ag(NH_3)_2{}^+$	$+e^-$	$\rightleftharpoons$	$Ag+2N+H_3$	0.373
$TeO_4^{2-}+H_2O$	$+2e^-$	$\rightleftharpoons$	$TeO_3^{2-}+2OH^-$	0.4
O_2+2H_2O	$+4e^-$	$\rightleftharpoons$	$4OH^-$	0.401
Ag_2CO_3	$+2e^-$	$\rightleftharpoons$	$2Ag+CO_3^{2-}$	0.47
IO^-+H_2O	$+2e^-$	$\rightleftharpoons$	I^-+2OH^-	0.49
NiO_2+2H_2O	$+2e^-$	$\rightleftharpoons$	$Ni(OH)_2+2OH^-$	0.49
$IO_3^-+2H_2O$	$+4e^-$	$\rightleftharpoons$	IO^-+4OH^-	0.56
$MnO_4^{2-}+2H_2O$	$+2e^-$	$\rightleftharpoons$	MnO_2+4OH^-	0.595
$2AgO+H_2O$	$+2e^-$	$\rightleftharpoons$	Ag_2O+2OH^-	0.599
$BrO_3^-+3H_2O$	$+6e^-$	$\rightleftharpoons$	Br^-+6OH^-	0.61
$ClO_3^-+3H_2O$	$+6e^-$	$\rightleftharpoons$	Cl^-+6OH^-	0.62
$ClO_2^-+H_2O$	$+2e^-$	$\rightleftharpoons$	ClO^-+2OH^-	0.66
$AsO_2^-+2H_2O$	$+3e^-$	$\rightleftharpoons$	$As+4OH^-$	0.68
$H_3IO_6^{2-}$	$+2e^-$	$\rightleftharpoons$	$IO_3^-+3OH^-$	0.70
$Ag_2O_3+H_2O$	$+2e^-$	$\rightleftharpoons$	$2AgO+2OH^-$	0.74
$ClO_2^-+2H_2O$	$+4e^-$	$\rightleftharpoons$	Cl^-+4OH^-	0.76
BrO^-+H_2O	$+2e^-$	$\rightleftharpoons$	Br^-+2OH^-	0.761
H_2O_2	$+2e^-$	$\rightleftharpoons$	$2OH^-$	0.88
ClO^-+H_2O	$+2e^-$	$\rightleftharpoons$	Cl^-+2OH^-	0.89
O_3+H_2O	$+2e^-$	$\rightleftharpoons$	O_2+2OH^-	1.24

配离子的稳定常数(293～298K)

	$\lg K_1^\ominus$	$\lg K_2^\ominus$	$\lg K_3^\ominus$	$\lg K_4^\ominus$	$\lg K_5^\ominus$	$\lg K_6^\ominus$	$\lg \beta_n^\ominus$
1. Br^-							
Ag(Ⅰ)	4.38	2.95	0.67	0.73			8.73
Cd(Ⅱ)	1.75	0.59	0.98	0.38			3.70
Cu(Ⅰ)							$\lg\beta_2^\ominus$ 5.89
Hg(Ⅱ)	9.05	8.27	2.42	1.26			21.00
2. Cl^-							
Ag(Ⅰ)	3.04	2.00					5.04
Au(Ⅲ)							$\lg\beta_2^\ominus$ 9.8
Cd(Ⅱ)	1.95	0.55	0.10	0.20			2.80
Cu(Ⅰ)							$\lg\beta_2^\ominus$ 5.5
Hg(Ⅱ)	6.74	6.48	0.85	1.00			15.07
Pb(Ⅱ)	1.62	0.82	−0.74	−0.10			1.60
Pd(Ⅱ)	6.1	4.6	2.4	2.6			15.7
Sn(Ⅱ)	1.51	0.73	−0.21	−0.55			1.48
3. CN^-							
Ag(Ⅰ)							$\lg\beta_2^\ominus$ 21.1
							$\lg\beta_3^\ominus$ 21.7
							$\lg\beta_4^\ominus$ 20.6
Au(Ⅰ)							$\lg\beta_2^\ominus$ 38.3
Cd(Ⅱ)	5.48	5.12	4.63	3.55			18.78
Cu(Ⅰ)							$\lg\beta_2^\ominus$ 24.0
							$\lg\beta_3^\ominus$ 28.55
							$\lg\beta_4^\ominus$ 30.30
Fe(Ⅱ)							$\lg\beta_6^\ominus$ 35
Fe(Ⅲ)							$\lg\beta_6^\ominus$ 42
Hg(Ⅱ)							$\lg\beta_4^\ominus$ 41.4
Ni(Ⅱ)							$\lg\beta_4^\ominus$ 31.3
Zn(Ⅱ)							$\lg\beta_4^\ominus$ 16.7
4. F^-							
Al(Ⅲ)	6.11	5.01	3.88	3.00	1.40	0.40	19.80
Cr(Ⅲ)	4.36	4.34	2.50				11.20
Fe(Ⅲ)	5.28	4.02	2.76				12.06
5. I^-							
Ag(Ⅰ)	6.58	5.16	1.94				13.68
Cd(Ⅱ)	2.10	1.33	1.06	0.92			5.41
Cu(Ⅰ)							$\lg\beta_2^\ominus$ 8.85
Hg(Ⅱ)	12.87	10.95	3.78	2.23			29.83

续表

	$\lg K_1^{\ominus}$	$\lg K_2^{\ominus}$	$\lg K_3^{\ominus}$	$\lg K_4^{\ominus}$	$\lg K_5^{\ominus}$	$\lg K_6^{\ominus}$	$\lg \beta_n^{\ominus}$
Pb(Ⅱ)	2.00	1.15	0.77	0.55			4.47
6. NH_3							
Ag(Ⅰ)	3.24	3.81					7.05
Cd(Ⅱ)	2.65	2.10	1.44	0.93	−0.32	−1.66	5.14
Co(Ⅱ)	2.11	1.63	1.05	0.76	0.18	−0.62	5.11
Co(Ⅲ)	6.7	7.3	6.1	5.6	5.1	4.4	35.2
Cu(Ⅰ)	5.93	4.93					10.86
Cu(Ⅱ)	4.31	3.67	3.04	2.30			13.32
Ni(Ⅱ)	2.80	2.24	1.73	1.19	0.75	0.03	8.74
Pt(Ⅱ)							$\lg \beta_6^{\ominus}$ 35.3
Zn(Ⅱ)	2.37	2.44	2.50	2.15			9.46
7. OH^-							
Al(Ⅲ)	9.27						$\lg \beta_4^{\ominus}$ 33.03
Cd(Ⅱ)	4.17	4.16	0.69	−0.40			8.62
Cr(Ⅲ)	10.1	7.7					$\lg \beta_4^{\ominus}$ 29.9
Cu(Ⅱ)	7.0	6.68	3.32	1.5			18.5
Zn(Ⅱ)	4.40	6.90	2.84	3.52			17.66
8. SCN^-							
Ag(Ⅰ)							$\lg \beta_2^{\ominus}$ 7.57
							$\lg \beta_3^{\ominus}$ 9.08
							$\lg \beta_4^{\ominus}$ 10.08
Au(Ⅰ)							$\lg \beta_2^{\ominus}$ 16.98
Cd(Ⅱ)							$\lg \beta_4^{\ominus}$ 3.6
Co(Ⅱ)	−0.04	−0.66	0.70	3.00			3.00
Cu(Ⅰ)							$\lg \beta_1^{\ominus}$ 12.11
Cu(Ⅱ)							$\lg \beta_2^{\ominus}$ 3.00
Fe(Ⅲ)							6.10
Hg(Ⅱ)							$\lg \beta_2^{\ominus}$ 16.86
							$\lg \beta_4^{\ominus}$ 21.70
Ni(Ⅱ)	1.18	0.46	0.17				1.81
Zn(Ⅱ)							$\lg \beta_2^{\ominus}$ 1.91
9. $S_2O_3^{2-}$							
Ag(Ⅰ)	8.82	4.64					13.46
Cd(Ⅱ)	3.92	2.52					6.44
Cu(Ⅰ)	10.27	1.95	1.62				13.84
Hg(Ⅱ)							$\lg \beta_2^{\ominus}$ 29.44
							$\lg \beta_3^{\ominus}$ 31.90
							$\lg \beta_4^{\ominus}$ 33.24
10. 乙二胺(en)							
Ag(Ⅰ)	4.70	3.00					7.70
Cd(Ⅱ)	5.47	4.62	2.00				12.09
Co(Ⅱ)	5.91	4.73	3.30				13.94
Co(Ⅲ)	18.7	16.2	13.79				48.69
Cu(Ⅰ)							$\lg \beta_2^{\ominus}$ 10.8
Cu(Ⅱ)	10.67	9.33	1.0				21.0
Fe(Ⅱ)	4.34	3.31	2.05				9.70
Hg(Ⅱ)	14.3	9.0					23.3
Mn(Ⅱ)	2.73	2.06	0.88				5.67
Ni(Ⅱ)	7.52	6.32	4.49				18.33
Zn(Ⅱ)	5.77	5.06	3.28				14.11

续表

	$\lg K_1^\ominus$	$\lg K_2^\ominus$	$\lg K_3^\ominus$	$\lg K_4^\ominus$	$\lg K_5^\ominus$	$\lg K_6^\ominus$	$\lg \beta_n^\ominus$
11. 乙二胺四乙酸(1∶1)							
Ag(Ⅰ)	7.30						
Ba(Ⅱ)	7.77						
Ca(Ⅱ)	10.56						
Cd(Ⅱ)	16.57						
Co(Ⅱ)	16.20						
Co(Ⅲ)	36.0						
Cr(Ⅲ)	23.0						
Cu(Ⅱ)	18.79						
Fe(Ⅱ)	14.32						
Fe(Ⅲ)	25.07						
Hg(Ⅱ)	21.879						
Mg(Ⅱ)	8.69						
Mn(Ⅱ)	14.00						
Na(Ⅰ)	1.69						
Ni(Ⅱ)	18.61						
Pb(Ⅱ)	18.0						
Sr(Ⅱ)	8.62						
Zn(Ⅱ)	16.49						
12. 草酸根($C_2O_4^{2-}$)							
Al(Ⅲ)	7.26	5.74	3.3				16.3
Cd(Ⅱ)	3.52	2.25					5.77
Co(Ⅱ)	4.79	1.91	3.0				9.7
Cu(Ⅱ)	6.23	4.04					10.27
Fe(Ⅱ)	2.90	1.62	0.70				5.22
Fe(Ⅲ)	9.4	6.8	4.0				20.2
Ni(Ⅱ)	5.3	2.34					7.64
Hg(Ⅱ)	9.66						
Zn(Ⅱ)	4.89	2.71	0.55				8.15
13. 酒石酸							
Bi(Ⅲ)							$\lg\beta_3^\ominus$ 8.30
Cu(Ⅱ)	3.2	1.91	−0.33	1.73			6.51
Ca(Ⅱ)							$\lg\beta_2^\ominus$ 9.01

注：$K^\ominus$表示逐级稳定常数。

$\beta_n^\ominus$ 表示积累稳定常数（n 表示总的步数）。

附录七

化学元素相对原子质量

表中所列元素相对原子质量用 Ar(E)值适用于地球物质中的元素和某些人造元素。其数值取自国际纯粹与应用化学联合会(IUPAC)无机化学分会原子量与同位素丰度委员会于 1987 年通过的元素的原子量。根据 ISO31/8—1980（E）GB3102.8—82 和 GB3102.8—86 规定，“元素的原子量”应改为“元素的相对原子质量”。

原子序数	名称[①]	符号	相对原子质量		备注[②]	原子序数	名称[①]	符号	相对原子质量		备注[②]
1	氢	H	1.00794	±0.00007	g,m,r	26	铁	Fe	55.845	±0.002	
2	氦	He	4.002602	±0.000002	g,r	27	钴	Co	58.93320	±0.00001	
3	锂	Li	6.941	±0.002	g,m,r	28	镍	Ni	58.6934	±0.0002	
4	铍	Be	9.012182	±0.000003		29	铜	Cu	63.546	±0.003	r
5	硼	B	10.811	±0.005	g,m,r	30	锌	Zn	65.39	±0.02	
6	碳	C	12.011	±0.001	r	31	镓	Ga	69.732	±0.001	
7	氮	N	14.00674	±0.00007	g,r	32	锗	Ge	72.61	±0.02	
8	氧	O	15.9994	±0.0003	g,r	33	砷	As	74.92159	±0.00002	
9	氟	F	18.9984032	±0.0000009		34	硒	Se	78.96	±0.03	
10	氖	Ne	20.1797	±0.0006	g,m	35	溴	Br	79.904	±0.001	
11	钠	Na	22.989768	±0.000006	g,m	36	氪	Kr	83.80	±0.01	g,m
12	镁	Mg	24.3050	±0.0006		37	铷	Rb	85.4678	±0.0003	g
13	铝	Al	26.981539	±0.000005		38	锶	Sr	87.62	±0.01	g,r
14	硅	Si	28.0855	±0.0003	r	39	钇	Y	88.90585	±0.00002	
15	磷	P	30.973762	±0.000004		40	锆	Zr	91.224	±0.002	
16	硫	S	32.066	±0.006	g,r	41	铌	Nb	92.90638	±0.00002	
17	氯	Cl	35.4527	±0.0009	m	42	钼	Mo	95.94	±0.01	g
18	氩	Ar	39.948	±0.001	g,r	43	锝*	Tc	(97^{α}, 99^{β})		
19	钾	K	39.0983	±0.0001		44	钌	Ru	101.07	±0.02	g
20	钙	Ca	40.078	±0.004	g	45	铑	Rh	102.90550	±0.00003	
21	钪	Sc	44.955910	±0.000009		46	钯	Pd	106.42	±0.01	g
22	钛	Ti	47.867	±0.001		47	银	Ag	107.8682	±0.0002	g
23	钒	V	50.9415	±0.0001		48	镉	Cd	112.411	±0.008	g
24	铬	Cr	51.9961	±0.0006		49	铟	In	114.818	±0.003	
25	锰	Mn	54.93805	±0.00001		50	锡	Sn	118.710	±0.007	g

续表

原子序数	名称①	符号	相对原子质量		备注②	原子序数	名称①	符号	相对原子质量		备注②
51	锑	Sb	121.760	±0.001	g	81	铊	Tl	204.3833	±0.0002	
52	碲	Te	127.60	±0.03	g	82	铅	Pb	207.2	±0.1	g,r
53	碘	I	126.90447	±0.00003		83	铋	Bi	208.98037	±0.00003	
54	氙	Xe	131.29	±0.02	g,m	84	钋*	Po	(209$^{\alpha}$,210$^{\alpha}$)		
55	铯	Cs	132.90543	±0.00005		85	砹*	At	(210$^{\alpha}$)		
56	钡	Ba	137.327	±0.007		86	氡*	Rn	(222$^{\alpha}$)		
57	镧	La	138.9055	±0.00002	g	87	钫*	Fr	(223$^{\beta}$)		
58	铈	Ce	140.115	±0.004	g	88	镭*	Ra	(226$^{\alpha}$)		
59	镨	Pr	140.90765	±0.00003		89	锕*	Ac	(227$^{\beta,\alpha}$)		
60	钕	Nd	144.24	±0.03	g	90	钍*	Th	232.0381	±0.0001	g
61	钷*	Pm	(145)			91	镤*	Pa	231.03588	±0.00002	
62	钐	Sm	150.36	±0.03	g	92	铀*	U	238.0289	±0.0001	g,m
63	铕	Eu	151.965	±0.009	g	93	镎*	Np	(237$^{\alpha}$)		
64	钆	Gd	157.25	±0.03	g	94	钚*	Pu	(239$^{\alpha}$,244$^{\alpha,\beta}$)		
65	铽	Tb	158.92534	±0.00003		95	镅*	Am	(243$^{\alpha}$)		
66	镝	Dy	162.50	±0.03	g	96	锔*	Cm	(247$^{\alpha}$)		
67	钬	Ho	164.93032	±0.00003		97	锫*	Bk	(247$^{\alpha}$)		
68	铒	Er	167.26	±0.03	g	98	锎*	Cf	(251$^{\alpha}$)		
69	铥	Tm	168.93421	±0.00003		99	锿*	Es	(252$^{\alpha}$)		
70	镱	Yb	173.04	±0.03	g	100	镄*	Fm	(257$^{\alpha,\phi}$)		
71	镥	Lu	174.967	±0.001	g	101	钔*	Md	(258$^{\alpha}$)		
72	铪	Hf	178.49	±0.02		102	锘*	No	(259$^{\alpha}$)		
73	钽	Ta	180.9479	±0.0001		103	铹*	Lr	(260$^{\alpha}$)		
74	钨	W	183.84	±0.01		104	𬬻*	Rf	(261$^{\alpha}$)		
75	铼	Re	186.207	±0.001		105	𬭊*	Db	(262$^{\alpha}$)		
76	锇	Os	190.23	±0.03	g	106	𬭳*	Sg	(263$^{\alpha}$)		
77	铱③	Ir	192.217	±0.003		107	𬭛*	Bh	(262$^{\alpha}$)		
78	铂	Pt	195.08	±0.03		108	𬭶*	Hs	(265$^{\alpha}$)		
79	金	Au	196.96654	±0.00003		109	鿏*	Mt	(266$^{\alpha}$)		
80	汞	Hg	200.59	±0.02							

①“*”，表示没有稳定同位素的元素，其相对原子质量栏中（　）内的值是放射性同位素的质量数。108 号、109 号元素是同一来源。

② g，地质样品中已知具有超出正常材料范围的同位素组成的元素。在这种样品中的元素的相对原子质量，与表中所给值之差，可能会超出所标的不确定度的值。

m，人工同位素组成，可以从商业上购得的材料中发现，因为它可能已受到不明的或无意的同位素分离，相对原子质量可能会出现重大偏差。

r，正常情况下，地球上材料的同位素可变范围妨碍了给出更准确的相对原子质量。表中所列之值应当适用于正常情况下的任何材料。

注：本表数据取自 1994 年 9 月国际原子量委员会给张青莲等的信，见 1994 年 9 月 26 日《人民日报》。

附录八

常用希腊字母的符号及汉语译音

大写	小写	英文	汉语译音	大写	小写	英文	汉语译音
Α	α	Alpha	阿尔法	Ν	ν	Nu	纽
Β	β	Beta	贝塔	Ξ	ξ	Xi	克西
Γ	γ	Gamma	伽马	Ο	ο	Omicron	奥米克龙
Δ	δ	Delta	德耳他	Π	π	Pi	派
Ε	ε	Epsilon	艾普西隆	Ρ	ρ	Rho	洛
Ζ	ζ	Zeta	截塔	Σ	σ	Sigma	西格马
Η	η	Eta	艾塔	Τ	τ	Tau	套乌
Θ	θ	Theta	西塔	Υ	υ	Upsilon	宇普西隆
Ι	ι	Iota	约塔	Φ	ϕ	Phi	斐
Κ	κ	Kappa	卡帕	Χ	χ	Chi	喜
Λ	λ	Lambda	兰姆达	Ψ	ψ	Psi	普西
Μ	μ	Mu	米尤	Ω	ω	Omega	奥米伽

全国中医药行业高等教育“十四五”规划教材

全国高等中医药院校规划教材（第十一版）

教材目录（第一批）

注：凡标☆号者为“核心示范教材”。

（一）中医学类专业

序号	书　名	主　编		主编所在单位	
1	中国医学史	郭宏伟	徐江雁	黑龙江中医药大学	河南中医药大学
2	医古文	王育林	李亚军	北京中医药大学	陕西中医药大学
3	大学语文	黄作阵		北京中医药大学	
4	中医基础理论☆	郑洪新	杨　柱	辽宁中医药大学	贵州中医药大学
5	中医诊断学☆	李灿东	方朝义	福建中医药大学	河北中医学院
6	中药学☆	钟赣生	杨柏灿	北京中医药大学	上海中医药大学
7	方剂学☆	李　冀	左铮云	黑龙江中医药大学	江西中医药大学
8	内经选读☆	翟双庆	黎敬波	北京中医药大学	广州中医药大学
9	伤寒论选读☆	王庆国	周春祥	北京中医药大学	南京中医药大学
10	金匮要略☆	范永升	姜德友	浙江中医药大学	黑龙江中医药大学
11	温病学☆	谷晓红	马　健	北京中医药大学	南京中医药大学
12	中医内科学☆	吴勉华	石　岩	南京中医药大学	辽宁中医药大学
13	中医外科学☆	陈红风		上海中医药大学	
14	中医妇科学☆	冯晓玲	张婷婷	黑龙江中医药大学	上海中医药大学
15	中医儿科学☆	赵　霞	李新民	南京中医药大学	天津中医药大学
16	中医骨伤科学☆	黄桂成	王拥军	南京中医药大学	上海中医药大学
17	中医眼科学	彭清华		湖南中医药大学	
18	中医耳鼻咽喉科学	刘　蓬		广州中医药大学	
19	中医急诊学☆	刘清泉	方邦江	首都医科大学	上海中医药大学
20	中医各家学说☆	尚　力	戴　铭	上海中医药大学	广西中医药大学
21	针灸学☆	梁繁荣	王　华	成都中医药大学	湖北中医药大学
22	推拿学☆	房　敏	王金贵	上海中医药大学	天津中医药大学
23	中医养生学	马烈光	章德林	成都中医药大学	江西中医药大学
24	中医药膳学	谢梦洲	朱天民	湖南中医药大学	成都中医药大学
25	中医食疗学	施洪飞	方　泓	南京中医药大学	上海中医药大学
26	中医气功学	章文春	魏玉龙	江西中医药大学	北京中医药大学
27	细胞生物学	赵宗江	高碧珍	北京中医药大学	福建中医药大学

序号	书　名	主　编	主编所在单位
28	人体解剖学	邵水金	上海中医药大学
29	组织学与胚胎学	周忠光　汪　涛	黑龙江中医药大学　天津中医药大学
30	生物化学	唐炳华	北京中医药大学
31	生理学	赵铁建　朱大诚	广西中医药大学　江西中医药大学
32	病理学	刘春英　高维娟	辽宁中医药大学　河北中医学院
33	免疫学基础与病原生物学	袁嘉丽　刘永琦	云南中医药大学　甘肃中医药大学
34	预防医学	史周华	山东中医药大学
35	药理学	张硕峰　方晓艳	北京中医药大学　河南中医药大学
36	诊断学	詹华奎	成都中医药大学
37	医学影像学	侯　键　许茂盛	成都中医药大学　浙江中医药大学
38	内科学	潘　涛　戴爱国	南京中医药大学　湖南中医药大学
39	外科学	谢建兴	广州中医药大学
40	中西医文献检索	林丹红　孙　玲	福建中医药大学　湖北中医药大学
41	中医疫病学	张伯礼　吕文亮	天津中医药大学　湖北中医药大学
42	中医文化学	张其成　臧守虎	北京中医药大学　山东中医药大学

（二）针灸推拿学专业

序号	书　名	主　编	主编所在单位
43	局部解剖学	姜国华　李义凯	黑龙江中医药大学　南方医科大学
44	经络腧穴学☆	沈雪勇　刘存志	上海中医药大学　北京中医药大学
45	刺法灸法学☆	王富春　岳增辉	长春中医药大学　湖南中医药大学
46	针灸治疗学☆	高树中　冀来喜	山东中医药大学　山西中医药大学
47	各家针灸学说	高希言　王　威	河南中医药大学　辽宁中医药大学
48	针灸医籍选读	常小荣　张建斌	湖南中医药大学　南京中医药大学
49	实验针灸学	郭　义	天津中医药大学
50	推拿手法学☆	周运峰	河南中医药大学
51	推拿功法学☆	吕立江	浙江中医药大学
52	推拿治疗学☆	井夫杰　杨永刚	山东中医药大学　长春中医药大学
53	小儿推拿学	刘明军　邰先桃	长春中医药大学　云南中医药大学

（三）中西医临床医学专业

序号	书　名	主　编	主编所在单位
54	中外医学史	王振国　徐建云	山东中医药大学　南京中医药大学
55	中西医结合内科学	陈志强　杨文明	河北中医学院　安徽中医药大学
56	中西医结合外科学	何清湖	湖南中医药大学
57	中西医结合妇产科学	杜惠兰	河北中医学院
58	中西医结合儿科学	王雪峰　郑　健	辽宁中医药大学　福建中医药大学
59	中西医结合骨伤科学	詹红生　刘　军	上海中医药大学　广州中医药大学
60	中西医结合眼科学	段俊国　毕宏生	成都中医药大学　山东中医药大学
61	中西医结合耳鼻咽喉科学	张勤修　陈文勇	成都中医药大学　广州中医药大学
62	中西医结合口腔科学	谭　劲	湖南中医药大学

（四）中药学类专业

序号	书　名	主　编	主编所在单位
63	中医学基础	陈　晶　程海波	黑龙江中医药大学　南京中医药大学
64	高等数学	李秀昌　邵建华	长春中医药大学　上海中医药大学
65	中医药统计学	何　雁	江西中医药大学
66	物理学	章新友　侯俊玲	江西中医药大学　北京中医药大学
67	无机化学	杨怀霞　吴培云	河南中医药大学　安徽中医药大学
68	有机化学	林　辉	广州中医药大学
69	分析化学（上）（化学分析）	张　凌	江西中医药大学
70	分析化学（下）（仪器分析）	王淑美	广东药科大学
71	物理化学	刘　雄　王颖莉	甘肃中医药大学　山西中医药大学
72	临床中药学☆	周祯祥　唐德才	湖北中医药大学　南京中医药大学
73	方剂学	贾　波　许二平	成都中医药大学　河南中医药大学
74	中药药剂学☆	杨　明	江西中医药大学
75	中药鉴定学☆	康廷国　闫永红	辽宁中医药大学　北京中医药大学
76	中药药理学☆	彭　成	成都中医药大学
77	中药拉丁语	李　峰　马　琳	山东中医药大学　天津中医药大学
78	药用植物学☆	刘春生　谷　巍	北京中医药大学　南京中医药大学
79	中药炮制学☆	钟凌云	江西中医药大学
80	中药分析学☆	梁生旺　张　彤	广东药科大学　上海中医药大学
81	中药化学☆	匡海学　冯卫生	黑龙江中医药大学　河南中医药大学
82	中药制药工程原理与设备	周长征	山东中医药大学
83	药事管理学☆	刘红宁	江西中医药大学
84	本草典籍选读	彭代银　陈仁寿	安徽中医药大学　南京中医药大学
85	中药制药分离工程	朱卫丰	江西中医药大学
86	中药制药设备与车间设计	李　正	天津中医药大学
87	药用植物栽培学	张永清	山东中医药大学
88	中药资源学	马云桐	成都中医药大学
89	中药产品与开发	孟宪生	辽宁中医药大学
90	中药加工与炮制学	王秋红	广东药科大学
91	人体形态学	武煜明　游言文	云南中医药大学　河南中医药大学
92	生理学基础	于远望	陕西中医药大学
93	病理学基础	王　谦	北京中医药大学

（五）护理学专业

序号	书　名	主　编	主编所在单位
94	中医护理学基础	徐桂华　胡　慧	南京中医药大学　湖北中医药大学
95	护理学导论	穆　欣　马小琴	黑龙江中医药大学　浙江中医药大学
96	护理学基础	杨巧菊	河南中医药大学
97	护理专业英语	刘红霞　刘　娅	北京中医药大学　湖北中医药大学
98	护理美学	余雨枫	成都中医药大学
99	健康评估	阚丽君　张玉芳	黑龙江中医药大学　山东中医药大学

序号	书名	主编	主编所在单位	
100	护理心理学	郝玉芳	北京中医药大学	
101	护理伦理学	崔瑞兰	山东中医药大学	
102	内科护理学	陈　燕　孙志岭	湖南中医药大学	南京中医药大学
103	外科护理学	陆静波　蔡恩丽	上海中医药大学	云南中医药大学
104	妇产科护理学	冯　进　王丽芹	湖南中医药大学	黑龙江中医药大学
105	儿科护理学	肖洪玲　陈偶英	安徽中医药大学	湖南中医药大学
106	五官科护理学	喻京生	湖南中医药大学	
107	老年护理学	王　燕　高　静	天津中医药大学	成都中医药大学
108	急救护理学	吕　静　卢根娣	长春中医药大学	上海中医药大学
109	康复护理学	陈锦秀　汤继芹	福建中医药大学	山东中医药大学
110	社区护理学	沈翠珍　王诗源	浙江中医药大学	山东中医药大学
111	中医临床护理学	裘秀月　刘建军	浙江中医药大学	江西中医药大学
112	护理管理学	全小明　柏亚妹	广州中医药大学	南京中医药大学
113	医学营养学	聂　宏　李艳玲	黑龙江中医药大学	天津中医药大学

（六）公共课

序号	书名	主编	主编所在单位	
114	中医学概论	储全根　胡志希	安徽中医药大学	湖南中医药大学
115	传统体育	吴志坤　邵玉萍	上海中医药大学	湖北中医药大学
116	科研思路与方法	刘　涛　商洪才	南京中医药大学	北京中医药大学

（七）中医骨伤科学专业

序号	书名	主编	主编所在单位	
117	中医骨伤科学基础	李　楠　李　刚	福建中医药大学	山东中医药大学
118	骨伤解剖学	侯德才　姜国华	辽宁中医药大学	黑龙江中医药大学
119	骨伤影像学	栾金红　郭会利	黑龙江中医药大学	河南中医药大学洛阳平乐正骨学院
120	中医正骨学	冷向阳　马　勇	长春中医药大学	南京中医药大学
121	中医筋伤学	周红海　于　栋	广西中医药大学	北京中医药大学
122	中医骨病学	徐展望　郑福增	山东中医药大学	河南中医药大学
123	创伤急救学	毕荣修　李无阴	山东中医药大学	河南中医药大学洛阳平乐正骨学院
124	骨伤手术学	童培建　曾意荣	浙江中医药大学	广州中医药大学

（八）中医养生学专业

序号	书名	主编	主编所在单位	
125	中医养生文献学	蒋力生　王　平	江西中医药大学	湖北中医药大学
126	中医治未病学概论	陈涤平	南京中医药大学